华南园林植物（草本卷）

Landscape Plants of South China (Herbals)

主编 代色平 刘国锋

中国林业出版社
China Forestry Publishing House

华南园林植物（草本卷）

主　　编：代色平　刘国锋
策　　划：王佑芬
特约编辑：吴文静

图书在版编目（CIP）数据

华南园林植物 . 草本卷 / 代色平 , 刘国锋主编 . -- 北京 : 中国林业出版社 , 2024.7
ISBN 978-7-5219-2660-6

Ⅰ.①华… Ⅱ.①代… ②刘… Ⅲ.①园林植物－草本植物－华南地区－图集 Ⅳ.① S68-64

中国国家版本馆 CIP 数据核字 (2024) 第 066767 号

责任编辑　张　健
版式设计　柏桐文化传播有限公司

出版发行	中国林业出版社（100009，北京市西城区刘海胡同 7 号，电话 010-83143621）
电子邮箱	cfphzbs@163.com
网　　址	www.cfph.net
印　　刷	北京雅昌艺术印刷有限公司
版　　次	2024 年 7 月　第 1 版
印　　次	2024 年 7 月　第 1 次印刷
开　　本	889 mm×1194 mm　1/16
印　　张	32.75
字　　数	1090 千字
定　　价	480.00 元

编委会

主　编：代色平　刘国锋

副主编：张继方　郑锡荣

编　委：（按姓氏笔画排序）
　　　　王　伟　孙苗苗　陈秀萍　陈　莹　张林霞　张　蔚　吴保欢
　　　　林星谷　胡　杏　贺漫媚　倪建中　涂文辉　郭贝怡　彭　婷

摄　影：（按姓氏笔画排序）
　　　　王　伟　代色平　刘国锋　孙苗苗　许海波　陈秀萍　陈　莹
　　　　张林霞　张继方　吴保欢　郑锡荣　胡　杏　贺漫媚　倪建中
　　　　徐晔春　彭　婷

Editorial Board

Chief Editors：DAI Seping　LIU Guofeng

Associate Editors：ZHANG Jifang　ZHENG Xirong

Editors：WANG Wei　SUN Miaomiao　CHEN Xiuping　CHEN Ying
　　　　　ZHANG Linxia　ZHANG Wei　WU Baohuan　LIN Xinggu　HU Xing
　　　　　HE Manmei　NI Jianzhong　TU Wenhui　GUO Beiyi　PENG Ting

Photographers：WANG Wei　DAI Seping　LIU Guofeng　SUN Miaomiao　XU Haibo
　　　　　　　CHEN Xiuping　CHEN Ying　ZHANG Linxia　ZHANG Jifang
　　　　　　　WU Baohuan　ZHENG Xirong　HU Xing　HE Manmei
　　　　　　　NI Jianzhong　XU Yechun　PENG Ting

序

华南地区包括广东省、广西壮族自治区、海南省、香港特别行政区、澳门特别行政区，高温多雨、四季常绿，有热带雨林和季雨林、南亚热带季风常绿阔叶林，是中国植物资源最丰富、类型多样的地区之一，其蕴藏的植物资源是园林造景不可或缺的材料之一。

草本植物种及品种繁多，花色各异，叶色多变，是园林景观设计中的重要造景元素之一。草本植物在分隔空间、花境及花坛营造、草坪与地被、湿地建设等园林景观设计中起到十分重要的作用，草本植物常与乔木、灌木搭配，形成层次上错落有致、视觉上形态各异的景观效果。

本书作者长期从事风景园林工作，熟悉华南地区植物区系，擅长植物分类。出于对植物的热爱，多年来潜心研究植物，积累了大量素材，著述颇丰，特别是在植物育种、品种创新等方面取得了不俗成就。

本书不局限于对植物特征的介绍，而是识别与应用兼顾，是对华南地区园林常用草本植物的系统总结。书中推荐了大量易栽培、易管理、易维护的乡土草本植物，可提升园林景观设计的文化内涵，同时推荐了部分观赏性强、适合本地生长的外来植物，既可丰富城市物种的多样性，又可提升了园林的景观效果和生态功能。

该书图片精美，文字简洁，图文并茂。分为石松类蕨类植物及种子植物两部分，共收录110科444属1000余种（含亚种、变种和栽培品种）观赏草本植物。每种包括中文名、别名、学名、形态特征、产地分布、生长习性、繁殖方式、园林用途等相关信息。

该书是对华南地区园林应用的草本植物的一次全面梳理，展示了华南地区植物的多样性，为园林规划、园林应用、科学普及、观赏植物利用提供了第一手资料。该书可作为华南地区广大园林工作者和植物爱好者了解华南地区草本植物及其景观应用重要的参考工具书。

徐晔春

2024 年 3 月 9 日

前言

华南地区（简称华南）位于中国最南部，是中国七大地理分区之一，包括广东、广西、海南、香港、澳门及临近海岛，广义自然地理上的华南地区还包括福建中南部和台湾。该地区北界是南亚热带与中亚热带的分界线，属于热带、南亚热带季风气候，夏季高温多雨，冬季温和少雨，光热丰裕，雨量充沛，年均气温由北至南为18~25℃，极端最低温为-5~5℃，多数地方年降水量为1400~2000 mm，是全国光热条件最好、雨量最丰富的区域。地形以丘陵、三角洲平原和台地平原为主，土壤类型主要有砖红壤、赤红壤、红壤等。植被以热带雨林和季雨林、南亚热带季风常绿阔叶林等地带性植被为主，植物种类繁多，生长茂盛，四季常绿。

华南地区人民向来喜爱花草，栽种花木的传统由来已久。早在两千年前南越王赵佗统领百越时，来自南亚的素馨就在广州登陆，并开始被种植在河南（海珠区）庄头村一带；在明清时期，芳村"花地"已形成相当规模的花卉产业，被誉为"岭南第一花乡"，中国古老月季、杜鹃、山茶和牡丹等传统花卉，正是从这里出发，流入西方，从此影响了欧洲园艺界的发展。改革开放以来，广州作为重要花卉销售集散地，来自世界各地新优花卉不断涌入华南地区，在此落地生根，极大地丰富了本地园林植物种类。

园林植物一般是指适宜于园林绿化的植物材料，包括木本和草本的观形、观花、观叶或观果植物，以及适用于园林、绿地和风景名胜区的防护植物与经济植物。园林植物形态多样、色彩丰富，有的芳香怡人，是园林建设中支撑城市生态系统、改善城市环境质量、增进人类身心健康的关键组成部分。根据园林植物的形态，通常可分为乔木、灌木、藤本、草本等类型。在园林绿化中，需要讲究配置艺术，使用乔、灌、草进行合理搭配，从而形成美观、稳定和可持续的植物景观和群落，充分发挥各种植物美化和改善环境的作用。草本植株没有主茎，或虽有主茎但不具木质或仅基部木质化，与木本植物相比，草本植物一般具有生育周期短、花期可控、色彩丰富等特点，常被用于花坛、花境、花台、花带、花海、立体绿化和水体绿化等，是园林绿化景观设计中不可缺少的组成部分。按照生活型，草本植物可分为一年生、二年生和多年生草本；按照生态习性和形态特点，草本植物还可分为宿根、球根、水生、多肉、室内观叶等类型。本书中收录的植物种类主要为适宜于华南地区栽培和园林应用的一年生、二年生和多年生草本，包括一些植株低矮、茎基有木质化或半木质化，但梢部木质化程度较差的亚灌木（如小木槿 *Anisodontea capensis*、迷迭香 *Rosmarinus officinalis*、芙蓉菊 *Crossostephium chinense* 等），在已出版的《华南园林植物（灌木卷）》中已经编录的亚灌木以及南方可作灌木应用的草本种类（如金粟兰 *Chloranthus spicatus*、紫茉莉 *Mirabilis jalapa*、红叶蓖麻 *Ricinus communis* 'Sanguineus' 等），本书未再收录。华南地区的园林植物以热带、亚热带植物为主，但在冬春季节，温、湿度较适中，适合栽种来自温带地区的草本花卉，因此，这类植物在本书中亦有收录。

广州市林业和园林科学研究院多年来一直致力于华南地区观赏植物的引种驯化、育种栽培、开发应用等研究，建立了国家野牡丹科种质资源库、簕杜鹃木棉国家林木种质资源库、广州园林植物科技资源圃、兰花资源圃、月季研究中心以及园林花卉种苗中心，收集保存活体园林植物5500多种（包括种以下单位），其中草本植物超过3000种，为本书编写奠定了坚实基础。针对草本植物，主要收集保存有蕨类、天南星科、兰科、鸭跖草科、竹芋科、姜科、景天科、秋海棠科、蓼科、苦苣苔科、爵床科、唇形科等，已成功推广蔓性野牡丹、头花蓼、竹芋类、海芋类等大批草本花卉。此外，我们多年来致力于筛选和培育适合华南地区的草花种类和品种，现已成功培育出具有自主知识产权的"广州系列"矮牵牛、长春花等草本花卉新品种，并进行了推广应用，取得了良好的效果。

《华南园林植物（草本卷）》收集了华南地区园林中应用的草本植物以及少量具有开发潜力尚未推广的种类和品种，共110科444属888种（含亚种和变种），同时介绍了大量常见栽培品种。本书与《华南园林植物（乔木卷）》和《华南园林植物（灌木卷）》一脉相承，书中每种植物均附有中文名（大部分种类还附有常用的别名或俗名）、科名、属名、学名、简要的形态描述、产地分布、生长习性、繁殖方法和园林用途等信息，以图文并茂的形式展现植物的株型、叶、花、果等观赏特征及其在园林中的应用形式。本书收录的植物按分类系统排列，其中石松类和蕨类植物按PPG I系统（蕨类植物系统发育研究组，2016）、种子植物按APG IV分类系统（被子植物系统发育研究组，2016）排列，属与种的排列按照学名字母顺序。书中植物中文名的确定主要参考《中国植物志》和"中国自然标本馆"（http://www.cfh.ac.cn/）、"植物智"（http://www.iplant.cn/）等网站，学名的确定依据主要来自"世界植物在线"（Plants of the World Online，http://powo.science.kew.org/）、《中国植物志（英文修订版）》（http:/foc.iplant.cn/）等。

《华南园林植物（草本卷）》的编写和出版得到了广州市科学技术局和广州市林业和园林局的大力支持和资助，凝聚了广州市林业和园林科学研究院多年来的园林植物引种、培育和应用经验。除编著人员外，本书还得到了广东省农业科学院环境园艺研究所徐晔春研究员的专业指导，深圳市兰科植物保护研究中心（国家兰科中心）严岳鸿研究员、华南植物园王瑞江研究员、陈华燕副研究员为本书提供了部分植物图片，在此一并表示衷心感谢。本书对识别华南地区草本园林植物、掌握其生长与生态习性，并合理进行搭配应用，以提高园林植物造景水平具有重要的意义，可为风景园林设计、绿化施工、园林园艺教学、园林植物科普人员以及各类植物爱好者学习和参考提供有益的帮助。

在近5年时间里，我们花费了大量时间拍摄收集植物照片、查阅文献资料、编写植物信息，并进行了多次校稿，但限于作者的水平和能力有限，书中仍难免有不当或错漏之处，敬请各位同行、专家和读者批评指正。

编者

2024年3月

目 录

序

前言

石松类和蕨类植物 Lycophytes et Pteridophytes

石松科

龙骨马尾杉·········2

马尾杉·········2

粗糙马尾杉·········3

卷柏科

小翠云·········3

翠云草·········4

木贼科

木贼·········4

海金沙科

海金沙·········5

蘋科

蘋·········5

槐叶蘋科

满江红·········6

槐叶蘋·········6

凤尾蕨科

扇叶铁线蕨·········7

楔叶铁线蕨·········7

水蕨·········8

泽泻蕨·········8

圆叶旱蕨·········9

剑叶凤尾蕨·········9

傅氏凤尾蕨·········10

阿波银线蕨·········10

铁角蕨科

巢蕨·········11

乌毛蕨科

红椿蕨·········12

骨碎补科

杯盖阴石蕨·········12

骨碎补·········13

鳞毛蕨科

全缘贯众·········13

贯众·········14

肾蕨科

长叶肾蕨·········14

肾蕨·········15

高大肾蕨·········16

水龙骨科

崖姜·········17

槲蕨·········17

江南星蕨·········18

星蕨·········18

二歧鹿角蕨·········19

鹿角蕨·········19

贴生石韦·········20

种子植物 Spermatophytes

睡莲科

芡实·········22

萍蓬草·········22

齿叶睡莲·········23

黄睡莲·········23

蓝睡莲·········24

印度红睡莲·········24

睡莲·········25

王莲·········25

克鲁兹王莲·········26

三白草科

蕺菜·········26

三白草·········27

胡椒科

西瓜皮椒草·········27

皱叶椒草·········28

红边椒草·········29

红背椒草·········29

圆叶椒草·········30

花叶垂椒草·········30

白脉椒草·········31

山蒟·········31

假蒟·········32

马兜铃科

美丽马兜铃·········32

麻雀花·········33

菖蒲科

菖蒲·········33

金钱蒲·········34

天南星科

细斑粗肋草·········35

彩叶万年青·········36

心叶粗肋草·········37

广东万年青·········37

雅丽皇后·········38

越南万年青·········38

龙鳞海芋·········39

尖尾芋·········39

铜叶海芋·········40

尖叶海芋·········40

热亚海芋·········41

黑叶观音莲·········41

海芋·········42

黑天鹅绒海芋·········42

斑马海芋·········43

疣柄魔芋·········43

花烛·········44

密林丛花烛·········45

水晶花烛·········45

波叶花烛·········46

巨巢花烛·········46

掌叶花烛·········47

火鹤花·········47

深裂花烛·········48

乳脉五彩芋·········48

五彩芋·········49

芋·········50

白斑万年青·········51

白肋万年青·········51

花叶万年青·········52

麒麟叶·········52

绿萝·········53

千年健·········54

刺芋·········54

大野芋·········55

孔叶龟背竹·········55

龟背竹·········56

红苞喜林芋·········57

荣耀喜林芋 58
戟叶喜林芋 58
心叶蔓绿绒 59
金叶喜林芋 59
琴叶喜林芋 60
三裂喜林芋 60
大薸 61
岩芋 61
星点藤 62
多花白鹤芋 62
白鹤芋 63
绿巨人 63
合果芋 64
羽裂喜林芋 65
仙羽鹅掌芋 65
千年芋 66
雪铁芋 66
马蹄莲 67
彩色马蹄莲 67

泽泻科

泽泻 68
皇冠草 68
大叶皇冠草 69
水金英 69
泽泻慈姑 70
欧洲慈姑 70
慈姑 71

花蔺科

黄花蔺 71

水鳖科

黑藻 72
水鳖 72
水菜花 73
苦草 73

眼子菜科

菹草 74
竹叶眼子菜 74

薯蓣科

箭根薯 75
丝须蒟蒻薯 75

露兜树科

香露兜 76

六出花科

六出花 76

秋水仙科

嘉兰 77
宫灯百合 77

百合科

百合 78
郁金香 80

兰科

指甲兰 81
多花指甲兰 81
金线兰 82
竹叶兰 82
领带兰 83
虾脊兰 83
三褶虾脊兰 84
秀丽卡特兰 84
杂交卡特兰 85
中型卡特兰 86
宽唇卡特兰 86
贝母兰 87
硬叶兰 87
冬凤兰 88
建兰 88
蕙兰 89
多花兰 89
春兰 90
虎头兰 91
寒兰 91
大花蕙兰 92
墨兰 93
莲瓣兰 93
兜唇石斛 94
束花石斛 94
鼓槌石斛 95
金石斛 95
玫瑰石斛 96
晶帽石斛 96
叠鞘石斛 97
密花石斛 97
齿瓣石斛 98
串珠石斛 98
流苏石斛 99
细叶石斛 99
春石斛 100
秋石斛 101
重唇石斛 102
聚石斛 102
喇叭唇石斛 103

美花石斛 103
金钗石斛 104
铁皮石斛 105
肿节石斛 105
报春石斛 106
大明石斛 106
羊角石斛 107
球花石斛 107
独角石斛 108
大苞鞘石斛 108
树兰 109
黄花美冠兰 110
美冠兰 110
血叶兰 111
堇花兰 111
文心兰 112
杏黄兜兰 113
小叶兜兰 113
巨瓣兜兰 114
同色兜兰 114
长瓣兜兰 115
亨利兜兰 115
带叶兜兰 116
波瓣兜兰 116
魔帝兜兰 117
麻栗坡兜兰 118
硬叶兜兰 118
肉饼兜兰 119
飘带兜兰 119
紫纹兜兰 120
白旗兜兰 120
紫毛兜兰 121
彩云兜兰 121
迎春兜兰 122
凤蝶兰 122
鹤顶兰 123
火焰兰 123
蝴蝶兰 124
海南钻喙兰 126
钻喙兰 126
紫花苞舌兰 127
大花万代兰 127
矮万代兰 128
纯色万代兰 128
香荚兰 129

仙茅科

短葶仙茅 129
大叶仙茅 130

鸢尾科

雄黄兰 130
双色野鸢尾 131
非洲鸢尾 131
小苍兰 132
唐菖蒲 132
扁竹兰 133
射干 133
花菖蒲 134
德国鸢尾 134
蝴蝶花 135
路易斯安娜鸢尾 135
黄菖蒲 136
鸢尾 136
庭菖蒲 137
巴西鸢尾 137

阿福花科

木立芦荟 138
不夜城芦荟 138
芦荟 139
圆叶鳞芹 139
鳞芹 140
山菅兰 140
银边山菅兰 141
黄花菜 142
萱草 142
大花萱草 143
火炬花 143
新西兰麻 144
麻兰 144

石蒜科

早花百子莲 145
大花葱 146
君子兰 147
垂笑君子兰 147
亚洲文殊兰 148
红花文殊兰 149
紫粉文殊兰 149
穆氏文殊兰 150
火百合 150
垂筒花 151
龙须石蒜 151
杂种朱顶红 152
白肋朱顶红 153
朱顶红 153
花朱顶红 154
水鬼蕉 154

春星韭 155
忽地笑 155
石蒜 156
换锦花 156
红口水仙 157
黄水仙 157
水仙 158
网球花 158
紫娇花 159
大花坛水仙 159
葱莲 160
韭莲 160
黄花葱莲 161
玫瑰葱莲 161

天门冬科

龙舌兰 162
晚香玉 163
狭叶龙舌兰 163
狐尾龙舌兰 164
礼美龙舌兰 164
剑麻 165
虎眼万年青 165
非洲天门冬 166
松叶武竹 167
文竹 167
蜘蛛抱蛋 168
吊兰 169
橙柄吊兰 170
小花吊兰 170
大叶吊兰 171
柱叶虎尾兰 171
虎尾兰 172
万年麻 173
金边万年麻 173
玉簪 174
紫萼 174
风信子 175
阔叶山麦冬 175
山麦冬 176
葡萄风信子 176
银纹沿阶草 177
金丝沿阶草 177
麦冬 178
黑龙沿阶草 178
白花虎眼万年青 179
伞花虎眼万年青 179
吉祥草 180
万年青 180

鸭跖草科

铺地锦竹草 181
香锦竹草 182
垂花鸳鸯草 182
蓝姜 183
新娘草 183
杜若 184
油画婚礼紫露草 184
白花紫露草 185
紫露草 186
紫竹梅 186
白雪姬 187
吊竹梅 187
紫背万年青 188

雨久花科

梭鱼草 189
凤眼莲 189
箭叶雨久花 190
雨久花 190
鸭舌草 191

血草科

高袋鼠爪 191
红绿袋鼠爪 192

鹤望兰科

旅人蕉 192
大鹤望兰 193
鹤望兰 193

蝎尾蕉科

布尔若蝎尾蕉 194
翠鸟蝎尾蕉 194
黄苞蝎尾蕉 195
扇形蝎尾蕉 196
金嘴蝎尾蕉 196
红鸟蕉 197
直立蝎尾蕉 198

芭蕉科

香蕉 199
芭蕉 199
紫苞芭蕉 200
红蕉 200
大蕉 201
地涌金莲 201

美人蕉科

大花美人蕉 202
粉美人蕉 203
美人蕉 204

竹芋科

黄花竹芋 205
方角栉花竹芋 205
黄斑栉花竹芋 206
紫背栉花竹芋 206
竹叶蕉 207
翠叶竹芋 207
黄苞肖竹芋 208
青纹竹芋 208
箭羽竹芋 209
马赛克竹芋 209
罗氏竹芋 210
清秀竹芋 211
孔雀竹芋 211
青苹果竹芋 212
肖竹芋 212
彩虹竹芋 213
波浪竹芋 214
双线竹芋 214
美丽竹芋 215
紫背天鹅绒竹芋 215
天鹅绒竹芋 216
豹斑竹芋 216
紫背竹芋 217
再力花 217
垂花再力花 218

闭鞘姜科

丛毛宝塔姜 218
红花闭鞘姜 219
非洲螺旋旗 219
红闭鞘姜 220
闭鞘姜 220

姜科

海南山姜 221
艳山姜 221
姜荷花 222
郁金 223
姜黄 223
莪术 224
火炬姜 224
舞花姜 225

双翅舞花姜 225
美苞舞花姜 226
红姜花 226
姜花 227
黄姜花 227
红丝姜花 228
紫花山柰 228
海南三七 229
红球姜 229

香蒲科

水烛 230
香蒲 230

凤梨科

粉菠萝 231
艳凤梨 231
水塔花 232
姬凤梨 232
火炬凤梨 233
星花凤梨 233
虎纹凤梨 234
老人须 234
彩叶凤梨 235
莺哥凤梨 236
紫花凤梨 236

灯芯草科

灯芯草 237

莎草科

金丝苔草 237
风车草 238
纸莎草 238
埃及莎草 239
荸荠 239
白鹭莞 240
水葱 240

禾本科

芦竹 241
地毯草 241
紫叶狼尾草 242
香根草 242
蒲苇 243
香茅 244
狗牙根 244
蓝羊茅 245
血草 245

坡地毛冠草……246	紫萼宫灯长寿花……270	球根秋海棠……291	野牡丹科
粉黛乱子草……246	东南景天……270	酢浆草科	锦鹿丹……310
芒……247	凹叶景天……271	红花酢浆草……291	蔓茎四瓣果……310
海雀稗……248	佛甲草……271	黄花酢浆草……292	蔓性野牡丹……311
狼尾草……248	圆叶景天……272	紫叶酢浆草……292	地菍……311
象草……249	松叶景天……272	堇菜科	虎颜花……312
丝带草……249	翡翠景天……273	班克斯堇菜……293	无患子科
芦苇……250	藓状景天……273	香堇菜……293	倒地铃……312
钝叶草……250	垂盆草……274	角堇……294	大花倒地铃……313
条纹钝叶草……251	小二仙草科	大花三色堇……295	锦葵科
菰……251	粉绿狐尾藻……274	三色堇……297	咖啡黄葵……313
结缕草……252	豆科	西番莲科	箭叶秋葵……314
沟叶结缕草……253	蔓花生……275	西番莲……297	蜀葵……314
细叶结缕草……253	紫云英……275	鸡蛋果……298	小木槿……315
金鱼藻科	蝶豆……276	红花西番莲……298	紫叶槿……315
金鱼藻……254	舞草……276	大戟科	大麻槿……316
罂粟科	猪屎豆……277	猩猩草……299	红秋葵……316
蓟罂粟……254	香豌豆……277	皱叶麒麟……299	大花秋葵……317
野罂粟……255	多叶羽扇豆……278	禾叶大戟……300	芙蓉葵……317
鬼罂粟……256	含羞草……278	银边翠……300	玫瑰茄……318
虞美人……256	红车轴草……279	叶下珠科	野西瓜苗……318
毛茛科	白车轴草……279	龙脷叶……301	锦葵……319
杂种耧斗菜……257	荨麻科	牻牛儿苗科	三月花葵……319
欧耧斗菜……258	花叶冷水花……280	大花天竺葵……301	午时花……320
飞燕草……259	玲珑冷水花……280	香叶天竺葵……302	旱金莲科
大花飞燕草……259	小叶冷水花……281	盾叶天竺葵……302	旱金莲……320
高翠雀花……260	皱皮草……281	天竺葵……303	白花菜科
黑种草……261	泡叶冷水花……282	马蹄纹天竺葵……304	醉蝶花……321
花毛茛……262	镜面草……282	千屈菜科	十字花科
莲科	吐烟花……283	火红萼距花……304	羽衣甘蓝……322
莲……263	葫芦科	萼距花……305	香雪球……323
虎耳草科	观赏南瓜……283	粉兔萼距花……305	紫罗兰……323
落新妇……263	观赏葫芦……284	千屈菜……306	白花丹科
岩白菜……264	蛇瓜……284	圆叶节节菜……306	海石竹……324
虎耳草……264	秋海棠科	欧菱……307	蓼科
矾根……265	银星秋海棠……285	柳叶菜科	珊瑚藤……324
景天科	玻利维亚秋海棠……285	菱叶丁香蓼……307	千叶兰……325
长寿花……266	虎斑秋海棠……286	海边月见草……308	头花蓼……325
伽蓝菜……266	大红秋海棠……286	山桃草……308	火炭母……326
石莲花……267	四季秋海棠……287	粉花月见草……309	蓼子草……326
大叶落地生根……268	丽格秋海棠……288	美丽月见草……309	金线草……327
棒叶落地生根……268	杂交秋海棠……288		蚕茧草……327
宫灯长寿花……269	竹节秋海棠……289		愉悦蓼……328
落地生根……269	铁甲秋海棠……289		
	大王秋海棠……290		

红蓼 328
赤胫散 329
虎杖 329

猪笼草科
红瓶猪笼草 330

石竹科
须苞石竹 330
香石竹 331
石竹 332
少女石竹 332
杂交石竹 333
日本石竹 334
欧石竹 334
羽瓣石竹 335
圆锥石头花 335
细小石头花 336
大蔓樱草 336

苋科
锦绣苋 337
巴西莲子草 338
红莲子草 338
尾穗苋 339
苋 339
地肤 340
红甜菜 340
青葙 341
千日红 342
美洲千日红 342
血苋 343
澳洲狐尾苋 343

番杏科
鹿角海棠 344
丽晃 344
长舌叶花 345
光琳菊 345
美丽日中花 346
心叶日中花 346

紫茉莉科
紫茉莉 347

水卷耳科
露薇花 347

落葵科
落葵薯 348
落葵 348

土人参科
土人参 349

马齿苋科
大花马齿苋 349
毛马齿苋 350
环翅马齿苋 350

仙人掌科
鸾凤玉 351
般若 352
连城角 352
金钮 353
绯牡丹 353
金琥 354
垂枝绿珊瑚 354
钝齿蟹爪兰 355
蟹爪兰 355

凤仙花科
凤仙花 356
新几内亚凤仙花 356
苏丹凤仙花 357

花荵科
福禄考 357
天蓝绣球 358
丛生福禄考 358

报春花科
仙客来 359
聚花过路黄 360
金叶过路黄 360
鄂报春 361
多花报春 361

茜草科
灯珠花 362
五星花 362
蔓九节 363

龙胆科
洋桔梗 363
紫芳草 364

夹竹桃科
吊金钱 364
长春花 365
眼树莲 366
圆叶眼树莲 366

百万心 367
玉荷包 367
球兰 368
大花犀角 368

紫草科
南美天芥菜 369
勿忘草 369
粉蝶花 370

旋花科
银马蹄金 370
马蹄金 371
蓝星花 371
番薯 372
五爪金龙 373
橙红茑萝 373
变色牵牛 374
牵牛 374
厚藤 375
圆叶牵牛 375
茑萝 376
葵叶茑萝 376
三裂叶薯 377
木玫瑰 377

茄科
蒴英花 378
舞春花 379
五色椒 380
假酸浆 381
花烟草 381
矮烟草 382
灯笼果 382
矮牵牛 383
蛾蝶花 384
乳茄 384

蒲包花科
蒲包花 385

苦苣苔科
口红花 385
毛萼口红花 386
美丽口红花 386
金红花 387
玉唇花 387
鲸鱼花 388
小叶鲸鱼花 388

喜荫花 389
袋鼠花 389
非洲紫罗兰 390
小岩桐 390
大岩桐 391
杂交海角苣苔 391
岩海角苣苔 392

车前科
蓝金花 392
香彩雀 393
金鱼草 394
柔软金鱼草 395
假马齿苋 395
毛地黄 396
摩洛哥柳穿鱼 396
伏胁花 397
红花钓钟柳 397
穗花婆婆纳 398

玄参科
百可花 398
柳叶星河花 399
龙面花 399

母草科
单色蝴蝶草 400
蓝猪耳 400

爵床科
虾膜花 401
宽叶十万错 401
网纹草 402
矮裸柱草 402
红点草 403
九头狮子草 403
艳芦莉 404
翠芦莉 404
喜雅马蓝 405
红背耳叶马蓝 405
板蓝 406
齿叶半插花 406
翼叶山牵牛 407

马鞭草科
美女樱 407
细叶美女樱 408
姬岩垂草 409
柳叶马鞭草 409

唇形科

藿香	410
多花筋骨草	410
匍匐筋骨草	411
兰香草	411
彩叶草	412
薰衣草	413
羽叶薰衣草	414
西班牙薰衣草	414
益母草	415
薄荷	415
美国薄荷	416
荆芥	417
罗勒	417
牛至	418
肾茶	418
紫苏	419
假龙头花	420
银叶马刺花	421
香妃草	421
碰碰香	422
莫娜紫香茶菜	422
如意蔓	423
大花夏枯草	423
迷迭香	424
友谊鼠尾草	424
加那利鼠尾草	425
凤梨鼠尾草	425
朱唇	426
蓝花鼠尾草	427
樱桃鼠尾草	428
瓜拉尼鼠尾草	428
烈焰红唇鼠尾草	429
蓝霸鼠尾草	429
墨西哥鼠尾草	430
马德拉鼠尾草	431
林荫鼠尾草	431
药用鼠尾草	432
龙胆鼠尾草	432
菲利斯鼠尾草	433
天蓝鼠尾草	433
超级一串红	434
一串红	435
超级鼠尾草	436
彩苞鼠尾草	437
普通百里香	437

透骨草科

猴面花	438

桔梗科

风铃草	438
桃叶风铃草	439
马醉草	439
长星花	440
六倍利	440
铜锤玉带草	441
山梗菜	441
宿根六倍利	442
桔梗	442
疗喉草	443

睡菜科

水金莲花	443
水皮莲	444
金银莲花	444
龙潭荇菜	445
荇菜	445

草海桐科

蓝扇花	446

菊科

凤尾蓍	446
蓍	447
丝叶蓍	447
桂圆菊	448
藿香蓟	448
熊耳草	449
银苞菊	449
木茼蒿	450
马兰	450
紫菀	451
阿魏叶鬼针草	451
雏菊	452
姬小菊	453
鹅河菊	453
金盏菊	454
翠菊	455
矢车菊	456
蓝冠菊	456
菊花	457
黄晶菊	458
剑叶金鸡菊	458
大花金鸡菊	459
玫红金鸡菊	459
两色金鸡菊	460
轮叶金鸡菊	460
波斯菊	461
黄秋英	462
春黄菊	462
芙蓉菊	463
大丽花	463
非洲异果菊	464
波叶异果菊	464
松果菊	465
假蒿	465
佩兰	466
梳黄菊	466
大吴风草	467
蓝菊	467
宿根天人菊	468
天人菊	469
大花天人菊	470
勋章菊	470
非洲菊	471
蒿子秆	472
茼蒿	473
南茼蒿	473
紫鹅绒	474
苦味堆心菊	474
堆心菊	475
紫心菊	475
向日葵	476
瓜叶葵	477
菊芋	477
银叶菊	478
大滨菊	479
蛇鞭菊	479
白晶菊	480
黄帝菊	480
瓜叶菊	481
黑心菊	482
金光菊	483
蛇目菊	483
绿玉菊	484
串叶松香草	484
联毛紫菀	485
万寿菊	486
芳香万寿菊	487
除虫菊	487
蒲公英	488
异叶肿柄菊	488
圆叶肿柄菊	489
南美蟛蜞菊	489
麦秆菊	490
细叶百日草	491
百日草	492
小百日草	493

伞形科

积雪草	494

五加科

野天胡荽	494

参考文献 ... 495

中文名索引 ... 496

学名索引 ... 505

石松类和蕨类植物
Lycophytes et Pteridophytes

龙骨马尾杉（覆叶石松）
Phlegmariurus carinatus (Desv.) Ching
石松科，马尾杉属

【形态特征】多年生中型附生蕨类。茎簇生，成熟枝下垂，长30~50 cm，一至多回二叉分枝，枝连叶绳索状。叶螺旋状排列；营养叶密生，针状，内弯，无柄，背面隆起呈龙骨状，中脉不显。孢子囊穗顶生；孢子叶卵形；孢子囊生于孢子叶腋，肾形，黄色。

【产地分布】原产中国广东、广西、云南、海南、台湾。东南亚及大洋洲亦有分布。

【生长习性】喜温暖湿润环境，常附生于林下树干或岩石上。喜阴，不耐寒。

【繁殖方法】分株、孢子繁殖。

【园林用途】国家二级保护野生植物。枝条细长，柔软下垂，姿态优雅，适于盆栽悬挂，或栽种于树干、假山上。

马尾杉（垂枝石松）
Phlegmariurus phlegmaria (L.) Holub
石松科，马尾杉属

【形态特征】多年生中型附生蕨类。茎簇生，枝条柔软下垂，长20~40 cm，四至六回二叉分枝，枝连叶扁平或近扁平。叶二型，螺旋状排列；营养叶斜展，卵状三角形，具短柄，背面扁平，中脉明显。孢子囊穗顶生，长线形；孢子叶卵状，排列稀疏；孢子囊生于孢子叶腋，肾形，黄色。

【产地分布】原产中国广东、广西、云南、海南、台湾。东南亚、大洋洲、南美洲、非洲有分布。

【生长习性】喜温暖湿润环境，常附生于林下树干或岩石上。喜阴，不耐晒；不耐寒。

【繁殖方法】分株、孢子繁殖。

【园林用途】国家二级保护野生植物。茎枝细长，柔软下垂，适于盆栽悬挂，或栽种于树干、假山上。

粗糙马尾杉（杉叶石松、鹿角草）

Phlegmariurus squarrosus (G.Forst.) Á.Löve et D.Löve
石松科，马尾杉属

【形态特征】多年生大型附生蕨类。茎簇生，植株强壮，成熟枝下垂，长25~100 cm，一至多回二叉分枝。叶螺旋状排列；营养叶密生，披针形，无柄，中脉不显。孢子囊穗顶生，圆柱形；孢子叶卵状披针形，排列紧密；孢子囊生于孢子叶腋，肾形，黄色。

【产地分布】原产中国云南、台湾及西藏南部。印度及东南亚、太平洋地区等也有分布。

【生长习性】喜温暖湿润环境。喜阴，不耐晒；不耐寒。

【繁殖方法】分株、孢子繁殖。

【园林用途】国家二级保护野生植物。植株强壮，成熟枝下垂，适于盆栽悬挂，或栽种于树干、假山上。

小翠云

Selaginella kraussiana (Kunze) A.Braun
卷柏科，卷柏属

【形态特征】多年生常绿草本。茎匍匐状，主茎长15~45 cm，呈不规则羽状分枝，具关节，相邻分枝间距2~5 cm；侧枝10~20对，二至三回羽状分枝，排列稀疏，背腹压扁。叶二型，交互排列，草质，边缘有锯齿，不具白边。孢子叶穗紧密，四棱柱形，端生或侧生；孢子叶卵状披针形，边缘有细齿，不具白边。

【产地分布】原产非洲。世界各地广泛栽培。

【生长习性】喜湿润、潮湿及半阴环境。忌阳光直射，不耐干旱。喜疏松、透气、富含有机质的微酸性壤土。

【繁殖方法】分株、孢子繁殖。

【园林用途】植株低矮，终年翠绿，清雅秀丽，适宜盆栽作小型室内观叶植物，点缀窗台、案头、茶几，或作阴生地被植物。

翠云草（蓝地柏）

Selaginella uncinata (Desv.) Spring
卷柏科，卷柏属

【形态特征】多年生蔓生草本。主茎先直立而后伏地蔓生，长 50~100 cm，自近基部羽状分枝，无关节，相邻分枝间距 5~8 cm；侧枝 5~8 对，二回羽状分枝，背腹压扁。叶二型，交互排列，草质，全缘，具白边，表面具虹彩。孢子叶穗紧密，四棱柱形，单生于小枝末端；孢子叶卵状三角形，全缘，具白边。

【产地分布】原产中国中部、南部及西南各地。世界各地广为栽培。

【生长习性】喜温暖湿润、半阴环境，常生于林下阴湿岩石上或溪边林中。较耐旱，不耐寒。喜疏松、富含有机质的微酸性壤土。

【繁殖方法】分株、孢子繁殖。

【园林用途】羽叶密似云纹，四季翠绿，并有蓝绿色荧光，清雅秀丽，可栽种于林下作地被植物，也可盆栽观赏。

木贼

Equisetum hyemale L.
木贼科，木贼属

【形态特征】多年生常绿草本。根茎横走或直立，黑棕色。地上枝直立，中空，有节，高达 1 m 或更高，节间长 5~8 cm，不分枝或仅基部有少数直立的侧枝。地上枝有脊 16~22 条，鞘筒黑棕色，鞘齿 16~22 枚，披针形。孢子囊穗卵状，无柄。

【产地分布】原产中国东北、华北及内蒙古和长江流域各地。日本、俄罗斯及欧洲、北美洲、中美洲也有分布。

【生长习性】喜潮湿、光照充足环境，多生于山坡林下阴湿处、河岸湿地、溪边或杂草地。

【繁殖方法】分株、孢子繁殖。

【园林用途】株型直立，茎枝纤细，节节分明，别具一格，适宜栽种于园林或庭院水景中。

海金沙

Lygodium japonicum (Thunb.) Sw.
海金沙科，海金沙属

【形态特征】多年生攀缘草本，可攀高 1~4 m。叶轴具窄边，羽片多数，对生于叶轴短距两侧。叶二型，纸质；营养叶（不育羽片）尖三角形，二回羽状，小羽片互生，掌状 3 裂；孢子叶（能育羽片）卵状三角形，二回羽状，小羽片边缘生有流苏状孢子囊穗，成熟后暗褐色，散发孢子黄如细沙，故名"海金沙"。孢子期 5~11 月。

【产地分布】原产中国华东、华南、西南东部及湖南、陕南。日本、斯里兰卡、印度尼西亚、菲律宾、印度、热带澳大利亚也有分布。

【生长习性】喜温暖湿润、半阴环境，多生于路边、旷野或山坡疏林灌丛中。耐寒。宜疏松、透水的酸性土。

【繁殖方法】孢子繁殖。

【园林用途】生性强健，攀缘性强，可作立体绿化或点缀山石。

蘋（苹、萍、田字苹、四叶苹、田字草）

Marsilea quadrifolia L.
蘋科，蘋属

【形态特征】多年生水生草本，株高 5~20 cm。根状茎细长横走，具分枝，茎节远离，向上发出 1 至数枚叶。叶片由 4 片倒三角形的小叶组成，呈"十"字形，似"田"字，外缘半圆形，基部楔形。孢子果双生或单生于短柄上，着生于叶柄基部，长椭圆形，褐色，坚硬；每个孢子果内含多数孢子囊。

【产地分布】广布于中国各地，北达华北和辽宁，西北到新疆北部。朝鲜、日本及欧洲也有分布。

【生长习性】喜光，喜水湿，多生于水田或沟塘中。对土壤要求不严。

【繁殖方法】分根状茎、孢子繁殖。

【园林用途】适应性强，叶形奇特，可栽植于湿地、池塘等作水面绿化，亦可盆栽观赏。

满江红（红苹）

Azolla pinnata subsp. *asiatica* R.M.K.Saunders et K.Fowler
槐叶𬟁科，满江红属

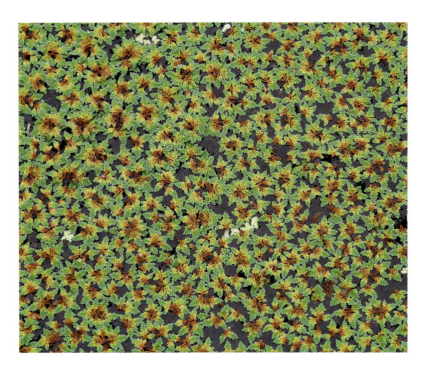

【形态特征】一年生小型漂浮蕨类。株体呈卵形或三角状，长3~4 cm，根状茎横走，羽状分枝，向水下长出须根。叶小，互生，呈覆瓦状排列成2行，通常分为上下2片，上片肉质，绿色，秋后变为紫红色；下片沉入水中，膜质如鳞片。孢子果双生于分枝处，大孢子果体积小，小孢子果较大。

【产地分布】广布于中国长江流域以南各地。朝鲜、日本也有分布。

【生长习性】多生于水田和静水沟塘中，生长适温21~24℃。

【繁殖方法】分株、孢子繁殖。

【园林用途】秋后叶色红艳，可种植于池塘、湿地等水中，或盆栽观赏。

槐叶𬟁（槐叶苹）

Salvinia natans (L.) All.
槐叶𬟁科，槐叶𬟁属

【形态特征】多年生小型漂浮蕨类。茎纤细而横走，被褐色节状毛。3叶轮生，上面2叶漂浮水面，长圆形或椭圆形，在茎的两侧紧密、整齐排列，状如槐叶，上面绿色，下面密被棕色茸毛；下面1叶悬垂水中，细裂成线状，被细毛，形如须根，起着根的作用。孢子果4~8个簇生于沉水叶的基部。

【产地分布】广布于中国各地。日本、越南、印度及欧洲也有分布。

【生长习性】喜温暖，常漂浮于水田、沟塘和静水溪河中。

【繁殖方法】分株、孢子繁殖。

【园林用途】叶姿小巧，玲珑可爱，可布置于池塘、水族箱，用以净化水体和点缀景观，亦可盆栽观赏。

扇叶铁线蕨

Adiantum flabellulatum L.
凤尾蕨科，铁线蕨属

【形态特征】多年生草本，株高 20~45 cm。根茎短而直立，密被棕色披针形鳞片。叶簇生，叶片扇形，二至三回不对称的二叉分枝，通常中央羽片较长，奇数一回羽状；小羽片互生，半圆形（能育的），或斜方形（不育的）；叶柄及各回羽轴、小羽柄均为紫黑色。孢子囊群每羽片 2~5 个，横生于裂片上缘和外缘，以缺刻分开。

【产地分布】原产中国广东、广西、海南、台湾、福建、江西、湖南、浙江、贵州、四川、云南。日本、越南、缅甸、印度、斯里兰卡及马来群岛也有分布。

【生长习性】喜温暖湿润、阳光充足环境。较耐阴。喜酸性红、黄壤土。

【繁殖方法】分株、孢子繁殖。

【园林用途】株型小巧美观，新叶呈红色，适合盆栽，或栽种于假山缝隙。

楔叶铁线蕨（铁线蕨、密叶铁线蕨）

Adiantum raddianum C.Presl
凤尾蕨科，铁线蕨属

【形态特征】多年生地生中小型蕨类，株高 20~45 cm。根茎紧凑，密被黑棕色披针形鳞片。叶簇生，拱形弯曲；叶柄细圆，栗黑色，如铁线般坚韧，故名"铁线蕨"；叶片卵状三角形，二至三回羽状；羽片 6~9 对，互生；小羽片倒卵形至菱形，边缘有锯齿或浅裂。孢子囊群圆形，生于能育的小羽片上缘。

【产地分布】原产热带美洲及西印度群岛。现世界各国普遍栽培。

【生长习性】喜温暖湿润、半阴环境。不耐晒，要求较高的空气湿度，耐热，不耐低温。喜疏松、排水良好的石灰质砂壤土。

【繁殖方法】分株、孢子繁殖。

【园林用途】株型飘逸，叶色秀丽，四季常绿，适合盆栽观赏，或栽种于假山缝隙。

水蕨

Ceratopteris thalictroides (L.) Brongn.
凤尾蕨科，水蕨属

【形态特征】一年生水生蕨类，株高30~70 cm。根茎短而直立，一簇粗根着生于泥。叶簇生，二型；不育叶直立或幼时漂浮，狭长圆形，二至四回羽状深裂；能育叶长圆形或卵状三角形，二至三回羽状深裂；叶柄圆柱形，肉质。孢子囊沿能育叶裂片主脉两侧的网眼着生，棕色。

【产地分布】广布于世界热带及亚热带各地，中国长江流域以南各地均有分布。

【生长习性】喜阳，耐半阴，常生于池沼、水田或水沟中。

【繁殖方法】孢子繁殖。

【园林用途】国家二级保护野生植物。可用于湿地、沼泽或水沟边，亦可盆栽观赏。

泽泻蕨（心叶蕨、心愿蕨）

Mickelopteris cordata (Hook. et Grev.) Fraser-Jenk.
凤尾蕨科，泽泻蕨属

【形态特征】多年生草本，株高10~25 cm。根茎短，直立或斜伸，被棕色披针形鳞片。叶簇生，近二型；能育叶柄远较不育叶柄长，栗色或紫黑色，被红棕色钻形鳞片和节状长毛；叶片卵形、长卵形或戟形，基部深心形，叶脉网状。孢子囊群沿网脉着生，棕色，无盖。

【产地分布】产于中国台湾、海南及云南。印度南部、斯里兰卡、马来西亚、菲律宾、越南、老挝、柬埔寨等地也有分布。

【生长习性】喜高温湿润、半阴环境。不耐晒。常生于密林下湿地、溪谷石缝或灌丛。

【繁殖方法】分株、孢子繁殖。

【园林用途】叶形别致，适宜盆栽观赏。

圆叶旱蕨（纽扣蕨）

***Pellaea rotundifolia* (G.Forst.) Hook**
凤尾蕨科，旱蕨属

【形态特征】多年生小型蕨类，株高15~30 cm。根状茎短而直立，密被栗黑色鳞片。叶簇生，一回羽裂，羽片20~40枚，革质，椭圆形或近圆形，呈二列互生，如成排的纽扣；叶面深绿色，富有光泽；叶柄栗色，圆柱形，叶柄和叶轴被褐色鳞毛。孢子囊群小，生于小脉顶端或顶部一段，彼此接近。

【产地分布】原产新西兰。中国有引种栽培。

【生长习性】喜温凉湿润、半阴环境。忌烈日直射；较耐旱，不耐高温，有一定耐寒性，生长适温20~28℃。

【繁殖方法】分株、孢子繁殖。

【园林用途】株型小巧美观，叶形独特，适于盆栽观赏，也可栽种于岩石园、假山叠石作点缀。

剑叶凤尾蕨

***Pteris ensiformis* Burm.**
凤尾蕨科，凤尾蕨属

【形态特征】多年生草本，株高30~50 cm。根状茎细长，斜生或横卧，被黑褐色鳞片。叶密生，二型，不育叶远比能育叶短；叶片长圆状卵形，二回羽状，羽片3~6对，对生；不育叶的下部羽片相距1.5~2 cm，三角形，常为羽状；能育叶的羽片疏离（下部的相距5~7 cm），通常为2~3叉，中央的分叉最长。

【产地分布】原产太平洋盆地。中国广东、广西、四川、云南、贵州、浙江、江西、福建、台湾等地有分布。

【生长习性】喜温暖湿润环境。耐半阴，忌强光直射；忌干旱。宜疏松肥沃、富含腐殖质的壤土。

【繁殖方法】分株、孢子繁殖。

【园林用途】叶形整齐，终年常绿，适宜盆栽，或栽种于假山、林下点缀。

常见栽培应用的变种如下。

银脉凤尾蕨（var. *victoriae*）：又名白羽凤尾蕨、夏雪银线蕨，主脉和侧脉灰白色。

银脉凤尾蕨

傅氏凤尾蕨
Pteris fauriei Hieron.
凤尾蕨科，凤尾蕨属

【形态特征】多年生草本，株高 50~90 cm。根状茎短，斜升，先端密被深褐色鳞片。叶簇生，卵形至卵状三角形，二回深羽裂或基部三回深羽裂；侧生羽片 3~6（9）对，下部的对生，斜展，镰刀状披针形，篦齿状深羽裂达到羽轴两侧的狭翅。孢子囊群线形，沿裂片边缘延伸，仅裂片先端不育；孢子黑褐色。

【产地分布】原产中国、越南北部、日本。中国分布于华东、华南、西南地区。

【生长习性】喜温暖湿润、半阴环境，多生长于林下沟旁的酸性土壤上。耐阴，忌强光直射，不耐寒。

【繁殖方法】分株、孢子繁殖。

【园林用途】叶色翠绿，光亮美丽，适合盆栽观赏，亦可布置于公园荫蔽的路边、石边或水岸边。

阿波银线蕨（日本凤尾蕨、银线凤尾蕨、白玉凤尾蕨）
Pteris parkeri J.J.Parker
凤尾蕨科，凤尾蕨属

【形态特征】多年生草本，株高 30~40 cm。营养叶小叶较宽，狭披针形，叶中部灰白色，边缘常波状；孢子叶叶柄较长，小叶极狭，线形。

【产地分布】原产中国台湾及日本。世界各地常见栽培。

【生长习性】喜温暖湿润、半阴环境。忌强光直射，不耐寒，越冬温度 5℃以上。

【繁殖方法】分株、孢子繁殖。

【园林用途】叶色翠绿，形态婀娜，适于室内盆栽，亦可配置于假山、岩石边。

巢蕨（鸟巢蕨）

Asplenium nidus L.
铁角蕨科，铁角蕨属

【形态特征】多年生大型附生或地生草本，株高100~120 cm。根状茎直立，粗短，先端密被深棕色线形鳞片。叶簇生，阔披针形，长 75~100 cm，厚纸质或薄革质。孢子囊群线形，生于小脉的上侧，彼此密集，叶片下部通常不育；囊群盖线形，浅棕色。

【产地分布】原产亚洲东南部、澳大利亚东部、印度尼西亚、印度和非洲东部等，在中国热带及亚热带地区广泛分布。世界各地广泛栽培。

【生长习性】喜高温湿润、半阴环境，常附生于林中树干上或岩石上。不耐晒，不耐干旱。

【繁殖方法】孢子、组培繁殖。

【园林用途】株型似鸟巢，叶色秀丽，可作为附生植物固定于树干上，亦可栽种于林下作地被，或作盆栽观赏。

常见栽培品种如下。

'眼镜蛇'巢蕨（'Cobra'）：叶片褶皱。

'鹿角'鸟巢蕨（'Crissie'）：叶片先端多次分叉，呈鹿角状。

'眼镜蛇'巢蕨

'鹿角'鸟巢蕨

红椿蕨（富贵蕨）

Neoblechnum brasiliense (Desv.) Gasper et V.A.O.Dittrich
乌毛蕨科，红椿蕨属

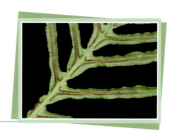

【形态特征】多年生草本。根状茎粗壮，直立，木质，顶端被黑色针状鳞片。叶簇生，椭圆状披针形，一回羽状裂；侧生羽片多对，先端尖，边缘波状，基部与叶轴合生。孢子囊群条带状，分布于中脉两侧。

【产地分布】原产巴西。世界各地有栽培。

【生长习性】喜高温湿润环境。喜光照，耐半阴；不耐干旱。宜富含有机质、湿润、排水良好的土壤。

【繁殖方法】分株、孢子繁殖。

【园林用途】叶色翠绿，形态优美，常盆栽观赏，或用于花境搭配、庭院观赏。

杯盖阴石蕨（圆盖阴石蕨、狼尾蕨、兔脚蕨、白毛蛇）

Davallia griffithiana Hook.
骨碎补科，骨碎补属

【形态特征】多年生附生蕨类，株高20~40 cm。根状茎长而横走，密被蓬松的鳞片，形似狼尾。叶疏生，三角状卵形，自基部、中部至顶部分别为四回、三回和二回羽裂；羽片10~15对，一回小羽片约10对，二回小羽片5~7对，互生。孢子囊群生于裂片上侧小脉顶端，每裂片1~3枚；囊群盖宽杯形或近圆形，棕色。

【产地分布】产于中国台湾、云南西北部。印度北部、不丹、老挝、缅甸、越南也有分布。

【生长习性】喜温暖湿润、半阴环境，多附生于林中石头或树干上。

【繁殖方法】分株、孢子繁殖。

【园林用途】可布置于树干、假山、岩石边，或盆栽观赏。

骨碎补（高山羊齿、毛根蕨）

Davallia trichomanoides Blume
骨碎补科，骨碎补属

【形态特征】多年生草本，株高 20~30 cm。根状茎长而横走，密被蓬松的灰棕色狭披针形鳞片。叶远生，三角形，三回羽状；羽片 8~10 对，基部一对最大，二回羽状，向上的羽片逐渐缩小；一回小羽片 8~10 对，互生，椭圆形。孢子囊群生于小脉顶端，每裂片有 1 枚；囊群盖管状，厚膜质。

【产地分布】原产中国云南南部。马来西亚、新几内亚岛、印度尼西亚等地也有分布。

【生长习性】喜温暖湿润环境，常附生于山地林中树干或岩石上。

【繁殖方法】分株繁殖。

【园林用途】株型潇洒，叶形优美，适合盆栽观赏或配置于假山岩石边。

全缘贯众

Cyrtomium falcatum (L.f.) C.Presl
鳞毛蕨科，贯众属

【形态特征】多年生草本，株高 30~40 cm。根茎直立，密被棕色披针形鳞片。叶簇生，革质，宽披针形，奇数一回羽状；侧生羽片 5~14 对，互生，偏斜的卵形或卵状披针形，边缘全缘常呈波状。孢子囊群遍布羽片背面；囊群盖圆形，盾状，边缘有小齿缺。

【产地分布】产于中国山东、江苏、浙江、福建、台湾、广东。日本也有分布。

【生长习性】喜漫射光，耐半阴。适应性强，较耐盐碱，不耐高温，生长适温 10~18℃。对土壤酸碱度要求不严。

【繁殖方法】分株、孢子繁殖。

【园林用途】株型美观，叶片亮绿，适宜盆栽观赏，也可作林下地被、假山点缀等。

贯众

***Cyrtomium fortunei* J.Sm.**
鳞毛蕨科，贯众属

【形态特征】多年生草本，株高 25~50 cm。根茎直立，连同叶柄基部密被棕色鳞片。叶簇生，纸质，矩圆披针形，奇数一回羽状；侧生羽片 7~16 对，互生，披针形，多少上弯成镰状，边缘全缘有时有前倾的小齿。孢子囊群遍布羽片背面；囊群盖圆形，盾状，全缘。

【产地分布】原产中国华中、华东、华南、西南等大部分地区。日本、朝鲜南部、越南北部、泰国也有分布。

【生长习性】喜温暖湿润、半阴环境。较耐寒，生长适温 16~26℃；较耐干旱。宜疏松肥沃、排水良好、富含有机质的微酸性至中性砂质土壤。

【繁殖方法】分株、孢子繁殖。

【园林用途】叶形美观，叶色亮绿，可作林下地被、假山点缀等。

长叶肾蕨（霸王蕨）

***Nephrolepis biserrata* (Sw.) Schott**
肾蕨科，肾蕨属

【形态特征】多年生地生或附生蕨类，具匍匐茎。根状茎短而直立，伏生红棕色披针形鳞片。叶簇生，狭椭圆形，长 70~80 cm 或超过 1 m，一回羽状；羽片 35~50 对，互生，中部羽片披针形或线状披针形，下部羽片披针形，较短。孢子囊群圆形，成整齐的 1 行生于自叶缘至主脉的 1/3 处；囊群盖圆肾形，褐棕色，边缘红棕色。

【产地分布】泛热带分布。中国广东、海南、云南、台湾有分布。日本、印度、马来西亚及中南半岛等地亦有分布。

【生长习性】喜高温湿润、半阴环境，附生于林中树干或石头上。忌暴晒；不耐寒，生长适温 22~28℃。

【繁殖方法】分株、孢子繁殖。

【园林用途】叶片终年鲜绿色，适宜于坡地绿化、立体绿化，或盆栽作为室内绿植，也是优良的切叶材料。

肾蕨

Nephrolepis cordifolia (L.) C.Presl
肾蕨科，肾蕨属

【形态特征】多年生附生或地生草本。根状茎直立，被蓬松的淡棕色长钻形鳞片，下部有粗铁丝状的匍匐茎，其上生有近圆形的块茎。叶簇生，直立，一回羽状，羽叶 45~120 对，披针形，基部心脏形，通常不对称。孢子囊群成 1 行生于主脉两侧，肾形；囊群盖肾形，褐棕色。

【产地分布】广布于世界热带及亚热带地区，中国浙江、福建、台湾、湖南南部、广东、广西、海南、贵州、云南和西藏（察隅、墨脱）有分布。

【生长习性】喜温暖湿润气候，生于溪边林下。喜半阴，忌暴晒。

【繁殖方法】分株、孢子繁殖。

【园林用途】广泛用于园林绿化或切叶，也可盆栽于室内观赏。

高大肾蕨

Nephrolepis exaltata (L.) Schott
肾蕨科，肾蕨属

【形态特征】多年生草本。根状茎直立，下部有匍匐茎向四方横展。叶簇生，羽状深裂，羽片披针形，边缘有微锯齿，先端钝圆，基部三角形，不对称。孢子囊群成1行生于主脉两侧，肾形；囊群盖肾形，褐棕色。

【产地分布】原产南美北部、中美洲、西印度群岛、非洲和波利尼西亚。世界各地有栽培，园艺品种多。

【生长习性】喜温暖湿润气候。喜半阴，忌暴晒。

【繁殖方法】分株繁殖。

【园林用途】生长茂盛，叶色翠绿，适宜室内盆栽观赏，或布置于假山、水池边。

常见栽培品种如下。

'波士顿'蕨（'Bostoniensis'）：叶较短，斜生，弯垂。

'密叶波士顿'蕨（'Corditas'）：叶较短，羽片密集。

'蕾丝'肾蕨（'Fluffy Ruffles'）：又名皱叶肾蕨。羽片皱曲叠生。

'虎斑'肾蕨（'Tiger'）：又名虎蕨、锦叶肾蕨。叶较短，有黄斑。

'波士顿'蕨

'密叶波士顿'蕨

'蕾丝'肾蕨

'虎斑'肾蕨

崖姜（崖姜蕨）

Drynaria coronans J.Sm.
水龙骨科，槲蕨属

【形态特征】多年生大型附生蕨类。根状茎横卧，粗大，肉质，密被蓬松的长鳞片。叶一型，长圆状倒披针形，长 80~120 cm 或过之，中部宽 20~30 cm，向下渐窄，先端渐尖；基部以上羽状深裂，裂片多数，披针形。孢子囊群位于小脉交叉处，在主脉与叶缘间排成一长行，圆球形或长圆形。

【产地分布】原产中国广东、广西、福建、台湾、海南、贵州、云南。越南、缅甸、印度、尼泊尔、马来西亚也有分布。

【生长习性】喜高温湿润环境，常附生雨林或季雨林中树干或岩石上。喜光照，但不耐暴晒；不耐寒，不耐旱。

【繁殖方法】分株、孢子繁殖。

【园林用途】植株高大、挺拔，形体似巢蕨，适合盆栽观赏或栽种于树干上。

槲蕨

Drynaria roosii Nakaike
水龙骨科，槲蕨属

【形态特征】多年生附生蕨类，株高 25~50 cm。根状茎密被棕褐色鳞片。叶二型，基生不育叶圆形，厚干膜质，黄绿色或枯棕色；能育叶纸质，深羽裂，裂片 7~13 对，互生，披针形。孢子囊群圆形或椭圆形，叶片下面全部分布，沿裂片中肋两侧各排成 2~4 行。孢子成熟期 10~11 月。

【产地分布】产于中国南方各地。越南、老挝、柬埔寨、泰国、印度也有分布。

【生长习性】喜温暖湿润、半阴环境，常附生岩石或树干上匍匐生长。耐旱，忌强光直射。

【繁殖方法】分株、孢子繁殖。

【园林用途】叶形奇特，容易养护，适用于立体绿化，可栽种于树干上。

江南星蕨（福氏星蕨、大星蕨）
Lepisorus fortunei (T.Moore) C.M.Kuo
水龙骨科，瓦韦属

【形态特征】多年生附生蕨类，株高25~70 cm。根状茎长而横走，淡绿色，顶部被棕褐色鳞片。叶远生，厚纸质，带状披针形至披针形，顶端长渐尖，基部渐狭，下延成窄翅，中脉两面明显隆起。孢子囊群大，圆形，橘黄色，沿中脉两侧排列成较整齐的一行；孢子豆形。

【产地分布】原产中国长江流域及以南各地，北达秦岭南坡。马来西亚、不丹、缅甸、越南也有分布。

【生长习性】喜温暖湿润、半阴环境，多生于林下溪边岩石或树干上。耐阴，忌强光直射。

【繁殖方法】分株、孢子繁殖。

【园林用途】叶色秀丽，生长旺盛，可做园林布景，适合配置于假山岩石边。

星蕨
Microsorum punctatum (L.) Copel.
水龙骨科，星蕨属

【形态特征】多年生附生蕨类，株高40~60 cm。根状茎短而横走，粗壮，密生须根。叶近簇生，纸质，阔线状披针形，基部渐狭成窄翅，或圆楔形或近耳形，全缘或略不规则波状。孢子囊群橙黄色，通常只叶片上部能育，不规则散生或汇合。

【产地分布】原产中国华南、西南等地。越南、马来群岛、印度至非洲也有分布。

【生长习性】喜温暖湿润、半阴环境，多生于疏阴处的树干或墙垣上。不耐寒。

【繁殖方法】分株、孢子繁殖。

【园林用途】叶片宽阔，终年常绿，可作附生树干、假山、裸石等植物材料。

二歧鹿角蕨（蝙蝠蕨）

Platycerium bifurcatum (Cav.) C.Chr.
水龙骨科，鹿角蕨属

【形态特征】多年生附生蕨类，株高约40 cm。根状茎肉质，短而横卧，有分枝。叶二型，基生不育叶无柄，直立或贴生，全缘、浅裂至四回分叉，裂片不等长；能育叶直立、伸展或下垂，通常不对称，楔形，二至五回叉裂。孢子囊群斑块1~10个，位于裂片先端；孢子黄色。

【产地分布】原产澳大利亚东北部沿海地区、新几内亚岛及爪哇等地。世界各地广为栽培。

【生长习性】喜温暖湿润、半阴环境，通常成簇附生树上或岩石上。稍耐干旱。

【繁殖方法】分株、孢子繁殖。

【园林用途】叶形奇特，容易养护，可附生于树干，或盆栽悬挂。

鹿角蕨（瓦氏鹿角蕨、蝴蝶鹿角蕨）

Platycerium wallichii Hook.
水龙骨科，鹿角蕨属

【形态特征】多年生附生草本，株高40~60 cm。根状茎肉质，短而横卧，密被淡棕色或灰白色鳞片。叶二型；基生不育叶宿存，厚革质，下部肉质，无柄，贴生于树干上，先端3~5次叉裂；能育叶常成对生长，下垂，灰绿色，分裂成不等大的3枚主裂片，内侧裂片最大，多次分叉成狭裂片。孢子囊散生于主裂片第一次分叉的凹缺处以下。

【产地分布】原产中国云南西南部。印度、缅甸、泰国也有分布。

【生长习性】喜温暖湿润、半阴环境，常附生于雨林树干上。旱季进入休眠期。

【繁殖方法】分株繁殖。

【园林用途】国家二级保护野生植物。可布置于树干上，或盆栽悬垂观赏。

贴生石韦（钙生石韦）
Pyrrosia adnascens (Sw.) Ching
水龙骨科，石韦属

【形态特征】多年生附生蕨类，株高5~12 cm。根状茎细长，密生鳞片。叶稍远生，二型，肉质；不育叶小，倒卵状矩圆形或矩圆形；能育叶条状至狭披针形，全缘。孢子囊群着生于内藏小脉顶端，聚生于能育叶片中部以上，成熟后扩散，无囊群盖，幼时被星状毛覆盖，淡棕色，成熟时汇合，砖红色。

【产地分布】原产中国台湾、福建、广东、海南、广西和云南。亚洲热带地区有分布。

【生长习性】喜温暖湿润、半阴环境，常附生树干或岩石上。稍耐旱。

【繁殖方法】分株、孢子繁殖。

【园林用途】株型美观，叶色鲜绿，生长旺盛，可种植于树干或石缝，亦可盆栽观赏。

种子植物
Spermatophytes

芡实（鸡头米）
Euryale ferox Salisb.
睡莲科，芡属

【形态特征】一年生大型水生草本。叶二型，沉水叶箭形或椭圆肾形，两面无刺；浮水叶盾状、椭圆状肾形或圆形，有刺。花单生，花梗粗壮，有硬刺；萼片披针形，外绿色，密生弯刺，内紫色；花瓣披针形，紫红色，成数轮排列，向内渐变成雄蕊。浆果球形，密生硬刺。花期7~8月，果期8~9月。

【产地分布】原产中国南北各地。印度、缅甸、孟加拉国、日本、朝鲜半岛等地也有分布。

【生长习性】喜温暖湿润、阳光充足环境。不耐寒，不耐旱，生长适温20~30℃。喜肥沃、富含有机质的泥土，适合水深30~90 cm。

【繁殖方法】播种繁殖。

【园林用途】叶大而奇特，花紫色，适合公园湖泊、水塘或水渠等绿化美化，可与荷花、睡莲、香蒲等配置水景。

萍蓬草（黄金莲、萍蓬莲）
Nuphar pumila (Timm) DC.
睡莲科，萍蓬草属

【形态特征】多年生水生草本，具根状茎。叶二型，浮水叶纸质或近革质，宽卵形或卵形，基部开裂呈深心形，叶面绿而光亮，叶背紫红色，有柔毛；沉水叶薄而柔软，无毛。花单生叶腋，花茎挺出水面，花蕾球形，绿色；萼片5枚，黄色，花瓣状，矩圆形或椭圆形；花瓣窄楔形。浆果卵形；种子褐色。花期5~7月，果期7~9月。

【产地分布】原产中国广东、江西、福建、浙江、江苏、河北、吉林和黑龙江。俄罗斯、日本、欧洲北部及中部也有分布。

【生长习性】喜温暖湿润、阳光充足环境。耐寒，不耐阴。喜轻黏性土壤，适宜水深30~60cm，生长适温15~32℃。

【繁殖方法】分株、播种、组培繁殖。

【园林用途】叶形奇特、油绿光亮，花金黄灿烂，常作庭院水体绿化植物。

齿叶睡莲（埃及白睡莲）

Nymphaea lotus L.
睡莲科，睡莲属

【形态特征】多年生水生草本。根状茎直立，匍匐茎纤细。叶片近圆形，漂浮，基部具深弯缺，边缘有弯缺三角状锐齿，叶面绿色，叶背带紫色。花大而芳香，傍晚开放，午前闭合；萼片与花瓣长圆形，萼片外面绿色，内面白色，花瓣16~20枚，白色；雄蕊黄色。浆果；种子球形。花期8~10月，果期9~11月。

【产地分布】原产非洲热带，印度、缅甸、越南、泰国、菲律宾等地有分布。中国有引种栽培。

【生长习性】喜温暖湿润、阳光充足、通风环境。不耐阴，不耐寒，适宜温度22~30℃。对土壤要求不严。

【繁殖方法】分株、播种繁殖。

【园林用途】花大而美丽，花色洁白，适合公园、庭院景观水体绿化，亦可缸植观赏。

黄睡莲（墨西哥黄睡莲）

Nymphaea mexicana Zucc.
睡莲科，睡莲属

【形态特征】多年生水生草本。根状茎直立，粗而长。叶二型，浮水叶近圆形或卵形，叶缘呈不明显波状，基部具弯缺，心形或箭形；沉水叶薄膜质，脆弱。花挺出水面，自近中午至下午4点开放；萼片4枚，黄绿色；花瓣12~30枚，黄色；雄蕊比花瓣短，花药条形。花期6~8月，果期8~10月。

【产地分布】原产美国和墨西哥。中国华南地区有栽培。

【生长习性】喜温暖湿润、阳光充足、通风环境。较耐寒。喜肥沃、富含有机质的泥土，适宜种植水深45~75 cm。

【繁殖方法】分株、播种繁殖。

【园林用途】花色明艳，花瓣圆润，宜栽植于相对稳定的水域中，常用作风景区、公园和庭院湖、塘水面点缀。

蓝睡莲（埃及蓝睡莲）

Nymphaea nouchali var. *caerulea* (Savigny) Verdc.
睡莲科，睡莲属

【形态特征】多年生水生草本。根状茎短粗。叶二型，浮水叶圆形或卵形，边缘有波状钝齿或近全缘，基部具弯缺，心形或箭形，正面绿色，背面有紫色斑点；沉水叶薄，脆弱。花浅蓝色，傍晚开放，午前闭合，有香气；萼片4枚，条形或长披针形，外面绿色，里面蓝色；花瓣15~20枚，条状矩圆形或披针形，浅紫色、天蓝色或粉红色；雄蕊鲜黄色。浆果球形。花果期7~12月。

【产地分布】原产南非及非洲中部、东北部。中国南方有栽培。

【生长习性】喜温暖湿润、阳光充足环境。不耐阴，较耐寒。喜肥沃、富含有机质的泥土，最适水深25~30 cm，最深不得超过80 cm。

【繁殖方法】分株、播种繁殖。

【园林用途】花具芳香，色泽雅致，常栽植于公园、庭院的水池观赏，亦可作切花。

印度红睡莲（热带红睡莲）

Nymphaea rubra Roxb. ex Andrews
睡莲科，睡莲属

【形态特征】多年生水生草本，根状茎呈不规则球形。叶二型，浮水叶纸质，近圆形，新叶正面红褐色；沉水叶薄膜质，脆弱。花单生于细长花梗顶端，挺出水面，傍晚开花，上午9时左右闭合；花碟形平展或呈星芒放射状，粉红色至深紫红色，花瓣12~20枚；花药橘红色。浆果球形；种子椭圆形，黑色。花期6~8月，果期8~10月。

【产地分布】原产印度南部和中部。世界各地均有栽培。

【生长习性】喜温暖湿润、阳光充足、通风良好、水质清洁环境。耐热，不耐寒。

【繁殖方法】分株、播种繁殖。

【园林用途】叶形美观，花色红艳，花期长，可盆栽或池栽，多配置于水景。

睡莲（子午莲）

Nymphaea tetragona Georgi
睡莲科，睡莲属

【形态特征】多年生水生草本，根状茎短粗。叶二型，浮水叶圆形、椭圆形或卵形，基部深裂成马蹄形或心形；沉水叶薄膜质，柔弱。花单生于细长花茎顶端，浮于或略高于水面，午后开放；萼片4，宽披针形或窄卵形；花瓣白色，宽披针形、长圆形或倒卵形。浆果球形；种子椭圆形，黑色。花期6~8月，果期8~10月。

【产地分布】广泛分布于中国。世界各地均有栽培。

【生长习性】喜温暖湿润、阳光充足、通风良好环境。对土质要求不严，适宜水深25~30 cm，最深不得超过80 cm。

【繁殖方法】分株、播种繁殖。

【园林用途】叶形美观，花清新淡雅，花期长，可盆栽或池栽，多配置于水景。

王莲（亚马逊王莲）

Victoria amazonica (Poepp.) Klotzsch
睡莲科，王莲属

【形态特征】多年生或一年生大型水生草本，根肥大。叶椭圆形至圆形，浮于水面，直径可达2 m，叶缘上翘呈盘状，叶面绿色略带微红，有皱褶，背面紫红色，具刺。花单生，常伸出水面开放，初开白色，后变为淡红色至深红色，具芳香；花萼密布有刺。浆果球形；种子200~300粒。花果期7~9月。

【产地分布】原产南美洲热带地区。中国南方地区有栽培。

【生长习性】喜高温、阳光充足环境。不耐寒，生长适温22~30℃。喜肥沃略带黏性的土壤，适合水深不超过1 m。

【繁殖方法】播种繁殖。

【园林用途】叶大型，形态奇特，花大，观赏性佳，多用于公园、风景区的水体栽培。

克鲁兹王莲

Victoria cruziana Orbign.
睡莲科，王莲属

【形态特征】多年生大型水生草本，根状茎短而直立。叶圆形，浮于水面，直径可达 2 m 以上，叶缘上翘，直立。花大，单生，伸出水面，初开时白色，逐渐变为粉红色，至凋落时颜色逐渐加深，具芳香；萼片 4 枚，绿褐色，被刺；花瓣多数，倒卵形。浆果球形。花果期 7~10 月。

【产地分布】原产南美洲热带地区。中国南方地区有栽培。

【生长习性】喜温暖湿润、阳光充足环境。不耐寒，气温下降至 20℃时，生长停滞，8℃左右，植株受寒死亡。喜深厚肥沃的土壤，适合水深 1 m 左右。

【繁殖方法】播种繁殖。

【园林用途】叶形大而奇特，可作为植物园、风景区、庭院水池绿化种植。

蕺菜（鱼腥草、侧耳根）

Houttuynia cordata Thunb.
三白草科，蕺菜属

'变色龙'蕺菜

【形态特征】多年生常绿草本，株高 30~60 cm。茎下部伏地，上部直立，节上轮生小根。叶卵形或阔卵形，顶端短渐尖，基部心形，背面常呈紫红色；托叶下部与叶柄合生而成鞘，基部扩大，略抱茎。穗状花序顶生或与叶对生，基部多具 4 枚白色花瓣状苞片。蒴果近球形。花期 4~7 月，果期 7~10 月。

【产地分布】原产中国中部、东南至西南部地区。

【生长习性】喜温暖潮湿环境，常生于沟边、溪边或林下湿地。喜阴，忌暴晒；耐湿，忌干旱。宜腐殖质壤土或肥沃的砂质壤土。

【繁殖方法】扦插、分株、播种繁殖。

【园林用途】叶茂花繁，适用性强，可作为林下湿地的观花地被。

常见栽培品种如下。

'变色龙'蕺菜（'Chameleon'）：又名花叶蕺菜，叶面色彩变化较为丰富，有淡黄色、古铜色、红色与粉红色斑纹。

三白草

Saururus chinensis (Lour.) Baill.
三白草科，三白草属

【形态特征】多年生常绿草本，株高可达1 m。茎粗壮，有纵长粗棱和沟槽。叶纸质，密生腺点，阔卵形至卵状披针形；上部叶较小，茎顶端2~3片于花期常为白色，呈花瓣状；叶柄基部与托叶合生成鞘状，略抱茎。总状花序顶生或腋生，白色。果近球形。花期4~6月。

【产地分布】原产中国黄河以南地区。日本、菲律宾至越南也有分布。

【生长习性】喜温暖潮湿环境，常生于沟边、溪边或林下湿地。喜阴，忌暴晒；耐湿，忌干旱。宜腐殖质壤土或肥沃的砂质壤土。

【繁殖方法】扦插、分株、播种繁殖。

【园林用途】茎叶繁茂，可作为林下湿地的地被植物。

西瓜皮椒草

Peperomia argyreia É.Morren
胡椒科，草胡椒属

【形态特征】多年生常绿草本，株高15~20 cm。茎短，簇生。叶卵圆形，肉质，长5~6 cm；叶柄红褐色，长10~15 cm；叶脉由中央向四周呈辐射状延伸，绿色，脉间银白色，如同西瓜皮状。肉穗花序直立，伸出叶丛外；花细小，白色。花期1~3月。

【产地分布】原产南美洲和热带地区。中国南北均有栽培。

【生长习性】喜温暖湿润、半阴环境。忌强光直射；生长适温20~28℃，低于10℃易受冻害。喜深厚肥沃、富含腐殖质的酸性土壤。

【繁殖方法】扦插、分株、组培繁殖。

【园林用途】株型玲珑，叶形和叶色状似西瓜皮，宜室内盆栽观赏。

皱叶椒草（皱叶豆瓣绿、四棱椒草）

Peperomia caperata Yunck.
胡椒科，草胡椒属

【形态特征】多年生常绿草本，株高 20~25 cm。茎短。叶圆心形，丛生于短茎顶，叶面褐绿色，有光泽，脉间有青灰色条斑，背面灰绿色；主脉及第一侧脉向下凹陷，使叶面折皱不平；叶柄肉质，褐绿色，半透明。肉穗花序顶端弯曲，淡绿色；花序梗红褐色，伸出叶丛外。花期 4~5 月。

【产地分布】原产美洲热带地区。中国有引种栽培。

【生长习性】喜温暖湿润环境。喜半日照或明亮的散射光；生长适温 25~28℃，越冬温度不得低于 12℃。喜深厚肥沃的酸性土壤。

【繁殖方法】扦插、分株、组培繁殖。

【园林用途】叶片光亮青绿，幽雅别致，宜盆栽观赏。常见栽培品种如下。

'红月'皱叶椒草（'Red Luna'）：叶片圆心形，叶面红色。

'红背'皱叶椒草（'Rosso'）：叶片长卵形，叶背血红色。

'红背'皱叶椒草

'红月'皱叶椒草

红边椒草（红缘豆瓣绿、红沿椒草）

Peperomia clusiifolia Hook.

胡椒科，草胡椒属

【形态特征】多年生常绿草本，株高 10~30 cm。茎枝粗圆，浓紫红色，茎节处易生气生根。叶互生，肉质较肥厚，倒卵形，全缘，叶背浅绿色而泛紫红晕彩，边缘红色，叶柄紫红色。肉穗花序嫩绿色，直立，突出叶丛外，花序梗紫红色。花期3~5月。

【产地分布】原产热带美洲。中国南方有栽培。

【生长习性】喜温暖湿润、半阴环境。不耐寒，10℃以下停止生长，5℃以下易受冻害。耐干旱。喜排水良好的土壤。

【繁殖方法】扦插繁殖。

【园林用途】叶色浓绿，株型小巧，宜盆栽观赏。常见栽培品种如下。

'花叶'红边椒草（'Variegata'）：叶缘有不规则黄色、粉红色斑纹。

'花叶'红边椒草

红背椒草（雪椒草）

Peperomia graveolens Rauh et Barthlott

胡椒科，草胡椒属

【形态特征】多年生常绿肉质草本，株高 5~8 cm。叶对生或轮生，椭圆形，具光泽，叶面暗绿色，其他部分为暗红色，两边微微上翻，使叶面中间形成一浅沟，背面呈龙骨状突起。肉穗花序，浅绿色，直立；花序梗暗红色，突出叶丛外。花期春末夏初。

【产地分布】原产南美洲的热带地区。中国各地广泛栽培。

【生长习性】喜温暖干燥、半阴环境。不耐寒，生长适温 18~28℃；耐干旱，不耐积水。喜疏松肥沃、富含腐殖质、排水性良好的土壤。

【繁殖方法】扦插繁殖。

【园林用途】株型小巧秀气，叶色奇特。可作小型观叶盆栽，点缀几案、窗台等处。

圆叶椒草（豆瓣绿、钝叶椒草）

Peperomia obtusifolia (L.) A.Dietr.
胡椒科，草胡椒属

【形态特征】多年生常绿草本，株高 25~30 cm。茎直立，红褐色，节间较短。叶互生，椭圆形或倒卵形，深绿色，质厚，先端钝圆。肉穗花序嫩绿色，顶生或腋生；花小，两性，无花被。浆果卵状球形。花期春末夏初。

【产地分布】原产委内瑞拉、巴西、西印度群岛。中国各地广泛栽培。

【生长习性】喜温暖湿润、半阴环境。忌阳光直射；不耐寒，生长适温 20~30 ℃，5 ℃以下会受冻害；稍耐干旱。喜疏松透气、富含腐殖质、排水良好土壤。

【繁殖方法】扦插繁殖。

【园林用途】植株玲珑可爱，叶形奇特，叶色碧绿如翠，适合室内盆栽观赏。

常见栽培品种如下。

'花叶'圆叶椒草（'Variegata'）：叶缘有大面积不规则黄斑。

'花叶'圆叶椒草

花叶垂椒草（斑叶垂椒草、蔓性椒草）

Peperomia serpens Loudon 'Variegata'
胡椒科，草胡椒属

【形态特征】多年生常绿草本。茎蔓生或匍匐，肉质而多汁。叶长心形，叶面淡绿色，具蜡质，叶缘有黄白色或淡黄色斑纹。穗状花序直立，绿色，自叶腋或短枝顶端抽生。花期 4~6 月。

【产地分布】园艺品种，原种产美洲热带地区。中国南方地区有栽培。

【生长习性】喜温暖湿润、半阴环境。忌强光暴晒；不耐寒，冬季温度不宜低于 10 ℃。宜疏松、肥沃、排水良好的砂质壤土。

【繁殖方法】扦插、分株繁殖。

【园林用途】枝叶细巧垂挂，叶片具美丽的斑纹，宜吊盆栽培观赏。叶面色彩变化较为丰富，有淡黄色、古铜色、红色与粉红色斑纹。

白脉椒草（白脉豆瓣绿、轮叶椒草、弦月椒草）

Peperomia tetragona Ruiz et Pav.

胡椒科，草胡椒属

【形态特征】多年生草本，株高 20~30 cm。茎直立，红褐色。叶 3~4 片轮生，质厚，稍呈肉质，椭圆形，全缘，具红褐色短柄；叶色深绿，新叶略呈红褐色，叶面有 5 条凹陷的月牙形白色脉纹。肉穗花序嫩绿色，细长，自叶腋或短枝顶端抽生，突出植株外；花朵细小，白色。花期 3~5 月。

【产地分布】原产南美。热带和亚热带地区广泛栽培。

【生长习性】喜温暖湿润、半阴环境。稍耐干旱；不耐寒，生长适温 20~30℃，不耐积水。喜疏松透气、富含腐殖质、排水良好土壤。

【繁殖方法】扦插繁殖。

【园林用途】株型矮小，叶片白、绿相间，玲珑秀美，宜作盆栽观赏。

山蒟（山蒌）

Piper hancei Maxim.

胡椒科，胡椒属

【形态特征】多年生攀缘草质藤本。茎长数至 10 m 余，茎、枝具细纵纹，节上生根。叶纸质或近革质，卵状披针形或椭圆形。穗状花序，与叶对生，花单性，雌雄异株；雄花序长 6~10 cm，雌花序长约 3 cm。浆果球形，黄色。花期 3~8 月。

【产地分布】原产中国浙江、福建、江西南部、湖南南部、广东、广西、贵州南部及云南东南部。

【生长习性】喜阴湿环境。耐贫瘠。喜潮湿、肥沃的酸性土壤。

【繁殖方法】扦插繁殖。

【园林用途】攀附能力强，生长快，可用于立柱及高架桥墩等立体绿化。

假蒟（蛤蒌、假蒌）
Piper sarmentosum Roxb.
胡椒科，胡椒属

【形态特征】多年生常绿草本。茎匍匐，长数至 10 m 余，逐节生根。叶纸质或近膜质，有细腺点，下部叶阔卵形或近圆形，上部叶小，卵形或卵状披针形。穗状花序，与叶对生，花单性，雌雄异株；雄花序长 1.5~2 cm，雌花序长 6~8 mm。浆果近球形。花期 4~11 月。

【产地分布】原产中国广东、广西、福建、云南、贵州及西藏（墨脱）各地。印度、越南、马来西亚、菲律宾、印度尼西亚等地亦有分布。

【生长习性】喜温暖湿润环境。耐半阴，较耐湿，不耐干旱。宜富含腐殖质的肥沃土壤。

【繁殖方法】扦插、播种繁殖。

【园林用途】植株低矮，药用价值较高，可作林下经济植株、林下地被植物。

美丽马兜铃（烟斗花藤）
Aristolochia littoralis D.Parodi
马兜铃科，马兜铃属

【形态特征】多年生攀缘草质藤本，茎长 3~5 m。单叶互生，广心形，全缘，纸质。花单生于叶腋，具浓烈臭味；花柄下垂，先端着 1 花，未开放前为气囊状，花瓣满布深紫色斑点，喇叭口处有一半月形紫色斑块。蒴果长圆柱形。花期 5~9 月，果期 6~10 月。

【产地分布】原产巴西。现世界各地广泛栽培。

【生长习性】喜温暖潮湿、阳光充足环境。稍耐阴，较耐寒，生长适温 18~28℃。对土壤要求不严，宜疏松透气、排水良好、富含有机质的砂壤土。

【繁殖方法】播种繁殖。

【园林用途】叶、花、果均具观赏性，花朵呈"S"形弯曲，造型奇特，是一种理想的垂直绿化植物。

麻雀花（开口马兜铃）

Aristolochia ringens Vahl
马兜铃科，马兜铃属

【形态特征】多年生缠绕草质藤本，茎长达5 m。叶纸质，卵形、肾形或圆形，基部心形。花单生于叶腋，下垂，黄绿色，密布紫褐色网斑；花被管下部膨大成囊状，中部向上弯折，上部二唇状，下唇较上唇长一倍。蒴果椭圆柱状，成熟时黑色。花期3~5月，果期3~7月。

【产地分布】原产热带美洲。中国有引种。

【生长习性】喜温暖湿润、阳光充足环境。生长适温20~30℃。对土壤要求不严，宜肥沃、排水良好的土壤。

【繁殖方法】播种繁殖。

【园林用途】花形奇特，形似麻雀，花期长，具有极高的观赏价值。园林中可用于花架、廊架处栽培观赏。

菖蒲

Acorus calamus L.
菖蒲科，菖蒲属

【形态特征】多年生草本，株高60~90 cm，全株具香气。根茎横走，粗壮，分枝。叶基生，剑状线形，基部宽、对褶，中部以上渐狭，中肋在两面均明显隆起。花序梗三棱形，叶状佛焰苞剑状线形，肉穗花序斜向上或近直立，狭锥状圆柱形；花小，黄绿色。浆果长圆形，红色。花期6~9月。

【产地分布】原产中国及日本，广布世界温带、亚热带。中国南北各地广泛栽培。

【生长习性】喜冷凉湿润气候，生于水边或沼泽地。喜半阴，忌强光直射；生长适温20~25℃，耐寒；喜湿，忌干旱。宜肥沃、富含腐殖质的微酸性土壤。

【繁殖方法】分株、播种繁殖。

【园林用途】叶丛翠绿，端庄秀丽，具有香气，适宜水景岸边及水体绿化，也可盆栽观赏。

常见栽培品种如下。

'花叶'菖蒲（'Variegatus'）：叶片纵向近一半宽为金黄色。

'花叶'菖蒲

金钱蒲（石菖蒲、随手香）

Acorus gramineus Aiton
菖蒲科，菖蒲属

【形态特征】多年生草本，株高 20~30 cm，全株具芳香。根茎较短，横走或斜伸，上部多分枝，呈丛生状。叶基对折，叶片线形，质厚，无中肋；手触摸之后香气长时间不散，因谓"随手香"。叶状佛焰苞长为肉穗花序的 1~2 倍，稀比肉穗花序短；肉穗花序黄绿色，圆柱形。果黄绿色。花期 5~6 月，果期 7~8 月。

【产地分布】原产中国西北及长江以南地区，全国各地广泛栽培。

【生长习性】喜冷凉、阴湿环境。耐寒，忌干旱。宜沼泽、湿地或灌水方便、富含腐殖质的壤土。

【繁殖方法】分株繁殖。

【园林用途】株丛紧密，耐湿、耐阴性强，常作为地被或园林水景点缀使用，也可盆栽观赏。

常见栽培品种如下。

'金叶'石菖蒲（'Ogan'）：叶线状，金黄色。

'花叶'石菖蒲（'Variegatus'）：叶片边缘具白色条纹。

'金叶'石菖蒲

'金叶'石菖蒲

'花叶'石菖蒲

细斑粗肋草（细斑亮丝草）

Aglaonema commutatum Schott

天南星科，广东万年青属

【形态特征】多年生常绿草本，株高 30~50 cm。茎直立，丛生状。叶片质地厚，长椭圆形或披针形，深绿色，常有银灰色斑纹镶嵌。肉穗花序乳白色，佛焰苞浅绿色。浆果橙红色。通常夏秋间开花。

【产地分布】原产亚洲热带地区。世界各地均有栽培。

【生长习性】喜温暖湿润环境。耐阴，不耐寒，冬季宜保持5℃以上。宜疏松肥沃、排水良好的砂壤土。

【繁殖方法】组培、分株、播种繁殖。

【园林用途】四季常绿，枝叶密集不易凌乱，多用于盆栽观赏。

常见栽培品种如下。

'黑美人'（'Maria'）：又名斜纹粗肋草，叶片长椭圆形，叶面深绿色，具沿侧脉方向分布的灰白色条斑。

'金皇后'（'Pseudobracteatum'）：又名白斑粗肋草，叶面布满粉白色或黄绿色斑块。

'银皇后'（'Silver Queen'）：又名银后万年青，叶片披针形，叶面灰白色，具绿色斑纹。

'白雪公主'（'White Rajah'）：又名白柄粗肋草，叶片椭圆形，叶面具白色斑纹，叶柄白色。

'黑美人'

'金皇后'

'银皇后'

'白雪公主'

彩叶万年青（彩叶粗肋草）

Aglaonema cv.

天南星科，广东万年青属

【形态特征】多年生常绿草本，株高 30~50 cm。茎直立，丛生状。叶椭圆形、长卵形或披针形，叶面有红色的叶脉或彩色的斑块。

【产地分布】杂交园艺品种。中国华南地区常见栽培。

【生长习性】喜高温多湿环境。耐阴，不耐寒。以疏松、透气的砂壤土或栽培基质为宜。

【繁殖方法】分株、扦插、组培繁殖。

【园林用途】株丛紧密，叶面有彩色斑纹，十分亮眼，可作室内盆栽，亦可用作地被、花坛等。

常见栽培品种如下。

'吉祥'（'Lady Valentine'）：叶片卵圆形，叶面具粉色斑块。

'吉利红'（'Lucky Red'）：叶片大面积红色，具窄绿边。

'红宝石'（'Red Ruby'）：叶片深绿色，具浅粉色至粉色斑。

'如意皇后'（'Red Valentine'）：叶面具红色斑块，面积较大。

'红脉'（'Red Vein'）：叶面墨绿色，叶脉为红色。

'万年红'（'Siam Aurora'）：又名极光粗肋草。叶柄粉红色，叶面深绿色夹杂细碎黄、红斑，叶缘和主脉鲜红色。

'吉利红'

'红宝石'

'如意皇后'

'红脉'

'万年红'

'吉祥'

心叶粗肋草（爪哇万年青、白肋万年青、白肋亮丝草）

Aglaonema costatum N.E.Br.
天南星科，广东万年青属

【形态特征】多年生常绿草本，高40~50 cm。茎短，基部分枝。叶卵圆形，暗绿色有光泽，叶面有白色星状斑点，中脉粗，呈白色。花序大，佛焰苞直立，绿白色；肉穗花序白色，花单性，雌雄同序，雌花序在下，少花，雄花序紧接雌花序。种子卵圆形或长圆形。花期夏季。

【产地分布】原产孟加拉国至马来西亚半岛。中国华南地区有栽培。

【生长习性】喜温暖潮湿、半阴环境。耐阴，不耐寒。宜深厚、肥沃、排水良好土壤。

【繁殖方法】分株繁殖。

【园林用途】四季常绿，叶具白色斑点，多作盆栽观赏，亦可用于园林绿化。

广东万年青（粗肋草、亮丝草）

Aglaonema modestum Schott ex Engl.
天南星科，广东万年青属

【形态特征】多年生常绿草本，高40~70 cm。茎直立或上升。鳞叶草质，披针形，基部扩大抱茎；叶片深绿色，卵形或卵状披针形。花序柄纤细，佛焰苞长圆披针形，先端长渐尖；肉穗花序长为佛焰苞的2/3。浆果长圆形，绿色至黄红色。花期5月，果期10~11月。

【产地分布】原产中国广东、广西至云南东南部。越南、菲律宾亦有分布。

【生长习性】喜温暖湿润环境。耐阴，忌阳光直射；不耐寒，越冬温度不低于12℃。宜疏松肥沃、排水良好的微酸性土壤。

【繁殖方法】分株、扦插、播种繁殖。

【园林用途】适合室内盆栽观赏，也可作插花配叶，或装饰室外环境。

雅丽皇后（银河粗肋草、白雪粗肋草）

Aglaonema 'Pattaya Beauty'
天南星科，广东万年青属

【形态特征】多年生常绿草本，株高 1~1.2 m。茎直立。叶片椭圆形，革质，先端尖，基部楔形，叶面深绿色，沿中肋分布有灰白色斑块。佛焰苞绿色，后变为黄色；肉穗花序长 2~3 cm，雌花序位于下部。浆果成熟时红色。

【产地分布】园艺杂交品种。中国华南地区常见栽培。

【生长习性】喜高温多湿环境。耐阴，怕晒；不耐寒，冬季宜 10℃以上；不耐旱。宜疏松、排水、透气土壤。

【繁殖栽培】分株、扦插、组培繁殖。

【园林用途】叶色独特，极具观赏价值，主要用作室内盆栽观赏。

越南万年青

Aglaonema simplex (Blume) Blume
天南星科，广东万年青属

【形态特征】多年生常绿草本，株高 40~80 cm。茎圆柱形，深绿色，光滑。叶 5~6 枚，在茎上部多密集，卵状长圆形，先端尾状渐尖，中肋二面隆起。花序直立，佛焰苞绿白色，蕾时纺锤形；肉穗花序白色或浅绿色，比佛焰苞稍长或近等长。浆果成熟时长圆形。花期 4~6 月，果期 9~10 月。

【产地分布】原产中国云南。越南、老挝、泰国亦有分布。

【生长习性】喜高温多湿环境。耐阴，怕晒，不耐寒，不耐旱。宜疏松、排水、通气土壤。

【繁殖方法】分株、扦插繁殖。

【园林用途】耐阴性好，多用于林下种植。

龙鳞海芋

Alocasia baginda Kurniawan et P.C.Boyce
天南星科，海芋属

【形态特征】多年生常绿草本。叶片厚革质，卵圆形至长椭圆形，浅绿色至深绿色不等，有金属光泽，呈现出鳞片般的质感，先端渐尖或尾状尖，后端微凹或呈三角形凹缺；叶面具泡状隆起，叶脉凹陷，深绿色，叶背浅绿色，具红棕色脉。

【产地分布】原产南亚热带雨林。中国有引种栽培。

【生长习性】喜温暖湿润、半阴环境。忌暴晒，不耐寒，忌积水。宜疏松肥沃的壤土。

【繁殖方法】分株、组培繁殖。

【园林用途】叶形优美，色泽光亮，脉纹奇特，常作室内盆栽观赏。

常见栽培品种如下。

'粉龙'海芋（'Pink Dragon'）：叶柄粉红色，叶脉灰白色。

'银龙'海芋（'Silver Dragon'）：又名白犀牛海芋，叶片银白色，具深绿色脉纹。

'粉龙'海芋

'银龙'海芋

尖尾芋（千手观音）

Alocasia cucullata (Lour.) G.Don
天南星科，海芋属

【形态特征】多年生常绿草本。地上茎圆柱形，黑褐色，成丛生状。叶片宽卵状心形，深绿色，先端骤凸尖。花序常单生，佛焰苞近肉质，管部淡绿色至深绿色，檐部淡绿色至淡黄色；肉穗花序比佛焰苞短，圆柱形。浆果近球形。花期5月。

【产地分布】原产中国广西、广东、浙江、福建、四川、贵州、云南等地。东南亚地区也有分布。

【生长习性】喜温暖潮湿、半阴环境。生长适温20~25℃，不耐霜冻；耐旱，不耐强光。宜疏松肥沃的壤土。

【繁殖方法】分株、扦插、组培、播种繁殖。

【园林用途】根茎肥大，独具风格，耐旱，耐阴，生命力强，可用于庭园美化或盆栽。

常见栽培品种如下。

'花叶'尖尾芋（'Variegata'）：叶面具黄绿色不规则斑块。

'花叶'尖尾芋

铜叶海芋（铜色芋）

Alocasia cuprea K.Koch

天南星科，海芋属

【形态特征】多年生常绿草本，高 40~60 cm。叶丛生，卵圆形或椭圆形，盾状，全缘，先端渐尖，后端圆钝，微凹或明显凹缺；叶面灰绿色、红色或紫色，具强烈金属光泽，叶背紫红色，叶脉凹陷，侧脉弧曲，墨绿色，脉纹似龟甲；叶柄圆柱形，浅绿色至绿色。

【产地分布】原产婆罗洲丛林。中国有引种栽培。

【生长习性】喜温暖湿润、半阴环境。忌暴晒，不耐寒，忌积水。宜疏松肥沃的壤土。

【繁殖方法】分株、组培繁殖。

【园林用途】叶形优美，色泽光亮，脉纹奇特，常作室内盆栽观赏。

尖叶海芋（箭叶海芋）

Alocasia longiloba Miq.

天南星科，海芋属

【形态特征】多年生草本。根茎圆柱形，下部生须根，上部被宿存叶鞘。叶片长箭形，绿色或幼时上面淡蓝绿色，前裂片长圆状三角形，后裂片长三角形，叶脉浅绿色至银灰色。佛焰苞淡绿色，卵形或纺锤形，檐部长圆形或披针形；肉穗花序长 7~8 cm。浆果近球形，淡绿色。果期 8~10 月。

【产地分布】原产中国广东、云南。中亚也有分布。中国广东、海南、云南等地有栽培。

【生长习性】喜温暖湿润、半阴环境。宜散射光，忌暴晒；不耐霜冻；忌积水。宜疏松肥沃的壤土。

【繁殖方法】分株、组培繁殖。

【园林用途】叶片姿态优美，色泽光亮，常用作室内盆栽观赏。

热亚海芋（巨海芋）

Alocasia macrorrhizos (L.) G.Don

天南星科，海芋属

【形态特征】多年生大型常绿草本，具匍匐根茎。地上茎直立，粗壮，高可达3 m以上。叶箭状卵形，螺状排列，长可达1 m，基部叶脉裸露，裂片不相连。佛焰苞管部绿色，纺锤形，檐部绿白色，长卵形；肉穗花序短于佛焰苞。浆果红色。花期四季，荫蔽的林下常不开花。

【产地分布】原产亚洲热带和亚热带地区。中国南方地区常见栽培。

【生长习性】喜温暖高湿环境。忌强光；不耐寒。宜疏松肥沃、排水性良好的土壤。

【繁殖方法】播种、分株繁殖。

【园林用途】叶片大而挺拔，具有较高的观赏价值，可园林孤植或丛植。

黑叶观音莲（黑叶芋、龟甲芋、观音莲）

Alocasia × mortfontanensis André

天南星科，海芋属

【形态特征】多年生草本。茎短缩。叶片4~6枚，箭形盾状，厚纸质，先端尖锐或尾状尖，叶缘有5~7个大型齿状缺刻，主脉三叉状，侧脉直达缺刻；叶色浓绿，叶脉银白色，叶缘周围有一圈极窄的银白色环线，十分醒目，叶背紫褐色。佛焰苞管部卵形或长圆形，席卷。

【产地分布】美叶芋（*A. sanderiana*）与尖叶海芋（*A. longiloba*）的杂交种。中国有引种栽培。

【生长习性】喜温暖多湿、半阴环境。忌阳光直射；不耐旱。喜松软肥沃、排水良好的土壤。

【繁殖方法】分株、组培繁殖。

【园林用途】叶形别致，叶缘与叶脉为醒目的银白色，适合盆栽置于客厅、书房或居室，亦可于庭院种植。

常见栽培品种如下。

'小仙女'（'Bambino Arrow'）：叶片比'大仙女'略小，边缘的波浪也比较少。

'大仙女'（'Polly'）：叶片盾状箭形，墨绿色，边缘波浪状，叶脉和叶缘白色。

'小仙女'

'大仙女'

海芋（广东狼毒、尖尾野芋头、姑婆芋、滴水观音）

Alocasia odora (G.Lodd.) Spach

天南星科，海芋属

【形态特征】多年生大型常绿草本，具匍匐根茎。地上茎直立，粗壮，高可达 3 m。叶箭状卵形，螺状排列，长 50~90 cm，后裂片连合 1/10~1/5，幼株叶片连合较多；叶柄长可达 1.5 m。花序柄 2~3 枚丛生；佛焰苞管部绿色，卵形或短椭圆形，檐部黄绿色或绿白色，长圆形；肉穗花序短于佛焰苞，芳香。浆果红色。花期四季。

【产地分布】原产中国华南、西南及湖南等地。印度东北部至东南亚也有分布。

【生长习性】喜高温湿润环境。宜疏松、肥沃的壤土。

【繁殖方法】播种、分株繁殖。

【园林用途】株型挺拔，叶片大而光亮，可孤植、丛植或片植，亦可盆栽观赏。

黑天鹅绒海芋（黑鹅绒、公主观音莲）

Alocasia reginula A.Hay

天南星科，海芋属

【形态特征】多年生常绿草本，高约 30 cm。叶基生，卵圆形或椭圆形，全缘，盾状着生，先端突尖，后端圆钝，裂片不明显，仅有一凹缺；叶面深绿色至墨绿色，有丝绒质感，叶脉浅白色，叶柄浅绿色。佛焰苞乳白色，开花时反卷，肉穗花序白色。

【产地分布】原产婆罗洲丛林。中国有引种栽培。

【生长习性】喜温暖湿润、半阴环境。宜散射光，忌暴晒；不耐霜冻；忌积水。宜疏松肥沃的壤土。

【繁殖方法】分株、组培繁殖。

【园林用途】叶形优美，叶色奇特，常作室内盆栽观赏。

常见栽培品种如下。

'帝王盾'（'Regal Shields'）：黑天鹅绒海芋与海芋（*A. odora*）的杂交品种，叶片深绿色，叶背紫色，抗寒性较好。

'帝王盾'

斑马海芋（虎斑观音莲）

Alocasia zebrina Schott ex Van Houtte
天南星科，海芋属

【形态特征】多年生常绿草本，高可达1 m。茎短缩。叶基生，三角状箭形，深绿色，叶脉周围碧绿色，先端渐尖，后裂片长三角形，全缘；叶柄细长，黄绿色，散布黑色横斑，宛如斑马身上的纹路。佛焰苞叶状，肉穗花序绿白色。

【产地分布】原产菲律宾。中国各地有栽培。

【生长习性】喜温暖湿润、半阴环境。忌暴晒，不耐霜冻，忌积水。以疏松、肥沃的壤土为佳。

【繁殖方法】分株、组培繁殖。

【园林用途】叶片姿态优美，色泽光亮，叶柄具斑纹，常作室内盆栽观赏。

常见栽培品种如下。

'萨利安'（'Sarian'）：斑马海芋与绿天鹅海芋（*A. micholitziana*）的杂交品种。叶片箭形，边缘波浪状，具白色叶脉。

'萨利安'

疣柄魔芋（大魔芋）

Amorphophallus paeoniifolius (Dennst.) Nicolson
天南星科，魔芋属

【形态特征】多年生草本。块茎扁球形或半球形。叶单生，稀多枚，大型，深绿色，3全裂，小裂片长圆形至卵状三角形；叶柄长，深绿色，具苍白色斑块。花序柄粗短，佛焰苞卵形，外面绿色，有紫色条纹和绿白色斑块，内面深紫色，基部肉质，漏斗状，檐部膜质，荷叶状，边缘波状；肉穗花序极臭，无梗；雌花序圆柱形，紫褐色；雄花序倒圆锥形，黄绿色。浆果椭圆状，橘红色；种子长圆形。花期4~5月，果期10~11月。

【产地分布】原产中国广东、广西南部、云南南部至东南部。越南、泰国亦有分布。

【生长习性】喜温暖湿润环境。忌阳光直射，不耐寒。宜肥沃、湿润土壤。

【繁殖方法】播种、分株、组培繁殖。

【园林用途】佛焰苞大而奇特，开花时有腐尸般臭味，常作为奇花异卉栽培。

花烛（红掌、安祖花）

***Anthurium andraeanum* Linden**

天南星科，花烛属

【形态特征】多年生草本。茎节短。叶自基部生出，长圆状心形或卵心形，革质，绿色，具光泽，全缘。佛焰苞平出，大而显著，卵形或心形，革质有蜡质光泽，橙红色或猩红色，园艺品种还有白色、绿色、粉色、紫色等；肉穗花序直立，淡黄色。花期多在冬季，温室栽培可全年有花。

【产地分布】原产哥斯达黎加、哥伦比亚等热带雨林地区。世界广泛栽培。

【生长习性】喜温暖潮湿、半阴环境。忌干旱和强光暴晒；不耐寒。宜疏松肥沃、排水良好的土壤。

【繁殖方法】组培、分株繁殖。

【园林用途】佛焰苞大而奇特，色彩丰富艳丽，花期持久，适合盆栽和切花，华南地区亦可于庭园半阴处种植。

红掌品种繁多，有盆栽品种和切花品种之分，其佛焰苞大小不等，颜色丰富。常见栽培品种如下。

'天使'（'Angel'）：切花品种，佛焰苞心形，白色。

'黑美人'（'Black Beauty'）：盆栽品种，佛焰苞紫黑色。

'干杯'（'Cheers'）：切花品种，佛焰苞白里透红，花序上端嫩绿色。

'玛丽西亚'（'Marysia'）：切花品种，佛焰苞鹅黄色。

'粉冠军'（'Pink Champion'）：盆栽品种，佛焰苞较小，粉红色。

'红成功'（'Red Success'）：盆栽品种，佛焰苞两轮，红色。

'小娇'（'Xiao Jiao'）：盆栽品种，佛焰苞卵形，红色。

'天使'

'黑美人'

'干杯'

'红成功'

'玛丽西亚'

'粉冠军'

密林丛花烛（观叶花烛）

Anthurium crassinervium Schott 'Jungle Bush'
天南星科，花烛属

【形态特征】多年生常绿草本，下部具气生根。叶基生，革质，长椭圆形，长 80~100 cm，宽约 40 cm，先端渐尖，基部楔形。佛焰苞披针形，绿色，有时带紫色；肉穗花序紫色至绿色。花期春季。

【产地分布】园艺品种。中国南方地区有引种栽培。

【生长习性】喜温暖湿润环境。耐旱，怕积水，不耐寒。宜疏松肥沃、排水良好的土壤。

【繁殖方法】播种、组培繁殖。

【园林用途】株型优美，叶大而奇特，可室内盆栽，亦可林阴下种植。

水晶花烛

Anthurium crystallinum Linden et André
天南星科，花烛属

【形态特征】多年生附生或地生草本。茎节短。叶密生茎顶，阔卵形或心形，先端锐尖，叶基凹入，暗绿色，带有天鹅绒光泽，叶脉银白色。佛焰苞绿色，反折；肉穗花序长于佛焰苞，黄绿色。浆果肉质。

【产地分布】原产哥伦比亚、秘鲁、巴拿马。中国各地广泛栽培。

【生长习性】喜温暖湿润、半阴环境。不耐寒，忌暴晒，不耐干旱。宜疏松肥沃、保湿性好的腐叶土或泥炭藓藓土。

【繁殖方法】扦插、分株、播种繁殖。

【园林用途】叶形可爱，叶色翠绿，脉纹清晰美观，可置于客厅、书房欣赏。

波叶花烛（鸟巢花烛）

Anthurium hookeri Kunth

天南星科，花烛属

【形态特征】多年生草本。叶片较大，长度可达 1 m 左右，长椭圆形，远观如巨大的勺子；叶缘波浪状，形似鸟巢蕨，故又名"鸟巢花烛"。佛焰苞灰绿色或浅绿色，肉穗花序紫色。浆果白色。

【产地分布】原产中美洲。中国南方地区有栽培。

【生长习性】喜温暖湿润环境。耐旱，怕积水，不耐寒。宜疏松肥沃、排水良好的土壤。

【繁殖方法】分株、播种繁殖。

【园林用途】叶片大而美丽，可盆栽置于室内，亦可植于林下。

巨巢花烛

Anthurium jenmanii Engl.

天南星科，花烛属

【形态特征】多年生附生或地生草本。茎短。叶基生，围合成鸟巢状；叶片硬革质，宽倒披针形至椭圆形，长 40~100 cm，宽 20~50 cm，黄绿色。花序柄细长，佛焰苞披针形，淡紫色，后期反折；肉穗花序深紫色，长达 30 cm。

【产地分布】原产南美。中国华南地区有栽培。

【生长习性】喜高温多湿、半阴环境，忌暴晒。不耐寒；怕水涝。宜疏松肥沃、排水良好的砂壤土。

【繁殖方法】播种、组培繁殖。

【园林用途】株型优美，叶大而光亮，可盆栽观赏，亦可植于路边、林下。

掌叶花烛（掌裂花烛、鸟爪花烛）

Anthurium pedatoradiatum Schott

天南星科，花烛属

【形态特征】多年生草本。茎上升，长达 1 m 以上。叶心形或阔卵形，亮绿色，7~13 深裂，裂片披针形或线状披针形，外侧呈镰状。佛焰苞长 15 cm，披针形，淡红色，直立，后反折；肉穗花序长 10 cm。浆果倒卵形，橙黄色。花期 7~8 月。

【产地分布】原产墨西哥。中国广东、云南有栽培。

【生长习性】喜高温多湿环境。忌暴晒；不耐寒；怕涝。宜疏松、排水良好的砂质土。

【繁殖方法】分株、扦插、播种繁殖。

【园林用途】叶形优美，色泽光亮，四季常青，可盆栽观赏，亦可作园林绿化。

火鹤花（红鹤芋）

Anthurium scherzerianum Schott

天南星科，花烛属

【形态特征】多年生常绿草本，高约 30 cm。茎短。叶丛生，革质，浓绿色，长椭圆形，先端尖。花序梗细长，佛焰苞红色，阔卵形，先端急尖；肉穗花序橙红色，螺旋状卷曲。

【产地分布】原产中美洲哥斯达黎加和危地马拉的热带雨林。中国常见栽培。

【生长习性】喜温暖湿润、半阴环境，忌强光；不耐寒，生长适温 20~30℃，越冬温度保持 16℃以上。宜疏松、排水良好的砂质土壤。

【繁殖方法】分株、组培繁殖。

【园林用途】花形奇特，花期持久，适宜盆栽观赏，亦可作切花。

深裂花烛

Anthurium variabile Kunth
天南星科，花烛属

【形态特征】多年生攀缘草本。幼枝纤细，节间伸长。叶片7~9裂，裂片分离，有短柄，长披针形或披针状长圆形。花序柄短，佛焰苞披针形，反折，深绿色，比肉穗花序稍短；肉穗花序无梗，锥状圆柱形，青紫色。浆果倒卵圆形，深绿色，顶部紫色。

【产地分布】原产巴西。中国广东、福建常见栽培。

【生长习性】喜高温多湿环境。喜阳，忌暴晒；怕涝，不耐寒。宜肥沃疏松、排水良好的土壤。

【繁殖方法】分株、扦插、组培繁殖。

【园林用途】优良的观叶植物，常用于庭院种植或室内盆栽观赏。

乳脉五彩芋（乳脉千年芋、玲殿黄肉芋）

Caladium lindenii (André) Madison
天南星科，五彩芋属

【形态特征】多年生草本，具地下块茎，株高20~40 cm。叶戟形，长30~40 cm，先端锐尖，叶基凹入，形成二耳垂状裂片；叶面墨绿色，中肋与一级侧脉周围为乳白色。

【产地分布】原产哥伦比亚。中国南方有栽培。

【生长习性】喜温暖湿润、半阴环境。耐阴，不耐寒，越冬温度5℃以上。宜疏松肥沃、富含腐殖质、排水良好的微酸性土壤。

【繁殖方法】分株、组培繁殖。

【园林用途】叶形优美，叶脉鲜亮，适合庭园荫蔽处点缀或盆栽观赏。

五彩芋（彩叶芋、花叶芋）

Caladium bicolor (Aiton) Vent.
天南星科，五彩芋属

【形态特征】多年生常绿草本。地下具膨大块茎，扁球形。叶基生，戟状卵形至卵状三角形，先端骤狭具凸尖，后裂片长约为前裂片的1/2；叶面色泽美丽，满布各色透明或不透明斑点。佛焰苞管部卵圆形，外面绿色，内面绿白色，基部常青紫色，檐部凸尖，白色；肉穗花序，雌花序与雄花序近等长。花期4月。

【产地分布】原产南美亚马孙河流域。中国广东、福建、台湾、云南等地常见栽培。

【生长习性】喜高温高湿、半阴环境。不耐低温和霜冻，不喜强光。要求疏松肥沃、排水良好土壤。

【繁殖方法】分株、分球、组培繁殖。

【园林用途】叶片色泽艳丽，变化极多，富丽典雅，清新悦目，可园林、庭院栽植，亦可室内盆栽。

花叶芋品种较多，按脉色可分为绿脉系列、白脉系列和红脉系列。常见栽培品种如下。

'白雪'（'Candidum'）：叶白色至浅绿色，主脉及边缘深绿色。

'穆非特小姐'（'Miss Muffet'）：叶淡绿色，主脉白色，叶面具深红色斑点。

'红美'（'Scarlet Beauty'）：叶玫瑰红色，主脉红色，叶缘绿色。

'白霜'（'White Frost'）：叶白色，主脉及边缘呈绿色。

'雪后'（'White Queen'）：叶白色，略皱，主脉红色。

'白雪'

'穆非特小姐'

'红美'

'白霜'

'雪后'

芋（野芋、芋头、野山芋、野芋头、水芋）

Colocasia esculenta (L.) Schott

天南星科，芋属

【形态特征】多年生湿生草本，株高可达 1.5 m。块茎卵形或球形，富含淀粉，匍匐茎长或无，具小球茎。叶 2~3 枚或更多，盾状卵形，基部心形；叶柄长于叶片。花序柄常单生；佛焰苞长短不一，管部绿色，檐部淡黄色至绿白色；肉穗花序短于佛焰苞。花期 7~9 月。

【产地分布】原产中国南部。印度、马来半岛等地也有分布。世界各地常见栽培。

【生长习性】喜温暖湿润、半阴环境，常生于林下阴湿处或溪水边。宜散射光，忌强光直射；耐水湿。宜疏松肥沃的微酸性土壤。

【繁殖栽培】播种、分株、分球繁殖。

【园林用途】株型优美，叶色青翠，适于水岸边、阴湿地、林下种植。

常见栽培品种如下。

'黑珊瑚'（'Black Coral'）：叶片黑色，光亮。

'黑魔法'（'Black Magic'）：又名紫叶芋。新叶绿色，后变为深紫色或紫黑色，具金属光泽。

'茶杯'芋（'Tea Cup'）：叶片向上聚拢形成杯状。

'紫芋'（'Tonoimo'）：又名紫柄芋。叶面绿色，叶柄紫褐色。

'黑珊瑚'

'茶杯'芋

'黑魔法'

'紫芋'

白斑万年青（白斑黛粉芋）

Dieffenbachia bowmannii Carrière
天南星科，花叶万年青属

【形态特征】多年生草本。茎粗壮，基部分枝，高可达1 m。叶长圆状卵形，叶面暗绿色，有苍白色斑块，不发亮；叶柄下部具鞘，上部有深槽。佛焰苞绿色，席卷，中部稍收缩，上部展开，披针形；肉穗花序无柄。

【产地分布】原产南美地区。中国各地有栽培。

【生长习性】喜温暖湿润、半阴、通风环境。宜疏松、肥沃土壤。

【繁殖方法】扦插、分株繁殖。

【园林用途】株型紧凑，四季常青，叶色和花斑变化多，是优良的室内观叶植物。

白肋万年青（白肋黛粉芋）

Dieffenbachia leopoldii W.Bull
天南星科，花叶万年青属

【形态特征】多年生常绿草本，株高30~50 cm。幼株叶柄苍绿色，具淡紫色斑块；叶片宽椭圆形，短渐尖，叶面绿色，中肋白色。佛焰苞白色，下部闭合，上部长圆状卵形；肉穗花序无梗，雌花序与雄花序中间间隔2 cm，具少数中性花。

【产地分布】原产哥伦比亚。中国南方地区有栽培。

【生长习性】喜温暖湿润、半阴环境，避免强光直射。宜疏松肥沃土壤。

【繁殖方法】扦插、分株繁殖。

【园林用途】株型紧凑，四季常青，适合盆栽于客厅、卧室及案头摆放。

花叶万年青（黛粉芋、黛粉叶）

Dieffenbachia seguine Schott
天南星科，花叶万年青属

【形态特征】多年生常绿草本。茎绿色，高约1 m。叶片长圆形至卵状长圆形，两面暗绿色，脉间有多数白色或黄绿色不规则斑纹，叶柄鞘状抱茎。花序柄短，佛焰苞长圆状披针形，骤尖，绿色或浅绿色；肉穗花序圆柱形，淡黄色。浆果橙黄绿色。

【产地分布】原产南美洲热带地区。中国南方常见栽培。

【生长习性】喜温暖湿润、半阴环境。不耐寒；怕干旱；忌暴晒。以肥沃疏松、排水良好、富含有机质的壤土为宜。

【繁殖方法】分株、扦插繁殖。

【园林用途】叶片宽大，色泽明亮，优美高雅，常作盆栽观赏。

常见栽培品种如下。

'夏雪'（'Tropic Snow'）：又名大王万年青、斑马万年青。叶片深绿色，黄白色斑纹较密。

'白玉'（'Camille'）：叶片中央白色至浅绿色，边缘绿色。

'夏雪'

'白玉'

麒麟叶（麒麟尾）

Epipremnum pinnatum (L.) Engl.
天南星科，麒麟叶属

【形态特征】多年生攀缘草本。茎圆柱形，粗壮，多分枝，气生根平伸，紧贴树皮或岩石。叶薄革质，幼叶狭披针形或披针状长圆形，基部浅心形，成熟叶宽长圆形，基部宽心形，两侧不等羽状深裂。花序柄粗壮，基部有鞘状鳞叶包被；佛焰苞外面绿色，内面黄色；肉穗花序圆柱形。种子肾形。花期4~5月。

【产地分布】原产中国台湾、广东、广西、云南等地。自印度、马来半岛至菲律宾、太平洋诸岛和大洋洲亦有分布。中国华南地区常见栽培。

【生长习性】喜温暖湿润、荫蔽环境。忌暴晒，稍耐旱，稍耐寒，中国南方大部分地区可露地越冬。对土壤要求不严，喜肥沃、排水良好的壤土。

【繁殖方法】扦插、组培繁殖。

【园林用途】叶形奇特，耐阴性强，可盆栽置于室内装饰，也可作攀缘植物用于园林绿化。

绿萝（黄金葛）

Epipremnum aureum (Linden ex André) G.S.Bunting

天南星科，麒麟叶属

【形态特征】多年生草质藤本。茎攀缘，多分枝。幼枝鞭状，细长，叶纸质，宽卵形，基部心形；成熟枝粗壮，叶薄革质，不对称的卵形或卵状长圆形，基部深心形，叶面翠绿色，通常有多数不规则的黄色斑块。直立生长时，叶柄粗壮，叶片大；下垂生长时，叶片较小。

【产地分布】原产所罗门群岛。中国各地有栽培。

【生长习性】喜湿热环境。耐阴，忌阳光直射。宜疏松肥沃、富含腐殖质的微酸性土壤，亦可水培。

【繁殖方法】扦插、分株繁殖。

【园林用途】气生根发达，攀缘性强，适合盆栽摆放，华南地区可作地被或庭院种植。

常见栽培品种如下。

'金叶葛'（'Gold'）：叶片浅黄绿色。

'白金葛'（'Marble Queen'）：叶面具白色斑块和斑纹。

'霓虹葛'（'Neon'）：叶片金黄色。

'金叶葛'

'霓虹葛'

'白金葛'

千年健

Homalomena occulta Schott

天南星科，千年健属

【形态特征】多年生草本。根茎匍匐，肉质根圆柱形，须根稀少；地上茎直立，高 30~50 cm。鳞叶线状披针形，叶片箭状心形至心形。佛焰苞绿白色，花前席卷成纺锤形，盛花时上部略展开呈短舟状；肉穗花序长 3~5 cm。种子褐色，长圆形。花期 7~9 月。

【产地分布】原产中国海南、广西、云南南部至东南部。华南地区有栽培。

【生长习性】喜温暖湿润、半阴环境，忌强光直射。怕寒冷，不耐干旱。宜肥沃砂壤土。

【繁殖方法】分株繁殖。

【园林用途】叶片翠绿，具光泽，适合盆栽摆放，亦可作林下地被种植。

刺芋

Lasia spinosa (L.) Thwaites

天南星科，刺芋属

【形态特征】多年生常绿草本，高可达 1 m。茎圆柱形，灰白色，横走，多少具皮刺。叶片形状多变，幼株叶戟形，成年植株过渡为鸟足状至羽状深裂，背面脉上疏生皮刺。佛焰苞上部螺状旋转；肉穗花序圆柱形，黄绿色。浆果倒卵圆状，先端通常密生疣状突起。花期 9 月，果翌年 2 月成熟。

【产地分布】原产中国广东、广西、云南的南部和西南部、海南、台湾。东南亚多有分布。中国南方各地有栽培。

【生长习性】喜温暖湿润环境。耐阴，忌暴晒，不耐寒。喜排水良好的肥沃壤土。

【繁殖方法】播种、分株繁殖。

【园林用途】叶色浓绿，可与浅色水生植物配置，常单株或多株植于溪边、塘畔。

大野芋（象耳芋）
Leucocasia gigantea Schott
天南星科，大野芋属

【形态特征】多年生常绿草本。叶丛生，长圆状心形或卵状心形，长可达 1.3 m，宽可达 1 m，有时更大，边缘波状；叶柄具白粉，长可达 1.5 m。花序柄常 5~8 枚并列于同一叶柄鞘内，先后抽出；佛焰苞管部绿色，椭圆状，檐部长圆形或椭圆状长圆形，粉白色。浆果圆柱形。花期 4~6 月，果 9 月成熟。

【产地分布】原产中国云南、广西、广东、福建、江西等地。马来半岛和中南半岛亦有分布。中国南方地区有栽培。

【生长习性】喜温暖湿润、半阴环境。不耐寒，畏干旱，忌暴晒，生长适温 28~30℃，冬季需 10℃以上。宜肥沃的黏质土壤。

【繁殖方法】播种、分株繁殖。

【园林用途】植株高大，叶大如伞，可用于营造热带景观。

孔叶龟背竹（仙洞龟背竹、多孔龟背竹）
Monstera adansonii Schott
天南星科，龟背竹属

【形态特征】多年生常绿蔓生草本。茎细长，匍匐状。叶纸质至薄革质，鲜绿色，卵状椭圆形，基部不对称，呈歪斜之状，叶缘完整无缺，沿侧脉间分布有紧密排列的椭圆形或长椭圆形穿孔；叶柄浅绿色，全长的 4/5 呈鞘状。

【产地分布】原产南美。中国南方地区有栽培。

【生长习性】喜高温湿润的环境。喜明亮散射光，忌暴晒；不耐低温。喜疏松湿润、排水良好的土壤。

【繁殖方法】扦插繁殖。

【园林用途】株型潇洒，叶片优雅别致，常用于室内盆栽装饰。

龟背竹

***Monstera deliciosa* Liebm.**
天南星科，龟背竹属

【形态特征】多年生攀缘草本。茎绿色，粗壮，长 3~6 m，具气生根。叶片大，心状卵形，厚革质，边缘羽状分裂，侧脉间有 1~2 空洞；叶柄长达 1 m，腹面扁平，背面钝圆。佛焰苞厚革质，宽卵形，舟状，苍白带黄色；肉穗花序近圆柱形，淡黄色。浆果淡黄色。花期 8~9 月，果于翌年花期后成熟。

【产地分布】原产墨西哥。中国广东、福建、海南、云南等地常见栽培。

【生长习性】喜温暖湿润环境。耐阴、忌暴晒；不耐寒，生长适温 20~30℃，越冬温度 5℃以上；忌干燥，不耐涝。以富含腐殖质的壤土为佳。

【繁殖方法】扦插、分株、播种繁殖。

【园林用途】叶形奇特，孔裂纹状，极像龟背，耐阴性强，可植于池畔、溪旁或假山石缝，也可盆栽观赏。

常见栽培品种如下。

'白斑'龟背竹（'Albo Variegata'）：叶具白斑。

'石纹'龟背竹（'Marmorata'）：叶面具黄绿色斑纹。

'白斑'龟背竹

'石纹'龟背竹

红苞喜林芋

Philodendron erubescens C.Koch et Augustin

天南星科，喜林芋属

【形态特征】多年生攀缘草本。分枝节间淡红色。鳞叶肉质，红色，背面有2条龙骨状突起；叶片长三角状箭形，基部心形；叶柄腹面扁平，背面圆形。佛焰苞外面深紫色，内面胭脂红色，兜状舟形；肉穗花序具短梗。花期11月至翌年1月。

【产地分布】原产哥伦比亚。中国广州地区有引种栽培。

【生长习性】喜高温高湿环境。较耐阴，忌阳光直射；耐湿，不耐寒，最适生长温度为22~32℃。宜疏松、排水良好、富含腐殖质的酸性砂壤土。

【繁殖方法】扦插、分株繁殖。

【园林用途】四季葱翠，茎蔓细长，耐阴性强，宜盆栽沿中立柱缠绕向上生长，摆放在客厅、办公室，或植于假山、大树下攀附生长。

常见栽培品种如下。

'绿宝石'（'Green Emerald'）：又名长心叶蔓绿绒，叶片长心形，浓绿色。

'红宝石'（'Red Emerald'）：新叶和嫩芽鲜红色，成年叶绿色至浓绿色。

'金帝王'（'Imperial Gold'）：杂交品种，茎节间短，新叶金黄色。

'绿帝王'（'Imperial Green'）：杂交品种，茎节间短，叶片深绿色。

'红帝王'（'Imperial Red'）：杂交品种，茎短，蔓性不强，新叶及主肋带红色。

'绿宝石'

'红宝石'

'金帝王'

'绿帝王'

'红帝王'

荣耀喜林芋（圆叶蔓绿绒、明脉蔓绿绒、心叶喜树蕉）
Philodendron gloriosum André
天南星科，喜林芋属

【形态特征】多年生攀缘草本。茎绿色，悬垂。鳞叶紫红色，长期宿存；叶片薄纸质，心状卵形，叶面暗绿色，背面苍白色，中肋及一级侧脉白色。

【产地分布】原产哥伦比亚。中国华南地区有引种栽培。

【生长习性】喜温暖湿润气候。耐阴，忌强光直射。宜富含腐殖质的酸性砂壤土。

【繁殖方法】分株、扦插、播种繁殖。

【园林用途】四季葱翠，绿意盎然，是良好的室内观叶植物，也可用于垂直绿化。

戟叶喜林芋（银叶蔓绿绒）
Philodendron hastatum K.Koch et Sello
天南星科，喜林芋属

【形态特征】多年生攀缘草本。茎圆柱形，粗壮，长可达 2 m。叶革质，幼叶阔卵形，具银灰色金属光泽；成熟叶戟形，灰绿色，长可达 60 cm。花序柄短，佛焰苞厚肉质，黄绿色；肉穗花序直立，白色，与佛焰苞近等长，无梗或具短梗。

【产地分布】原产巴西。中国华南地区有栽培。

【生长习性】喜温暖湿润环境。忌强光，不耐干旱，不耐寒。以富含腐殖质、排水良好的土壤为佳。

【繁殖方法】扦插、分株、组培繁殖。

【园林用途】叶形美观，叶色独特，是优良的室内观叶植物，也可植于林下作地被。

心叶蔓绿绒（心叶藤）

Philodendron hederaceum (Jacq.) Schott
天南星科，喜林芋属

【形态特征】多年生草质藤本。茎多分枝，悬垂。叶心形，革质，深绿色，长约 10 cm，宽约 7.5 cm，先端长尾尖，全缘，具长柄。佛焰苞长约 14 cm，肉穗花序。浆果。

【产地分布】原产中、南美洲，生长于温暖、潮湿的热带雨林中。中国华南地区有栽培。

【生长习性】喜温暖多湿气候，忌阳光暴晒。不耐寒，生长适温 20~25 ℃，越冬温度不宜低于 5 ℃。宜富含腐殖质的酸性砂壤土。

【繁殖方法】扦插繁殖。

【园林用途】叶形美观，四季常绿，耐阴性强，是优良的室内观叶植物，也可用于室外垂直绿化。

常见栽培品种如下。

'金叶'心叶蔓绿绒（'Aureum'）：叶片浅黄绿色。

'金叶'心叶蔓绿绒

金叶喜林芋（蔓绿绒、绒叶喜林芋）

Philodendron melanochrysum Linden et André
天南星科，喜林芋属

【形态特征】多年生攀缘草本。茎草绿色，圆柱形，粗壮，下部具白色条纹。鳞叶膜质，舟状抱茎；叶片革质，心状长圆形，鲜绿色，发亮，带金黄色，主脉及一级侧脉白色。

【产地分布】原产哥伦比亚。中国南方地区有引种栽培。

【生长习性】喜温暖阴湿环境，忌强光。不耐寒，生长适宜温度 20~30 ℃，越冬温度 5 ℃以上；不耐干旱。宜富含腐殖质的壤土。

【繁殖方法】扦插繁殖。

【园林用途】株型壮观，姿态奇异，极富浓厚的南国气息，可盆栽室内摆设，也可植于大树下、走廊拐角等处绿化装饰。

琴叶喜林芋（琴叶蔓绿绒、琴叶树藤）

Philodendron panduriforme Kunth

天南星科，喜林芋属

【形态特征】多年生常绿草质藤本。茎干绿色，具叶节，每个叶节环生2~4条下垂气生根。单叶互生，基部狭心形，两侧宽广，中部急速收缩变细成截口状，上部长椭圆形；叶面灰绿色至绿色，侧脉细线状而凹陷，叶背则明显凸起。

【产地分布】原产巴西。中国华南地区有栽培。

【生长习性】喜温暖湿润气候。耐阴，忌强光直射；不耐寒，10℃以上可安全越冬。宜富含腐殖质的酸性砂壤土。

【繁殖方法】扦插、组培繁殖。

【园林用途】叶色青翠欲滴，叶形奇趣可爱，耐阴能力强，可用于室内装饰，也可植于假山或大树下攀附生长。

三裂喜林芋

Philodendron tripartitum Schott

天南星科，喜林芋属

【形态特征】多年生常绿草质藤本，附生或地生。叶片薄革质，淡绿色或黄绿色，3深裂，裂片近相等，中裂片长披针形，侧裂片极不等侧。花序柄单生，佛焰苞微白色或白绿色，向上变黄色；肉穗花序具梗，指状。浆果鲜红色。

【产地分布】原产拉丁美洲。中国南方有引种栽培。

【生长习性】喜高温高湿环境。耐阴，不耐寒。宜肥沃、排水性好的微酸性土壤。

【繁殖方法】分株、扦插繁殖。

【园林用途】株型美观，叶大深裂，耐阴性强，是优良的室内盆栽植物，也可植于假山或大树下攀附生长。

大薸（水浮莲）

Pistia stratiotes L.
天南星科，大薸属

【形态特征】多年生漂浮型水生草本。无直立茎，具横走匍匐茎；须根羽状，细长密集，悬于水中。叶无柄，簇生呈莲座状，叶片常因发育阶段不同而形异，倒三角形、倒卵形、扇形至倒卵状长楔形，先端截头状或浑圆，基部厚，两面被毛；叶脉扇状伸展，背面明显隆起呈褶皱状。佛焰苞白色，外被茸毛。花期5~11月。

【产地分布】全球热带及亚热带地区广泛分布。中国各地常见栽培。

【生长习性】喜高温高湿环境，常生长于沟渠、稻田、静水或溪边。耐寒性差，能在中性或微碱性水中生长。

【繁殖方法】分株繁殖。

【园林用途】植株形似莲花，可在园林水景中用于点缀水面和庭院小池，能净化水体；全株可作猪饲料。

岩芋（红岩芋、红芋）

Remusatia vivipara (Roxb.) Schott
天南星科，岩芋属

【形态特征】多年生草本。块茎较大，扁球形，紫红色，颈部密生长须根。叶薄革质，盾状着生，阔心状卵形，表面暗绿色，有时沿中肋和侧脉苍白色。佛焰苞管部外面浅绿色，内面苍白色，檐部下部1/4为黄色，上部紫红色；肉穗花序较短，雌花序绿色，雄花序黄色。花期4~9月。

【产地分布】原产中国云南南部至东南部。东南亚、热带非洲也有分布。

【生长习性】喜温暖湿润气候。不耐寒；耐干旱；耐酸碱。宜疏松、排水良好的砂壤土。

【繁殖方法】分株、扦插繁殖。

【园林用途】叶片纹理清晰，观赏性强，可林下种植或作地被观赏。

星点藤（银星绿萝、小叶银斑葛）

Scindapsus pictus Hassk.
天南星科，藤芋属

【形态特征】多年生常绿攀缘草本。茎枝悬垂，节上生气生根。叶互生，肉质，圆心形或长圆心形，主脉稍偏离中央；叶面浓绿，布满银白色斑块或斑点，叶缘白色。

【产地分布】原产东南亚。中国南方地区常见栽培。

【生长习性】喜温暖湿润、半阴环境。耐阴；耐高温，不耐寒；不耐干旱。宜肥沃疏松、排水良好的微酸性砂质壤土。

【繁殖方法】扦插繁殖。

【园林用途】株型悬垂，叶色清逸素雅，适合吊盆观赏，也可攀附树干、岩石栽植。

多花白鹤芋（银苞芋）

Spathiphyllum floribundum (Linden et André) N.E.Br.
天南星科，苞叶芋属

【形态特征】多年生常绿草本，株高 30~40 cm。叶片长圆状披针形或长圆状椭圆形，长 13~24 cm，先端骤尖。佛焰苞卵状披针形，斜伸或略下弯，白色或绿白色；肉穗花序圆柱形，直立，白色或绿黄色。浆果。花期 5~10 月。

【产地分布】原产美洲和亚洲热带地区。中国华南地区常见栽培。

【生长习性】喜温暖湿润、半阴环境。较耐热，不耐寒；不耐干旱，不耐瘠薄。宜疏松、肥沃、富含腐殖质的微酸性壤土。

【繁殖方法】分株、组培繁殖。

【园林用途】株型优美，叶色浓绿，花叶兼赏，常作盆栽，岭南地区可露地植于疏林下、园路边等。

白鹤芋（苞叶芋、白掌、一帆风顺）

Spathiphyllum lanceifolium (Jacq.) Schott

天南星科，苞叶芋属

【形态特征】多年生常绿草本，株高40~60 cm。叶片长椭圆形或近披针形，长20~35 cm，先端具长尖；叶面深绿色，有光泽。佛焰苞卵状披针形，白色，直立向上，稍向内卷，形似一只手掌；肉穗花序圆柱状，直立，白色或绿色；花两性。浆果。花期2~6月。

【产地分布】原产哥伦比亚。中国华南地区常见栽培。

【生长习性】喜温暖湿润、半阴环境。较耐热，不耐寒；不耐干旱，不耐瘠薄。宜疏松、肥沃、富含腐殖质的微酸性壤土。

【繁殖方法】分株、组培繁殖。

【园林用途】株型优美，叶色浓绿，花期长，耐阴能力强，观叶观花俱佳，岭南地区可露地栽培，常用作地被或盆栽。

绿巨人

Spathiphyllum 'Sensation'

天南星科，苞叶芋属

【形态特征】多年生常绿草本，株高60~100 cm。叶宽披针形，长40~50 cm，叶面深绿色，有光泽。佛焰苞大型，白色；肉穗花序圆柱状，直立，白色或绿白色；花两性。浆果。花期2~6月。

【产地分布】杂交园艺品种。中国华南地区常见栽培。

【生长习性】喜温暖湿润、半阴环境。较耐热，不耐寒；不耐干旱，不耐瘠薄。宜疏松肥沃、富含腐殖质的壤土。

【繁殖方法】分株、组培繁殖。

【园林用途】株型优美，叶片大而绿，花叶兼赏，岭南地区可露地栽培，植于疏林下、园路边等。

合果芋（白果芋）

Syngonium podophyllum Schott
天南星科，合果芋属

【形态特征】多年生蔓性常绿草本。茎节具气生根，攀附他物生长。叶二型，幼叶为单叶，箭形或戟形，老叶成 5~9 裂的掌状叶，叶基裂片两侧常着生小型耳状叶片。叶片在地上时为白色，当攀附到树上时，颜色变深变绿，叶片形状也随着改变；叶脉及脉缘呈黄白色，叶面有斑纹、斑块或全为绿色。佛焰苞浅绿色或黄色，一般不易开花。

【产地分布】原产热带美洲地区。世界各地广泛栽培。

【生长习性】喜高温高湿环境。不耐寒，生长温度在 20~30℃。宜疏松肥沃、排水良好的微酸性土壤。

【繁殖方法】扦插、分株、组培繁殖。

【园林用途】株态优美，叶形多变，色彩清雅，可用于室内装饰，也可于室外园林观赏，用作林下地被或攀附于树干。

常见栽培品种如下。

'红粉佳人'（'Infra Red'）：叶面粉红色，具浅绿色斑晕。

'白蝴蝶'（'White Butterfly'）：叶面大部分为黄白色，边缘具绿色斑块及条纹。

'红粉佳人'

'白蝴蝶'

羽裂喜林芋（春芋、春羽）

Thaumatophyllum bipinnatifidum (Schott) Sakur., Calazans et Mayo
天南星科，鹅掌芋属

【形态特征】多年生常绿草本，株高可达 1 m。茎粗壮，较短，有明显叶痕及电线状气生根。老叶不断脱落，新叶主要生于茎端，叶片轮廓为宽心形，羽状深裂，裂片宽披针形，边缘浅波状，有时皱卷。佛焰苞外面绿色，内面黄白色，肉穗花序白色；花单性，无花被。浆果。花期 3~5 月。

【产地分布】原产巴西。中国各地常见栽培。

【生长习性】喜高温多湿环境。耐阴，不耐寒，冬季温度不低于 5℃。喜疏松肥沃、排水良好的微酸性土壤。

【繁殖方法】扦插繁殖。

【园林用途】株型优美，叶片巨大，羽状深裂，富有光泽，可盆栽观赏，也可丛植于林下、溪流、岩石旁。

仙羽鹅掌芋（多枝春羽、小天使）

Thaumatophyllum xanadu (Croat, J. Boos et Mayo) Sakur., Calazans et Mayo
天南星科，鹅掌芋属

【形态特征】多年生常绿草本，株高 30~50 cm。茎多分枝，节间短。叶片羽状全裂，深绿色，具长柄。佛焰苞外部胭脂红色或酒红色，内部绿色或奶油色。

【产地分布】原产巴西。中国常见栽培。

【生长习性】喜温暖潮湿、半阴环境。不耐寒，冬季温度不低于 5℃。宜肥沃、排水性好的微酸性土壤。

【繁殖方法】分株、组培繁殖。

【园林用途】株型美观，四季葱翠，绿意盎然，叶态奇特，常作盆栽、切叶，或作园林地被使用。

千年芋（黄肉芋、紫柄芋、紫芋）

Xanthosoma sagittifolium (L.) Schott

天南星科，千年芋属

'米老鼠'千年芋

【形态特征】多年生草本，高约1 m。地下块茎粗厚，侧生小球茎。叶由块茎顶端生出，叶柄紫褐色，十分醒目；叶片卵状箭形，盾状着生，叶面深绿色，具浅绿色的主、次脉，叶背浅绿色，具深绿色脉，基部心形，全裂至叶柄，边缘波状。佛焰苞管部绿色或紫色，檐部席卷成角状，金黄色；肉穗花序单性，基部为雌花序。

【产地分布】原产哥斯达黎加至南热带美洲。中国广东、云南、贵州等地区有栽培。

【生长习性】喜高温湿润气候。喜阳，耐半阴，耐水湿。宜疏松肥沃、排水良好的微酸性土壤。

【繁殖方法】分株繁殖。

【园林用途】株态优美，叶柄紫色亮丽，常作水生植物种植于湿地、溪涧、水岸边等，也可盆栽观赏；芋头可食。

常见栽培品种如下。

'米老鼠'千年芋（'Variegatum Monstrosum'）：叶片边缘有白斑，先端常皱缩，具长尾尖。

雪铁芋（金钱树、美铁芋）

Zamioculcas zamiifolia (Lodd.) Engl.

天南星科，雪铁芋属

【形态特征】多年生常绿草本，株高50~80 cm。地下有肥大的块状茎，直径5~8 cm。地上部无主茎。羽状复叶自块茎顶端抽生，坚挺浓绿，每个叶轴有对生或近对生的小叶6~10对；小叶卵形，厚革质，有金属光泽，具短柄；叶柄基部膨大，木质化。佛焰苞绿色，船形；肉穗花序较短。

【产地分布】原产非洲热带地区。中国各地均有栽培。

【生长习性】喜暖热略干燥、半阴环境。耐干旱，畏寒冷，忌暴晒。宜疏松肥沃、排水良好、富含有机质的酸性至微酸性土壤。

【繁殖方法】分株、叶片扦插繁殖。

【园林用途】叶色葱翠，生机勃勃，具有较高的观叶价值，常用作室内盆栽观赏。

马蹄莲（水芋）

Zantedeschia aethiopica Spreng
天南星科，马蹄莲属

【形态特征】多年生草本，具块茎。叶基生，叶柄下部具鞘；叶片较厚，心状箭形或箭形，先端尖，基部心形或戟形，全缘。花序柄长 40~50 cm，佛焰苞似马蹄状，亮白色，有时带绿色；肉穗花序圆柱形，黄色。浆果短卵圆形，淡黄色；种子倒卵状球形。花期 5~6 月。

【产地分布】原产南非。现世界各地广泛栽培。

【生长习性】喜温暖湿润、阳光充足环境。不耐寒，生长适温 15~25℃；不耐干旱，喜水湿。宜肥沃、保水性好的黏质壤土。

【繁殖方法】分株、播种繁殖。

【园林用途】叶片挺秀雅致，花苞洁白，常用作切花，也可配置庭园，或盆栽观赏。

彩色马蹄莲

Zantedeschia hybrida Spr.
天南星科，马蹄莲属

【形态特征】多年生草本，具肉质肥大块茎。叶基生，亮绿色，有时具银色斑点，箭形、披针形或戟形，全缘；叶柄通常较长，海绵质。花序柄长，佛焰苞似马蹄状，颜色丰富，有黄色、橙黄、粉红、红色、紫色等，有时内面基部紫黑色；肉穗花序鲜黄色，直立。浆果倒卵圆形或近球形，种子卵圆形。

【产地分布】杂交品种。中国南方地区常见栽培。

【生长习性】喜温暖湿润环境。不耐寒。宜肥沃、排水良好的壤土。

【繁殖方法】组培、分株繁殖。

【园林用途】花形奇特，色彩丰富，可室内摆放，也可配置于庭园，丛植于水池或堆石旁。

泽泻（水泽、如意花）

Alisma plantago-aquatica L.
泽泻科，泽泻属

【形态特征】多年生沼生或水生草本，具地下块茎。叶基生，多数；沉水叶条形，挺水叶宽披针形、椭圆形至卵形。大型圆锥花序，花葶高达80 cm；花两性，内轮花被片远大于外轮，白色，粉红色或浅紫色。瘦果椭圆形或近矩圆形；种子紫褐色。花果期5~10月。

【产地分布】全球广为分布。

【生长习性】喜温暖湿润、阳光充足环境。幼株喜荫蔽，成株喜光。宜靠近水源、富含腐殖质、保水性好的稍黏性土壤。

【繁殖方法】播种、分株繁殖。

【园林用途】叶片秀丽，花序大，花期长，花叶兼赏，可作为公园、庭院水体绿化。

皇冠草（王冠草）

Aquarius grisebachii (Small) Christenh. et Byng
泽泻科，象耳慈姑属

【形态特征】多年生水生草本，株高40~60 cm。具匍匐根茎，茎基粗壮。叶基生，呈莲座状排列，具长柄；出水叶线状披针形至椭圆形，长6~22 cm，宽1.5~4 cm，全缘，具3~7条浅绿色纵脉；沉水叶线状披针形，具1~3脉。总状花序，具花4~12轮，每轮约6朵；花白色，直径约1 cm。瘦果。花期5~9月。

【产地分布】原产南美洲巴西、阿根廷、乌拉圭等。中国各地有引种栽培。

【生长习性】喜温暖、半阴环境。生长适温22~30℃，越冬温度不宜低于10℃。喜肥沃、富含有机质的泥土。

【繁殖方法】分株、播种繁殖。

【园林用途】叶片宽大，叶形优美，花姿优雅，有"水草之王"的美誉，适合室内外水体绿化。

大叶皇冠草

Aquarius macrophyllus (Kunth) Christenh. et Byng
泽泻科，象耳慈姑属

【形态特征】多年生水生草本，株高 50~70 cm。叶基生，具长柄，挺出水面；叶片卵形至卵状披针形，长 8~40 cm，宽 5~26 cm，全缘，具 7~11 条浅绿色纵脉。花序圆锥状或少总状，具花 7~14 轮，每轮 8~20 朵；花白色，直径 1.5~2.5 cm。瘦果具肋。花期夏季。

【产地分布】原产圭亚那、巴西西部至阿根廷。中国各地有引种栽培。

【生长习性】喜温暖、阳光充足环境。耐热，不耐寒，生长适温 20~26℃。喜肥沃疏松的土壤。

【繁殖方法】分株繁殖。

【园林用途】叶片宽大，叶形美观，四季常绿，广州地区可全年开花，花叶兼赏，适合用于公园、庭院的浅水区种植。

水金英（水罂粟、水泽莲）

Hydrocleys nymphoides (Humb. et Bonpl. ex Willd.) Buchenau
泽泻科，水金英属

【形态特征】多年生浮水草本。茎圆柱形，节处生根。叶簇生于茎上，卵形至近圆形，具长柄，顶端圆钝，基部心形，全缘。伞形花序，小花具长柄，罂粟状，淡黄色，花心棕红色，花径约 6 cm，花瓣 3，扇形。蒴果披针形；种子细小，多数。花期 6~9 月。

【产地分布】原产巴西、委内瑞拉。中国南方地区有引种栽培。

【生长习性】喜温暖、阳光充足环境。耐热，不耐寒，生长适温 25~28℃，越冬温度不宜低于 5℃。喜肥沃、富含有机质的泥土。

【繁殖方法】分株繁殖。

【园林用途】叶青翠宜人，花色金黄，可用于公园、庭院等水体绿化，宜成丛或成片种植于浅水，也可作盆栽观赏。

泽泻慈姑

***Sagittaria lancifolia* L.**
泽泻科，慈姑属

【形态特征】多年生水生草本，株高40~200 cm。根状茎匍匐，白色。沉水叶条形，丝带状；挺水叶披针形至椭圆形，具长柄。花葶直立，挺出水面，总状花序通常长于叶，着花数至10余轮，不分枝或基部一轮分枝；花白色，花瓣3枚。瘦果狭倒卵形至镰刀形。花果期3~11月。

【产地分布】原产中南美洲。中国南方有引种栽培。

【生长习性】喜温暖湿润、阳光充足环境。不耐寒。喜肥沃、富含有机质的泥土。

【繁殖方法】分株、播种繁殖。

【园林用途】叶片秀丽，花序修长，花白色，可用于湖边、池塘、溪流及积水湿地中。

欧洲慈姑

***Sagittaria sagittifolia* L.**
泽泻科，慈姑属

【形态特征】多年生沼生或水生草本，株高50~100 cm。根状茎匍匐，末端膨大呈球茎。叶有沉水、浮水、挺水3种，沉水叶条形或叶柄状；浮水叶长圆状披针形，基部深裂；挺水叶通常箭形，具5~7条脉，两侧裂片常较中间裂片长。总状花序，共3~5轮，每轮2~3朵；花白色，基部具紫色斑，雌花长在下轮，雄花具较长的花梗。瘦果斜三角形，具翼及喙。花果期7~9月。

【产地分布】原产中国新疆。欧洲广泛分布，大洋洲亦有分布。

【生长习性】喜温暖湿润、阳光充足、通风环境。不耐寒，生长适温18~28℃，冬季温度不宜低于5℃。喜肥沃、富含有机质的泥土，常生于静水或缓流溪沟等水体中。

【繁殖方法】分株、播种繁殖。

【园林用途】叶形多变，花白色，基部紫色，常用于浅水区绿化，也可盆栽观赏。

慈姑（华夏慈姑、茨菰、野慈姑）

Sagittaria trifolia L.
泽泻科，慈姑属

【形态特征】多年生沼生草本，株高50~100 cm。根状茎横走，末端膨大呈球茎，卵圆形或球形，黄白色。叶箭形，大小变异很大，通常顶裂片短于侧裂片；叶柄基部渐宽，鞘状。花序圆锥状或总状，具花多轮，每轮2~3花；花单性，下部1~3轮为雌花，上部多轮为雄花；花瓣白色，花药橙黄色。瘦果倒卵圆形，具翅。花果期5~10月。

【产地分布】原产中国长江以南各地。日本、朝鲜亦有栽培。

【生长习性】喜温暖、阳光充足环境。不耐阴，不耐寒。喜肥沃、排水良好的壤土。

【繁殖方法】播种、分球繁殖。

【园林用途】叶形奇特，花清秀淡雅，可用于风景区、公园、庭院池塘、小溪等水边绿化，也可盆栽观赏。

黄花蔺

Limnocharis flava (L.) Buchenau
花蔺科，黄花蔺属

【形态特征】多年生挺水草本，株高30~50 cm。叶基生，挺出水面，椭圆形，亮绿色，光滑，幼时拳卷；叶柄粗壮，三棱形。伞形花序顶生，花葶基部稍扁，上部三棱形；花两性，2~15朵，苞片绿色，花被片淡黄色。蓇葖果环形，聚集成头状。花期3~4月，果期9~10月。

【产地分布】原产中国广东和云南。东南亚和美洲的热带地区有分布。

【生长习性】喜温暖、阳光充足环境，多生于静水或缓流溪沟等水体中。喜肥沃、疏松的砂质壤土。

【繁殖方法】播种、分株繁殖。

【园林用途】株型奇特，花色艳丽，可作为风景区、公园、庭院等水景绿化，或盆栽观赏。

黑藻

Hydrilla verticillata (L.f.) Royle
水鳖科，黑藻属

【形态特征】多年生沉水草本。茎纤细，圆柱形，有分枝。叶4~8枚轮生，线形或长条形，边缘锯齿明显，无柄。花小，单性，雌雄同株或异株；雄佛焰苞近球形，雌佛焰苞管状，每佛焰苞具1花；花瓣3，匙形，白色或粉红色。果圆柱形。花果期5~10月。

【产地分布】广布于欧亚大陆热带至温带地区。中国大部分地区有分布。

【生长习性】喜温暖环境，生于淡水。耐寒冷，生长适温15~30℃。喜肥沃、富含有机质的泥土。

【繁殖方法】扦插、分株繁殖。

【园林用途】颜色青翠，株型美观，可作为水体景观绿化的水下植被，或用于水族箱装饰，盆栽或缸栽。

水鳖（马尿花、芣菜）

Hydrocharis dubia Backer
水鳖科，水鳖属

【形态特征】多年生浮水草本。须根长，匍匐茎发达，顶端生芽。叶簇生，多漂浮，有时伸出水面，心形或圆形，叶背有凸起的蜂窝状贮气组织。雄花序腋生，佛焰苞2枚，膜质，透明，具红紫色条纹，苞内雄花5~6朵，每次仅1朵开放，花瓣3，黄色；雌佛焰苞小，苞内雌花1朵，白色，花心黄色。果实浆果状。花果期8~10月。

【产地分布】中国广布。大洋洲和亚洲其他地区也有分布。

【生长习性】喜温暖、阳光充足环境，生于静水池沼中。耐热、耐寒，不耐阴。喜肥沃疏松的土壤。

【繁殖方法】扦插、组培繁殖。

【园林用途】抗性强，叶色翠绿，花清新淡雅，净化水质能力强，可用于风景区、公园、庭院水景布置。

水菜花

Ottelia cordata (Wall.) Dandy
水鳖科，水车前属

【形态特征】一年生或多年生水生草本。茎极短。叶基生，异型；沉水叶长椭圆形、披针形或带形，薄纸质，叶脉5~7条；浮水叶阔披针形或长卵形，基部心形，革质，叶脉9条。花单性，雌雄异株；雄佛焰苞内有花10~30朵，雌佛焰苞内含雌花1朵；花瓣3，倒卵形，白色，基部带黄色。果长椭圆形；种子多数。花期4~6月。

【产地分布】原产中国海南。缅甸、泰国、柬埔寨也有分布。中国华南地区有栽培。

【生长习性】喜温暖、阳光充足环境，生于淡水沟渠及池塘中。不耐寒，对水质要求高。

【繁殖方法】播种繁殖。

【园林用途】国家二级保护野生植物。叶翠绿，花淡雅，可用于风景区、公园、庭院水景布置。

苦草（扁草、蓼萍草）

Vallisneria natans (Lour.) Hara
水鳖科，苦草属

【形态特征】多年生沉水草本。匍匐茎光滑，白色，先端芽浅黄色。叶基生，线形或带形，绿色至略带暗红色，常有棕色条纹和斑点。花单性，雌雄异株；雄花多数，淡黄色，生于叶腋，包被于雄佛焰苞内；雌花单生，萼片3，绿紫色，花瓣3，白色；总花梗长，随水深而改变。果实圆柱形。花期8~9月。

【产地分布】中国广布。中南半岛、日本、马来西亚和澳大利亚也有分布。

【生长习性】喜温暖环境。耐阴，耐寒。喜肥沃、富含有机质的泥土，适合浅水种植。

【繁殖方法】播种、分株、组培繁殖。

【园林用途】株型美观，叶形优美，叶色翠绿，可作为植物园、风景区、公园、庭院等地的水体绿化材料，或种植于水族箱。

菹草（虾藻）

Potamogeton crispus L.
眼子菜科，眼子菜属

【形态特征】多年生沉水草本，具圆柱形根茎。茎稍扁，多分枝，近基部常匍匐状，节处生须根。叶互生，条形，无柄，起皱卷曲，呈半透明的铜绿色，叶脉泛红色，叶缘浅波状，具细锯齿。穗状花序顶生，具花2~4轮，初时每轮2朵对生；花小，淡绿色。果卵形。花果期4~7月。

【产地分布】世界广泛分布。中国南北各地均有分布和栽培。

【生长习性】喜温暖环境。喜流动的水域，冬、春生长良好，对水域的富营养化有较强的适应能力。喜肥沃、富含有机质的泥土。

【繁殖方法】分株、扦插繁殖。

【园林用途】叶形飘逸，株型美观，适合湖泊、池沼、小水景、家庭水池栽培观赏。

竹叶眼子菜（箬叶藻、马来眼子菜）

Potamogeton wrightii Morong
眼子菜科，眼子菜属

【形态特征】多年生沉水草本。根茎发达，白色，节处生须根。茎圆柱形，节间长1.5~8 cm。叶全部沉水，长椭圆形或披针形，中脉和横脉显著；托叶大而明显，近膜质，鞘状抱茎。穗状花序顶生，具花多轮，花小，黄绿色。果实小，呈不对称倒卵形。花果期6~10月。

【产地分布】原产中国。东南亚各国、朝鲜、日本、印度等地也有分布。

【生长习性】喜温暖、阳光充足环境。较耐寒，生长适温18~25℃。喜肥沃、富含有机质的泥土。

【繁殖方法】扦插、播种繁殖。

【园林用途】株型较好，叶竹叶状，适合室内外水体绿化，常用于水族箱装饰。

箭根薯（老虎须）

Tacca chantrieri André
薯蓣科，蒟蒻薯属

【形态特征】多年生草本。根状茎粗壮，近圆柱形。叶长圆形或长圆状椭圆形，叶柄基部有鞘。花葶较长，伞形花序有花 5~18 朵；总苞片 4 枚，暗紫色，外轮 2 枚卵状披针形，内轮 2 枚阔卵形，无柄；小苞片线形，长约 10 cm 或更长；花紫褐色，花被裂片 6。浆果肉质，椭圆形，具 6 棱，紫褐色；种子肾形。花果期 4~11 月。

【产地分布】原产中国南部。东南亚广为分布。

【生长习性】喜温暖湿润、荫蔽雨林环境。耐高温，不耐寒，忌强光直射。

【繁殖方法】分株、组培繁殖。

【园林用途】株型潇洒，叶色翠绿，花形独特，线形小苞片下垂如虎须，尤为优美，总苞片如一只展翅的黑蝴蝶，观赏价值极高，适合花境或林下种植，或作盆栽观赏。

丝须蒟蒻薯（白苞老虎须）

Tacca integrifolia Ker Gawl.
薯蓣科，蒟蒻薯属

【形态特征】多年生草本。根状茎粗大，近圆柱形。叶长圆状披针形或长圆状椭圆形，叶柄基部有鞘。花葶长约 55 cm；总苞片 4 枚，外轮 2 枚狭三角状卵形，无柄，棕褐色，内轮 2 枚匙形，有长柄，白色；小苞片线形，长可达 30 cm；花紫黑色，花被裂片 6。浆果肉质，长椭圆形；种子椭圆状卵形。花果期 7~8 月。

【产地分布】原产中国西藏墨脱。马来西亚、泰国、缅甸、巴基斯坦、印度东部有分布。

【生长习性】喜温暖潮湿、半阴环境。耐旱，耐高温，耐水湿。对土壤要求不严。

【繁殖方法】播种、分株繁殖。

【园林用途】适应性强，紫色花簇下方挂着长长的丝状苞片，就像胡须一样，花朵上方有两个浅色苞片，如蝙蝠翅膀，适合花境或林下种植，或作盆栽观赏。

香露兜

***Pandanus amaryllifolius* Roxb. ex Lindl.**
露兜树科，露兜树属

【形态特征】多年生常绿草本。地上茎分枝，有气生根。叶常聚生于枝顶，长剑形，长可达 30 cm，边缘及叶背沿中脉具锐刺，叶尖刺稍密；具棕香。花单性，雌雄异株，花序穗状。聚花果圆球形或椭圆形。

【产地分布】原产印度尼西亚马鲁古群岛。中国华南地区有栽培。

【生长习性】喜温暖湿润、光照充足环境。耐阴，耐湿，不耐寒。适应性较强，喜潮湿偏酸性土壤。

【繁殖方法】分株繁殖。

【园林用途】株丛紧密，叶色青翠，适合丛植、片植于林缘、墙隅、水边等处。

六出花（秘鲁百合、水仙百合）

***Alstroemeria hybrida* L.**
六出花科，六出花属

【形态特征】多年生草本，高 50~100 cm。根肥厚肉质，横向生长，须根多。茎自根茎上不定芽萌发，直立而细长。叶互生状散生，长卵形或宽披针形，亮绿色。伞形花序，总花梗 5，各具花 2~3 朵；花粉色、红色、橙黄色等，花形似百合，花瓣内部具彩色斑斓的奇特花纹。花期 5~7 月，果期 8~10 月。

【产地分布】园艺杂交种，原生种产于南美洲。中国南北多地有栽培。

【生长习性】喜温暖湿润、阳光充足环境。夏季喜凉爽，怕炎热，生长适温 15~25 ℃；耐半阴，稍耐寒，稍耐旱，忌积水。喜肥沃湿润、排水良好的土壤。

【繁殖方法】分株、组培、播种繁殖。

【园林用途】花形优美，花色绮丽，是优良的切花材料，也可丛植或布置于花境。

嘉兰（火焰百合、嘉兰百合）

Gloriosa superba L.
秋水仙科，嘉兰属

【形态特征】多年生攀缘状草本。根状茎块状，肉质，常分叉。叶常互生，偶对生，披针形，先端尾状并延伸成长卷须，基部有短柄。花单生于上部叶腋或叶腋附近，有时在枝端近伞房状排列，花梗长10~15 cm；花被片条状披针形，反折，由于花俯垂而向上举，基部收狭而多少呈柄状，边缘皱波状，上半部亮红色，下半部黄色；花丝长3~4 cm。花期7~8月。

【产地分布】原产中国云南南部。亚洲热带地区和非洲也有分布。中国华南地区有栽培。

【生长习性】喜温暖湿润、阳光充足环境。耐半阴，忌暴晒；不耐寒，不耐旱。宜富含有机质、排水透气的肥沃壤土。

【繁殖方法】分株、扦插、播种、组培繁殖。

【园林用途】花形奇特，如燃烧的火焰，艳丽高雅，花色变幻多样，花期长，可用于布置庭院、阳台等，或作切花。

宫灯百合（提灯花、圣诞百合、圣诞风铃）

Sandersonia aurantiaca Hook.
秋水仙科，提灯花属

【形态特征】多年生半蔓性草本，具块根，高70~180 cm。叶螺旋状互生，披针形，无柄。花单生于上部叶腋，坛状，上阔下窄，下垂，似宫灯，亮橙黄色，有长梗。蒴果。花期7~10月，果期8~11月。

【产地分布】原产南非。中国广泛栽培。

【生长习性】喜凉爽湿润气候。喜光，忌强光直射；不耐寒，忌积水。宜疏松肥沃、排水良好的土壤。

【繁殖方法】分球、播种繁殖。

【园林用途】花开之时犹如金色灯笼挂于花枝，俏丽夺目，玲珑可爱。适合盆栽室内观赏，也可作切花。

百合

***Lilium* spp.**
百合科，百合属

【形态特征】百合科百合属所有栽培种及品种的总称。多年生草本，株高50~150 cm。地下具鳞茎，阔卵状球形或扁球形，由多数肥厚肉质鳞片抱合而成，外无皮膜。茎直立。叶互生或轮生，线形、披针形或卵形，具平行脉。花单生、簇生或成总状花序，生于茎顶；花大，漏斗形、喇叭形、杯形或球形；花被片6枚，花萼和花瓣各3，颜色相同；雄蕊6枚，花药"丁"字形着生，重瓣品种雄蕊瓣化；花色丰富，常具芳香。蒴果3室；种子扁平。花期5~8月。

【产地分布】多数种类原产中国。世界各地广泛栽培。

【生长习性】喜冷凉湿润气候。喜阳，忌夏日直射；较耐寒，忌水涝。宜土层深厚、疏松肥沃、富含腐殖质的砂质壤土。

【繁殖方法】分球、鳞片扦插或组培繁殖。

【园林用途】花姿优雅，花色丰富，花香怡人，常用于切花栽培，也可盆栽或作花坛、花台、花境、花海等应用。

百合品种多达1万余个，现代栽培的商业品种是由多个种反复杂交选育而来。依亲本的产地、亲缘关系、花姿和花色等特征，可分为9个种系：亚洲百合杂种系、星叶百合杂种系、白花百合杂种系、美洲百合杂种系、麝香百合杂种系、喇叭型百合杂种系、东方百合杂种系、其他类型和原种。

常见栽培的种系如下。

麝香百合杂种系（Longiflorum Hybrids）：花横生或直立向上，喇叭形，白色，芳香；代表品种有'雪后'（'Snow Queen'）、'白狐'（'White Fox'）等。

亚洲百合杂种系（Asiatic Hybrids）：花直立向上，瓣缘光滑，花瓣不反卷，花色丰富，香气淡雅；代表品种有'白精灵'（'White Pixie'）、'多安娜'（'Pollyanna'）等。

东方百合杂种系（Oriental Hybrids）：又名"香水百合"，花较大，平展向上或斜伸，香气浓郁；代表品种有'西伯利亚'（'Siberia'）、'索邦'（'Sorbonne'）等。

喇叭型百合杂种系（Trumpet Hybrids）：株型高大，生性强健，耐热性好。

其他类型（Miscellaneous Hybrids）：主要有LA、LO、OT等系间杂交品种，花大，抗性强；如'布林迪西'（'Brindisi'）、'木门'（'Conca d'or'）、'特里昂菲特'（'Triumphator'）等。

OT杂种

麝香百合

亚洲百合

东方百合

喇叭型百合

百合科

郁金香（洋荷花）

Tulipa spp.
百合科，郁金香属

【形态特征】多年生草本，常作一年生栽培，株高40~50 cm。地下具鳞茎，偏圆锥形，外被棕褐色皮膜。茎叶光滑，被白粉。叶3~5枚，长椭圆状披针形或卵状披针形，全缘并呈波状。花单生茎顶，花冠杯状或盘状，花被内侧基部常有黑紫色或黄色斑；花被片6枚，花色丰富。蒴果背裂；种子扁平。花期3~5月。

【产地分布】原产地中海沿岸、中亚等地。世界各地广泛栽培。

【生长习性】喜凉爽湿润、阳光充足环境。耐寒，怕酷暑。宜腐殖质丰富、疏松肥沃、排水良好的微酸性砂壤土。

【繁殖方法】分球、播种、组培繁殖。

【园林用途】世界著名球根花卉，花期早，花色艳丽丰盛，适合盆栽或作切花，园林中常用于花坛、花境、花丛、花台和花海。

郁金香品种多达8000余个，主要由种、变种间杂交以及芽变而来。重要亲本包括郁金香（*T. gesneriana*）、考夫曼郁金香（*T. kaufmaniana*）、福氏郁金香（*T. fosteriana*）、格里郁金香（*T. greigii*）等。根据花期、花形、花色等性状，郁金香品种可分为早花类、中花类、晚花类、变种及杂种4大类共15个品种群；常见栽培品种超过150个。

指甲兰

Aerides falcata Lindl. et Paxton
兰科，指甲兰属

【形态特征】多年生常绿附生草本。茎伸长，粗壮，具数枚二列状排列的叶。叶片带状，先端凹缺。总状花序腋生，下垂，长 30~50 cm，疏生多花；萼片和花瓣淡白色，上部具紫红色；唇瓣 3 裂，有向上的距，中裂片前半部紫红色，后半部白色带紫色斑点和条纹。花有香气。花期 7~9 月。

【产地分布】原产中国云南东南部。亚洲热带、印度也有分布。广东、广西、海南、云南等地常见栽培。

【生长习性】喜温暖湿润、半阴、通风环境。忌阳光直射，忌干燥，生长适温 15~30℃，越冬温度 8℃以上。

【繁殖方法】分株、组培繁殖。

【园林用途】株型优美，花娇嫩可爱，花序似狐狸尾巴，十分奇特，可作室内盆栽或兰花专类园种植。

多花指甲兰

Aerides rosea Lodd. ex Lindl. et Paxton
兰科，指甲兰属

【形态特征】多年生常绿附生草本。茎粗壮，长 5~20 cm。叶肉质，狭长圆形或带状，先端钝且不等侧 2 裂。花序生于叶腋，常 1~3 个，密生许多花；花白色带紫色斑点，唇瓣 3 裂，中裂片近菱形，上面密布紫红色斑点；距白色，向前伸。蒴果近卵形。花期 7 月，果期 8 月至翌年 5 月。

【产地分布】原产中国广西、云南、贵州。印度、缅甸、老挝、越南、不丹也有分布。中国华南地区常见栽培。

【生长习性】喜温暖湿润、半阴环境。耐热，不耐寒，生长适温 20~28℃。

【繁殖方法】分株、组培繁殖。

【园林用途】株型优美，花序似狐狸尾巴，十分奇特，可作室内盆栽或兰花专类园种植。

金线兰（金线莲、花叶开唇兰）

Anoectochilus roxburghii (Wall.) Lindl.
兰科，开唇兰属

【形态特征】多年生草本，株高8~18 cm。根状茎肉质，匍匐伸长，节上生根；地上茎直立，肉质，具2~4枚叶。叶片卵圆形或卵形，上面墨绿色至暗紫色或黑紫色，具金红色网脉，背面淡紫红色。总状花序具2~6朵花，花白色或淡红色；唇瓣位于上方，呈"Y"字形，两侧具流苏状细裂条，基部具圆锥状距。花期8~11月。

【产地分布】中国广东、广西、海南、湖南、江西、福建、浙江等地有分布。日本、泰国、老挝、越南、印度等也有分布。

【生长习性】喜温暖湿润、荫蔽、通风环境。忌阳光直射，不耐寒。喜肥沃、潮湿的腐殖性土壤。

【繁殖方法】扦插、分株、组培繁殖。

【园林用途】国家二级保护野生植物。株型低矮匍匐，花期开花繁茂，叶色丰富独特，有食用和药用价值。可盆栽供室内案头摆设或用来点缀山石盆景等。

竹叶兰

Arundina graminifolia (D.Don) Hochr.
兰科，竹叶兰属

【形态特征】多年生草本，株高40~80 cm，有时可达1 m以上。茎簇生，直立，细竹竿状，具多枚叶。叶线状披针形，基部鞘状抱茎。总状花序顶生，具2~10朵花，但每次仅开1朵；花粉红色或略带紫色或白色；萼片狭椭圆状披针形，花瓣卵状椭圆形，唇瓣3裂，侧裂片内弯，中裂片先端2浅裂或微凹。蒴果；种子细小。花果期9~11月。

【产地分布】广泛分布于亚洲热带地区。中国广东、广西、海南、湖南、江西、福建、浙江、贵州、云南、西藏有分布。

【生长习性】喜温暖湿润、半阴、通风良好环境。耐瘠薄、耐水湿，不耐寒。喜肥沃、疏松的壤土或砂壤土。

【繁殖方法】分株、组培繁殖。

【园林用途】株型秀气，花美丽，可用于片植造景，也可于室内盆栽观赏。

领带兰（大领带兰、蝴蝶石豆兰）
Bulbophyllum phalaenopsis J.J.Sm.
兰科，石豆兰属

【形态特征】多年生常绿附生草本。假鳞茎卵状球形，顶生1叶。叶片带状，下垂，长可达1.2 m，状似领带。花序从假鳞茎基部长出，每个花序着花15~30朵；花紫红色，表面具乳突，里面光滑鲜红色，花瓣背面具淡黄色毛；有强烈臭味。花期夏秋季。

【产地分布】原产新几内亚和印度尼西亚。中国华南地区有栽培。

【生长习性】喜高温高湿环境。冬季气温不低于15℃、夏季不高于30℃为宜。

【繁殖方法】分株、组培繁殖。

【园林用途】以板植吊挂为主，长而下垂的叶片宛若高雅的领带，圆形的假鳞茎犹如领带上的领结，观赏性佳，适用于公园、庭院或专类园种植。

虾脊兰
Calanthe discolor Lindl.
兰科，虾脊兰属

【形态特征】多年生草本，株高20~40 cm。假鳞茎粗短，近圆锥形，具3~4枚鞘和3枚叶。叶倒卵状长圆形至椭圆状长圆形，背面密被短毛。花葶从叶间抽出，总状花序疏生6~10朵花，有香气；萼片椭圆形，褐紫色；花瓣近长圆形或倒披针形，有多种颜色；唇瓣白色，轮廓为扇形，3裂。花期4~5月，果期8月。

【产地分布】原产中国广东、福建、浙江、江苏、湖北、贵州。日本、韩国也有分布。

【生长习性】喜温暖湿润、半阴环境。较耐寒，不耐干旱和高温，夏季宜凉爽。宜疏松肥沃、排水良好的腐叶土或泥炭苔藓土。

【繁殖方法】分株、组培繁殖。

【园林用途】叶如箬竹，花序修长，花繁美丽，花叶兼赏，适合作观花地被、花境及盆栽。

三褶虾脊兰

Calanthe triplicata (Willemet) Ames
兰科，虾脊兰属

【形态特征】多年生草本，株高 60~80 cm。假鳞茎聚生，卵状圆柱形，具 2~3 枚鞘和 3~4 枚叶。叶片椭圆形或椭圆状披针形，边缘常波状。花葶直立，远高出叶丛，总状花序密生多花；花白色或偶见淡紫红色，萼片和花瓣常反折；唇瓣 3 深裂，中裂片深 2 裂；距白色，纤细，圆筒形。花期 4~5 月。

【产地分布】中国南部多地有分布。广泛分布于热带亚洲至澳大利亚、太平洋岛屿和马达加斯加。

【生长习性】喜温暖湿润、半阴环境。较耐寒，耐半阴，不耐干旱和高温，夏季宜凉爽。喜疏松肥沃、排水良好的腐叶土或泥炭苔藓土。

【繁殖方法】分株、组培繁殖。

【园林用途】植株强健，叶形美观，花洁白，花形奇特，可盆栽观赏或庭院绿化种植。

秀丽卡特兰

Cattleya dowiana Bateman et Rchb.f.
兰科，卡特兰属

【形态特征】多年生附生草本。假鳞茎纺锤状，长约 20 cm。叶 1 枚顶生，厚革质，长约 20 cm。花 2~6 朵，直径可达 16 cm；萼片狭披针形，黄绿色；花瓣卵状椭圆形，边缘波状皱，黄色；唇瓣紫红色，具金黄色脉纹。花有香气。花期夏秋季。

【产地分布】原产哥斯达黎加。中国南方有引种栽培。

【生长习性】喜温暖湿润、通风环境。喜阳光，根部不耐湿。宜排水、透气栽培基质。

【繁殖方法】分株、组培繁殖。

【园林用途】花大而艳丽，有香气，是极为少有的黄色种卡特兰，可盆栽观赏或布置兰花专类园。

杂交卡特兰（卡特兰、嘉德丽亚兰、卡特利亚兰）

Cattleya × *hybrida* J.J.Veitch

兰科，卡特兰属

【形态特征】多年生附生草本，株高 25~60 cm，具气生根。茎通常膨大成假鳞茎状，纺锤形或棍棒形，直立。叶 1~2 枚生于假鳞茎顶部，厚革质，长椭圆形。花大，单朵或数朵排列成总状花序，着生于假鳞茎顶端，每朵花能开放较长时间，色泽鲜艳而丰富；唇瓣大而醒目，边缘多有波状皱褶。花期多为冬季或早春。

【产地分布】园艺杂交种，原种产于热带美洲。中国南方常见栽培。

【生长习性】喜温暖湿润、半阴环境。忌暴晒；怕冷，越冬温度 10℃以上。常用蕨根、苔藓、树皮块等基质栽培。

【繁殖方法】分株、组培繁殖。

【园林用途】花大而美丽，花期长，被誉为"洋兰之王"，可用于公园、庭院、专类园绿化，也可作为切花、盆栽等多种应用形式。

常见栽培品种如下。

'大牛'（'Bigger OX'）：花径 15~20 cm，花瓣粉红色，唇瓣边缘红艳，中心明黄。

'英帝哥'（'Blue Indigo'）：花大，紫色，唇瓣圆润饱满。

'猫王'（'Cat King'）：花径 10~15 cm，偏黄色。

'金满意'（'Young-Min Orange'）：一个花序有花 4~15 朵，花橙色，花径 5~6 cm。

'猫王'

'大牛'

'英帝哥'

'金满意'

中型卡特兰（早花卡特兰）

Cattleya intermedia Graham ex Hook.
兰科，卡特兰属

【形态特征】多年生附生草本。假鳞茎圆柱状，长 25~40 cm，稍肉质。叶 2 枚，卵形，长 7~15 cm。花 3~5 朵或更多，中等大小，直径约 10 cm，白色、淡紫色或浅红色，花瓣上有时具斑点或脉纹；唇瓣舌状，深红色。花期 2~5 月。

【产地分布】原产巴西。中国南方有栽培。

【生长习性】喜温暖湿润、通风环境。夏季忌暴晒，秋冬季宜光照充足；较耐寒，5~7℃可正常开花。栽培较容易。

【繁殖方法】分株、组培繁殖。

【园林用途】花形优美，花色多变，花期长，可盆栽观赏或用于专类园。

宽唇卡特兰

Cattleya labiata Lindl.
兰科，卡特兰属

【形态特征】多年生附生草本。假鳞茎扁平，棍棒状，长 15~25 cm。叶 1 枚顶生，与假鳞茎等长，厚革质，长椭圆形。花 2~5 朵，白色、紫红色或淡粉色；唇瓣白色、桃红色或紫红色，前端常有一个紫红色或蓝紫色大斑块，边缘强烈褶皱。花期秋季。

【产地分布】原产巴西。中国南方常见栽培。

【生长习性】喜温暖潮湿、通风环境。喜光，不耐寒。栽培上无特殊要求，夏季可提高湿度。

【繁殖方法】分株、组培繁殖。

【园林用途】花形美丽，色彩丰富，花期长，可盆栽观赏或布置兰花专类园。

贝母兰（毛唇贝母兰）
***Coelogyne cristata* Lindl.**
兰科，贝母兰属

【形态特征】多年生草本。根状茎较坚硬，多分枝，密被革质鞘。假鳞茎长圆形或卵形，干后皱缩而有深槽，基部具数枚鞘。叶2枚顶生，线状披针形，坚纸质。花葶生于根状茎，总状花序具2~4朵花；花白色，较大，具芳香；萼片披针形或长圆状披针形；花瓣与萼片相似；唇瓣卵形，3裂，唇盘上5条褶片撕裂成流苏状。花期5月。

【产地分布】原产中国西藏。尼泊尔和印度也有分布。

【生长习性】喜凉爽湿润、半阴环境。忌阳光直射，忌干燥。喜疏松透水、富含腐殖质的砂质壤土。

【繁殖方法】分株、组培繁殖。

【园林用途】花量较大，花色美丽，可用于公园、庭院、专类园绿化，也可附于树干及水边岩石上布景，或作室内盆栽观赏。

硬叶兰
***Cymbidium crassifolium* Herb.**
兰科，兰属

【形态特征】多年生常绿附生草本。假鳞茎狭卵球形，稍压扁，包藏于叶基之内。叶4~7枚，带形，厚革质。花葶从假鳞茎基部抽出，下垂或下弯；总状花序通常具10~20朵花，有芳香；萼片与花瓣淡黄色，中央有1条宽阔的栗褐色纵带；唇瓣白色至米黄色，具栗褐色斑，3裂。花期3~4月。

【产地分布】原产中国广东、广西、海南、贵州和云南。东南亚各国有分布。

【生长习性】喜温暖湿润、半阴、空气流通环境。忌高温干燥，不耐涝。喜肥沃、富含腐殖质的土壤。

【繁殖方法】分株、播种繁殖。

【园林用途】国家二级保护野生植物。株型优美，花多，可用于专类园或庭院绿化，常作室内盆栽。

冬凤兰

***Cymbidium dayanum* Rchb.f.**
兰科，兰属

【形态特征】多年生常绿草本。假鳞茎近梭形，稍压扁，包藏于叶基内。叶4~9枚，坚纸质，带形，暗绿色。花葶自假鳞茎基部穿鞘而出，下垂或外弯，总状花序具花5~15朵；萼片与花瓣白色或奶油黄色，中央有一条红色纵带，偶见整个花瓣淡枣红色；唇瓣3裂，基部和中裂片中央为黄白色，其余均为栗色。蒴果椭圆形；种子细小。花期8~12月。

【产地分布】原产中国广东、广西、海南、福建、台湾和云南。广泛分布于喜马拉雅东部至东南亚。

【生长习性】喜温暖湿润、半阴、通风环境。忌阳光直射与干燥，15~30℃最宜生长，5℃以下或35℃以上生长不良。喜排水性良好的栽培基质。

【繁殖方法】分株、组培繁殖。

【园林用途】国家二级保护野生植物。植株典雅、富贵，花大，花期长，可作庭院绿化种植或盆栽观赏。

建兰（四季兰、秋兰）

***Cymbidium ensifolium* Sw.**
兰科，兰属

【形态特征】多年生常绿草本。根粗短，具分枝；假鳞茎卵球形，包藏于叶基之内。叶2~6枚，带形，似剑状，前部边缘时有细齿。花葶从假鳞茎基部发出，直立，常短于叶，总状花序具3~13朵花或更多；花有香气，常呈黄绿色，有紫色或紫红色的脉纹和斑点；萼片披针形或狭长圆形，花瓣狭椭圆形；唇瓣舌状，下弯或后翻。蒴果狭椭圆形。花期6~10月，果期7~11月。

【产地分布】原产中国广东、广西、海南、湖南、江西、福建、台湾、浙江、安徽、四川等地。广泛分布于亚洲热带地区，北至日本，东至新几内亚。

【生长习性】喜温暖湿润、半阴、通风环境。忌阳光直射；越冬温度不宜低于5℃，不耐水涝和干旱。宜疏松肥沃、排水良好的腐叶土。

【繁殖方法】分株、组培繁殖。

【园林用途】国家二级保护野生植物。叶片秀丽，花具芳香，花期长，常用于室内盆栽，是阳台、客厅和小庭院台阶陈设佳品。

蕙兰（夏兰、九节兰）
Cymbidium faberi Rolfe
兰科，兰属

【形态特征】多年生常绿草本。根粗短，无分枝；假鳞茎小，集生成丛。叶 5~8 枚，带形，较坚硬，边缘有粗锯齿，叶截面呈"V"形。花葶自叶腋抽出，直立或外弯；总状花序具花 5~20 多朵，花常为浅黄绿色，有香气，唇瓣有紫红脉纹和色斑。蒴果狭椭圆形。花期 3~5 月。

【产地分布】原产中国广东、广西、湖南、江西、福建、台湾、浙江等地。尼泊尔、印度北部也有分布。

【生长习性】喜温暖湿润、阳光充足、通风环境。不耐阴，较耐寒，生长适温 15~25℃，冬天不低于零下 5℃。喜疏松、透气基质，耐旱。

【繁殖方法】分株、组培繁殖。

【园林用途】国家二级保护野生植物。株型俊逸，花序坚挺，花期较长，具芳香，常作盆栽观赏。

多花兰
Cymbidium floribundum Lindl.
兰科，兰属

【形态特征】多年生常绿附生草本。假鳞茎近卵球形，包于叶基内。叶 5~6 枚，带形，坚纸质。花葶短于叶，近直立或外弯，总状花序具花 10~40 朵，较密集；萼片与花瓣红褐色，偶见绿黄色等，无香气；唇瓣白色，在侧裂片与中裂片上有紫红色斑。蒴果近长圆形。花期 4~8 月。

【产地分布】原产中国广东、广西、海南、福建、云南等地。印度、尼泊尔、泰国、越南也有分布。

【生长习性】喜温暖湿润、半阴、通风环境。忌阳光直射，耐阴，耐寒，耐旱。喜排水良好、富含腐殖质的微酸性基质。

【繁殖方法】分株、组培繁殖。

【园林用途】国家二级保护野生植物。抗性强，花繁色艳，美丽壮观，适合盆栽观赏。

春兰（草兰）

Cymbidium goeringii (Rchb.f.) Rchb.f.
兰科，兰属

【形态特征】多年生常绿草本。假鳞茎较小，卵球形，包藏于叶基内。叶4~7枚，狭线形，边缘具细锐锯齿。花葶自叶腋中抽出，直立，明显短于叶；花常为1朵，罕见2朵，具香气；花色变化较大，常为浅黄绿色、白绿色或淡褐黄色带紫褐色脉纹；萼片近长圆形，花瓣长圆状卵形；唇瓣近卵形，有斑点，不明显3裂。蒴果狭椭圆形。花期1~3月。

【产地分布】原产中国广东、广西、福建、台湾、江西、浙江、四川、贵州、云南等地。印度、日本、朝鲜等地有分布。

【生长习性】喜冷凉湿润、半阴、通风环境。忌暴晒，较耐寒。喜疏松肥沃、排水良好的微酸性土壤。

【繁殖方法】分株、组培繁殖。

【园林用途】国家二级保护野生植物。花姿优美，气质优雅，芳香馥郁，倍受国人喜爱，有"天下第一香""花中君子"等称号，常作室内盆栽观赏，置于花架或案头之上。

春兰品种丰富，按照花被片形态可分为梅瓣、荷瓣、水仙瓣、奇瓣等；按花色有素心（唇瓣上没有斑点或斑块）、色花（花色艳丽）；此外还有众多叶艺（叶片上的斑点、斑块、条纹等）品种。

梅瓣型：萼片短圆，稍向内弯，形似梅花花瓣；捧瓣起兜，唇瓣短而硬，不反卷。例如，'宋梅''万字''逸品''集圆'等。

荷瓣型：萼片肥厚、宽阔，形似荷花花瓣；捧瓣不起兜，形似微开蚌壳；唇瓣宽而长，反卷。例如，'郑同荷''翠盖荷'等。

水仙瓣型：萼片稍长，中部宽，先端稍尖，形似水仙花瓣；捧瓣有兜或轻兜，唇瓣下垂或反卷。例如，'龙字''翠一品'等。

奇瓣型：包括蝶瓣（萼片、花瓣唇瓣化）、多瓣（花器官数目增多）等变异。例如，'四喜蝶''余蝴蝶'等。

'宋梅'

'郑同荷'

'龙字'

'余蝴蝶'

虎头兰

***Cymbidium hookerianum* Rchb.f.**
兰科，兰属

【形态特征】多年生常绿附生草本。假鳞茎狭椭圆形至狭卵形，大而显著。叶4~8枚，带形。花莛下弯或近直立，总状花序具10~20朵花，无香或微香；萼片与花瓣苹果绿色或黄绿色，基部有少数深红色斑点或偶有淡红褐色晕；唇瓣3裂，白色至淡黄色，有栗色斑点与斑纹。蒴果狭椭圆形。花期1~4月。

【产地分布】原产中国广西、四川、贵州、云南和西藏。尼泊尔、不丹、印度东北部、越南北部也有分布。

【生长习性】喜温暖湿润气候，常生于林中树上或溪谷旁岩石上。喜半阴，忌阳光直射，忌干燥。宜富含腐殖质、排水良好的微酸性砂壤土。

【繁殖方法】分株、播种繁殖。

【园林用途】国家二级保护野生植物。株型优美，叶片修长，花大色雅，可用于公园、庭院、专类园绿化，常作室内盆栽观赏。

寒兰（冬兰）

***Cymbidium kanran* Makino**
兰科，兰属

【形态特征】多年生常绿草本。根肉质，较细；假鳞茎狭卵球形，包藏于叶基之内。叶3~7枚，带形、薄革质，暗绿色，先端边缘有细齿。花莛直立，总状花序疏生5~12朵花；花具浓烈香气，常为黄绿、紫红、深紫等色，多有杂色脉纹与斑点；萼片狭长条形，花瓣卵状披针形；唇瓣卵形，略3裂。蒴果狭椭圆形。花期8~12月。

【产地分布】原产中国广东、广西、海南、湖南、江西、福建、台湾、浙江、安徽、四川、贵州和云南。日本和朝鲜也有分布。

【生长习性】喜温暖湿润、半阴、通风环境。忌阳光直射；不耐寒，不耐热，生长适温15~25℃；不耐干旱。喜排水良好的砂壤土和腐叶土。

【繁殖方法】分株、播种繁殖。

【园林用途】国家二级保护野生植物。株型修长健美，叶姿优雅俊秀，花色艳丽多变，香味清醇久远，常作室内盆栽观赏。

大花蕙兰

***Cymbidium hybridum* hort.**
兰科，兰属

【形态特征】多年生常绿草本，株高可达 150 cm。假鳞茎粗壮，有节。叶 3~8 枚丛生，二列状排列，带状长披针形，革质。花葶直立或下垂，总状花序着花 5~15 朵或更多；花大，有红、粉红、橙、黄、翠绿、白、褐、复色等花色；萼片与花瓣近披针状长圆形，唇瓣长圆状卵形，3 裂，边缘常皱波状。蒴果窄椭圆形。花期 1~3 月。

【产地分布】园艺杂交种，由独占春（*C. eburneum*）、虎头兰（*C. hookerianum*）、象牙白（*C. ebureneum*）、碧玉兰（*C. lowianum*）、美花兰（*C. insigne*）、黄蝉兰（*C. iridioides*）等大花型原生种经过多代杂交选育而来。国内外广泛栽培。

【生长习性】喜温暖湿润、半阴、通风环境，生长适温 10~25℃。忌干燥。喜排水良好的栽培基质。

【繁殖方法】分株、组培繁殖。

【园林用途】株型较大，叶形优美、花大而多，可用于公园、庭院、专类园绿化，常作室内盆栽。

墨兰（报岁兰）

Cymbidium sinense Willd.
兰科，兰属

【形态特征】多年生常绿草本，株高 0.6~1 m。假鳞茎较大，卵球形，包藏于叶基之内。叶 3~5 枚，带形，近革质，暗绿色，有光泽。花葶直立，较粗壮，通常高于叶面，总状花序具 7~20 朵花或更多；花具香气，常为暗紫色或紫褐色而具浅色唇瓣，也有黄绿色、桃红色或白色；萼片狭长披针形，花瓣近狭卵形，唇瓣卵状长圆形，不明显 3 裂。蒴果狭椭圆形。花期 10 月至翌年 3 月。

【产地分布】原产中国广东、广西、海南、江西、福建、台湾、安徽、四川、贵州。印度、缅甸、越南、泰国、日本也有分布。

【生长习性】喜温暖湿润、半阴环境。忌阳光直射，忌燥。喜排水良好、富含腐殖质的栽培基质。

【繁殖方法】分株、播种、组培繁殖。

【园林用途】国家二级保护野生植物。叶宽厚挺直，色泽浓绿光亮，一秆多花，花具芳香，常作盆栽观赏，亦可布置兰花园。

莲瓣兰（小雪兰、菅草兰）

Cymbidium tortisepalum Fukuy.
兰科，兰属

【形态特征】多年生常绿草本。根肉质，圆柱状；假鳞茎小。叶片 6~9 枚，线形，质地柔软，弓形弯曲。花葶直立，低于叶丛，总状花序着花 2~5 朵；花具清香，以白色为主，略带红色、黄色、绿色或复色；花被具隐条纹，似莲花花瓣纹理；萼片三角状披针形，花瓣短而宽，向内曲；唇瓣反卷，有红色斑点。花期 12 月至翌年 3 月。

【产地分布】原产中国台湾、云南、四川等地。

【生长习性】喜温暖湿润、半阴、通风环境。不耐寒，忌暴晒。宜疏松肥沃、排水透气的微酸性土壤，忌涝。

【繁殖方法】分株、播种、组培繁殖。

【园林用途】国家二级保护野生植物。中国传统名花，株型优美，花色丰富，香气浓郁，可用于公园、庭院、专类园绿化，常作室内盆栽观赏。

兜唇石斛（天宫石斛）

Dendrobium aphyllum (Roxb.) C.E.C.Fisch.
兰科，石斛属

【形态特征】多年生附生草本。茎肉质，下垂，长30~90 cm，不分枝。叶二列状互生，薄纸质，披针形，基部具鞘。总状花序从老茎上端发出，具1~3朵花；花质地柔软，下垂，有紫罗兰香气；萼片和花瓣白色带粉红色；唇瓣两侧向上围抱蕊柱而呈喇叭状，中部以上淡黄色，中部以下浅粉色，边缘具细齿，两面密布短柔毛。蒴果狭倒卵形。花期3~4月，果期6~7月。

【产地分布】原产中国广西、贵州、云南。印度、尼泊尔、不丹、缅甸、老挝、越南、马来西亚也有分布。

【生长习性】喜温暖湿润、通风环境。生长适温15~28℃。对土肥要求不严，喜疏松、透水、透气栽培基质。

【繁殖方法】分株、扦插、组培繁殖。

【园林用途】国家二级保护野生植物。花姿优雅，花色鲜艳，气味芳香，可用于庭院、专类园绿化。

束花石斛

Dendrobium chrysanthum Wall. ex Lindl.
兰科，石斛属

【形态特征】多年生附生草本。茎肉质，下垂或弯垂，长50~200 cm，不分枝。叶二列状互生，纸质，长圆状披针形，基部具鞘。伞状花序近无柄，侧生于茎上部，每2~6花为一束；花黄色，质地厚，唇盘两侧各具1个栗色斑块。蒴果长圆柱形。花期9~10月。

【产地分布】原产中国广西、贵州、云南、西藏等地。东南亚、印度均有分布。

【生长习性】喜温暖潮湿、半阴环境，多生于山地密林中树干上或山谷阴湿的岩石上。忌阳光直射，不耐热，不耐寒，低温休眠。喜疏松、透水、透气栽培基质。

【繁殖方法】分株、组培繁殖。

【园林用途】国家二级保护野生植物。花金黄色，花期较长，可用于庭院、专类园绿化。

鼓槌石斛

Dendrobium chrysotoxum Lindl.
兰科，石斛属

【形态特征】多年生附生草本。茎直立，肉质，纺锤形，具2~5节间，老茎有沟纹，近顶端具2~5枚叶。叶革质，长圆形至披针形。总状花序于近茎端的节上发出，花序轴粗壮，疏生5~15花；花金黄色，质地厚，稍带香气；唇瓣近肾状圆形，先端浅2裂，基部两侧具红色条纹，边缘波状，密被短茸毛，唇盘通常呈"∧"隆起，有时具"U"形栗色斑块。花期3~5月。

【产地分布】原产中国云南南部至西部。缅甸、泰国、老挝、越南也有分布。

【生长习性】喜温暖湿润、半阴环境，喜附生于雨林中具有粗糙树皮的树干上。不耐暴晒，生长适温15~28℃。喜排水透气的基质，喜肥。

【繁殖方法】分株、组培繁殖。

【园林用途】国家二级保护野生植物。花色艳丽，花朵娇嫩，是构成热带雨林中"空中花园"独特景观的成员之一，可用于庭院、专类园绿化。

金石斛

Dendrobium comatum (Blume) Lindl.
兰科，石斛属

【形态特征】多年生附生草本。根状茎匍匐，粗壮，常具3个节；茎斜立，多分枝；假鳞茎梭形，顶生1枚叶。叶革质，卵形至长圆形，两面具隆起的弧形平行脉。花序从叶腋和叶基背侧发出，几无柄，具1~2朵花；萼片和花瓣浅黄白色带紫色斑点，花期很短；萼片狭披针形，花瓣线形；唇瓣3裂，侧裂片前端边缘多少撕裂状，中裂片边缘深裂为长流苏。花期6~7月。

【产地分布】原产中国台湾。菲律宾、马来西亚、印度尼西亚、澳大利亚、新几内亚岛等地有分布。

【生长习性】喜温暖潮湿、半阴环境，多生长于疏松且厚的树皮或树干上。生长适温15~28℃，湿度60%以上。对土肥要求不严。

【繁殖方法】分株、扦插、播种繁殖。

【园林用途】株型奇特，假鳞茎似梭，可用于公园、庭院、专类园绿化，也可作盆栽种植。

玫瑰石斛

***Dendrobium crepidatum* Lindl. et Paxton**
兰科，石斛属

【形态特征】多年生附生草本。茎悬垂，肉质，圆柱形，具多节。叶近革质，披针形，基部具抱茎的膜质鞘。总状花序从落叶的老茎上部发出，具1~4朵花；花质地厚，开展，有香气；萼片和花瓣白色，中上部淡紫色；萼片卵状长圆形，花瓣宽倒卵形；唇瓣近圆形，上部淡紫色，中下部金黄色；蕊柱白色。花期3~4月。

【产地分布】原产中国云南、贵州。印度、尼泊尔、缅甸、泰国、越南等地有分布。

【生长习性】喜温暖潮湿、半阴环境。不耐热，生长适温15~28℃，宜60%以上空气湿度。喜疏松、透水、透气栽培基质。

【繁殖方法】分株、播种繁殖。

【园林用途】国家二级保护野生植物。株型优雅，花朵粉红，可用于庭院、专类园绿化。

晶帽石斛

***Dendrobium crystallinum* Rchb.f.**
兰科，石斛属

【形态特征】多年生附生草本。茎肉质，圆柱形，长60~70 cm。叶薄纸质，柔软，长圆状披针形，基部抱茎呈鞘状，秋季落叶。总状花序自去年生落叶的老茎上部抽出，具1~3朵花；花大，开展，有香味；萼片和花瓣乳白色，上部紫红色；萼片狭长圆状披针形；花瓣长圆形，边缘多少波状；唇瓣近圆形，下部橘黄色，上部紫红色，两面密被短茸毛。蒴果长圆柱形。花期5~7月，果期7~8月。

【产地分布】原产中国云南。缅甸、泰国、老挝、柬埔寨、越南有分布。

【生长习性】喜温暖湿润、半阴、通风环境。忌暴晒，不耐旱，生长适温15~28℃。对土肥要求不严，喜疏松、透水、透气栽培基质。

【繁殖方法】分株、扦插、播种繁殖。

【园林用途】国家二级保护野生植物。直立性好，花大而艳，香气怡人，可用于庭院、专类园绿化。

叠鞘石斛（紫斑金兰）

Dendrobium denneanum Kerr
兰科，石斛属

【形态特征】多年生附生草本。茎粗壮，直立或斜立，长 25~35 cm，不分枝，节间短。叶互生，革质，披针形，基部具鞘。总状花序生于去年生落叶的茎上端，具 1~3 朵花，花序柄近直立；花橘黄色，开展；唇瓣近圆形，上面密布茸毛，具一个大的紫色斑块。花期 5~6 月。

【产地分布】原产中国海南、广西、贵州、云南。印度、尼泊尔、不丹、缅甸、泰国、老挝、越南有分布。

【生长习性】喜温暖湿润、半阴、通风环境。忌阳光直射，不耐寒。喜排水良好的栽培基质，忌积水。

【繁殖方法】分株、组培繁殖。

【园林用途】国家二级保护野生植物。叶片常绿，排列整齐，花色明艳，可用于庭院、专类园绿化，也可作盆栽观赏。

密花石斛

Dendrobium densiflorum Lindl. ex Wall.
兰科，石斛属

【形态特征】多年生附生草本。茎粗壮，通常棒状或纺锤形，长 25~40 cm，不分枝，具 4 纵棱。叶常 3~4 枚，近顶生，革质，长圆状披针形。总状花序从有叶老茎上端发出，下垂，密生多花；花开展，有香气，萼片和花瓣淡黄色；唇瓣金黄色，基部具短爪，中部以上密被短茸毛。花期 4~5 月。

【产地分布】原产中国广东、广西、海南、西藏。尼泊尔、不丹、印度、缅甸、泰国也有分布。

【生长习性】喜温暖潮湿、半阴环境。忌暴晒，生长适温 15~28℃。对土肥要求不严，喜排水透气的栽培基质，不耐涝。

【繁殖方法】分株、扦插、组培繁殖。

【园林用途】国家二级保护野生植物。花朵密集，花色娇艳，可用于庭院、专类园绿化，也可作盆栽观赏。

齿瓣石斛（紫皮石斛）

Dendrobium devonianum Paxton

兰科，石斛属

【形态特征】多年生附生草本。茎丛生，肉质，中后期下垂，长30~100 cm，不分枝，紫褐色。叶二列状互生，纸质，披针形。总状花序自落叶的老茎上抽出，每个具1~2朵花；花开展，具香气；萼片白色，上部具紫红色晕；花瓣与萼片同色，边缘具短流苏；唇瓣白色，前部紫红色，中部以下两侧具紫红色条纹，边缘具复式流苏，上面密布短毛，唇盘两侧各具1个黄色斑块。花期4~5月。

【产地分布】原产中国广西、贵州、云南、西藏。不丹、印度、缅甸、泰国、越南也有分布。

【生长习性】喜温暖湿润、半阴、通风环境。忌暴晒，耐寒。对土肥要求不严，喜排水良好、疏松透气的栽培基质，不耐涝。

【繁殖方法】分株、扦插、组培繁殖。

【园林用途】国家二级保护野生植物。药用保健类植物，花娇嫩，叶茎兼赏，可用于庭院、专类园绿化，也可作盆栽观赏。

串珠石斛（新竹石斛、红鹏石斛）

Dendrobium falconeri Hook.

兰科，石斛属

【形态特征】多年生附生草本。茎悬垂，肉质，长30~50 cm或更长，中部以上的节间常膨大，多分枝，在分枝的节上通常肿大而成念珠状。叶常2~5枚互生于分枝的上部，狭披针形。总状花序侧生，常减退成单朵；花开展，具芳香；萼片淡紫色或水红色带深紫色先端，花瓣白色带紫色先端；唇瓣白色带紫色先端，边缘具细锯齿，基部两侧黄色，唇盘具1个深紫色斑块，上面密布短毛。花期5~6月。

【产地分布】原产中国广西、湖南、台湾、云南。不丹、印度东北部、缅甸、泰国也有分布。

【生长习性】喜温暖湿润、半阴、通风环境。忌强光直射，怕热，畏寒，越冬温度保持在8~10℃即可。喜排水良好的栽培基质，不耐涝。

【繁殖方法】分株、扦插、组培繁殖。

【园林用途】国家二级保护野生植物。茎奇特，呈串珠状，花大明艳，花期较长，可用于庭院、专类园绿化。

流苏石斛
Dendrobium fimbriatum Hook.
兰科，石斛属

【形态特征】多年生附生草本。茎丛生，粗壮，斜立或下垂，长50~100 cm，不分枝。叶二列状着生于节上端，革质，长圆状披针形，基部具抱茎的革质鞘。总状花序疏生6~15朵花；花金黄色，开展，稍具香气；唇瓣近圆形，边缘具复流苏，唇盘具1个新月形深紫色斑块。花期4~6月。

【产地分布】原产中国广西、贵州、云南。印度、尼泊尔、不丹、缅甸、泰国、越南也有分布。

【生长习性】喜温暖湿润、半阴、通风环境。忌暴晒。喜疏松、透气、排水良好的栽培基质，不耐涝。

【繁殖方法】分株、扦插、组培繁殖。

【园林用途】国家二级保护野生植物。茎自然下垂，花金黄微香，可用于庭院、专类园绿化，也可作盆栽观赏。

细叶石斛
Dendrobium hancockii Rolfe
兰科，石斛属

【形态特征】多年生附生草本。茎丛生，直立，质地硬，圆柱形或有时基部上方有数个节间膨大而成纺锤形，长达80 cm，通常分枝，具纵槽或条棱。叶常3~6枚互生于主茎和分枝的上部，披针形。总状花序具1~2朵花；花质地厚，稍有香气，金黄色，仅唇瓣侧裂片内侧具少数红色条纹。花期5~6月。

【产地分布】原产中国广西、湖南、河南、湖北、四川、贵州、云南、甘肃和陕西等地。

【生长习性】喜温暖湿润、半阴环境。忌暴晒，耐旱，耐寒。喜疏松透气、排水良好的栽培基质，冬季休眠期应减少水肥。

【繁殖方法】分株、扦插、组培繁殖。

【园林用途】国家二级保护野生植物。株型秀美，花小巧而香甜。可用于庭院、专类园绿化。

春石斛（节生花石斛）
Dendrobium hybrida (Nobile type)
兰科，石斛属

【形态特征】多年生附生草本。茎直立，肉质，中部宽，两头窄，具多节，不分枝。叶二列状排列，长圆形，革质，秋冬时节常变黄脱落。总状花序常于老茎中部以上发出，具1~4朵花，常有香气；花色丰富，有红花系、白花系、黄花系等；萼片长圆形，花瓣宽卵形，唇瓣两侧围抱蕊柱。花期3~5月。

【产地分布】春天开花的石斛属园艺品种的统称，欧洲、亚洲等地广泛栽培。中国华南、华东地区常见栽培。

【生长习性】喜温暖湿润、阳光充足、通风环境。忌暴晒，耐高温，较耐寒，生长适温10~30℃。喜排水、透气的栽培基质。

【繁殖方法】分株、扦插、组培繁殖。

【园林用途】品种繁多，花色艳丽，常作室内盆栽观赏，也可布置于公园、庭院或专类园。

常见栽培品种如下。

红花系：花紫红色，如红皇帝'王子'（Red Emperor 'Prince'）、粉红之吻'彗星女王'（Pink Kiss 'Comet Queen'）等。

白花系：花白色或唇瓣喉部乳黄色，如'阿波罗'（Spring Dream 'Apollon'）、'口袋情人'（Angel Baby 'Love Pocket'）、'绿翡翠'（Lucky Girl 'Sweetheart'）等。

黄花系：花黄色或橙黄色，如'火鸟'（Stardust 'Firebird'）、东方微笑'蝴蝶'（Oriental Smile 'Butterfly'）等。

红皇帝'王子'

东方微笑'蝴蝶'

'绿翡翠'

'口袋情人'

秋石斛

Dendrobium hybrida (Phalaenopsis type)
兰科，石斛属

【形态特征】多年生附生草本，株高 30~100 cm。假鳞茎丛生，直立，圆柱形或稍扁，基部收缩，不分枝，具多节。叶互生，革质，有光泽，矩圆形，顶端 2 圆裂。总状花序自假鳞茎顶部抽出，具花 4~30 朵；花蜡质，有紫红色、浅紫色、粉红色、棕色、白色、黄色、绿色、双色等丰富花色。花期 5~12 月。

【产地分布】秋天开花的石斛属园艺品种的统称，由蝴蝶石斛（*D. phalaenopsis*）、异色石斛（*D. discolor*）、二突石斛（*D. bigibbum*）等多种花茎直立的常绿种类杂交而来。原种产于东南亚和西太平洋岛屿一带。中国华南地区广泛栽培。

【生长习性】喜温暖湿润、阳光充足、通风环境。忌暴晒，夏季需遮光，冬、春季可不遮光；生长适温 20~35℃，冬季温度低于 8℃时需加温防护。喜疏松肥沃、透水透气的栽培基质。

【繁殖方法】分株、组培繁殖。

【园林用途】花形独特，花色艳丽，花期长，可用于公园、庭院、专类园绿化，也可作盆栽或切花。

常见栽培品种如下。

'魅力'（'Burana Charming'）：花白色，唇瓣紫红色。

'玉翡翠'（'Burana Jade'）：花淡绿色。

'布娜线条'（'Burana Stripe'）：花粉红色，带条纹。

'泼墨'（'Enobi Purple Splash'）：花白色，具紫红边。

'粉红熊猫'（'Pink Panda'）：花粉红色。

'三亚阳光'（Sonia 'Hiasakul'）：花玫瑰红色，基部白色。

'魅力'

'玉翡翠'

'布娜线条'

'泼墨'

'粉红熊猫'

'三亚阳光'

重唇石斛

***Dendrobium hercoglossum* Rchb.f.**
兰科，石斛属

【形态特征】多年生附生草本。茎丛生，下垂，圆柱形或有时从基部上方逐渐变粗。叶长圆状披针形，基部具抱茎的鞘。总状花序数个，从落叶的老茎上发出，每花序常具2~3朵花；花开展，有香气，萼片和花瓣淡粉红色；唇瓣比两侧花瓣短，下陷呈短舟形，分前后唇，前唇淡粉红色，较小，后唇白色，前端密生短流苏；蕊柱白色，药帽紫色。花期5~6月。

【产地分布】原产中国广东、广西、海南、云南。泰国、老挝、越南、马来西亚也有分布。

【生长习性】喜温暖潮湿、半阴环境。忌阳光直射，生长适温15~28℃。喜排水透气的基质，忌水涝。

【繁殖方法】分株、扦插、组培繁殖。

【园林用途】国家二级保护野生植物。株型较小，花色娇艳，唇瓣奇特，可用于庭院、专类园绿化。

聚石斛（上树虾、大龟背石斛）

***Dendrobium lindleyi* Steud.**
兰科，石斛属

【形态特征】多年生附生草本。假鳞茎密集，丛生，扁平状纺锤形，具4棱，2~5个节，顶生1枚叶。叶革质，长椭圆形，先端微凹。总状花序从茎上端发出，远比茎长，疏生5~10余朵花；花橘黄色，开展，薄纸质；唇瓣近肾形，不裂，唇盘中部以下密被短柔毛。花期4~5月。

【产地分布】原产中国广东、广西、海南、香港、贵州。不丹、印度、缅甸、泰国、老挝、越南也有分布。

【生长习性】喜温暖湿润、半阴、通风环境。多生长在疏林中的树干上或富含腐殖质的岩石上。喜疏松透气、排水良好的栽培基质。

【繁殖方法】分株、扦插、组培繁殖。

【园林用途】国家二级保护野生植物。花橙黄色，形如金币，非常美丽，可用于庭院、专类园绿化，也可作盆栽室内观赏。

喇叭唇石斛

Dendrobium lituiflorum Lindl.
兰科，石斛属

【形态特征】多年生附生草本。茎下垂，稍肉质，长 30~40 cm 或更长，不分枝。叶纸质，披针形，基部抱茎。总状花序多个，着生于已落叶老茎上，每花序具 1~2 朵花；花大，紫红色，开展，有香气；唇瓣比花瓣短，周边浅紫色，中心有一白色环带围绕的深紫色斑块，中部以下两侧围抱蕊柱，呈喇叭形，边缘具不规则细齿，上面密布短毛。花期 3 月。

【产地分布】原产中国广西、云南。印度东北部、缅甸、泰国、老挝也有分布。

【生长习性】喜温暖潮湿、半阴、通风环境。喜疏松透气、排水良好的栽培基质。

【繁殖方法】分株、扦插、组培繁殖。

【园林用途】国家二级保护野生植物。花形酷似喇叭，唇瓣色彩亮丽，可用于庭院、专类园绿化。

美花石斛（粉花石斛）

Dendrobium loddigesii Rolfe
兰科，石斛属

【形态特征】多年生附生草本。茎悬垂状，细圆柱形，长 10~45 cm，有时分枝。叶二列状互生于整个茎上，纸质，舌形或长圆状披针形。花白色或粉色至紫红色，每束 1~2 朵侧生于具叶的老茎上部；唇瓣近圆形，中央金黄色，周边淡紫红色，边缘具短流苏。花期 4~5 月。

【产地分布】原产中国广东、广西、海南、贵州、云南。老挝、越南也有分布。

【生长习性】喜温暖湿润、半阴、通风环境。忌暴晒，不耐酷热。喜疏松透气、排水良好的栽培基质。

【繁殖方法】分株、扦插、组培繁殖。

【园林用途】国家二级保护野生植物。株型美丽，花小巧可爱，可用于庭院、专类园绿化，也可盆栽观赏。

金钗石斛（石斛、不死草、还魂草）

Dendrobium nobile Lindl.
兰科，石斛属

【形态特征】多年生附生草本。茎直立，肉质，呈微扁的圆柱形，长 10~60 cm，干后表面金黄色或绿黄色，似古代的头饰金钗，不分枝，节间呈倒圆锥形。叶革质，长圆形，基部具抱茎的鞘。总状花序从老茎中部以上部分发出，每花序具 1~4 朵花；花大，具芳香，白色带淡紫色先端，有时全体淡紫红色；唇瓣两面密布短茸毛，唇盘中央具 1 个紫红色大斑块。花期 4~5 月。

【产地分布】原产中国海南、香港、广西、台湾、湖北、四川、贵州、云南等地。印度、尼泊尔、不丹、缅甸、泰国、老挝、越南也有分布。

【生长习性】喜温暖湿润、半阴、通风环境。忌暴晒，不耐寒。喜疏松透气、排水良好的栽培基质。

【繁殖方法】分株、扦插、组培繁殖。

【园林用途】国家二级保护野生植物。药用石斛主流种之一，素有"千金草"之称，花大艳丽，具芳香，可用于庭院、专类园绿化，也可作室内盆栽。

铁皮石斛（云南铁皮、黑节草）
Dendrobium officinale Kimura et Migo
兰科，石斛属

【形态特征】多年生附生草本。茎肉质，直立，圆柱形，绿色或紫红色，长9~35 cm，不分枝。叶二列，纸质，常3~5枚互生于茎中部以上，长圆状披针形，边缘和中肋常带淡紫色。总状花序生于已落叶的老茎上部，具2~3朵花；萼片和花瓣黄绿色，唇瓣白色，中部以下两侧具紫红色条纹，边缘多少波状；唇盘密布细乳突状毛，中部以上具1个紫红色斑块。花清香。花期3~6月。

【产地分布】中国广西、福建、浙江、安徽、四川、贵州、云南等地有分布。

【生长习性】喜凉爽潮湿、半阴、空气清新的环境。喜排水良好、疏松透气的栽培基质，可用松树皮种植。

【繁殖方法】组培、分株繁殖。

【园林用途】国家二级保护野生植物。药用价值较高，被尊列为"中华九大仙草"之首，素有"药中黄金"之美称；株型秀丽，花清新淡雅，适合作室内盆栽观赏。

肿节石斛
Dendrobium pendulum Roxb.
兰科，石斛属

【形态特征】多年生附生草本。茎斜立或下垂，肉质状肥厚，圆柱形，长22~40 cm，不分枝，茎节肿大呈算盘珠子状。叶纸质，长圆形，基部具抱茎的鞘。总状花序生于落叶的老茎上部，具1~3朵花；花开展，具香气；萼片与花瓣白色，上部紫红色；唇瓣白色，中部以下金黄色，上部紫红色，两面密被茸毛。花期3~4月。

【产地分布】原产中国云南。印度、缅甸、泰国、越南和老挝亦有分布。

【生长习性】喜温暖潮湿、半阴、通风环境。忌暴晒，不耐霜冻。喜排水透气的栽培基质，秋冬季应减少浇水。

【繁殖方法】分株、扦插、组培繁殖。

【园林用途】国家二级保护野生植物。花姿优美，花色艳丽，可用于庭院、专类园绿化，也可作盆栽种植。

报春石斛

Dendrobium polyanthum Wall.
兰科，石斛属

【形态特征】多年生附生草本。茎下垂，厚肉质，圆柱形，长20~35 cm，不分枝。叶二列状互生，纸质，披针形或卵状披针形。总状花序从落叶的老茎上部节的凹下处发出，具1~3朵花；花下垂，开展，具清香；萼片和花瓣淡玫瑰色，唇瓣淡黄色带淡玫瑰色先端，两面密布短柔毛，边缘具不整齐细齿，唇盘具紫红色的脉纹。花期3~4月。

【产地分布】原产中国云南。印度、印度东北部、缅甸、泰国、老挝、越南等地有分布。

【生长习性】喜温暖湿润、半阴、通风环境。喜疏松透气、排水良好的基质。

【繁殖方法】分株、扦插、组培繁殖。

【园林用途】国家二级保护野生植物。花姿优雅，玲珑可爱，花色鲜艳，气味芳香，可用于庭院、专类园绿化，也可作盆栽种植。

大明石斛（美丽石斛、丽花石斛）

Dendrobium speciosum Sm.
兰科，石斛属

【形态特征】多年生附生草本，株高40~90 cm。假鳞茎丛生，纺锤形，肥硕略弯曲，形如牛角，不分枝，具纵沟。叶2~5枚生于茎端，卵形或椭圆形，革质。总状花序由茎上端抽出，长10~60 cm，半直立或弯垂，密生小花几十到200多朵，似浓密的狐狸尾巴；花白色或淡黄色，具芳香；唇瓣上有紫色斑点，并有红色和紫色脉纹。花期为3~4月。

【产地分布】原产澳大利亚东南部。中国华南地区有引种栽培。

【生长习性】喜温暖湿润、阳光充足、通风环境。耐寒、耐热，不耐霜冻，耐旱。喜疏松透气、排水良好的基质。

【繁殖方法】分株、组培繁殖。

【园林用途】株型紧凑，花序长，花量大，花色明丽，可用于庭院、专类园绿化，也可作盆栽种植。

羊角石斛（线唇羚羊石斛、大玉兔）
Dendrobium stratiotes Rchb.f.
兰科，石斛属

【形态特征】多年生附生草本，株高50~150 cm。茎丛生，长棒状。叶互生，革质，卵形。大型总状花序自茎顶抽出，具7~15朵花；萼片绿白色，披针形；花瓣线状披针形，直立向上，扭曲呈羚羊角状，黄绿色；唇瓣黄绿色或白色，常有紫红色脉纹。花期秋季。

【产地分布】原产新几内亚岛。中国南方地区有引种栽培。

【生长习性】喜温暖湿润、半阴、通风环境。耐寒，不耐霜冻。宜生长在排水良好的泥炭土中或攀附在树干上。

【繁殖方法】分株、组培繁殖。

【园林用途】植株高大，花形优美，像羚羊角，可用于庭院、专类园绿化，也可作盆栽种植。

球花石斛
Dendrobium thyrsiflorum B.S.Williams
兰科，石斛属

【形态特征】多年生附生草本。茎直立或斜立，圆柱形，粗壮，长12~46 cm，基部收狭为细圆柱形，不分枝。叶3~7枚互生于茎上端，坚革质，长圆状披针形。总状花序侧生于带叶的老茎上端，下垂，密生30~50朵花甚至更多；花开展，有香味；萼片和花瓣白色，唇瓣金黄色，半圆状三角形，基部具爪，密被短茸毛，爪前方具1枚倒向的舌状物。花期3~5月。

【产地分布】原产中国云南。印度东北部、缅甸、泰国、老挝、越南也有分布。

【生长习性】喜温暖潮湿、半阴、通风环境。忌暴晒，不耐涝。宜疏松透气的栽培基质。

【繁殖方法】分株、组培繁殖。

【园林用途】国家二级保护野生植物。花序大，花量多，花色明丽，可用于公园、庭院、专类园绿化，也可作盆栽种植。

独角石斛

***Dendrobium unicum* Seidenf.**
兰科，石斛属

【形态特征】多年生附生草本，株高6~10 cm。茎直立，簇生，具多节。叶互生于茎上端，长椭圆形，基部鞘抱茎。总状花序具1~4朵花；花红色至橙红色，具香气；唇瓣反转似犀牛角，橙黄色，布有深橙红色网纹。花期春季至初夏。

【产地分布】原产越南、老挝、缅甸和泰国。中国南方有引种栽培。

【生长习性】喜温暖湿润、半阴、通风环境。忌暴晒，不耐霜冻。喜疏松透气、排水良好的基质，冬季减少浇水和施肥。

【繁殖方法】分株、组培繁殖。

【园林用途】花多色艳，花形独特，花期长，可用于庭院、专类园绿化，也可作盆栽种植。

大苞鞘石斛（腾冲石斛）

***Dendrobium wardianum* R.Warner**
兰科，石斛属

【形态特征】多年生附生草本。茎斜立或下垂，肥厚，圆柱形，长16~46 cm，不分枝，节间肿胀呈棒状。叶二列状互生于茎上端，狭长圆形，基部具鞘。总状花序从落叶的老茎中上部发出，具1~3朵花；花苞片大型，鞘状，故称"大苞鞘石斛"；花大，开展，有香气；萼片与花瓣白色带紫色先端，唇瓣基部金黄色，上部白色带紫色先端，唇盘两侧各具1个暗紫色斑块。花期3~5月。

【产地分布】原产中国云南。不丹、印度、缅甸、泰国、越南也有分布。

【生长习性】喜温暖潮湿、半阴环境。忌暴晒，耐寒，不耐霜冻。喜排水透气的栽培基质。

【繁殖方法】分株、扦插、组培繁殖。

【园林用途】国家二级保护野生植物。花形美丽，花色素雅，可用于公园、庭院、专类园绿化，也可作盆栽种植。

树兰

***Epidendrum* spp.**
兰科，树兰属

【形态特征】多年生附生草本，株高 30~80 cm。假鳞茎丛生，呈高大竹节状，气生根粗大裸露。叶互生，革质，条状披针形至矩圆形，基部抱茎。总状花序顶生，着花 10 余朵；花色有黄、橙、粉红、红等色；花瓣和萼片卵圆状披针形至矩圆形；唇瓣在上方扭转，深 3 裂，中裂片较大，边缘深裂似羽。花期 6~11 月。

【产地分布】原产墨西哥、哥伦比亚等地。中国云南、贵州、广东等地有栽培。

【生长习性】夏季喜温暖湿润、半阴环境，冬季喜凉爽、稍干燥、阳光充足环境。不耐寒，不耐旱，忌强光，忌积水。宜富含腐殖质、排水良好的腐叶土，一般多用蕨根、泥炭藓、树叶混合使用。

【繁殖方法】分株、组培繁殖。

【园林用途】花多色艳，可用于公园、庭院、专类园绿化，也可作盆栽种植。

黄花美冠兰

Eulophia flava (Lindl.) Hook.f.
兰科，美冠兰属

【形态特征】多年生草本，株高 60~90 cm。假鳞茎近圆柱状，直立，稍绿色。叶通常 2 枚，生于假鳞茎顶端，长圆状披针形，纸质，中部以下套叠成假茎。花葶侧生，常从假鳞茎上部节上发出，高可达 1 m；总状花序直立，疏生 10 余朵花；花大，黄色，无香气；唇瓣 3 裂，侧裂片内弯，围抱蕊柱，唇盘基部有红褐色斑点。花期 4~6 月。

【产地分布】原产中国海南、广西和香港。尼泊尔、印度、缅甸、越南、泰国也有分布。

【生长习性】喜温暖湿润、半阴环境。夏季遮阳 50%~70%，忌强光直射，不耐水淹。喜肥，宜排水透气土壤。

【繁殖方法】分株、组培繁殖。

【园林用途】生性强健，花大色艳，花形优美，花期长，可用于公园、庭院、专类园绿化，也可作盆栽种植。

美冠兰

Eulophia graminea Lindl.
兰科，美冠兰属

【形态特征】多年生草本。假鳞茎球形，绿色，有时多个假鳞茎聚生。叶 3~5 枚，线形或线状披针形，叶柄套叠而成短的假茎。花葶自假鳞茎节上发出，高 40~65 cm；总状花序直立，疏生多数花；花橄榄绿色，唇瓣长圆形，白色而具淡紫红色褶片。蒴果纺锤形。花期 4~5 月，果期 5~6 月。

【产地分布】原产中国广东、广西、海南、香港、台湾、安徽、贵州和云南。尼泊尔、印度、斯里兰卡、越南、老挝、缅甸、泰国等地也有分布。

【生长习性】喜温暖湿润、半阴、通风环境。忌暴晒，不耐寒，不耐水淹。喜肥，宜排水透气栽培基质，生长期基质保持水分充足，休眠期减少浇水，停止施肥。

【繁殖方法】分株、组培繁殖。

【园林用途】生性强健，株型秀丽，花淡雅，可用于公园、庭院、专类园绿化，也可作盆栽种植。

血叶兰（石上藕）

Ludisia discolor (Ker Gawl.) Blume
兰科，血叶兰属

【形态特征】多年生草本，株高 10~25 cm。根状茎匍匐，具膨大的节，似莲藕状；茎直立，具 2~4 枚叶。叶片卵形或倒卵形，上面黑绿色，具 5 条金红色或银白色有光泽的脉纹，背面淡红色。总状花序顶生，具几朵至 10 余朵花；苞片淡红色，膜质；花白色或带淡红色，蕊柱顶部膨大，黄色。花期 2~4 月。

【产地分布】原产中国广东、广西、海南、香港和云南。东南亚各国和大洋洲的纳土纳群岛也有分布。

【生长习性】喜温暖湿润、半阴、通风环境。忌暴晒，耐半阴；生长适温 15~35℃。喜排水良好的基质，忌积水。

【繁殖方法】分株、组培繁殖。

【园林用途】国家二级保护野生植物。株型小巧，叶片秀美，小花白色，可作地被栽植或成片种植在水边、岩石上，或盆栽放置于室内。

堇花兰（堇色兰、密尔顿兰、米尔顿兰）

Miltonia spp.
兰科，丽堇兰属

【形态特征】多年生常绿草本，多为附生。假鳞茎扁卵形，灰绿色，有光泽，基部为叶鞘包被。叶片 1 至数枚，狭长带形，薄而柔软。花茎从假鳞茎基部抽生，着生 1 至数朵花；花瓣与萼片的形状、大小相似，唇瓣较宽大，先端中间凹陷，基部有不同颜色的条纹或斑块，极似三色堇，故而得名。花期 5~10 月。

【产地分布】原产哥斯达黎加至巴西的安第斯山区。中国南方有栽培。

【生长习性】喜温暖湿润、光照充足环境。耐半阴，忌强光，耐热，不耐寒。喜排水透气的栽培基质。

【繁殖栽培】分株、组织繁殖。

【园林用途】株型优美，花大色艳，花期长，适宜盆栽或作切花，亦可布置兰花园。

文心兰（跳舞兰、舞女兰、吉祥兰）

Oncidium spp.
兰科，文心兰属

【形态特征】多年生地生或附生草本。常具假鳞茎，一般呈卵形、纺锤形、圆形或扁圆形，长 5~8 cm，基部为二列状排列的鞘所包被。叶 2~4 枚，生于假鳞茎顶端，常为狭线状披针形，扁平或圆筒状。总状花序由假鳞茎原基部腋芽分化而来，长于叶，多分枝，具多花；花色丰富，有红、黄、绿、白等色，或具茶褐色花纹、斑点；唇瓣通常 3 裂，呈提琴状。花期 8~12 月。

【产地分布】原产中南美洲和北美洲南部。中国华南地区广泛栽培。

【生长习性】喜温暖湿润、半阴、通风环境。耐阴，忌强光直射，生长适温 18~25℃。喜排水透气的栽培基质，如树皮、蕨根、水苔、木炭等。

【繁殖方法】分株、组培繁殖。

【园林用途】植株轻巧，花茎轻盈下垂，花朵奇异可爱，形似飞舞的金蝶，极富动感，可用于公园、庭院、专类园绿化，也可盆栽或作切花。

文心兰种类和品种较多，按叶片形态可分为薄叶种、厚叶种和剑叶种。常见栽培品种如下。

'甜红豆'（'Boso Sweet'）：花紫红色带白色斑，具浓香。

'小樱桃'（'Little Cherry'）：花粉红色，具淡香。

'南西'（'Gower Ramsey'）：又名黄花文心兰，唇瓣黄色带红斑，花萼、花瓣黄色带褐纹（斑），无香，常见的切花品种。

'黄金2号'（Gower Ramsey 'Gold 2'）：花黄色带红褐纹（斑），无香。

'月光'（Gower Ramsey 'Moon light'）：花柠檬黄色，无香。

'白南茜'（Gower Ramsey 'White'）：唇瓣浅黄色带红斑，花萼、花瓣浅黄色带褐纹（斑），无香。

'香水文心'（'Sharry Baby'）：盆栽品种，花紫红色带白色斑，具浓香。

'蜜糖'（'Sweet Sugar'）：盆栽品种，唇瓣黄色带红斑，花萼、花瓣黄色带褐纹（斑），无香。

'火山皇后'（Volcano Midnight 'Volcano Queen'）：花深橙色，唇瓣黄色，通常三裂，呈提琴状。

'小樱桃'

'月光'

'南西'

'香水文心'

'蜜糖'

'火山皇后'

杏黄兜兰（金童、金兜）

Paphiopedilum armeniacum S.C.Chen et F.Y.Liu
兰科，兜兰属

【形态特征】多年生地生或半附生草本，地下具细长而横走的根状茎。叶基生，二列，5~7枚；叶片长圆形，坚革质，上面有深浅绿色相间的网格斑，背面有紫色斑点。花葶直立，顶生1花；花大，纯黄色，仅退化雄蕊上有浅栗色纵纹；唇瓣深囊状，宽椭圆形，基部具短爪，囊口近圆形，边缘内折，囊底有白色柔毛和紫色斑点。花期3~6月。

【产地分布】原产中国广东、云南等地。缅甸也有分布。

【生长习性】喜温暖湿润、半阴、通风环境。喜散射光，稍耐阴；生长期需充足肥水和较大的昼夜温差。宜疏松、排水透气的栽培基质。

【繁殖方法】分株、组培繁殖。

【园林用途】国家一级保护野生植物。花大色雅，花期长达30天，可用于公园、庭院、专类园绿化，也可作盆栽观赏。

小叶兜兰

Paphiopedilum barbigerum Tang et F.T.Wang
兰科，兜兰属

【形态特征】多年生地生或半附生草本。叶基生，二列，5~6枚；叶片宽线形，革质，叶背基部有紫色斑点。花葶自叶丛中伸出，直立，顶生1花；中萼片宽卵形，中央淡黄色至黄褐色，上端与边缘白色；花瓣狭长圆形或略带匙形，边缘波状，奶油黄色至淡黄绿色，中央褐色或有密集的褐色脉纹；唇瓣倒盔状，红褐色，囊近卵形，囊口极宽阔，两侧各具1个直立的耳，囊底有毛。花期9~12月。

【产地分布】原产中国广东、广西、贵州等地。越南也有分布。

【生长习性】喜温暖湿润、半阴、通风环境，常生于石灰岩山丘荫蔽多石之地或岩隙中。忌暴晒；忌干燥和积水。宜疏松透气的栽培基质。

【繁殖方法】分株、组培繁殖。

【园林用途】国家一级保护野生植物。花形独特，花瓣与萼片颜色丰富多变。可用于公园、庭院、专类园绿化，也可作盆栽种植。

巨瓣兜兰

Paphiopedilum bellatulum **(Rchb.f.) Stein**
兰科，兜兰属

【形态特征】多年生地生或附生草本，株高8~15 cm。叶基生，二列，4~5枚；叶片狭椭圆形，革质，上面有深浅绿色相间的网格斑，背面有紫色斑点。花葶直立，高不过10 cm，紫褐色，被长柔毛，顶生1~2花；花白色或带淡黄色，具紫红色或紫褐色粗斑点；花瓣巨大，宽卵状椭圆形；唇瓣深囊状，圆锥状椭圆形，基部具短爪，囊口宽阔，整个边缘内弯，囊底有毛。花期4~6月。

【产地分布】原产中国广西和云南。缅甸、泰国也有分布。

【生长习性】喜温暖湿润、半阴、通风环境。宜疏松、排水、透气的栽培基质，忌干燥和积水。

【繁殖方法】分株、组培繁殖。

【园林用途】国家一级保护野生植物。株型矮小，花瓣巨大，花期长，可用于公园、庭院、专类园绿化，也可作盆栽种植。

同色兜兰

Paphiopedilum concolor **Pfitzer**
兰科，兜兰属

【形态特征】多年生地生或半附生草本，具粗短的根状茎，株高10~20 cm。叶基生，二列，4~6枚；叶片狭椭圆形至椭圆状长圆形，革质，上面有深浅绿色相间的网格斑，背面紫色或具极密集的紫点。花葶直立，紫褐色，被白色短柔毛，顶端生1~2花，罕有3花；花淡黄色或罕有近象牙白色，具紫色细斑点；唇瓣深囊状，圆锥状椭圆形，囊口宽阔，整个边缘内弯，基部具短爪。花期6~8月。

【产地分布】原产中国广西、贵州和云南。缅甸、越南、老挝、柬埔寨和泰国也有分布。

【生长习性】喜温暖湿润、半阴、通风环境。喜冷凉和昼夜温差大，生长适温15~25℃。宜疏松透气、富含腐殖质的栽培基质。

【繁殖方法】分株、组培繁殖。

【园林用途】国家一级保护野生植物。株型雅致，花形奇特，花上带有不规则斑点。可用于专类园布置，或作盆栽室内观赏。

长瓣兜兰

Paphiopedilum dianthum Tang et F.T.Wang
兰科，兜兰属

【形态特征】多年生附生草本，株高可达60 cm。叶基生，二列，2~5枚；叶片宽带形或舌状，厚革质。花葶近直立，绿色，总状花序具2~4花；中萼片近椭圆形，白色带有绿色的基部和淡黄绿色纹脉；合萼片比中萼片宽而短；花瓣长带形，扭曲，下垂，淡绿色或淡黄绿色并有深色条纹或褐红色晕；唇瓣倒盔状，绿黄色并有浅栗色晕，囊近椭圆状圆锥形，两侧各有1个直立的耳。蒴果近椭圆形。花期7~9月，果期11月。

【产地分布】原产中国广西、贵州和云南。老挝及越南也有分布。

【生长习性】喜温暖湿润、半阴、通风环境。喜排水、透气、富含有机物的栽培基质，休眠期保持干燥，忌积水。

【繁殖方法】分株、组培繁殖。

【园林用途】国家一级保护野生植物。姿态美观，花形优雅，花期长达3个月，可用于公园、庭院、专类园绿化，也可作盆栽种植。

亨利兜兰

Paphiopedilum henryanum Braem
兰科，兜兰属

【形态特征】多年生地生或半附生草本，株高15~25 cm。叶基生，二列，3~5枚；叶片带形，革质，先端钝。花葶直立，密生褐色或紫褐色毛，顶生1花；中萼片近圆形或扁圆形，奶油黄色或近绿色，具不规则的紫褐色粗斑点；花瓣狭倒卵状椭圆形，玫瑰红色，基部有紫褐色粗斑点，边缘多少波状；唇瓣玫瑰红色略有黄白色晕与边缘，囊椭圆形，两侧各具1个直立的耳。花期7~8月。

【产地分布】原产中国广西、云南。越南也有分布。

【生长习性】喜温暖湿润、半阴、通风环境。喜散射光，忌暴晒，耐阴。喜疏松排水良好的基质。

【繁殖方法】分株、组培繁殖。

【园林用途】国家一级保护野生植物。花形别致，色彩艳丽，可用于公园、庭院、专类园绿化，也可作盆栽种植。

带叶兜兰
***Paphiopedilum hirsutissimum* (Lindl. ex Hook.) Stein**
兰科，兜兰属

【形态特征】多年生地生或半附生草本，株高30~35 cm。叶基生，二列，4~6枚；叶片带形，革质，上面深绿色，背面淡绿色并稍有紫色斑点。花葶直立，顶生1花；萼片黄绿色，中央至基部有浓密的紫褐色斑点或连成一片；花瓣匙形或狭长圆状匙形，稍扭转，下半部黄绿色而有浓密的紫褐色斑点，上半部玫瑰紫色并有白色晕；唇瓣淡绿黄色而有紫褐色小斑点，囊椭圆状圆锥形，囊口极宽阔。花期4~5月。

【产地分布】原产中国广西、贵州和云南。印度东北部、越南、老挝和泰国也有分布。

【生长习性】喜温暖湿润、半阴、通风环境。不耐强光，夏季需要遮阴，冬季宜全光照。喜疏松肥沃、排水透气的砂质壤土。

【繁殖方法】分株、组培繁殖。

【园林用途】国家二级保护野生植物。花大而美丽，花期长，可用于公园、庭院、专类园绿化，也可盆栽观赏。

波瓣兜兰
***Paphiopedilum insigne* (Wall. ex Lindl.) Pfitzer**
兰科，兜兰属

【形态特征】多年生地生或半附生草本。茎短，包藏于叶基内。叶基生，二列，5~6枚；叶片带形，革质，上面绿色，背面色稍浅并在近基部有紫褐色斑点。花葶自叶丛中抽出，直立，顶生1花；中萼片宽倒卵形或宽椭圆形，边缘波状，淡黄绿色而在中央至基部有较密的紫红色斑点，上部边缘为白色；花瓣狭长圆形，边缘明显波状，黄绿色或黄褐色且有红褐色脉纹与斑点；唇瓣紫红色或紫褐色而有黄绿色边缘或晕。花期10月至翌年3月。

【产地分布】原产中国云南、广西等地。亚洲热带和亚热带地区也有分布。

【生长习性】喜温暖湿润、半阴、通风环境。不耐干旱，不耐寒。喜疏松、透气、排水良好的腐殖土。

【繁殖方法】分株、组培繁殖。

【园林用途】国家一级保护野生植物。株型优美，叶片斑斓，花形奇特，花色淡雅，可用于公园、庭院、专类园绿化，也可作盆栽种植。

魔帝兜兰

Paphiopedilum Maudiae

兰科，兜兰属

【形态特征】多年生地生或半附生草本。根状茎稍肉质，具纤维根；茎短。叶基生，带形，坚革质，两面绿色，具深浅不规则斑纹。花葶自叶丛中抽出，顶生单花或多花；花宽大，质地较厚，花色多样；中萼片卵形或卵状披针形，边缘有时后卷，具明显的深色脉；花瓣狭距圆形；唇瓣深囊状，球形或倒盔形，常具斑点；蒴果。花期10月至翌年5月。

【产地分布】瘤瓣兜兰（*P. callosum*）和劳伦斯兜兰（*P. lawrenceanum*）的杂交品种群。世界各地广泛栽培。

【生长习性】喜温暖湿润、半阴、通风环境。稍耐热，能耐短时间5℃低温。宜疏松透气的栽培基质，不耐涝。

【繁殖方法】分株、组培繁殖。

【园林用途】株型俊秀，花形独特，花期长，可用于公园、庭院、专类园绿化，也可作盆栽种植。

常见栽培品种如下。

红花系：花色暗红、浅红到红绿相间。

绿花系：花色为白底绿线条。

三色系：花为红、白、绿三色。

麻栗坡兜兰

***Paphiopedilum malipoense* S.C.Chen et Z.H.Tsi**
兰科，兜兰属

【形态特征】多年生地生或半附生草本。叶基生，二列，7~8枚；叶片长圆形或窄椭圆形，革质，上面有深浅绿色相间的网格斑，背面紫色或具紫色斑点。花葶直立，紫色，顶生1花，稀2花；花大，黄绿色或淡绿色；花瓣卵形或椭圆形，有紫褐色斑纹；唇瓣深囊状，近球形，有不甚明显的紫褐色斑点；退化雄蕊白色，近先端有深紫色斑块。花期12月至翌年3月。

【产地分布】原产中国广西、贵州和云南。越南也有分布。

【生长习性】喜温暖湿润、半阴环境。宜疏松、排水透气的栽培基质。

【繁殖方法】分株、组培繁殖。

【园林用途】国家一级保护野生植物。叶片斑斓，花茎高挺，花瓣青绿，有"玉拖"的雅称。可盆栽观赏，也可用于布置专类园。

硬叶兜兰（玉女兜兰）

***Paphiopedilum micranthum* Tang et F.T.Wang**
兰科，兜兰属

【形态特征】多年生地生或半附生草本，地下具细长而横走的根状茎。叶基生，二列，5~7枚；叶片长圆形或舌状，坚革质，上面有深浅绿色相间的网格斑，背面有密集的紫色斑点。花葶直立，紫红色，被长柔毛，顶生1花；花大，艳丽，中萼片与花瓣通常白色而有黄晕和淡紫红色粗脉纹，唇瓣白色至淡粉红色；唇瓣深囊状，卵状椭圆形至近球形，囊底有白色长柔毛。花期3~5月。

【产地分布】原产中国广西、湖南、重庆、贵州、云南。越南也有分布。

【生长习性】喜温暖湿润、半阴、通风环境。忌阳光直射和暴晒，不耐霜冻。宜疏松透气的栽培基质，不耐涝。

【繁殖方法】分株、组培繁殖。

【园林用途】国家二级保护野生植物。株型俊秀，花形奇特，可用于公园、庭院、专类园绿化，也可作盆栽种植。

肉饼兜兰

Paphiopedilum Pacific Shamrock
兰科，兜兰属

【形态特征】多年生地生或附生草本。茎短，包藏于叶基内。叶基生，二列，数枚至多枚；叶片带形、狭长圆形或狭椭圆形，两面绿色有深浅绿色不规则斑纹，背面有时淡紫红色。花葶直立，具单花或较少有数花；花宽大，质地较厚，有多种色泽；中萼片较大，常直立；花瓣形状变化较大，向两侧伸展或下垂；唇瓣深囊状、球形、椭圆形至倒盔状，囊内一般有毛。花期不定，冬春季较多。

【产地分布】园艺杂交品种群，主要亲本为波瓣兜兰（*P. insigne*）、白旗兜兰（*P. spicerianum*）和紫毛兜兰（*P. villosum*）。世界各地广泛栽培。

【生长习性】喜温暖湿润、半阴、通风环境。较耐寒，不耐涝。宜疏松透气的栽培基质。

【繁殖方法】分株、组培繁殖。

【园林用途】花大而艳丽，花期长，可用于公园、庭院、专类园绿化，也可作盆栽种植。

飘带兜兰

Paphiopedilum parishii (Rchb.f.) Stein
兰科，兜兰属

【形态特征】多年生附生草本。叶基生，二列，5~8枚；叶片宽带形，厚革质。花葶近直立，绿色，密生白色短柔毛，总状花序具3~8朵花；萼片宽椭圆形，奶油黄色并有绿色脉；花瓣长带形，下垂，强烈扭转，基部边缘波状，基部至中部淡绿黄色并有栗色斑点和边缘，中部至末端为近栗色；唇瓣倒盔状，囊近卵状圆锥形，绿色而有栗色晕，囊内紫褐色。花期5~6月。

【产地分布】原产中国云南。缅甸、泰国有分布。

【生长习性】喜温暖湿润、半阴、通风环境。不耐寒，不耐热，忌阳光直射。喜疏松、透气栽培基质，忌水涝。

【繁殖方法】分株、组培繁殖。

【园林用途】国家一级保护野生植物。植株较高大，株型秀丽，一茎数花，花大而艳丽，具有多种色泽，花期约一个月，适宜盆栽观赏。

紫纹兜兰

***Paphiopedilum purpuratum* (Lindl.) Stein**
兰科，兜兰属

【形态特征】多年生地生草本。叶基生，二列，3~5枚；叶片狭长圆形，上面有深浅蓝绿色相间的网格斑，背面有较密集的紫色斑点。花葶直立，紫红色，密被短柔毛，顶生1花；花较大，中萼片卵形，白色而有绿色粗脉纹；花瓣近长圆形，绿白色或淡黄绿色而有密集的暗栗色斑点，唇瓣绿黄色而具暗色脉和淡褐色晕及栗色小斑点；唇瓣倒盔状，基部具宽阔柄，囊近长圆状卵形。花期2~4月。

【产地分布】原产中国广东、广西、云南和香港。越南也有分布。

【生长习性】喜温暖湿润、半阴、通风环境。不耐寒，生长适温15~30℃。喜透气和排水良好的栽培基质，忌积水。

【繁殖方法】分株、组培繁殖。

【园林用途】国家一级保护野生植物。株型俊秀，花带条纹，清秀可爱，可用于公园、庭院、专类园绿化，也可作盆栽观赏。

白旗兜兰

***Paphiopedilum spicerianum* (Rchb.f.) Pfitzer**
兰科，兜兰属

【形态特征】多年生地生或半附生草本。根状茎不明显，茎短。叶基生，二列，4~5枚；叶片长椭圆形，革质，背面基部具紫色斑点。花葶直立，疏被短柔毛，顶端生1花；中萼片近圆形或宽卵形，白色，基部浅绿色，内面中脉紫红色，上部向前弯曲成拱形；花瓣浅绿色，狭长圆状披针形，边缘波状，中脉紫红色；唇瓣浅绿色至红褐色，囊内壁具紫色密斑点，囊底具紫色长柔毛。花期11月至翌年2月。

【产地分布】原产中国云南。印度、缅甸等地也有分布。

【生长习性】喜温暖湿润、半阴、通风环境。忌暴晒，不耐热。宜腐殖质丰富、疏松透气的栽培基质，不耐涝。

【繁殖方法】分株、组培繁殖。

【园林用途】国家一级保护野生植物。花形奇特，似小青蛙，花期长，常作盆栽观赏，也可用于公园、庭院和专类园种植。

紫毛兜兰

Paphiopedilum villosum (Lindl.) Stein
兰科，兜兰属

【形态特征】多年生地生或附生草本。根状茎短。叶基生，二列，4~5枚；叶片宽线形或狭长圆形，背面近基部有紫色细斑点。花葶近直立，黄绿色，有紫色斑点和较密的长柔毛，顶生1花；花大，中萼片倒卵形至宽倒卵状椭圆形，中央紫栗色，上部边缘白色或黄绿色，基部边缘向后弯卷；花瓣倒卵状匙形，具紫褐色中脉，中脉上侧为淡紫褐色，下侧淡黄褐色，边缘波状并有缘毛；唇瓣亮褐黄色而略有暗色脉纹。花期11月至翌年3月。

【产地分布】原产于中国云南南部至东南部。缅甸、越南、老挝和泰国也有分布。

【生长习性】喜温暖湿润、半阴、通风环境。忌阳光暴晒，不耐热。喜疏松、透气、排水良好的栽培基质，忌积水。

【繁殖方法】分株、组培繁殖。

【园林用途】国家一级保护野生植物。株型优美，花形奇特，可用于公园、庭院、专类园绿化，也可作盆栽种植。

彩云兜兰（多叶兜兰）

Paphiopedilum wardii Summerh.
兰科，兜兰属

【形态特征】多年生地生草本。叶基生，二列，3~5枚；叶片狭长圆形，上面有深浅蓝绿色相间的网格斑，背面有较密集的紫色斑点。花葶直立，紫红色，密被短柔毛，顶生1花；花较大，中萼片卵形，白色而有绿色粗脉纹；花瓣近长圆形，绿白色或淡黄绿色而有密集的暗栗色斑点，唇瓣绿黄色而具暗色脉和淡褐色晕及栗色小斑点；唇瓣倒盔状，基部具宽阔柄，囊近长圆状卵形。花期2~4月。

【产地分布】原产中国云南。缅甸也有分布。

【生长习性】喜温暖湿润、半阴、通风环境。不耐寒，生长适温15~30℃。喜透气和排水良好的栽培基质，忌积水。

【繁殖方法】分株、组培繁殖。

【园林用途】国家一级保护野生植物。株型俊秀，花带条纹，清秀可爱，可用于公园、庭院、专类园绿化，也可作盆栽观赏。

迎春兜兰

***Paphiopedilum* 'Yingchun'**
兰科，兜兰属

【形态特征】多年生地生或附生草本，株高 20~30 cm。茎短，多分蘖。叶片狭矩圆形，近革质，绿色。花葶近直立，浅褐色，顶生 1 花；中萼片卵圆形，略俯倾，向后反卷，白色，基部绿色有细紫褐斑；花瓣条形，丝带状扭曲，绿黄色，具紫褐色纹或晕；唇瓣盔状，浅黄绿色带紫晕，囊内一般有毛。花期 11 月至翌年 1 月。

【产地分布】白旗兜兰（*P. spicerianum*）和安南兜兰（*P. villosum* var. *annamense*）的杂交品种。中国南方常见栽培。

【生长习性】喜温暖湿润、半阴、通风环境。较耐寒，不耐涝。宜疏松透气的栽培基质。

【繁殖方法】分株、组培繁殖。

【园林用途】生长势强，花多，可用于公园、庭院、专类园绿化，也可盆栽观赏。

凤蝶兰（棒叶万代兰）

***Papilionanthe teres* Schltr.**
兰科，凤蝶兰属

【形态特征】多年生附生草本。茎坚硬粗壮，圆柱形，伸长而向上攀缘，长达 1 m 以上，具分枝，节上常有长根。叶数枚互生，斜立，圆柱形，肉质。总状花序侧生，疏生 2~5 朵花；花大，质地薄，中萼片与花瓣淡紫红色，侧萼片白色稍带淡紫红色；唇瓣 3 裂，侧裂片背面深紫红色，内面黄褐色，中裂片前伸，先端深紫红色并具深 2 裂，基部黄褐色，带有红色斑点。花期 5~6 月。

【产地分布】原产中国云南。印度、缅甸、泰国、老挝、尼泊尔、不丹等地有分布。

【生长习性】喜温暖湿润、阳光充足、通风良好环境。不耐寒，耐旱，不耐涝。喜疏松肥沃、排水良好的基质，耐贫瘠。

【繁殖方法】扦插、分株、组培繁殖。

【园林用途】茎叶直立，花大，适合盆栽，或在石缝、景墙上进行造景。

鹤顶兰

Phaius tankervilleae (Banks) Blume
兰科，鹤顶兰属

【形态特征】多年生草本。假鳞茎圆锥形，被鞘。叶 2~6 枚，互生于假鳞茎上部，长圆状披针形。花葶从假鳞茎基部或叶腋发出，直立，具数枚大型的鳞片状鞘；总状花序具花 10~20 朵，花大，背面白色，内面暗赭色或棕色；唇瓣背面白色带茄紫色先端，内面茄紫色带白色条纹，唇盘密被短柔毛。花期 3~6 月。

【产地分布】原产中国海南、广东、香港、广西、福建、台湾、云南等地。广布于亚洲热带和亚热带地区以及大洋洲。

【生长习性】喜温暖湿润、半阴、通风环境。不耐高温，生长适温 10~30℃，能耐短期 4℃低温。喜疏松透气、富含腐殖质的土壤。

【繁殖方法】分株、组培繁殖。

【园林用途】花序挺拔，花大且多，花形独特，花期长，适合用于公园、庭院和专类园片植，也可作切花或盆栽观赏。

火焰兰

Renanthera coccinea Lour.
兰科，火焰兰属

【形态特征】多年生附生或半附生草本。茎粗壮，质地坚硬，圆柱形，长 1 m 以上，通常不分枝。叶二列，舌形或长圆形。圆锥花序与叶对生，长达 1 m，常具数个分枝，疏生多数花；花火红色，中萼片与花瓣狭匙形，边缘稍波状；侧萼片长圆形，基部收狭为爪；唇瓣 3 裂，侧裂片直立。花期 4~6 月。

【产地分布】原产中国海南、广西。缅甸、泰国、老挝、越南亦有分布。

【生长习性】喜高温湿润、通风环境。生长适温 18~35℃，耐高温，耐旱。喜疏松透气、排水良好的基质，可附生于树干、岩石处。

【繁殖方法】分株、扦插、组培繁殖。

【园林用途】国家二级保护野生植物。花多色艳，花形奇特，远观如火焰跳动。可用于公园、庭院、专类园绿化，也可作切花、盆栽观赏。

蝴蝶兰

Phalaenopsis spp.
兰科，蝴蝶兰属

【形态特征】蝴蝶兰属栽培种与品种的总称。多年生常绿附生草本，气生根粗壮。茎短，无假鳞茎，常被叶鞘所包裹。叶椭圆形，常3~4枚或更多，稍肉质，上面绿色，下面紫色。总状花序侧生于茎的基部，具数朵花；中萼片近椭圆形，基部稍收狭；侧萼片歪卵形，基部收狭并贴生在蕊柱上；花瓣菱状圆形，基部收狭成爪状；唇瓣3裂，基部具爪；侧裂片倒卵形，中裂片菱形，基部楔形。花期4~6月。

【产地分布】原产中国台湾。世界各地广泛栽培。

【生长习性】喜温暖湿润、半阴、通风环境。不耐高温，不耐寒，生长温度不宜低于18℃。喜疏松透气的栽培基质。

【繁殖方法】分株、组培繁殖。

【园林用途】花大而艳丽，有"洋兰皇后"之称，是元旦、春节期间最受欢迎的年宵花卉之一。适用于公园、庭院、专类园美化，也可作切花或盆栽观赏。

常见栽培的种类和品种如下。

台湾蝶兰（*P. aphrodite* Rchb.f.）：又名蝴蝶兰。叶3~4枚或更多，椭圆形或镰状长圆形。花白色，中萼片近椭圆形，侧萼片斜卵形，花瓣菱状圆形；唇瓣具爪，侧裂片具红色斑点或细纹，中裂片基部具黄色肉突。花期4~6月。

小兰屿蝴蝶兰〔*P. equestris* (Schauer) Rchb.〕：又名桃红蝴蝶兰。叶3~4枚，淡绿色，长圆形或近长椭圆形；花序轴暗紫色，疏生多数花，花淡粉红色带玫瑰色唇瓣。花期4~5月。

象耳蝴蝶兰（*P. gigantea* J.J.Sm.）：又名巨型蝴蝶兰。叶5~6枚，卵形；总状花序下垂，有花20~40朵，花白色有许多棕红色大斑点，唇瓣紫红色或白色。花期夏季。

麻栗坡蝴蝶兰（*P. malipoensis* Z.J.Liu et S.C.Chen）：国家二级保护野生植物。叶2~4枚，长椭圆形。总状花序具数朵花，花白色或浅黄色，唇瓣具2个黄色的斑块，唇瓣两侧上举呈"U"形。花期4~6月。

西蕾丽蝴蝶兰（*P. schilleriana* Rchb.f.）：又名银斑蝴蝶兰。叶3~7片，倒卵状披针形，呈下垂状，上面深绿色，有银白色不规则条纹，下面棕红色。花具淡玫瑰香，萼片和花瓣呈粉白色或粉红色，唇瓣底部为黄色有红色斑点。花期2~4月。

红花系列品种：深红大花，花径可达15 cm，花序梗长40~70 cm，如'大辣椒'（'Big Chili'）、'巨宝红玫瑰'（'Jiuhbao Red Rose'）、'火鸟'（'Sogo Beach'）等。

黄花系列品种：中型花，黄花红心，少数有不太明显斑点，如'兄弟女孩'（'Brother Girl'）、'富乐夕阳'（'Fuller's Sunset'）、'台北黄金'（'Taibei Gold'）等。

白花系列品种：有纯白花、白花黄心、白花红心等，如'V3'（Sogo Yukidian 'V3'）、'雪中红'（'Mount Lip'）、'小家碧玉'（'Little Gem Stripe'）等。

兰科

'大辣椒'

小兰屿蝴蝶兰

'大辣椒'

象耳蝴蝶兰

台湾蝶兰

西蕾丽蝴蝶兰

麻栗坡蝴蝶兰

'富乐夕阳'

海南钻喙兰（大狐尾兰、安诺兰）

Rhynchostylis gigantea Ridl.
兰科，钻喙兰属

【形态特征】多年生附生草本，根肥厚。茎直立，粗壮，长4~13 cm或更长，不分枝。叶二列状排列，肉质，宽带状，外弯。花序腋生，下垂，2~4个，通常比叶短；花序轴粗厚，密生许多花；花白色带紫红色斑点，质地较厚；唇瓣近倒卵形，深紫红色，贴生于蕊柱足上，向外伸展，上部3裂。蒴果倒卵形，具数个棱。花期1~4月，果期2~6月。

【产地分布】原产中国海南。东南亚各国广泛分布。

【生长习性】喜高温、通风、光照充足环境。耐干旱，畏寒冷，生长适温22~27℃。喜疏松透气、排水良好的基质。

【繁殖方法】分株、组培繁殖。

【园林用途】叶片翠绿，花朵清丽、密集而芳香，又值春节前后开花，是极好的新春贺岁花卉，可盆栽或悬挂于树上。

钻喙兰（狐尾兰）

Rhynchostylis retusa (L.) Blume
兰科，钻喙兰属

【形态特征】多年生附生草本，具发达而肥厚的气生根。茎直立或斜立，长3~10 cm，不分枝。叶肉质，二列，彼此紧靠，外弯，宽带状。花序腋生，1~3个，长于或近等长于叶，常下垂，狐尾状；花序轴长达28 cm，密生多花；花肉质，白色而密布紫色斑点；唇瓣中部以上紫色，中部以下白色。蒴果倒卵形或近棒状。花期5~6月，果期5~7月。

【产地分布】原产中国贵州、云南。广布于亚洲热带地区。

【生长习性】喜温暖湿润、半阴、通风环境。忌暴晒，耐高温，耐旱；可附生于树上、岩石上。

【繁殖方法】分株、组培繁殖。

【园林用途】国家二级保护野生植物。花序奇特，花色娇美，株型紧凑，芳香怡人，适合用于公园、庭院和专类园，也可作盆栽、附生悬挂观赏。

紫花苞舌兰

Spathoglottis plicata Blume
兰科，苞舌兰属

【形态特征】多年生地生草本，株高 0.6~1 m。假鳞茎卵状圆锥形。叶 3~5 枚，质地薄，狭长，具折扇状的脉。花葶长达 1 m，总状花序短，具数朵至 10 朵花；花紫红色，花瓣比萼片大；唇瓣 3 裂，中裂片具长爪，先端扩大而呈扇形。花期 7~10 月。

【产地分布】原产中国台湾。广泛分布于东南亚到澳大利亚和太平洋一些岛屿。

【生长习性】喜温暖湿润、半阴、通风环境。耐高温，耐旱，耐瘠薄，喜疏松透气、排水良好的土壤。

【繁殖方法】分株繁殖。

【园林用途】花色艳丽，花多且花期较长，适合作盆栽和切花的材料，也可用于园林花境的布置。

大花万代兰

Vanda coerulea Griff. ex Lindl.
兰科，万代兰属

【形态特征】多年生常绿附生草本，气生根发达。茎粗壮，长可达 33 cm 或更长。叶带状，厚革质，呈二列状排列。花序 1~3 个，腋生，疏生数朵至十几朵花；花大，质地薄，天蓝色；萼片与花瓣相似，宽倒卵形，具 7~8 条主脉和许多横脉；唇瓣 3 裂，侧裂片白色，内具黄色斑点，狭镰刀状；中裂片深蓝色，舌形。花期 10~11 月。

【产地分布】原产中国云南。印度东北部、缅甸、泰国也有分布。

【生长习性】喜温暖湿润、阳光充足和通风环境。耐阴，但光照不足会导致植株开花少；耐旱，不耐寒，10~15℃植株休眠，低于 5℃易受冻害。喜疏松透气、排水良好的基质。

【繁殖方法】分株、组培繁殖。

【园林用途】国家二级保护野生植物。花大艳丽，花形大方，颜色高贵，可作切花，也可悬挂观赏，或绑缚于大树干上，营造热带景观。

矮万代兰

Vanda pumila Hook.f.
兰科，万代兰属

【形态特征】多年生常绿附生草本。茎短或伸长，常弧曲上举。叶带状，呈二列，外弯，中部以下呈"V"字形对折。花序1~2个，疏生1~3朵花；花向外伸展，具香气；萼片和花瓣奶黄色，无明显的网格纹；唇瓣厚肉质，3裂，侧裂片直立，背面奶黄色，内面紫红色，中裂片上面奶黄色带紫红色纵条纹。花期3~5月。

【产地分布】原产中国海南、广西、云南。喜马拉雅的西北部至东南亚有分布。

【生长习性】喜温暖湿润、阳光充足的环境，光照充足情况下，一年可多次开花。耐阴，抗旱。喜疏松透气、排水良好的栽培基质。

【繁殖方法】分株、组培繁殖。

【园林用途】花姿优美，花色素雅，适用于公园、庭院或专类园种植。

纯色万代兰

Vanda subconcolor Tang et F.T.Wang
兰科，万代兰属

【形态特征】多年生常绿附生草本。茎粗壮，长15~18 cm或更长，气生根多。叶带状，稍肉质，呈二列状排列。花序腋生，着花3~6朵；花被片质地厚，正面黄褐色，背面白色，有明显的网状脉纹；中萼片与花瓣倒卵状匙形，唇瓣白色，3裂，侧裂片内密被紫色斑点，中裂片先端黄褐色，上面具4~6条紫褐色条纹。花期2~3月。

【产地分布】原产中国海南、云南，华南地区有栽培。

【生长习性】喜高温高湿、阳光充足的环境。耐旱，不耐涝。宜在湿润空气中生长。喜疏松透气、排水良好的栽培基质。

【繁殖方法】分株、组培繁殖。

【园林用途】花形雅致，根具观赏性，适用于公园、庭院或专类园种植。

香荚兰（香草兰）

Vanilla planifolia Andrews

兰科，香荚兰属

【形态特征】多年生常绿攀缘草本。茎稍肥厚或肉质，长可达数米，每节生1枚叶和1条气生根。叶互生，肉质，长椭圆形或披针形。总状花序腋生，具10~20朵花，花通常较大，浅黄绿色，呈螺旋状排列，盛开时略有清香；花萼与花瓣倒披针形，唇瓣呈喇叭状。蒴果荚果状。花期5月上旬至中旬，单花开放时间1天左右。

【产地分布】原产墨西哥与中美洲。中国广东、福建等地有引种栽培。

【生长习性】喜高温高湿、半阴环境。耐旱，不耐寒，忌暴晒；浅根性植物，喜富含腐殖质、疏松、排水良好的微酸性土壤。

【繁殖方法】扦插、组培繁殖。

【园林用途】叶形美观，攀缘性强，是著名的香料植物，可用于公园、庭院、专类园绿化。

短葶仙茅（短莛仙茅）

Curculigo breviscapa S.C.Chen

仙茅科，仙茅属

【形态特征】多年生常绿草本，高可达80 cm。根状茎缩短而稍粗厚，块状。叶纸质，披针形，具折扇状脉。花茎很短，接近地面，被棕色茸毛；总状花序密生多花，近球形；花黄色，花被裂片近长圆形或卵状长圆形。浆果卵状椭圆形；种子黑色，近球形。花期4~6月，果期8~9月。

【产地分布】原产中国广东、广西。中国南方地区广泛栽培。

【生长习性】喜温暖湿润、半阴环境。较耐寒，耐旱，夏季忌强烈日照。要求土壤疏松、深厚、排水良好。

【繁殖方法】播种、分株繁殖。

【园林用途】植株优美，叶形奇特，是优美的室内盆栽观叶植物，也适于庭院栽培观赏，在温暖地区可用作林下或阴地的地被植物。

大叶仙茅（野棕）

***Curculigo capitulata* Kuntze**
仙茅科，仙茅属

【形态特征】多年生常绿草本，高可达 1 m。根状茎粗厚，块状，走茎细长。叶长圆状披针形或近长圆形，全缘，具折扇状脉，上面有槽。花茎通常短于叶，被褐色长柔毛；总状花序密生多花，球形或近卵形，俯垂；花黄色，花被裂片卵状长圆形，先端钝。浆果近球形，白色；种子黑色。花期 5~6 月，果期 8~9 月。

【产地分布】原产中国热带亚热带地区。东南亚多数国家也有分布。

【生长习性】喜温暖阴湿环境。稍耐寒，在中国南方温暖地区可露地栽培，夏季忌强烈日照。宜富含腐殖质、疏松肥沃的砂壤土。

【繁殖方法】分株、播种、组培繁殖。

【园林用途】生性强健，株型美观，叶色翠绿，耐阴性强，是优美的室内盆栽观叶植物，也适于庭院栽培观赏，在温暖地区可用作林下或阴地的地被植物。

雄黄兰（火星花）

***Crocosmia* × *crocosmiiflora* (Lemoine) N.E.Br.**
鸢尾科，雄黄兰属

【形态特征】多年生草本，株高 50~100 cm。球茎扁圆球形。叶多基生，剑形，中脉明显。花茎常 2~4 分枝，由多花组成疏散的穗状花序；花橙黄色至橘红色，花被片 6 枚，2 轮排列，内轮较外轮略宽而长。蒴果三棱状球形。花期 6~8 月，果期 8~10 月。

【产地分布】帕氏火星花（*C. pottsii*）与黄火星花（*C. aurea*）的杂交种，原产南非。中国南北均有种植。

【生长习性】喜温暖湿润、阳光充足环境。耐半阴，耐寒，抗酷暑。宜疏松肥沃、排水良好的砂壤土。

【繁殖方法】分球、播种繁殖。

【园林用途】株丛紧密，盛夏季节花开不断，花枝优美。适宜布置花境，或片植于街道绿岛、建筑物前、林缘、湖畔等。

双色野鸢尾（双色非洲鸢尾、褐斑离被鸢尾）

Dietes bicolor Sweet ex G.Don

鸢尾科，离被鸢尾属

【形态特征】多年生草本，高可达 1 m。植株丛生，具根茎。叶基生，自立，狭长剑形，革质，具明显的中肋。花茎自叶丛中抽生，细长，具分枝。花淡黄白色，平展，似鸢尾花；花被片 6 枚，外 3 枚宽大，基部嵌有褐色斑块，每个斑块有橙色晕镶边，底部洒落橙色斑点。花期春夏季。

【产地分布】原产南非。中国华南地区有引种栽培。

【生长习性】喜温暖湿润、阳光充足环境。稍耐阴，耐旱，抗霜冻。宜疏松肥沃、排水良好的砂壤土。

【繁殖方法】分株、播种繁殖。

【园林用途】株丛常绿，生长旺盛，花形优美，色彩明丽。可栽于公园、庭院、路旁、沟边、池畔，亦可布置花境。

非洲鸢尾（野鸢尾、离被鸢尾）

Dietes iridioides (L.) Sweet ex Klatt

鸢尾科，离被鸢尾属

【形态特征】多年生草本，株高 60~120 cm。根状茎短粗而肥厚。叶基生，扁平，条形，互相套叠，革质，叶脉明显。花茎弯曲，长达 0.6~1.2 m；花被 6 片，白色，外花被较大且有鲜黄色斑纹；花柱分枝扁平，花瓣状，淡紫色。花期 6~10 月。

【产地分布】原产非洲。中国南方有栽培。

【生长习性】喜温暖湿润、向阳环境。耐热，不耐寒；耐旱。宜排水良好的疏松土壤。

【繁殖方法】分株、播种繁殖。

【园林用途】花形奇特，像一只只蝴蝶立于枝头，惟妙惟肖，可爱喜人。可用于花境或坡边种植，也可盆栽或作切花。

小苍兰（香雪兰）

Freesia × *hybrida* L.H.Bailey

鸢尾科，香雪兰属

【形态特征】多年生草本，具卵圆形球茎。叶剑形或条形，黄绿色，中脉明显。花茎直立，上部有2~4弯曲分枝；花无梗，直立向上，花色淡黄、黄、橙、红或蓝紫，有香味；花被裂片6枚，2轮排列，内轮较外轮略短而狭。蒴果近卵圆形。花期4~5月，果期6~9月。

【产地分布】园艺杂交种，亲本原产非洲南部。中国南北均有栽培。

【生长习性】喜凉爽湿润、光照充足环境。忌酷热，不耐寒。喜疏松肥沃、排水良好、富含腐殖质的土壤。

【繁殖方法】分球、播种繁殖。

【园林用途】花似百合，叶若兰蕙，花香清幽似兰，花期长。南方可露地栽培，北方宜盆栽。

唐菖蒲（剑兰、菖兰、十样锦）

Gladiolus hybridus C.Morren

鸢尾科，唐菖蒲属

【形态特征】多年生草本，具扁圆球形球茎。叶基生或在花茎基部互生，嵌迭状二列，剑形，灰绿色。花茎直立，不分枝，高50~80 cm；蝎尾状单歧聚伞花序顶生，花两侧对称，有红、黄、白、粉红、复色等色；花被裂片6，卵圆形或椭圆形，2轮排列，上面3片略大，最上面1枚内花被裂片特别宽大，弯曲成盔状。蒴果椭圆形或倒卵形；种子扁而有翅。花期7~9月，果期8~10月。

【产地分布】园艺杂交种，原生种产于南非、地中海沿岸及小亚细亚。世界各地广为栽培。

【生长习性】喜温暖湿润、阳光充足环境，属长日照植物。不耐寒，不耐热；忌积水。宜疏松肥沃、排水良好的砂壤土。

【繁殖方法】分球、组培繁殖。

【园林用途】花序高挺，花形别致，花色鲜艳，色系丰富，花期长，极富装饰性，是"世界四大切花"之一，亦可布置花境或片植。

扁竹兰

Iris confusa Sealy
鸢尾科，鸢尾属

【形态特征】多年生草本，根状茎横走。地上茎直立，扁圆柱形，高 80~120 cm。叶 10 余枚，密集于茎顶，基部鞘状，嵌迭排列成扇状；叶片宽剑形，黄绿色，两面略带白粉。花茎长 20~30 cm，总状分枝；花浅蓝色或白色，外花被片椭圆形，边缘波状皱褶，中部有深紫色和黄色斑纹，中脉有鸡冠状附属物，内花被片倒宽披针形；蒴果椭圆形，种子黑褐色。花期 4 月，果期 5~7 月。

【产地分布】原产中国广西、四川、云南。

【生长习性】喜温暖湿润、阳光充足环境。耐阴，耐寒，耐旱，忌积水，耐贫瘠。对土质要求不严，以疏松肥沃、排水良好的砂质壤土为佳。

【繁殖方法】分株、播种繁殖。

【园林用途】花形优美，花色艳丽，奇异优雅。可丛植于花境点缀，或在草地、路边、林缘种植，也可用作林下地被。

射干

Iris domestica (L.) Goldblatt et Mabb.
鸢尾科，鸢尾属

【形态特征】多年生草本。根状茎不规则块状，斜伸。茎直立，高 1~1.5 m。叶互生，剑形，无中脉，嵌迭状二列，基部鞘状抱茎。花序顶生，叉状分枝，每分枝的顶端数朵花聚生；花橙红色，散生紫褐色斑点；花被片 6 枚，2 轮排列，内轮较外轮略短而狭。蒴果倒卵形或长椭圆形；种子黑紫色。花期 6~8 月，果期 7~9 月。

【产地分布】广布于中国各地区。朝鲜、日本、印度、越南、俄罗斯也有分布。中国南北各地有栽培。

【生长习性】喜温暖、阳光充足环境。耐寒，耐旱。对土质要求不严，宜疏松肥沃、排水良好的砂壤土。

【繁殖方法】播种繁殖。

【园林用途】花色艳丽，花形飘逸。可作地被片植，或布置花境。

花菖蒲（玉蝉花、紫花鸢尾）

Iris ensata Thunb.
鸢尾科，鸢尾属

【形态特征】多年生草本。根状茎短而粗，斜伸。叶基生，宽条形，中脉明显而突出。花茎直立，高40~100 cm；花径可达15 cm，白色至暗紫色，斑点及花纹变化较大，单瓣或重瓣。蒴果长椭圆形，顶端有短喙；种子棕褐色，边缘呈翅状。花期6~7月，果期8~9月。

【产地分布】原产中国东北、华东地区。朝鲜、日本及俄罗斯也有分布。中国南北多地有栽培。

【生长习性】喜阳光充足、湿润环境。耐寒，耐水湿，稍耐旱。喜富含腐殖质的酸性土壤，忌石灰质土壤。

【繁殖方法】播种、分株繁殖。

【园林用途】园艺品种繁多，叶片青翠碧绿，挺直似剑，花朵硕大，色彩艳丽，如鸾似蝶，群体花期长。可于公园、湿地、水岸边片植，或用于花境。

德国鸢尾

Iris germanica L.
鸢尾科，鸢尾属

【形态特征】多年生草本。根状茎粗壮，扁圆形。叶剑形，直立或略弯曲，常具白粉，无明显中脉。花茎直立，高0.6~1 m，上部有1~3侧枝；花色因品种而异，多为淡紫色、蓝紫色、深紫色、黄色或白色，有香味；外花被片椭圆形或倒卵形，中脉有须毛状附属物，内花被片倒卵形或圆形，先端内曲。蒴果三棱状圆柱形；种子梨形，黄棕色。花期4~5月，果期6~8月。

【产地分布】原产欧洲。中国各地常见栽培。

【生长习性】喜阳光充足、温暖、稍湿润环境。耐半阴；耐寒、耐旱，忌积水。对土质要求不严，以疏松肥沃、排水良好的含石灰质土壤为佳。

【繁殖方法】分株、组培繁殖。

【园林用途】生长健壮，叶丛美观，花大色艳，花色丰富，可用于公园、广场、庭院等地布置花坛、花境，也可盆栽观赏或作切花。

蝴蝶花（日本鸢尾）

Iris japonica Thunb.
鸢尾科，鸢尾属

【形态特征】多年生草本，株高 20~50 cm。根状茎直立或横走。叶基生，剑形，无明显中脉。花茎直立，高于叶丛，总状聚伞花序顶生，分枝 5~12 个；花淡蓝色或蓝紫色，外花被片倒卵形或椭圆形，边缘波状，中部有深紫和黄色斑纹，中脉有黄色鸡冠状附属物；花柱分枝扁平，顶端裂片深裂成丝状。蒴果椭圆状柱形；种子黑褐色。花期 3~4 月，果期 5~6 月。

【产地分布】原产中国和日本。中国南北各地广泛栽培。

【生长习性】喜温暖湿润、阳光充足环境。耐半阴，较耐寒，稍耐盐碱。宜富含腐殖质、排水良好的砂质壤土。

【繁殖方法】分株、扦插、播种繁殖。

【园林用途】花形俏丽，色彩斑斓，抗性强，常用作林下地被植物。

路易斯安娜鸢尾（常绿水生鸢尾）

Iris 'Louisiana'
鸢尾科，鸢尾属

【形态特征】多年生草本，株高 80~100 cm。根状茎短而粗。叶基生，剑形。蝎尾状聚伞花序，着花 4~6 朵；花大，直径可达 15 cm，花色丰富，有蓝、紫、黄、白、淡红等色，花瓣中部有黄斑和紫纹。蒴果长圆形，具 6 条明显的纵棱。花期 5~6 月，果期 7~9 月。

【产地分布】杂交类群，主要亲本有六棱鸢尾（*I. hexagona*）、高大鸢尾（*I. giganticaerulea*）、短茎鸢尾（*I. brevicaulis*）、暗黄鸢尾（*I. fulva*）和内耳森鸢尾（*I. nelsonii*），原产墨西哥海湾地区及密西西比河。中国有引种栽培。

【生长习性】喜湿润、光照充足环境。耐热，耐寒；耐旱，耐湿。宜肥沃、富含有机质的酸性土壤。

【繁殖方法】分株、组培繁殖。

【园林用途】抗性强，四季常绿，花色丰富绚丽，耐湿也耐旱，尤以湿地生长为佳。可布置湿地、溪涧、河畔、水边等，亦可植于花境。

黄菖蒲（黄花鸢尾、水生鸢尾）
Iris pseudacorus L.
鸢尾科，鸢尾属

【形态特征】多年生草本，株高50~120 cm。根状茎粗壮，斜伸。叶基生，宽剑形，中脉明显。花茎粗壮，高60~70 cm，上部分枝；花黄色，外花被片卵圆形或倒卵形，无附属物，中央下陷呈沟状，有黑褐色条纹，内花被片倒披针形，较小，直立；花柱分枝淡黄色。花期5月，果期6~8月。

【产地分布】原产欧洲。中国各地常见栽培。

【生长习性】喜温暖、水湿环境。适应性强，喜光，耐半阴；耐寒。喜肥沃泥土。

【繁殖方法】分株、播种繁殖。

【园林用途】叶片翠绿，花色黄艳，花姿秀美，是少有的水生和陆生兼备的花卉。可片植于公园、风景区、庭院水体的浅水处。

鸢尾（蓝蝴蝶）
Iris tectorum Maxim.
鸢尾科，鸢尾属

【形态特征】多年生草本，株高30~60 cm。根状茎粗壮，二歧分枝，斜伸。叶基生，黄绿色，宽剑形，无明显中脉。花茎光滑，顶部常有1~2侧枝；花蓝紫色，外花被片圆形或宽卵形，有紫褐色花斑，中脉有白色鸡冠状附属物，内花被片椭圆形；花柱分枝扁平，淡蓝色。蒴果长椭圆形或倒卵形；种子黑褐色。花期4~5月，果期6~8月。

【产地分布】原产中国中南部。日本也有分布。中国各地有栽培。

【生长习性】喜温暖湿润、阳光充足环境。耐半阴，耐寒，喜湿不耐涝，较耐旱。喜肥沃、排水良好的微碱性土壤。

【繁殖方法】播种、分株繁殖。

【园林用途】叶片碧绿青翠，花形奇特，宛若翩翩彩蝶，香气淡雅。可作地被、花境、花丛用花，也可盆栽观赏。

庭菖蒲

Sisyrinchium rosulatum E.P.Bicknell
鸢尾科，庭菖蒲属

【形态特征】一年生草本，高 15~25 cm。茎纤细，呈莲座状丛生。叶基生或互生，狭条形，无明显中脉。花序顶生，苞片 5~7；花淡紫色，喉部黄色；花被裂片倒卵形，有深紫色条纹；花药鲜黄色，花柱丝状。蒴果球形，黄褐色或棕褐色；种子多数，黑褐色。花期 5 月，果期 6~8 月。

【产地分布】原产北美洲。中国南方有栽培，现已逸为半野生。

【生长习性】喜温暖湿润、阳光充足环境。耐半阴；不喜高温，不耐寒。对土壤要求不严，以肥沃疏松的砂质土壤为佳。

【繁殖方法】播种、分株繁殖。

【园林用途】株丛低矮紧密，开花清新雅致。可用作观花地被，也可盆栽观赏。

巴西鸢尾（美丽鸢尾）

Trimezia gracilis (Herb.) Christenh. et Byng
鸢尾科，豹纹鸢尾属

【形态特征】多年生草本，株高 40~50 cm。叶自短茎处抽生，二列，呈扇形排列；叶片宽剑形，深绿色，革质。花茎高于叶丛，扁平似叶状，花自顶端鞘状苞片内开出；花被片 6 枚，外 3 枚白色，基部有红褐色斑块，内 3 枚直立，内卷，前端蓝紫色，带白色条纹，基部具红褐色斑纹。蒴果。花期春季至初夏。

【产地分布】原产巴西和墨西哥，广泛分布于美洲热带和亚热带地区，在非洲和澳大利亚也有少量分布。中国华南地区有大量栽培。

【生长习性】喜高温湿润环境。喜阳，耐半阴；不耐寒，忌积水。喜疏松、排水良好的肥沃壤土或腐殖质土。

【繁殖方法】分株繁殖。

【园林用途】适应性好，花叶俱美，花色瑰丽，花香浓郁。可片植于园路边、疏林下、水岸边、墙垣边等处，或丛植于山石、角隅、庭院等点缀。

木立芦荟（日本芦荟）

Aloe arborescens Mill.
阿福花科，芦荟属

【形态特征】多年生常绿肉质草本，高可达 1~2 m。茎直立，常木质化。叶呈莲座状簇生，肉质，剑状，灰绿色，长 40~50 cm，基部宽阔，边缘有刺状小齿。总状花序，小花橘红色。蒴果。花期冬春季。

【产地分布】原产南非。中国广泛栽培。

【生长习性】喜温暖湿润、光照充足环境。忌强光，较耐阴；耐热，不耐寒。不择土壤，宜疏松肥沃的砂质土。

【繁殖方法】分株、组培繁殖。

【园林用途】叶形奇特，抗逆性强，可应用于沙生植物景观。

不夜城芦荟

Aloe × *nobilis* Haw.
阿福花科，芦荟属

【形态特征】多年生常绿肉质草本，高 30~50 cm。叶呈莲座状互生，披针形，肥厚多肉，叶缘有淡黄色锯齿状肉刺，叶面及叶背有散生的淡黄色肉质凸起。总状花序由叶丛抽出，小花筒形，橙红色，松散排列。花期冬末至早春。

【产地分布】僧帽芦荟（*A. perfoliata*）与短叶芦荟（*A. brevifolia*）的杂交种，原产南非。中国广泛栽培。

【生长习性】喜温暖干燥、光照充足环境。耐半阴，耐干旱，不耐寒。不择土壤，宜疏松肥沃的砂质土。

【繁殖方法】分株、组培繁殖。

【园林用途】株型优美紧凑，适宜作中、小型盆栽，也可用于沙生植物景观。

芦荟（中华芦荟、库拉索芦荟）
Aloe vera (L.) Burm.f.
阿福花科，芦荟属

【形态特征】多年生常绿肉质草本。茎短，直立，无分枝。叶肉质肥厚，簇生呈莲座状或生于茎顶，狭披针形，先端渐尖，基部宽阔，边缘疏生刺状小齿。花葶高 60~90 cm，总状花序，自叶腋抽生，具几十朵花；花稀疏排列，淡黄色而有红斑。蒴果。花期冬春季。

【产地分布】原产非洲热带干旱地区。中国南北各地广泛栽培。

【生长习性】喜温暖干燥、阳光充足环境。耐半阴，耐高温，不耐寒，耐干旱，怕积水。喜疏松肥沃、排水良好、富含有机质的砂壤土。

【繁殖方法】分株、扦插、组培繁殖。

【园林用途】叶形奇特，抗逆性强，可盆栽观赏，或应用于沙生植物景观。

圆叶鳞芹（葱芦荟）
Bulbine cremnophila Van Jaarsv.
阿福花科，鳞芹属

【形态特征】多年生草本，株高 30~40 cm。茎直立，丛生。叶圆柱形，肉质，茎基部簇生，长 15~20 cm，形如葱叶。总状花序顶生，花黄色，花被片 6。花期春末至夏季。

【产地分布】原产南非。中国华东、华南地区有栽培。

【生长习性】喜温暖干燥、通风环境。喜光，耐半阴；耐旱，耐瘠薄，不耐积水。喜疏松、排水良好的砂质土壤。

【繁殖方法】分株、播种繁殖。

【园林用途】株丛紧密，叶形特别，花色亮黄，适合丛植或片植，用于花境、草地、林缘或作地被

鳞芹（韭芦荟、须尾草，南非芦荟）
Bulbine frutescens Willd.
阿福花科，鳞芹属

【形态特征】多年生草本，株高 30~45 cm。茎直立，丛生。叶线形，肉质，排成二列，长 15~25 cm，形如韭菜。总状花序顶生，花黄色、白色或橙色，花被片 6。花期 4~6 月。

【产地分布】原产南非。中国华东、华南地区有栽培。

【生长习性】喜温暖干燥、通风环境。喜光，耐半阴；耐旱，耐瘠薄，不耐积水。喜疏松、排水良好的砂质土壤。

【繁殖方法】分株、播种繁殖。

【园林用途】株型紧凑，花序修长，富有野趣，适合丛植或片植，用于花境或作地被。

山菅兰（山菅）
Dianella ensifolia (L.) Redouté
阿福花科，山菅兰属

【形态特征】多年生草本，株高 50~100 m。根茎圆柱状，横走。叶狭条状披针形，长 30~80 cm，基部稍收狭成鞘状，套叠或抱茎，边缘和背面中脉具锯齿。圆锥花序顶生，分枝疏散，花常多朵生于侧枝上端；花被片条状披针形，绿白色、淡黄色至青紫色。浆果紫蓝色，球形，成熟时有如蓝色宝石。花果期 3~8 月。

【产地分布】原产中国华南、西南地区。分布于亚洲热带地区至非洲的马达加斯加岛。

【生长习性】喜温暖湿润、光照充足环境。耐阴，耐瘠，耐盐碱。适应性强，极耐粗放养护。

【繁殖方法】分株、播种繁殖。

【园林用途】株型优美，叶色清秀，浆果色泽鲜艳，可作林下地被片植，亦可盆栽观赏。

银边山菅兰（花叶山菅兰）

Dianella tasmanica Hook.f. 'Variegata'

阿福花科，山菅兰属

【形态特征】多年生草本，株高 30~60 cm。叶丛生，长带状，革质，柔软俯垂，有白边。花序顶生圆锥状，花青紫色或绿白色，蕾期绿色或暗紫色。浆果椭圆形，紫蓝色。花果期 3~8 月。

【产地分布】长果山菅（*D. tasmanica*）的花叶品种，原种产于澳大利亚。亚热带、热带地区广泛栽培。

【生长习性】喜温暖湿润环境。喜光，亦耐阴，耐瘠。适应性强，不择土壤，生长迅速。

【繁殖方法】分株繁殖。

【园林用途】株型优美，叶色清秀，浆果深蓝色，常作林下地被成片种植，亦可用于花境、道路分车带等处。

常见近缘栽培品种如下。

'金纹'（'Golden Streak'）：叶片具金黄色条纹。

'艳红'（'Tasred'）：夏季叶片翠绿，基部呈鲜红色；秋季叶片转黄，基部和叶缘呈鲜红色。

'黄纹'（'Yellow Stripe'）：叶片具黄色条纹。

'艳红'

'黄纹'

'金纹'

黄花菜（金针菜、金针花）

Hemerocallis citrina Baroni

阿福花科，萱草属

【形态特征】多年生草本，株高 80~150 cm。根近肉质，中下部常有纺锤状膨大。叶基生，狭长带状。花葶长短不一，一般稍长于叶，有分枝，着花数朵；花淡黄色，花被管长 3~5 cm，花被裂片狭披针形。蒴果，钝三棱状椭圆形；种子黑色，有棱。花果期 5~9 月。

【产地分布】原产中国河北、山西、山东及秦岭以南各地，南北各地均有栽培。

【生长习性】喜温暖湿润、光照充足环境。耐阴，耐瘠，耐旱，忌积水。对土质要求不严。

【繁殖栽培】分株、播种繁殖。

【园林用途】叶丛翠绿，花色鲜亮，可用于园林花境、庭院种植；花蕾可食，是重要的经济作物。

萱草（忘忧草）

Hemerocallis fulva (L.) L.

阿福花科，萱草属

'金娃娃'萱草

【形态特征】多年生草本，株高 30~50 cm。叶基生，长条形，背面被白粉。花葶粗壮，高 0.6~1 m；圆锥花序顶生，着花 6~12 朵或更多；花橘红色至橘黄色，早开晚谢，内花被片下部一般有"∧"形斑。蒴果长圆形。花果期 5~7 月。

【产地分布】原产中国；西伯利亚、日本和东南亚也有分布。我国南北各地均有栽培。

【生长习性】喜温暖湿润气候。喜光，耐半阴；耐寒，耐旱，耐瘠。对土质要求不严，喜富含腐殖质、排水良好的湿润土壤。

【繁殖栽培】分株、播种繁殖。

【园林用途】绿叶光洁，花色鲜艳，可用于花境、路旁丛植或片植，也可作疏林地被。

常见栽培品种如下。

'金娃娃'萱草（'Golden Doll'）：株高约 30 cm，叶长约 25 cm，宽 1 cm，花冠漏斗形，金黄色。

大花萱草（杂种萱草）
Hemerocallis hybrida Bergmans
阿福花科，萱草属

【形态特征】多年生草本，株高 10~50 cm。叶基生，宽线形，长 30~60 cm，宽 3~4 cm，排成二列状，背面中脉凸起。花葶由叶丛中抽出，高 20~80 cm，顶生聚伞花序，着花 6~10 朵；花大，花径 14~20 cm，花色丰富，有红色、黄色、橙色、紫色、粉色等，单瓣或重瓣。蒴果椭圆形；种子黑色。花期 5~10 月。

【产地分布】园艺杂交种。世界各地广泛栽培。

【生长习性】喜温暖湿润、光照充足环境。耐半阴，耐寒，耐旱，耐瘠薄，耐积水。对土质要求不严，喜富含腐殖质、排水良好的砂壤土。

【繁殖方法】分株繁殖。

【园林用途】花形多样，花色丰富，花期长，可用于花坛、花境、路缘、林缘、草坡等处营造自然景观，也可盆栽观赏。

火炬花（火把莲）
Kniphofia uvaria (L.) Oken
阿福花科，火把莲属

【形态特征】多年生草本，株高 90~120 cm。茎直立。叶丛生呈莲座状，披针形或线形。密穗状花序顶生，花茎高 100~140 cm，花序长 20~30 cm，由百余朵筒状小花组成，呈火炬形；花初开时橙色，随着衰老褪色而转为黄绿色。花期 6~10 月。

【产地分布】原产非洲。中国广泛栽培。

【生长习性】喜温暖湿润、阳光充足环境。耐寒，耐旱，稍耐盐，不耐热，忌积水。对土壤要求不严，喜腐殖质丰富、排水良好的砂壤土。

【繁殖方法】播种、分株繁殖。

【园林用途】花序奇特，犹如燃烧的火把，花色美丽，可丛植或片植于庭院、花境中，也可作切花。

新西兰麻

Phormium colensoi Hook.f.
阿福花科，麻兰属

【形态特征】多年生常绿草本，株高 60~120 cm。叶基生，剑形，直立，革质，先端尖，全缘，绿色。圆锥花序，高出叶丛，花浅黄色。蒴果。花期春夏季。

【产地分布】原产新西兰。现温带及亚热带地区广为栽培。

【生长习性】喜温暖湿润、阳光充足环境。耐热，耐旱，耐贫瘠，稍耐寒。宜深厚肥沃、富含腐殖质的砂壤土。

【繁殖方法】分株、播种繁殖。

【园林用途】适应性强，抗污染，观叶、观花俱佳。广泛用于道路、庭院、公园、工厂等绿化。

常见栽培品种如下。

'三色'（'Tricolor'）：叶片深绿色，叶缘奶油色带玫红边。

'花叶'（'Variegatum'）：叶面绿色，具黄色条纹。

'三色'

'花叶'

麻兰

Phormium tenax J.R.Forst et G.Forst
阿福花科，麻兰属

【形态特征】多年生常绿草本，株高可达 2 m。叶基生，剑形，直立，厚革质，长 50~70 cm，宽 6~10 cm，先端尖，绿色。圆锥花序生于无叶的花茎上，花基部筒状，花冠暗红色。蒴果直立，有 3 棱。花期夏季。

【产地分布】原产新西兰。中国南方地区有栽培。

【生长习性】喜温暖湿润、阳光充足环境。耐半阴，耐旱，耐瘠薄，稍耐寒。宜深厚肥沃、富含腐殖质的砂壤土。

【繁殖方法】分株、播种繁殖。

【园林用途】适应性强，抗污染，观叶、观花俱佳。可用于道路、庭院、公园、工厂等绿化。

常见栽培品种如下。

'全黑'麻兰（'All Black'）：叶片暗紫色。

'紫叶'麻兰（'Atropurpureum'）：株高可达 1.5 m，叶片紫色。

'红叶'麻兰（'Rubrum'）：株高约 90 cm，叶片紫红色。

'花叶'麻兰（'Variegatum'）：叶面绿色，具黄白色边。

'紫叶'麻兰

'红叶'麻兰

'花叶'麻兰

早花百子莲（东方百子莲）

Agapanthus praecox Willd.
石蒜科，百子莲属

【形态特征】多年生常绿草本，株高50~100 cm。根状茎短缩。叶二列基生，带状，下垂，宽3 cm以上，绿色，光滑。花葶自叶丛中抽出，粗壮，直立，高40~100 cm；伞形花序，有花50朵以上，花被合生，漏斗形，蓝色至白色，花被裂片狭窄，条形。蒴果；种子具翅。花期7~9月，果期8~10月。

【产地分布】原产南非。我国各地有栽培。

【生长习性】喜温暖湿润、阳光充足环境。耐半阴；不耐高温，稍耐寒；忌积水。喜疏松肥沃、排水良好的砂质壤土。

【繁殖栽培】播种、分株繁殖。

【园林用途】花朵繁茂，花形秀丽，色泽明亮。可于半阴处丛植，或作花境点缀，也可盆栽观赏。

常见栽培品种如下。

'白花'（'Albus'）：花序半球形，花白色。

'黑潘达'（'Black Pantha'）：花序球形，花深紫蓝色。

'蓝色风暴'（'Blue storm'）：矮生品种，花浅紫色。

'重瓣'（'Flore Pleno'）：花重瓣，蓝色。

'满月'（'Full Moon'）：花序球形，花被片浅蓝色，主脉深蓝色。

'圣母皇太后'（'Queen Mum'）：花序球形，花白色，花被管蓝紫色。

'白花'

'黑潘达'

'蓝色风暴'

'重瓣'

'满月'

'圣母皇太后'

大花葱

Allium giganteum Regel

石蒜科，葱属

【形态特征】多年生球根花卉。鳞茎圆形，肉质，具葱味。叶片丛生，灰绿色，长披针形，全缘。花葶自叶丛中抽出，高达 1 m 或更高；伞形花序球状，硕大如头，由数百朵星状小花密集组成，直径可达 18 cm 以上。小花紫红色，具长柄，花被片 6 枚，呈两轮排列。种子圆形，黑色。花期春夏季。

【产地分布】原产亚洲中部和地中海地区。中国各地有引种栽培。

【生长习性】喜凉爽干燥环境。喜阳，耐半阴；忌湿热多雨和积水；忌连作。喜疏松肥沃的砂壤土。

【繁殖方法】播种、分球繁殖。

【园林用途】花茎挺拔醒目，花序球形，大而艳丽。可丛植于花境、林缘、园路边、岩石旁或草地中观赏，亦可作切花。

常见栽培品种如下。

'球王'（'Globemaster'）：花球直径可达 20 cm，小花红紫色。

'朗峰'（'Mont Blanc'）：花葶高耸可达 1 m，小花洁白。

'紫色轰动'（'Purple Sensation'）：花球致密，小花深紫色。

'球王'

'朗峰'

'紫色轰动'

君子兰（大花君子兰）
Clivia miniata (Lindl.) Bosse
石蒜科，君子兰属

【形态特征】多年生草本，株高 30~40 cm。根系粗大，肉质；茎基部宿存的叶基部互抱，呈假鳞茎状。叶从短缩茎上呈二列迭出，排列整齐，宽阔呈带形，顶端圆润，厚革质，深绿色，具光泽及脉纹。花茎自叶丛中抽出，宽约 2 cm；伞形花序，有花 10~20 朵或更多；花直立向上，宽漏斗形，橘红色，内面略带黄色。浆果紫红色，宽卵形。花期冬春季为主，全年可开花。

【产地分布】原产非洲南部。世界各地广泛栽培。
【生长习性】喜凉爽湿润、通风环境。喜半阴，忌强光直射；不耐热，不耐寒。喜深厚肥沃、疏松的土壤。
【繁殖方法】分株、播种繁殖。
【园林用途】株型端庄优美，叶片苍翠挺拔，花大色艳，果实红亮，可一季观花、三季观果、四季观叶。常作盆栽观赏，用于布置会场、装饰室内环境。

垂笑君子兰
Clivia nobilis Lindl.
石蒜科，君子兰属

【形态特征】多年生草本，株高 30~40 cm。茎基部宿存的叶基呈假鳞茎状。叶基生，带状，质厚，深绿色，具光泽。花茎由叶丛中抽出，稍短于叶；伞形花序顶生，具多花；花狭漏斗形，橘红色，开花时稍下垂。花期夏季。
【产地分布】原产非洲南部。中国有引种栽培。
【生长习性】喜冬季温暖、夏季凉爽环境。喜光照充足，忌夏日暴晒；喜空气湿润，忌土壤含水量过高。宜疏松、富含腐殖质、排水良好的微酸性或中性土壤，以腐叶土为佳。
【繁殖方法】分株、播种繁殖。
【园林用途】叶片狭长，花橙黄色，高雅肃穆，是优良的盆栽花卉，可布置会场、点缀宾馆、美化家庭环境。

亚洲文殊兰（文殊兰、十八学士）

Crinum asiaticum L.
石蒜科，文殊兰属

【形态特征】多年生粗壮草本，鳞茎长柱形，株高 120~180 cm。叶带状，肉质，多列，长可达 1 m，暗绿色，边缘波状。花茎直立，伞形花序有花 20~30 朵，高出叶丛；花高脚碟状，具芳香；花被管纤细，绿白色，花被裂片线形，白色；花丝细长，红色。蒴果近球形，通常种子 1 枚。花期夏秋季。

【产地分布】原产热带亚洲。中国华南地区常见栽培。

【生长习性】喜温暖湿润、光照充足环境。不耐寒，耐盐碱。喜疏松肥沃、排水良好的砂质土壤。

【繁殖方法】分球、播种繁殖。

【园林用途】叶大清秀，花姿优美，洁白素雅，具芳香，是佛教著名的"五树六花"之一，可于林缘、山石边或墙边成片种植，也可盆栽观赏。

常见变种与栽培品种如下。

红叶大文殊兰（var. *procerum*）：叶片具淡紫红色，花紫红色。

文殊兰（var. *sinicum*）：株高 50~100 cm，伞形花序有花 10~24 朵，花期 6~8 月。

'白线'文殊兰（'Silver Stripe'）：叶面具白色纵纹。

'白缘'文殊兰（'Variegatum'）：又名'花叶'文殊兰，叶面具白色纵纹和白边。

'金叶'文殊兰（'Xanthophyllum'）：新叶翠绿色，老叶金黄色。

'白线'文殊兰

'白缘'文殊兰

红叶大文殊兰

红花文殊兰

Crinum × amabile Donn ex Ker Gawl.

石蒜科，文殊兰属

【形态特征】多年生草本，具鳞茎，株高60~100 cm。叶基生，呈莲座状，宽带形，全缘，嫩叶紫红色。花葶自鳞茎中抽出，高70~100 cm，淡紫红色；顶生伞形花序，有花20~30朵；花芳香，小花花被片6枚，条形，背面紫色，内面浅粉色具紫色纵纹。蒴果。花期3~9月。

【产地分布】亚洲文殊兰（*C. asiaticum*）与斯里兰卡条纹文殊兰（*C. zeylanicum*）的天然杂交种，热带、亚热带地区广泛栽培。

【生长习性】喜温暖湿润、光照充足环境。稍耐阴，忌烈日暴晒；不耐寒。宜疏松肥沃、富含腐殖质的砂质土壤。

【繁殖方法】分株繁殖。

【园林用途】花葶及小花淡紫色或带紫色条纹，雍容华贵。多用于盆栽观赏，也可用于园林绿地点缀。

紫粉文殊兰

Crinum 'Menehune'

石蒜科，文殊兰属

【形态特征】多年生草本，株高90~120 cm。叶基生，呈莲座状生长，宽带形，长60~80 cm，宽3~6 cm，全缘，紫红色。花葶紫红色，伞形花序有花数朵至10余朵，花淡粉色。花期夏秋季。

【产地分布】园艺品种，源自夏威夷热带植物园。中国华南地区有栽培。

【生长习性】喜温暖湿润环境。喜阳，稍耐阴；不耐寒，耐水湿，较耐旱。宜疏松肥沃、富含腐殖质的砂质土壤。

【繁殖方法】分株繁殖。

【园林用途】叶色常年紫红色，花叶俱美。可于水岸边、石旁丛植或片植，也可于浅水中栽植。

穆氏文殊兰（香殊兰）

Crinum moorei Hook.f.

石蒜科，文殊兰属

【形态特征】多年生常绿草本，株高 100~150 cm。叶片剑形，宽大肥厚，长达 1 m 以上，宽约 20 cm，浓绿色。花葶直立，粗大、中空，伞形花序顶生，有花 5~8 朵；花白色，花被片 6 枚，盛开时向四周舒展，甚至反卷，花香浓郁。蒴果；种子大，绿色。花期 6~7 月。

【产地分布】原产非洲热带地区。

【生长习性】喜温暖湿润环境。喜阳，稍耐阴；不耐寒，耐盐碱。宜富含有机质、排水良好的壤土或砂质壤土。

【繁殖方法】分株、播种繁殖。

【园林用途】叶片终年青翠，花洁白芳香，花叶并美，具有较高的观赏价值。可于庭院栽培点缀，也可盆栽观赏。

火百合（高垂筒花、紫根兰、乔治百合）

Cyrtanthus elatus (Jacq.) Traub

石蒜科，曲管花属

【形态特征】多年生草本。鳞茎肥大，近球形。叶 6~8 枚，两侧对生，带状，先端渐尖。花茎中空，被有白粉，顶端着花 2~6 朵；花喇叭形，多为红色。花期 3~10 月。

【产地分布】原产南非。世界各地广泛栽培。

【生长习性】喜温暖湿润环境。喜阳，但不宜强光直射；不耐酷热，忌水涝。宜疏松肥沃、富含腐殖质、排水良好的砂质土壤。

【繁殖方法】分球、播种繁殖。

【园林用途】花鲜艳美丽，一年能开 3 次花，是优良的球根花卉。可植于庭园观赏，也可盆栽。

垂筒花（曲管花）

Cyrtanthus mackenii Hook.f.
石蒜科，曲管花属

【形态特征】多年生常绿草本，株高20~40 cm。鳞茎球形。叶线形，绿色。花茎自地下鳞茎抽出，细长，着花8朵左右；花呈长筒状，略低垂，黄、橙红、白、粉红等色。花期1~3月。

【产地分布】原产南非。中国有引种栽培。

【生长习性】喜温暖湿润环境。喜阳，忌夏季正午烈日暴晒；忌积水。喜肥沃、排水良好的砂质土壤，较耐贫瘠。

【繁殖方法】分球、播种繁殖。

【园林用途】花姿优雅，具有甜香味，是优良的球根花卉。可植于庭院观赏，也可盆栽或作切花。

常见栽培品种如下。

粉垂筒花（var. *cooperi*）：花粉色。

龙须石蒜

Eucrosia bicolor Ker Gawl.
石蒜科，龙须石蒜属

【形态特征】多年生草本，高60~90 cm。鳞茎球形。叶卵形，长10~15 cm，粉绿色，叶基狭长似叶柄，叶背中肋明显突起，冬季叶休眠，春季花叶同出。花茎直立，高30~50 cm，被白粉；伞形花序有花5朵以上，花橘红色，雌、雄蕊长须状。花期4~5月。

【产地分布】原产南美厄瓜多尔及秘鲁。中国华南地区有栽培。

【生长习性】喜温暖湿润环境。喜光，稍耐阴，忌烈日直射；稍耐寒。宜疏松肥沃、排水良好的砂质壤土。

【繁殖方法】分球、播种繁殖。

【园林用途】花形特别，花色艳丽，可成丛种于庭院或盆栽观赏，也可作切花。

杂种朱顶红（大花朱顶红）

Hippeastrum hybridum hort.

石蒜科，朱顶红属

【形态特征】多年生草本，株高 30~60 cm。鳞茎近球形，直径 10~15 cm。叶二列状着生，剑形，略肉质，翠绿色。花茎粗壮，直立而中空，顶端着花 3~6 朵；花大，直径 8~15 cm，单瓣或重瓣，花色丰富。花期冬季至春季。

【产地分布】现代改良园艺杂种的总称，原种产于南美。世界各地广泛栽培。

【生长习性】喜温暖湿润、阳光充足环境。稍耐阴，较耐寒，要求排水良好、富含腐殖质的砂质壤土。

【繁殖方法】分球、组培繁殖。

【园林用途】花茎亭亭玉立，花大色艳，极具观赏价值。常作盆栽观赏或做成开花蜡球，也可配置花境、花丛，或作切花。

常见栽培品种如下。

'阿弗雷'（'Alfresco'）：花重瓣，白色，具香气。

'爱神'（'Aphrodite'）：又名'蝴蝶'，花重瓣，白里透红。

'跳舞皇后'（'Dancing Queen'）：花高度重瓣，白色带红色条纹。

'双梦'（'Double Dream'）：花大，重瓣，玫粉色。

'精灵'（'Elvas'）：花重瓣，粉白色，带红斑。

'幻想曲'（'Fantasy'）：花单瓣，黄绿色。

'花孔雀'（'Blossom Peacock'）：花重瓣，粉白色，边缘红色。

'甜蜜女神'（'Sweet Nymph'）：花重瓣，珊瑚粉色。

'阿弗雷'　　'爱神'　　'跳舞皇后'

'双梦'　　'精灵'　　'幻想曲'

'花孔雀'　　'甜蜜女神'

白肋朱顶红（网脉朱顶红、银脉朱顶红）

Hippeastrum reticulatum Herb.

石蒜科，朱顶红属

【形态特征】多年生草本，株高20~30 cm。鳞茎球形。叶二列状着生，带状，略肉质，深绿色，具一条宽约1 cm的纵向白色中纹。花茎直立，中空，稍扁，顶端着花2~6朵，常见4朵；花漏斗状，呈水平或下垂开放，花被片淡粉色，上面密布红色细脉纹，具浓香。花期9~12月。

【产地分布】原产南美洲。世界各地广泛栽培。

【生长习性】喜温暖湿润、阳光充足环境。耐半阴，稍耐寒。要求排水良好、富含腐殖质的砂质壤土。

【繁殖方法】分球繁殖。

【园林用途】叶具白色中脉，花具网纹，格外艳丽。可配置花境、花丛，也可盆栽或作切花。

朱顶红（朱顶兰、孤挺花）

Hippeastrum striatum (Lam.) H.E.Moore

石蒜科，朱顶红属

【形态特征】多年生草本。鳞茎近球形，直径5~8 cm。叶6~8枚，二列状着生，与花同时或花后抽出，带状，略肉质。花茎粗壮，直立而中空，稍扁，被白粉，顶端着花2~4朵；花大型漏斗状，呈水平或下垂开放，花被裂片长圆形，洋红色略带绿色。花期3~4月。

【产地分布】原产巴西。世界各地广泛栽培。

【生长习性】喜温暖湿润环境，夏季宜凉爽。喜光，稍耐阴，忌强光；稍耐寒，忌水涝。要求排水良好、富含腐殖质的砂质壤土。

【繁殖方法】分球、播种繁殖。

【园林用途】花葶直立，花朵硕大，色彩鲜艳。可配置花境、花丛，或于疏林下、林缘片植，也可盆栽或作切花。

花朱顶红

Hippeastrum vittatum (L'Hér.) Herb.
石蒜科，朱顶红属

【形态特征】多年生草本。鳞茎大，球形，直径 7~8 cm。叶 4~8 枚，二列状着生，常于花后抽出，带形，鲜绿色。花茎粗壮，直立而中空，自叶丛外侧抽生，高 50~70 cm，顶端着花 4~6 朵，两两对生略呈伞状；花大型，漏斗状，红色具白色条纹。蒴果球形，3 瓣开裂；种子扁平。花期 4~6 月。

【产地分布】原产南美秘鲁。中国南北各地均有栽培。

【生长习性】喜温暖湿润环境，夏季宜凉爽。喜光，稍耐寒，忌水涝。宜富含腐殖质、疏松肥沃、排水良好的砂质壤土。

【繁殖方法】分球、播种繁殖。

【园林用途】花开时，亭亭玉立，艳丽悦目。适合庭园丛植、片植，可布置花坛、花境，也可盆栽或作切花。

水鬼蕉（蜘蛛兰）

Hymenocallis littoralis (Jacq.) Salisb.
石蒜科，水鬼蕉属

'银边'水鬼蕉

【形态特征】多年生草本，具鳞茎。叶基生，10~12 枚，剑形，深绿色，无柄。花茎扁平，伞形花序顶生，有花 3~8 朵，花白色，有香气；花被管纤细，长短不等；花被裂片线形，酷似蜘蛛的长腿；杯状体（雄蕊杯）钟形或阔漏斗形，有齿。蒴果卵圆形；种子海绵质状。花期 6~9 月。

【产地分布】原产美洲热带。中国华南、西南、华中等地有栽培。

【生长习性】喜温暖湿润环境。喜阳，耐半阴；不耐寒。对土质要求不严，但喜疏松肥沃、富含腐殖质的土壤。

【繁殖方法】分球繁殖。

【园林用途】叶姿健美，花形奇特。可植于花境、路边，或作地被花卉。

常见栽培品种如下。

'银边'水鬼蕉（'Variegata'）：叶边缘银白或金黄色。

春星韭（花韭）

Ipheion uniflorum (Graham) Raf.
石蒜科，春星韭属

【形态特征】多年生草本，株高 15~30 cm。鳞茎球形。叶基生，狭线形，扁平似韭菜，灰绿色。星状花单朵顶生，白色或浅蓝色，具香气；花被裂片 6 枚，背面中央具深色条纹。花期春季。

【产地分布】原产南美。中国南北各地均有栽培。

【生长习性】喜阳光充足、湿润环境。耐半阴。喜肥沃湿润、排水良好的土壤。

【繁殖方法】分球、播种繁殖。

【园林用途】花似星星，清新淡雅。可在岩石园、草坪和林地中作地被花卉。

忽地笑（黄花石蒜）

Lycoris aurea (L'Hér.) Herb.
石蒜科，石蒜属

【形态特征】多年生草本。鳞茎卵形，直径约 5 cm。秋季出叶，叶片阔线形，中间淡色带明显。花茎高约 60 cm，伞形花序有花 4~8 朵；花黄色，花被裂片 6 枚，狭倒披针形，边缘高度皱缩和反卷，背面具淡绿色中肋；雄蕊略伸出花被外，花丝黄色。蒴果具三棱；种子近球形，黑色。花期 8~9 月，果期 10 月。

【产地分布】原产中国华中、华南、西南等地。日本、缅甸也有分布。

【生长习性】喜有阳光的潮湿环境。耐半阴，稍耐寒，耐干旱。对土壤要求不严，宜肥沃、排水良好的壤土。

【繁殖方法】分球繁殖。

【园林用途】冬赏叶，秋赏花，常用作林下地被，可于花境丛植或山坡自然式栽植。

石蒜（彼岸花、红花石蒜）

Lycoris radiata (L'Hér.) Herb.
石蒜科，石蒜属

【形态特征】多年生草本。鳞茎椭圆状球形，直径 1~3 cm。叶基生，狭带状，晚秋自鳞茎抽出，至春枯萎，深绿色，中间有粉绿色带。花茎高 30~60 cm，顶生伞形花序，着花 4~7 朵；花鲜红色，花被裂片 6 枚，狭倒披针形，边缘皱缩和反卷；雄蕊显著伸出花被外。蒴果。花期 8~9 月，果期 10 月。

【产地分布】原产中国华中、华南、西南等地。日本也有分布。

【生长习性】适应性强，喜阴湿环境。耐干旱，较耐寒。对土质要求不严，以富含腐殖质、排水良好的土壤为佳。

【繁殖方法】分球繁殖。

【园林用途】冬赏叶，秋赏花，常用作林下地被，可于花境丛植或山坡自然式栽植。

换锦花

Lycoris sprengeri Comes ex Baker
石蒜科，石蒜属

【形态特征】多年生草本。鳞茎卵形，直径约 3.5 cm。早春出叶，叶片带状，绿色。花茎高约 60 cm，总苞片 2 枚，伞形花序有花 4~6 朵，花淡紫红色；花被裂片 6 枚，倒披针形，顶端常带蓝色，边缘不皱缩；雄蕊与花被近等长。蒴果具三棱；种子近球形，黑色。花期 8~9 月。

【产地分布】原产中国江浙、华中等地。

【生长习性】喜有阳光的潮湿环境。耐半阴，稍耐寒，耐旱。对土质要求不严，但在肥沃、排水良好土壤中，花朵格外繁盛。

【繁殖方法】分球繁殖。

【园林用途】冬春叶色翠绿，夏秋红花怒放，极其美丽。可于庭园片植、丛植，或布置花境。

红口水仙

Narcissus poeticus L.
石蒜科，水仙属

【形态特征】多年生草本，高40~50 cm。鳞茎较细，卵形。基生叶线形，与花茎同时抽出。花茎实心，伞形花序有花数朵，有时仅1朵；花直立或下垂，花被裂片6，白色；副花冠浅杯状，黄色或白色，边缘波皱带红色。蒴果室背开裂；种子近球形。花期4月。

【产地分布】原产法国至希腊地区。中国南北等地有栽培。

【生长习性】喜冷凉，忌高温多湿。宜疏松肥沃的壤土。

【繁殖方法】分球繁殖。

【园林用途】早春盛花，花繁密，极美丽。可栽种于路边或水岸边，也可盆栽观赏。

黄水仙（洋水仙、喇叭水仙）

Narcissus pseudonarcissus L.
石蒜科，水仙属

【形态特征】多年生草本。鳞茎球形，直径2.5~4 cm。叶4~6枚，直立向上，扁平线形，先端圆钝，灰绿色。花茎高约30 cm，顶生花1朵，黄色或淡黄色，横向开放；副花冠稍短于花被或近等长，钟形至喇叭形，边缘具不规则的锯齿状皱褶。花期3~4月。

【产地分布】原产地中海地区。中国华南、华东等地有栽培。

【生长习性】喜阳光充足，冷凉湿润气候，能适应冬季寒冷和夏季干热的环境。耐半阴、耐寒、耐高温。喜疏松肥沃、排水良好、富含腐殖质的微酸性至微碱性砂质壤土。

【繁殖方法】分球繁殖。

【园林用途】早春开花，花大色艳，可于花坛、花境、岩石园及草坪丛植，也可于疏林地被片植，还可盆栽或作切花。

水仙（中国水仙、金盏银台）

Narcissus tazetta subsp. *chinensis* (M.Roem.) Masamura et Yanagih.
石蒜科，水仙属

'玉玲珑'

【形态特征】多年生草本，株高 20~40 cm。地下鳞茎肥大，卵球形。叶基生，宽线形，扁平，排成二列状。花茎与叶近等长，伞形花序有花 4~8 朵；总苞膜质，花梗长短不一；花被裂片 6，卵圆形至阔椭圆形，白色；副花冠浅杯状，淡黄色，不皱缩，长不及花被的一半；花具芳香。蒴果室背开裂；种子空瘪。花期春季。

【产地分布】原产亚洲东部的海滨温暖地区。中国各地常见栽培。

【生长习性】喜阳光充足、冷凉湿润气候。耐半阴，耐水湿。喜肥沃、湿润的砂质土壤。

【繁殖方法】分球繁殖。

【园林用途】株丛清秀，花香馥郁，素洁幽雅，是中国传统十大名花之一。可于室内盆栽或水培，也可在园林中布置花坛、花境、花丛。

常见栽培品种如下。

'银盏玉台'：单瓣型，花被片与副冠均为白色。

'玉玲珑'：花重瓣，白色，没有明显的副冠。

网球花

Scadoxus multiflorus Raf.
石蒜科，网球花属

【形态特征】多年生草本。鳞茎球形，直径 4~7 cm。叶 3~4 枚，长圆形；叶柄短，鞘状。花茎直立，实心，稍扁平，先叶抽出，淡绿色或有红斑；伞形花序圆球形，具多花，排列稠密；花红色，花被裂片线形，花丝伸出花被之外。浆果鲜红色。花期 4~5 月。

【产地分布】原产非洲。中国有引种栽培。

【生长习性】喜温暖湿润环境。喜半阴，不耐寒，较耐旱。要求疏松肥沃、排水良好的砂质壤土。

【繁殖方法】分球、播种繁殖。

【园林用途】花色鲜艳，花朵密集，四射如球，极富观赏性。可布置于花境、岩石旁、水边，或片植，也可盆栽。

紫娇花

Tulbaghia violacea Harv.
石蒜科，紫娇花属

【形态特征】多年生草本，株高 30~50 cm。成株丛生状，鳞茎肥厚呈球形。叶线形，扁平，中央稍空，茎叶均含有韭味。花茎直立，高 30~60 cm，伞形花序顶生，呈球形，具多数粉紫色花。蒴果呈三角形；种子黑色，扁平。花期 3~9 月。

【产地分布】原产南非。中国华南、西南、华中、华东等地均有引种栽培。

【生长习性】喜光，全日照、半日照均可，但不宜荫蔽；喜高温，耐热。耐贫瘠，对土质要求不严，但在肥沃、排水良好的砂壤土中开花旺盛。

【繁殖方法】分株、播种繁殖。

【园林用途】叶丛翠绿，花朵俏丽，花期长，是难得的夏季花卉。适宜作花境中景，或于林缘、草坪中作地被栽植。

常见栽培品种如下。

'银边'紫娇花（'Silver Lace'）：叶缘有纵长条白边。

'银边'紫娇花

大花坛水仙（南美水仙、大花油加律、亚马逊百合）

Urceolina × grandiflora (Planch. et Linden) Traub
石蒜科，坛水仙属

【形态特征】多年生草本，株高 40~60 cm。鳞茎长圆球形，着生白色肉质根。叶 4~5 枚，长宽椭圆形，暗绿色，纵向脉纹明显。花葶圆柱形，伞状花序着花 5~7 朵；花白色，副冠浅杯状，底部含绿色斑纹，状若翡翠玉盘，具芳香。花期冬春秋 3 次开花。

【产地分布】原产南美亚马孙河流域。中国广东、福建、云南等地有栽培。

【生长习性】喜温暖湿润环境。喜散射光，不耐寒，越冬温度不低于 13℃。宜疏松肥沃、排水良好的中性土壤，忌积水。

【繁殖方法】分球繁殖。

【园林用途】叶片飘逸豪放，花朵硕大，洁白无瑕，清香四溢，一年多次开花。可装点庭院，作林下地被植物或于阳台、室内盆栽观赏。

葱莲（葱兰）

Zephyranthes candida (Lindl.) Herb.

石蒜科，葱莲属

【形态特征】多年生草本，株高 20~30 cm。鳞茎卵形，直径约 2.5 cm，具明显的颈部。叶狭线形，肥厚。花茎中空，花单生于花茎顶端；花白色，外面常带淡红色，花被片 6，近喉部常有很小的鳞片。蒴果近球形；种子扁平。花期 4~9 月。

【产地分布】原产南美。中国华南、西南、华中、华东等地均有种栽培。

【生长习性】喜温暖湿润环境，但不喜高温高湿。喜阳光充足，耐半阴；较耐寒。宜肥沃、排水良好的砂质壤土。

【繁殖方法】分株、播种繁殖。

【园林用途】株丛低矮，终年常绿，花朵繁多，花期长。适用于林下、边缘或半阴处作地被植物，也可作花坛、花境的镶边材料，还可盆栽观赏。

韭莲（韭兰、红花葱兰、风雨花）

Zephyranthes carinata Herb.

石蒜科，葱莲属

【形态特征】多年生草本。鳞茎卵球形，直径 2~3 cm。基生叶常数枚簇生，线形，扁平。花单生于花茎顶端，玫瑰红色或粉红色，花被裂片倒卵形。蒴果近球形；种子黑色。花期 4~9 月。

【产地分布】原产墨西哥至哥伦比亚。中国南北各地常见栽培。

【生长习性】生性强健，喜温暖湿润环境。喜光，耐半阴；耐旱、耐热，较耐寒；喜湿润，怕水淹。宜肥沃的砂质壤土。

【繁殖方法】分株、分鳞茎繁殖。

【园林用途】株丛低矮，终年常绿，花色明艳，花期长。常用作地被或草地的镶边材料，也可用于花境或盆栽。

黄花葱莲（黄花葱兰、黄风雨花）

Zephyranthes citrina Baker

石蒜科，葱莲属

【形态特征】多年生草本，株高 20~30 cm。鳞茎长卵形，外皮黑褐色。叶 3~5 片基生，扁圆柱形，暗绿色，被白粉。花单生于花茎顶端，漏斗状，柠檬黄色，花被裂片 6。种子薄片状，黑色。花果期 6~9 月。

【产地分布】原产南美、古巴和西印度群岛。中国有引种栽培。

【生长习性】生性强健，喜温暖湿润、阳光充足环境。耐荫蔽，耐干旱，耐湿，耐瘠薄。喜疏松肥沃、潮湿的酸性砂壤土。

【繁殖方法】分株、鳞茎繁殖。

【园林用途】适应性广，花朵小巧可爱，花色鲜艳。适用于林下、林缘或开阔地片植作为地被，也适宜于岩石园、旱溪中点缀。

玫瑰葱莲（小韭兰）

Zephyranthes rosea Lindl.

石蒜科，葱莲属

【形态特征】多年生常绿草本，株高 15~30 cm。地下鳞茎卵形。叶基生，扁线形，绿色。花茎从叶丛中抽出，高 10~15 cm，花单生于花茎顶端，喇叭状，桃红色，花被裂片倒卵形。蒴果近球形。花期 5~8 月。

【产地分布】原产秘鲁与哥伦比亚。中国华南地区有栽培。

【生长习性】喜温暖湿润环境。喜光，耐半阴；喜湿润，忌水涝。宜肥沃、湿润、排水良好的土壤。

【繁殖方法】分鳞茎、播种繁殖。

【园林用途】四季常绿，花多次开放，具有较高观赏价值。可作地被片植，或用作镶边植物，也可盆栽。

龙舌兰

***Agave americana* L.**
天门冬科，龙舌兰属

【形态特征】多年生草本。叶呈莲座式排列，通常30~40枚，有时50~60枚，大型，肉质，倒披针形，长1~2 m，叶缘具疏刺，顶端有1硬尖刺，暗褐色。圆锥花序大型，长达6~12 m，多分枝；花黄绿色。蒴果长圆形。开花后花序上生成的珠芽极少。

【产地分布】原产美洲热带。中国华南及西南各地常见栽培。

【生长习性】喜阳光充足、凉爽干燥环境。不耐阴，稍耐寒，生长适温15~25℃，零下5℃易受冻害；耐旱能力强。对土壤要求不严，宜疏松肥沃、排水良好的砂质土壤。

【繁殖方法】分株、播种繁殖。

【园林用途】叶丛整齐，花序高大，极为壮观。可孤植、丛植或列植于庭园及绿化带。

常见栽培品种如下。

金边龙舌兰（var. *marginata*）：叶片边缘金黄色。

银边龙舌兰（var. *marginata-alba*）：叶片边缘银白色。

'中斑'龙舌兰（'Mediopicta'）：叶片中央有黄色条斑。

'白中斑'龙舌兰（'Mediopicta Alba'）：又名华严，叶片中央有银白色条斑。

金边龙舌兰

银边龙舌兰

'中斑'龙舌兰

'白中斑'龙舌兰

晚香玉

Agave amica (Medik.) Thiede et Govaerts
天门冬科，龙舌兰属

【形态特征】多年生草本，高可达 1 m。茎直立，不分枝。基生叶常 6~9 枚簇生，线形，深绿色；茎生叶散生，向上渐小呈苞片状。穗状花序顶生，苞片绿色，每苞片内常含 2 花；花乳白色，具浓香，夜晚香气更浓。蒴果卵球形；种子稍扁。花期 7~9 月。

【产地分布】原产墨西哥。中国有引种栽培。

【生长习性】喜温暖湿润、阳光充足环境。稍耐半阴，不耐寒，耐盐碱。对土质要求不严，喜肥沃、潮湿但不积水的黏质土壤。

【繁殖方法】分球繁殖。

【园林用途】花色纯白，花期长，幽香四溢，入夜尤甚。可用于布置岩石园、花境，或于空旷绿地中片植，也可作切花。

狭叶龙舌兰

Agave angustifolia Haw.
天门冬科，龙舌兰属

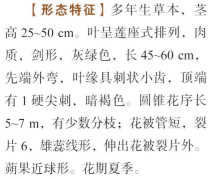

【形态特征】多年生草本，茎高 25~50 cm。叶呈莲座式排列，肉质，剑形，灰绿色，长 45~60 cm，先端外弯，叶缘具刺状小齿，顶端有 1 硬尖刺，暗褐色。圆锥花序长 5~7 m，有少数分枝；花被管短，裂片 6，雄蕊线形，伸出花被裂片外。蒴果近球形。花期夏季。

【产地分布】原产墨西哥。中国南方大部分地区有栽培。

【生长习性】喜温暖、阳光充足环境。耐旱，不耐阴；生长适温 10~25℃，冬季 4℃以上可露地栽培。喜排水良好、肥沃而湿润的砂质壤土。

【繁殖方法】分株、播种繁殖。

【园林用途】叶丛整齐，花序高大，可用于公园、庭院等绿化。常见栽培品种如下。

'银边'狭叶龙舌兰（'Marginata'）：又名白缘龙舌兰，叶片两侧呈白色或略带淡红色。

'银边'狭叶龙舌兰

狐尾龙舌兰（皇冠龙舌兰、翠绿龙舌兰、翡翠盘）

Agave attenuata Salm-Dyck
天门冬科，龙舌兰属

【形态特征】多年生常绿草本，株高50~150 cm。茎短，灰白色至灰褐色。叶长卵形，肥厚肉质，莲座状密生于短茎上，翠绿具白粉，先端有尖刺，边缘无刺。穗状花序长4~7 m，形如狐尾，花黄绿色。蒴果长椭圆形；种子薄而扁平。

【产地分布】原产墨西哥。中国南方地区有栽培。

【生长习性】喜光照充足、温暖干燥环境。喜阳，稍耐阴，耐旱，不耐寒。宜疏松肥沃、排水良好土壤。

【繁殖方法】分株、珠芽繁殖。

【园林用途】叶大翠绿，株型优美，花序颀长，十分奇特，可用于庭园绿化或室内盆栽观赏。

礼美龙舌兰

Agave desmetiana Jacobi
天门冬科，龙舌兰属

【形态特征】多年生常绿草本，株高60~90 cm。茎短。叶莲座状簇生，肉质，宽披针形至狭长披针形，中间较宽，绿色，先端反折下弯，急尖，具小尖刺，边缘有小齿。圆锥花序直立，粗壮，高4~5 m，多分枝；花黄绿色。蒴果。花期春季。

【产地分布】原产墨西哥。中国南方大部分地区常见栽培。

【繁殖方法】分株、播种繁殖。

【园林用途】叶形优雅，花序高大，具有较高的观赏性，可数株丛植于空地或孤植点缀山石、角隅等处，亦可盆栽观赏。

常见栽培品种如下。

'金边'礼美龙舌兰（'Variegata'）：叶片边缘金黄色。

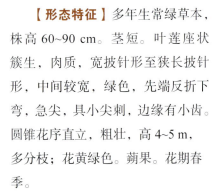

'金边'礼美龙舌兰

剑麻（菠萝麻）

Agave sisalana Perrine

天门冬科，龙舌兰属

【形态特征】多年生草本。茎粗短。叶刚直，呈莲座式排列，肉质，剑形，深蓝绿色，长可达 2 m，顶端有 1 硬尖刺，红褐色。圆锥花序粗壮，高可达 6 m；花黄绿色，有浓烈的气味，花被裂片卵状披针形。蒴果长圆形。花期多在秋冬间，通常花后不能正常结实。

【产地分布】原产墨西哥。中国华南及西南各地常见栽培。

【生长习性】喜阳光充足、干燥环境。适应性较强，耐瘠，耐旱，怕涝，不耐阴，稍耐寒。宜疏松肥沃、排水良好土壤。

【繁殖方法】分株、珠芽繁殖。

【园林用途】叶形如剑，花茎高耸挺立，姿态优美，广泛用于公园、庭院等绿化。

虎眼万年青（鸟乳花）

Albuca bracteata (Thunb.) J.C.Manning et Goldblatt

天门冬科，哨兵花属

【形态特征】多年生草本。鳞茎卵球形，光滑，绿色，直径可达 10 cm。叶 5~6 枚，近革质，带状或长条状披针形，先端尾状常扭转。花莛高 45~100 cm，常稍弯曲；总状花序长 15~30 cm，具多数、密集的花；花白色，花被片长圆形，中央有绿条纹。花期 7~8 月。

【产地分布】原产南非。世界各地广泛栽培。

【生长习性】喜温暖湿润环境。喜光，耐半阴，夏季忌阳光直射；耐寒，怕酷热，夏季鳞茎休眠。喜深厚肥沃、排水良好的土壤。

【繁殖方法】分球、播种繁殖。

【园林用途】球形鳞茎绿色光亮，质如玛瑙，适合盆栽，也可作地被植物，或布置庭院和岩石园等。

非洲天门冬（武竹、天门冬、天冬草）

Asparagus densiflorus (Kunth) Jessop
天门冬科，天门冬属

【形态特征】多年生草本至半灌木，株高可达1 m。肉质根纺锤形，茎攀缘状，有分枝，具纵棱。叶状枝每3（1~5）枚成簇，扁平，条形；茎上的鳞片状叶基部具硬刺。总状花序单生或成对，通常具十几朵花；花小而不显，白色，具芳香。浆果熟时红色。花期春夏季，果期秋季。

【产地分布】原产非洲南部温带地区。中国各地常见栽培。

【生长习性】喜温暖湿润、半阴环境。耐全阴，忌暴晒，不耐高温，不耐寒；忌干旱和积水。喜富含有机质、排水良好的砂质土壤。

【繁殖方法】播种、分株繁殖。

【园林用途】株型飘逸，叶色翠绿，适于布置花境或作地被，也可盆栽或作插花配叶材料。

常见栽培应用品种如下。

'狐尾'天门冬（'Meyeri'）：小枝密生，叶状枝形似狐狸尾巴，茎上鳞片状叶的基部近无刺。

'狐尾'天门冬

松叶武竹（蓬莱松、绣球松）

Asparagus macowanii Baker
天门冬科，天门冬属

【形态特征】多年生草本至亚灌木，株高1~2 m。肉质根纺锤形，茎丛生，多分枝，灰白色，具刺。叶3~8枚簇生，针状，形如松叶，叶簇之间层次分明；嫩叶翠绿色，老叶带有白粉状。花小，淡红色至白色，有香气。浆果。花期7~8月。

【产地分布】原产非洲南部。中国南方地区常见栽培。

【生长习性】喜温暖湿润气候、半阴环境。忌阳光直射，不耐干旱，忌积水。喜疏松肥沃、富含腐殖质、排水良好的微酸性砂质土。

【繁殖方法】分株、扦插繁殖。

【园林用途】株型美观，叶状茎密生如松，清秀而又苍翠，常作盆栽观赏或植于庭院，也可作插花陪衬材料。

文竹

Asparagus setaceus (Kunth) Jessop
天门冬科，天门冬属

【形态特征】多年生攀缘草本，株高可达6 m。根稍肉质，细长。茎分枝极多。叶状枝通常10~13枚成簇，刚毛状，略具3棱。花单生或几朵簇生，白色。浆果球形，熟时紫黑色。花期秋季，果期冬季至翌年春季。

【产地分布】原产非洲南部。中国各地常见栽培。

【生长习性】喜温暖湿润、半阴环境。忌暴晒，不耐旱，不耐严寒和暑热，越冬温度为5℃。宜疏松肥沃、排水良好的砂质土壤。

【繁殖方法】播种、分株繁殖。

【园林用途】四季常绿，枝叶青翠，叶状枝平展如云片重叠，甚为雅致，常作室内盆栽，陈设书房、客厅或作插花配叶，也可点缀假山、盆景。

蜘蛛抱蛋（一叶兰）

Aspidistra elatior Bulme
天门冬科，蜘蛛抱蛋属

【形态特征】多年生常绿草本，株高 60~90 cm。根状茎近圆柱形，具节和鳞片。叶单生，矩圆状披针形，边缘多少皱波状。花从根部伸出，花被钟状，紫色，裂片近三角形，边缘和内侧的上部淡绿色，内面具隆起的肥厚肉质脊。因花和果实贴地，似蜘蛛抱着一个白色的蛋，故得名"蜘蛛抱蛋"。

【产地分布】原产中国和日本。世界各地广泛栽培。

【生长习性】喜温暖湿润、半阴环境。耐阴，忌暴晒，较耐寒，耐盐碱，耐瘠薄。喜疏松肥沃、富含有机质、排水良好的土壤。

【繁殖方法】分株繁殖。

【园林用途】株丛紧密，叶色光亮，姿态优美，可作林下地被，亦可盆栽或作插花配叶材料。

常见栽培变种和品种如下。

洒金蜘蛛抱蛋（var. *punctata*）：叶面上有浅黄色至乳白色大小不一的斑点，有如洒上斑驳金粉。

'花叶'蜘蛛抱蛋（'Variegata'）：叶片有纵向黄色或白色条斑。

洒金蜘蛛抱蛋

'花叶'蜘蛛抱蛋

吊兰

Chlorophytum comosum (Thunb.) Jacques
天门冬科，吊兰属

【形态特征】多年生常绿草本。根状茎肉质，横走或斜生，具多数肥厚的根。叶基生，剑形，绿色或有黄色条纹。花葶自叶丛中抽出，比叶长，花后成匍匐枝下垂，并在近顶部形成带根的小植株。花白色，常2~4朵簇生，排成疏散总状或圆锥花序。蒴果三棱状扁球形。花期5月，果期8月。

【产地分布】原产非洲南部。世界各地广泛栽培。

【生长习性】喜温暖湿润、半阴环境。耐旱，不耐寒，越冬温度为5℃。不择土壤，喜疏松肥沃、排水良好的土壤。

【繁殖方法】分株（走茎）、播种繁殖。

【园林用途】枝叶青翠，具垂吊走茎，是布置几架、阳台和悬挂室内的优良观叶植物，在温暖地区还可作林下地被或植于假山石缝间。

常见栽培品种如下。

'银心卷叶'吊兰（'Bonnie'）：叶片卷曲，中间具白色纵条纹。

'银边'吊兰（'Variegatum'）：叶边缘白色。

'中斑'吊兰（'Vittatum'）：叶中间具奶白色纵条纹。

'银心卷叶'吊兰

'银边'吊兰

'中斑'吊兰

橙柄吊兰（橙柄草、安曼吊兰）

Chlorophytum filipendulum subsp. *amaniense* (Engl.) Nordal et A.D.Poulsen
天门冬科，吊兰属

【形态特征】多年生常绿草本，株高 25~40 cm。茎粗壮，生于地下根茎。叶丛生呈莲座状，椭圆形至披针形，叶柄橙红色，两侧具翼，抱茎。总状花序由叶丛中央抽出，着生绿白色小花。室内栽培很少开花。

【产地分布】原产非洲坦桑尼亚热带雨林。中国华南地区有引种栽培。

【生长习性】喜温暖湿润、半阴环境。忌暴晒，不耐寒。喜疏松肥沃、富含有机质、排水良好的土壤。

【繁殖方法】分株、组培繁殖。

【园林用途】四季常绿，叶柄橙红色，颇有特色，适于室内盆栽，也可用于花境或作地被。

小花吊兰（白纹草）

Chlorophytum laxum R.Br.
天门冬科，吊兰属

【形态特征】多年生常绿草本。根状茎肉质，具多数肥厚的根。叶基生，禾叶状，鲜绿色，常弧曲，叶缘常银白色。花葶生于叶腋，常 2~3 个，直立或弯曲，通常较短；花单生或成对着生，绿白色，花被片 6 枚。蒴果三棱状扁球形，每室通常具 1 种子。花果期 10 月至翌年 4 月。

【产地分布】中国产于广东南部。广布于非洲和亚洲的热带、亚热带地区。中国南方地区常见栽培。

【生长习性】喜温暖湿润、全光至半阴环境。较耐旱，不耐寒。对土壤要求不严，宜疏松肥沃、排水良好的砂质壤土。

【繁殖方法】分株繁殖。

【园林用途】株丛低矮，叶色明丽，适应性好，适合室内盆栽，也可作地被或路边、花境、花台点缀等。

大叶吊兰（宽叶吊兰）

Chlorophytum malayense Ridl.
天门冬科，吊兰属

【形态特征】多年生常绿草本。根状茎粗而长。叶狭矩圆状披针形或披针形，绿色，宽2~5 cm，基部渐狭成长柄。花葶稍长于叶或近等长，花白色，通常每2朵着生，排成圆锥花序。蒴果三棱状球形。花果期4~5月。

【产地分布】原产中国云南南部。东南亚各国也有分布。世界各地广泛栽培。

【生长习性】喜温暖湿润、半阴环境。较耐旱，不耐寒。不择土壤，宜疏松肥沃、排水良好的砂质土壤。

【繁殖方法】扦插、分株、播种繁殖。

【园林用途】株型优美，四季常绿，常作室内盆栽，或作林下地被。

柱叶虎尾兰

Dracaena angolensis (Welw. ex Carrière) Byng et Christenh.
天门冬科，龙血树属

【形态特征】多年生肉质草本，根茎平卧。叶单生，直立，圆柱状或稍压扁，通常稍弯，质硬，有明显的浅纵槽5~6条，近顶部渐狭短尖头。总状花序，花3~6朵簇生，或单生于花序上部，绿白色或淡粉色。花期11~12月。

【产地分布】原产于干旱的非洲及亚洲南部。世界各地常见栽培。

【生长习性】喜高温干燥气候。喜光又耐阴，耐旱，不耐寒，越冬温度为10℃；忌积水。适应性强，对土壤要求不严，以排水性好的砂壤土为宜。

【繁殖方法】分株、扦插繁殖。

【园林用途】叶片坚挺直立，姿态刚毅，形状奇特有趣，常作盆栽观赏，或用于沙漠植物造景。

虎尾兰（虎皮兰、千岁兰）

Dracaena trifasciata (Prain) Mabb.
天门冬科，龙血树属

【形态特征】多年生肉质草本，有横走根状茎。叶基生，常1~2枚，或3~6枚簇生，直立，硬革质，扁平，长条状披针形，向下渐窄成柄，两面有浅绿色和深绿色相间的横向斑纹。花葶高30~80 cm，总状花序，每3~8朵花簇生，白色至淡绿色。浆果。花期11~12月。

【产地分布】原产非洲西部。中国各地有栽培。

【生长习性】喜高温干燥气候。喜光又耐阴，耐旱，不耐寒；忌积水。对土壤要求不严，以排水良好的砂壤土为宜。

【繁殖方法】分株、叶片扦插繁殖。

【园林用途】叶片坚挺直立，叶面有灰白色和深绿色相间的虎尾状斑纹，常作盆栽观赏，或用于沙生植物造景。

常见栽培品种如下。

'短叶'虎尾兰（'Hahnii'）：叶丛矮小，叶片短而宽。

'金边'虎尾兰（'Laurenti'）：叶边缘金黄色。

'金边短叶'虎尾兰（'Golden Hahnii'）：叶形同短叶虎尾兰，叶缘有金黄色至乳白色宽边。

'短叶'虎尾兰

'金边'虎尾兰

'金边短叶'虎尾兰

'金边'虎尾兰

万年麻（万年兰、缝线麻）

Furcraea foetida (L.) Haw.
天门冬科，巨麻属

【形态特征】多年生灌木状草本，株高可达1 m。茎不明显。叶剑形，呈放射状生长，先端尖，叶缘有刺，波状弯曲。圆锥花序，可高达5~7 m，小花黄绿色，开花后花序上生成大量珠芽。花期初夏。

【产地分布】原产热带美洲。中国华南地区常见栽培。

【生长习性】喜光照充足、高温干燥环境。生性强健，耐旱力强，耐热，不耐寒，生长适温20~30℃；忌积水。喜疏松、排水良好的砂质土壤。

【繁殖方法】分株、珠芽繁殖。

【园林用途】株型优美，叶片俏丽，观赏性佳，适合植于庭院、公园、景区的路边、墙垣边造景，亦可盆栽观赏。

常见栽培品种如下。

'黄纹'万年麻（'Striata'）：新叶近金黄色，具绿色纵纹，老叶绿色，具金黄色纵纹。

'黄纹'万年麻

金边万年麻（黄边万年麻）

Furcraea selloa K.Koch 'Marginata'
天门冬科，巨麻属

【形态特征】多年生灌木状草本，株高可达1.5 m。茎短，不明显。叶剑形，呈放射状生长，先端尖，叶缘具刺，叶边缘金黄色。圆锥花序顶生，可高达数米，小花黄绿色，开花后花序上生成大量珠芽。花期春季。

【产地分布】原产热带美洲。中国华南地区常见栽培。

【生长习性】喜高温干燥、光照充足环境。极耐热，不耐寒；忌积水。喜疏松、排水良好的砂质土壤。

【繁殖方法】分株、珠芽繁殖。

【园林用途】叶色美丽，黄绿相间，观赏性极佳，适合植于庭院、公园、景区的路边、墙垣边，亦可盆栽。

玉簪（白萼、白鹤花）

Hosta plantaginea (Lam.) Asch.
天门冬科，玉簪属

【形态特征】多年生草本，株高 40~80 cm。根状茎粗壮。叶基生或丛生，卵状心形、卵形或卵圆形，先端近渐尖，基部心形，具 6~10 对侧脉。花葶高 40~80 cm，总状花序顶生，高出叶面；花白色，芳香，花被筒长，下部细小，形似发簪，有重瓣及花叶品种。蒴果圆柱状，具 3 棱。花果期 8~10 月。

【产地分布】原产中国。世界各地常见栽培。

【生长习性】喜阴湿环境。忌暴晒，耐寒。以疏松肥沃、富含有机质的湿润土壤为宜。

【繁殖方法】分株、播种繁殖。

【园林用途】碧叶莹润，花苞似簪，花色洁白如玉，清香宜人，可丛植或片植于林阴下、建筑物及庭院背阴处，也可点缀岩石园或布置花境，还可盆栽观赏或作切花、切叶。

紫萼（紫花玉簪）

Hosta ventricosa Stearn
天门冬科，玉簪属

【形态特征】多年生草本，株高 50~70 cm。根状茎粗壮。叶基生，卵状心形、卵形或卵圆形，先端近渐尖，基部心形或近截形，具 7~11 对侧脉。花葶高 60~100 cm，有 10~30 朵花，紫蓝色。蒴果圆柱状。花期 6~7 月，果期 7~9 月。

【产地分布】原产中国。世界各地均有栽培。

【生长习性】喜阴湿环境。忌暴晒，耐寒。宜疏松肥沃、富含有机质的湿润土壤。

【繁殖方法】分株、播种繁殖。

【园林用途】株丛低矮，花叶俱美，可丛植或片植于林阴下、建筑物及庭院背阴处，也可点缀岩石园或布置花境，还可盆栽观赏或作切花、切叶。

风信子（洋水仙、五色水仙）

Hyacinthus orientalis L.
天门冬科，风信子属

【形态特征】多年生草本，常作一年生栽培，株高 20~30 cm。地下具鳞茎，球形或扁球形，有膜质外皮，皮膜颜色与花色相关。叶 4~6 枚，基生，肥厚，狭披针形，具浅纵沟。花葶高 15~45 cm，中空，顶生总状花序，着花 10~20 朵；小花钟状，基部膨大，花瓣裂片端部向外反卷。花色丰富，有白、浅蓝、深蓝、紫、粉、红、黄、橙等色系，单瓣或重瓣，花具芳香。蒴果。花期 3~4 月。

【产地分布】原产地中海东部。现世界各地广泛栽培。

【生长习性】喜冬季温暖湿润、夏季凉爽稍干燥的环境。喜阳，耐半阴，耐寒，喜湿润，忌高温。宜疏松肥沃、排水良好的砂壤土，亦可水养。

【繁殖方法】分球、播种繁殖。

【园林用途】植株低矮整齐，花序端庄，花色艳丽，花香袭人，适合早春花坛、花台、花境、草坪饰边等应用，也可盆栽或水培供室内观赏。

阔叶山麦冬（短葶山麦冬、阔叶麦冬）

Liriope muscari (Decne.) L.H.Bailey
天门冬科，山麦冬属

【形态特征】多年生草本。根细长，多分枝，有时具纺锤形小块根。叶密集成丛，革质，长条形，长 25~65 cm，宽 1~3.5 cm。总状花序长 25~40 cm，花 3~8 朵簇生苞片腋内，蓝紫色或红紫色。种子球形，熟时黑紫色。花期 7~8 月，果期 9~11 月。

【产地分布】原产中国和日本。中国各地广泛栽培。

【生长习性】喜温暖湿润环境。喜光，耐半阴；耐寒，不耐炎热，忌积水。宜疏松肥沃、排水良好的砂质壤土。

【繁殖方法】分株、播种繁殖。

【园林用途】株丛低矮紧密，开花，常作地被种植，也可用于花境、草坪镶边，或丛植于岩石园。

常见栽培品种如下。

'金边'阔叶麦冬（'Variegata'）：叶片边缘黄白色。

'金边'阔叶麦冬

山麦冬（土麦冬）

Liriope spicata Lour.
天门冬科，山麦冬属

【形态特征】多年生草本。根状茎短，木质，具地下走茎。叶条形，长 25~60 cm，宽 4~8 mm，叶面深绿色，中脉较明显，边缘具细锯齿。花葶通常长于或几等长于叶；总状花序长 6~15 cm，花小，常 3~5 朵簇生苞片腋内，淡紫色或淡蓝色。种子近球形。花期 5~7 月，果期 8~10 月。

【产地分布】原产中国和越南。中国各地广泛栽培。

【生长习性】喜温暖湿润气候。喜光，耐半阴；耐寒，耐热，忌积水。宜疏松肥沃、排水良好的砂质壤土。

【繁殖方法】分株、播种繁殖。

【园林用途】株丛低矮紧密，花序端庄，常作地被种植，也可用于花境、草坪镶边，或丛植于岩石园。常见栽培品种如下。

'银边'山麦冬（'Silver Dragon'）：叶片边缘银白色。

'银边'山麦冬

葡萄风信子（串铃花、蓝壶花）

Muscari botryoides (L.) Mill.
天门冬科，蓝壶花属

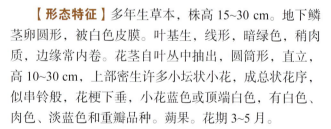

【形态特征】多年生草本，株高 15~30 cm。地下鳞茎卵圆形，被白色皮膜。叶基生，线形，暗绿色，稍肉质，边缘常内卷。花茎自叶丛中抽出，圆筒形，直立，高 10~30 cm，上部密生许多小坛状小花，成总状花序，似串铃般，花梗下垂，小花蓝色或顶端白色，有白色、肉色、淡蓝色和重瓣品种。蒴果。花期 3~5 月。

【产地分布】原产欧洲至高加索一带。中国各地常见栽培。

【生长习性】喜冬暖夏凉环境。喜光，耐半阴；耐寒，不耐炎热；忌积水。宜疏松肥沃、排水良好的砂质壤土。

【繁殖方法】分球、播种繁殖。

【园林用途】株丛低矮，花姿美丽，花色醒目，恬静典雅，可用于花境、草坪边缘、疏林草地等，或丛植于岩石园。

银纹沿阶草（银边沿阶草、假银丝马尾）

Ophiopogon intermedius D.Don 'Argenteo-marginatus'
天门冬科，沿阶草属

【形态特征】多年生常绿草本，高5~30 cm。地下具细长的匍匐走茎，先端或中部膨大成纺锤状块根。叶基生成丛，窄线形，革质，叶面绿色，边缘有银白色纵纹，叶端弯垂。花葶比叶短，总状花序具15~20朵花，花小，白色。浆果紫色。花期夏季，果期8~10月。

【产地分布】园艺品种，原种产于亚洲东部和南部。中国南方常见栽培。

【生长习性】喜温暖至高温气候。喜阳，较耐阴；耐旱。宜疏松肥沃、排水良好的壤土。

【繁殖方法】分株繁殖。

【园林用途】叶色美观，生性强健，是优良的地被植物，适合小径、花境、台阶等处作镶边材料，也可点缀于假山、石景等处。

金丝沿阶草（假金丝马尾）

Ophiopogon jaburan (Siebold) G.Lodd. 'Vittatus'
天门冬科，沿阶草属

【形态特征】多年生常绿草本，具地下根状茎。多年生植株可抽生匍匐茎，须根可膨大成块根。叶基生，禾叶状，绿色，长30~50 cm，宽约1 cm，先端渐尖，叶缘或中间有奶油色至黄色纵纹。花葶比叶短，总状花序，花白色、紫色或淡紫色。浆果紫黑色。花期7~8月，果期8~9月。

【产地分布】栽培品种，原种产于亚洲东南部。中国各地常见栽培。

【生长习性】喜温暖湿润、光照充足环境。耐热，耐寒，耐旱。对土质要求不严。

【繁殖方法】分株繁殖。

【园林用途】叶色美观，适应性强，是优良的观叶植物。可作地被，丛植或片植于林缘、路边、山石边或水岸边。

麦冬（沿阶草、书带草）

Ophiopogon japonicus (Thunb.) Ker Gawl.
天门冬科，沿阶草属

'玉龙草'

【形态特征】多年生常绿草本，株高 10~40 cm。根较粗，中间或近末端常膨大成椭圆形或纺锤形小块根。茎短，地下走茎细长。叶基生成丛，禾叶状，边缘具细齿。花葶通常比叶短，总状花序具几朵至十几朵花；花单生或成对生于苞片腋内，白色或淡紫色，常稍下垂不开展。浆果球形，成熟后为蓝黑色。花期 5~8 月，果期 8~9 月。

【产地分布】原产中国。日本、越南、印度也有分布。中国各地广泛栽培。

【生长习性】喜温暖湿润、光照充足环境。耐阴、耐热、耐寒、耐旱。宜疏松肥沃、排水良好的砂质壤土。

【繁殖方法】分株繁殖。

【园林用途】株丛低矮，终年翠绿，生性强健，常作地被植物，亦可植于路边、树穴、石缝、墙角、草坪边缘等处。

常见栽培品种如下。

'玉龙草'（'Nanus'）：又名矮麦冬，叶长 10~20 cm，狭线形，墨绿色。

黑龙沿阶草（黑麦冬）

Ophiopogon planiscapus Nakai 'Nigrescens'
天门冬科，沿阶草属

【形态特征】多年生草本，株高 15~20 cm。茎短。叶基生成丛，条形，黑紫色，全缘。花葶通常比叶短。总状花序具花 10 余朵；花白色或淡紫色。浆果球形，紫黑色。花期夏季。

【产地分布】园艺品种。原种产于日本。中国各地有栽培。

【生长习性】喜温暖湿润、光照充足环境。耐半阴、耐热、耐寒、耐旱。宜疏松肥沃、排水良好的砂质壤土。

【繁殖方法】分株繁殖。

【园林用途】株丛低矮，叶色奇特，生性强健，常作地被植物。

白花虎眼万年青（阿拉伯虎眼万年青、伯利恒之星、天鹅绒）

Ornithogalum arabicum L.
天门冬科，春慵花属

【形态特征】多年生草本，地下具鳞茎，株高45~80 cm。叶7~8枚基生，半直立，蓝绿色，带状，先端渐窄。花葶远高于叶丛，绿色，圆柱形，总状花序簇生花20余朵，下部花有长柄；花星形，花被片6，白色或奶白色；子房上位，墨绿色至紫黑色。蒴果圆柱形。花期2~5月。

【产地分布】原产地中海地区。中国南方有栽培。

【生长习性】喜温暖湿润、阳光充足环境。耐半阴，耐寒，怕酷热，夏季鳞茎休眠。喜深厚肥沃、排水良好的土壤。

【繁殖方法】分球繁殖。

【园林用途】株型挺拔，花色洁白，具芳香，适合做切花，也可布置园林花境、庭院等。

伞花虎眼万年青（葫芦兰）

Ornithogalum umbellatum L.
天门冬科，春慵花属

【形态特征】多年生草本，株高15~30 cm。鳞茎卵球形，绿色，光滑，每鳞茎有6~10枚叶。叶片线形，稍肉质，深绿色，中脉带白色，长约30 cm。伞形总状花序，有花6~20朵；花星形，白色，花被片背面绿色带白边。花期晚春至初夏。

【产地分布】原产地中海地区。世界各地广泛栽培。

【生长习性】喜温暖湿润、阳光充足环境。耐半阴，耐寒，耐旱，怕酷热。喜深厚肥沃、排水良好的土壤。

【繁殖方法】分球繁殖。

【园林用途】鳞茎绿色光亮，花色雅致，适合盆栽，也可植于林下、草地或庭院。

吉祥草

Reineckea carnea (Andrews) Kunth
天门冬科，吉祥草属

【形态特征】多年生草本，高约 20 cm。茎呈匍匐根状，节处生根。叶 3~8 枚，簇生于根状茎顶端，条形或带状披针形，深绿色。穗状花序轴紫色，着花 10~20 朵；花芳香，淡粉红色或紫红色，花被片合生成短筒状，上部 6 裂，开花时反卷。浆果球形，熟时鲜红色。花果期 7~11 月。

【产地分布】原产中国和日本。中国各地广泛栽培。

【生长习性】喜温暖湿润环境。喜光，耐半阴；耐寒，较耐水湿，稍耐旱。对土质要求不严，以排水良好的肥沃壤土为佳。

【繁殖方法】分株繁殖。

【园林用途】植株低矮，终年常绿，覆盖性好，为优良的地被植物，适于庭园的疏林下、坡地、园路边大面积种植。

万年青

Rohdea japonica (Thunb.) Roth
天门冬科，万年青属

【形态特征】多年生草本，根状茎粗短。叶基生，3~6 枚，矩圆形、披针形或倒披针形，深绿色，纵脉明显浮凸。花葶侧生，短于叶，穗状花序长 3~4 cm，具几十朵密集的花；花被球状钟形，淡黄色。浆果球形，熟时红色。花期 5~6 月，果期 9~11 月。

【产地分布】原产中国和日本。中国各地广泛栽培。

【生长习性】喜温暖湿润、半阴环境。不耐寒，忌强光直射。宜疏松肥沃、排水良好的砂壤土。

【繁殖方法】播种、分株繁殖。

【园林用途】叶姿高雅秀丽，果实殷红圆润，适宜室内盆栽观赏，亦可植于林下或岩石边点缀。

铺地锦竹草（锦竹草、翠玲珑）

Callisia repens L.
鸭跖草科，锦竹草属

【形态特征】多年生草本。茎匍匐，多分枝，呈垫状，节处生根。叶2列，卵形或披针形。蝎尾状聚伞花序常成对，稀单生，无梗，在茎顶腋生，集成密花序。花两性或雄性；花瓣白色，披针形。蒴果长圆形；种子棕色。花期9~11月。

【产地分布】原产美国至阿根廷。中国华南及香港一带已归化。

【生长习性】喜温暖湿润环境。喜光，亦耐阴；耐高温，稍耐寒，耐旱，耐贫瘠。对土壤要求不严。

【繁殖方法】扦插繁殖。

【园林用途】适应性强，覆盖效果好，易繁殖，低养护，是屋顶绿化的理想材料，亦可植于路边、坡地、水塘边、池畔等作地被植物。

常见栽培品种如下。

'冰淇淋'（'Bianca'）：嫩叶粉红色，后期逐渐出现绿色竖向条纹，叶面有光泽。

'红趾草'（'Bolivian Jew'）：叶片卵形或心形，叶背呈紫色。

'金叶'（'Gold'）：叶片卵形或心形，叶面黄绿色，叶背紫色。

'胭脂云'（'Pink Lady'）：叶形小巧，叶面有浅绿色、奶油色和粉红色相间的条纹。

'粉红豹'（'Pink Panther'）：叶面粉红色，有绿色和白色相间的条纹。

'冰淇淋'

'红趾草'

'金叶'

'胭脂云'

'粉红豹'

香锦竹草（大叶锦竹草）

Callisia fragrans (Lindl.) Woodson

鸭跖草科，锦竹草属

【形态特征】多年生草本，株高 15~30 cm，野外可长到 1 m。主茎粗壮直立，基部容易长出走茎，于末端长成子株。叶革质，螺旋状互生，披针状长椭圆形，强日照下易呈紫红色。聚伞花序组成圆锥花序，生于枝端，长可达 60 cm；花白色，有芳香。花期冬春两季。

【产地分布】原产墨西哥，归化于西印度群岛及美国南部。热带、亚热带地区广泛栽培。

【生长习性】喜温暖湿润环境。喜阳，耐阴；耐旱。对土壤要求不严。

【繁殖方法】扦插、分株繁殖。

【园林用途】走茎蔓延，生长迅速，是优良的地被植物，亦可吊盆观赏。

常见栽培品种如下。

'白纹'香锦竹草（'Variegatus'）：叶面有白色细密纵纹。

'白纹'香锦竹草

垂花鸭跖草（鸭跖草、垂花蓝姜）

Dichorisandra penduliflora Kunth

鸭跖草科，鸭跖草属

【形态特征】多年生草本，株高 30~90 cm。茎基部木质化，枝条细瘦挺直似竹子，表面有黑褐色毛。叶对生，椭圆状披针形，深绿色，光滑。花序从茎端伸出，纤细悬垂；花瓣3枚，蓝色，广倒卵形。花期夏秋，温暖地区可全年开花。

【产地分布】原产巴西。中国华南地区有栽培。

【生长习性】喜温暖湿润、半阴环境。不耐强光，不耐寒。对土壤要求不严，宜富含有机质的疏松土壤。

【繁殖方法】扦插、分株繁殖。

【园林用途】花色鲜艳雅致，花期长，可于园路边、林缘或疏林下丛植或片植，也可植于庭院的路边、墙下等处点缀。

蓝姜

Dichorisandra thyrsiflora J.C.Mikan
鸭跖草科，鸳鸯草属

【形态特征】多年生草本，高达1~2 m。茎直立或攀缘，有时基部木质。叶对生或螺旋排列，椭圆状披针形，叶鞘显著。聚伞圆锥花序顶生，长达30 cm；花两性，萼片3枚，外紫色，内白色；花瓣3枚，深蓝色。花期夏至秋季。

【产地分布】原产美洲热带地区。中国华南地区有栽培。

【生长习性】喜温暖湿润、半阴环境。不耐强光。对土壤要求不高。

【繁殖方法】扦插、分株繁殖。

【园林用途】花序大而显著，花色醒目，可于园路边、林缘或疏林下丛植或片植，也可植于庭院的路边、墙下等处点缀。

新娘草（婚纱吊兰、浪漫草、吉贝丝草）

Gibasis pellucida (M.Martens et Galeotti) D.R.Hunt
鸭跖草科，新娘草属

【形态特征】多年生草本，具走茎。叶互生，狭长披针形，基部抱茎。花葶细长，弯垂；总状花序单一或分枝，有时在花序上部节上簇生条形叶丛，成幼小植株；花小，白色。蒴果三棱状扁球形。花期5月，果期8月。

【产地分布】原产美洲。中国各地多有栽培。

【生长习性】喜温暖湿润、半阴环境。较耐旱，不耐寒。不择土壤，宜疏松肥沃、排水良好的砂质土壤。

【繁殖方法】扦插、分株繁殖。

【园林用途】株型垂散，分枝繁茂，点缀白色小花，雅致可爱，宜作吊盆观赏。

杜若（地藕、竹叶莲）
Pollia japonica Thunb.
鸭跖草科，杜若属

【形态特征】多年生草本，根状茎长而横走。茎直立或上升，粗壮，不分枝，被短柔毛。叶无柄，或叶基渐狭而延伸成带翅的柄；叶片长椭圆形，顶端长渐尖。蝎尾状聚伞花序，常多个成轮状排列；花白色，萼片宽椭圆形，宿存，花瓣倒卵状匙形。果球状，果皮黑色；种子灰色带紫色。花期7~9月，果期9~10月。

【产地分布】中国南部广为分布。日本、朝鲜也有分布。

【生长习性】喜温暖湿润、半阴环境。忌强光，耐阴。对土壤要求不严。

【繁殖方法】播种、组培繁殖。

【园林用途】株丛茂密，叶青翠常绿，是优良的林下地被植物，也可盆栽观赏。

油画婚礼紫露草（油画婚礼吊兰）
Tradescantia cerinthoides Kunth 'Nanouk'
鸭跖草科，紫露草属

【形态特征】多年生草本，高15~30 cm。茎直立或上升，肉质，节略膨大。叶互生，长卵形，叶面有白色、粉色、绿色条纹，叶背紫红色。蝎尾状聚伞花序顶生，花萼紫色，花序梗与花萼密被长柔毛；花瓣3枚，卵形，淡紫色。花期春末夏初。

【产地分布】园艺品种，原种产于美洲。中国多有栽培。

【生长习性】喜温暖湿润、散射光环境。不耐寒，越冬温度5℃以上；不耐积水。喜富含有机质的疏松土壤。

【繁殖方法】分株、扦插繁殖。

【园林用途】叶片彩色斑纹状，极其观赏性，可用于花境、园路边、立体绿化、地被等，亦可盆栽观赏。

白花紫露草（淡竹叶）

Tradescantia fluminensis Vell.

鸭跖草科，紫露草属

【形态特征】多年生常绿草本。茎匍匐，长可达 60 cm，绿色带紫红色晕，节略膨大，节处易生根。叶互生，长圆形或卵状长圆形，长 4~5 cm，绿色，有光泽，先端尖，基部延伸成叶鞘。花小，白色，多朵聚生成伞形花序，为 2 叶状苞片所包被，花瓣 3 枚。花期夏至秋季。

【产地分布】原产南美洲。中国各地广泛栽培。

【生长习性】喜温暖湿润气候。忌强光直射，耐瘠薄。对土壤要求不严。

【繁殖方法】分株、扦插、压条繁殖。

【园林用途】植株垂散，叶色美观，常作吊盆观赏，亦可在绿地中作地被。

常见栽培品种如下。

'金叶'白花紫露草（'Aurea'）：叶黄绿色。

'水银'白花紫露草（'Quicksilver'）：叶有白色细条纹。

'三色'白花紫露草（'Tricolor'）：叶有白纹，常带粉紫色。

'花叶'白花紫露草（'Variegata'）：叶具淡黄色斑纹。

'金叶'白花紫露草

'水银'白花紫露草

'三色'白花紫露草

'花叶'白花紫露草

紫露草

Tradescantia ohiensis Raf.
鸭跖草科，紫露草属

【形态特征】多年生草本，株高 25~50 cm。茎直立，簇生，带肉质，紫红色。叶互生，线形或披针形。伞形花序顶生，花萼 3 枚，卵圆形，绿色，花瓣 3 枚，广卵形，蓝紫色。蒴果近圆形，无毛；种子橄榄形。花期 6~10 月。

【产地分布】原产美洲热带。中国有引种栽培。

【生长习性】喜温暖湿润、半阴环境。耐寒，不耐积水。在中性或偏碱性土壤中生长良好。

【繁殖方法】扦插、分株繁殖。

【园林用途】抗逆性强，花色鲜艳，花期长，可于花境、道路两侧丛植，或作林下地被，亦可盆栽观赏。

紫竹梅（紫鸭跖草、紫叶鸭跖草）

Tradescantia pallida (Rose) D.R.Hunt
鸭跖草科，紫露草属

【形态特征】多年生草本，株高 25~50 cm。茎多分枝，带肉质，紫红色，下部匍匐状，节上常生须根。叶互生，披针形或长圆形，紫红色，基部抱茎成鞘。花粉红色或玫瑰紫色，数朵簇生状于叶状总苞片内。蒴果椭圆形；种子棱状半圆形。花期 7~9 月，果期 9~10 月。

【产地分布】原产墨西哥。中国各地广泛栽培。

【生长习性】喜温暖湿润气候。喜阳，耐阴，耐旱。对土壤要求不严，喜肥沃、湿润壤土。

【繁殖方法】扦插、分株繁殖。

【园林用途】生性强健，叶色美观，可用于花坛、花境、园路边或作地被，亦可盆栽观赏。

白雪姬（白毛鸭跖草、白绢草）

***Tradescantia sillamontana* Matuda**
鸭跖草科，紫露草属

白雪姬'锦'

【形态特征】多年生肉质草本，株高 15~20 cm。茎直立或稍匍匐，短粗的肉质茎硬而直，被有浓密的白色长毛。叶互生，绿色或褐绿色，稍肉质，长卵形，密被白色绢毛。花淡紫粉色，着生于茎的顶部，花瓣3，中间经常有一条白色纵纹。花期夏秋。

【产地分布】原产墨西哥。中国各地常见栽培。

【生长习性】喜温暖干燥环境。喜阳，耐半阴，忌烈日暴晒；耐热，不耐寒；耐干旱，忌湿涝。喜疏松、肥沃的壤土。

【繁殖方法】扦插、分株繁殖。

【园林用途】株型玲珑可爱，叶被白毛，富有奇趣，常作小型盆栽观赏，亦可植于岩石园。

常见栽培品种如下。

白雪姬'锦'（'Variegata'）：叶片上有黄色条纹，阳光充足条件下会变成粉色。

吊竹梅（吊竹兰、斑叶鸭跖草）

***Tradescantia zebrina* Bosse**
鸭跖草科，紫露草属

【形态特征】多年生草本。茎蔓性匍匐，有分枝，节上生根。叶互生，椭圆状卵圆形或长圆形，无柄；叶面紫绿色或杂以银白色条纹，中部和边缘有紫色条纹，叶背紫红色。花数朵聚生于小枝顶端的两片叶状苞片内，花瓣卵形，玫瑰色。蒴果。花期夏季。

【产地分布】原产热带美洲。中国华南地区广泛栽培。

【生长习性】喜温暖湿润气候。喜光，耐阴；耐热，不耐寒，忌水湿。喜排水良好的砂质土壤。

【繁殖方法】扦插繁殖。

【园林用途】枝叶匍匐悬垂，叶色丰富，极具观赏性。可用于园路边、疏林下等作地被植物，亦可盆栽观赏。

紫背万年青（蚌花、紫锦兰）

Tradescantia spathacea Sw.
鸭跖草科，紫露草属

【形态特征】多年生草本，高可达 50 cm。茎直立，丛生，不分枝。叶互生，无柄，长圆状披针形，稍肉质，叶面深绿色，背面紫色，基部半抱茎。伞形花序腋生，着生于 2 个大而对折的紫色卵状苞片内，形似蚌壳，故称"蚌花"。花小，白色。蒴果；种子多皱。花期 8~10 月。

【产地分布】原产墨西哥和西印度群岛。中国华南地区常见栽培。

【生长习性】喜温暖湿润、阳光充足的环境。喜光，耐阴；耐热，不耐寒，生长适温 20~30℃。耐贫瘠，不择土壤。

【繁殖方法】播种、扦插、分株繁殖。

【园林用途】株丛紧凑，叶色美丽，是优良的观叶植物，可于花境、园路边、林缘或疏林下片植，亦可盆栽观赏。

常见栽培品种如下。

'小紫背万年青'（'Compacta'）：又名小蚌兰，株丛较小，叶密集。

'三色'紫背万年青（'Tricolor'）：又名条纹小蚌兰，叶面有白色、紫色纵条纹。

'花叶'紫背万年青（'Vittata'）：叶面有黄色、绿色纵条纹。

'小紫背万年青'

'三色'紫背万年青

'花叶'紫背万年青

梭鱼草

Pontederia cordata L.
雨久花科，梭鱼草属

【形态特征】多年生挺水或湿生草本，株高可达150 cm。地下茎丛生，粗壮。叶形多变，多为倒卵状披针形，深绿色，顶端急尖或渐尖，基部心形，全缘；叶柄圆筒形，绿色。花葶直立，通常高出叶面，穗状花序顶生，小花密集在200朵以上，蓝紫色带黄斑点。蒴果，坚硬；种子椭圆形。花果期5~10月。

【产地分布】原产美洲热带和温带。中国南北各地常见栽培。

【生长习性】喜温暖湿润、阳光充足环境。耐半阴、耐热、耐寒、耐瘠。不择土壤，喜静水及水流缓慢的水域。

【繁殖方法】分株、播种繁殖。

【园林用途】叶色翠绿，花色清幽，适合公园、绿地的湖泊、池塘、小溪的浅水处绿化，也可用于人工湿地、河流两岸栽培观赏，常与花叶芦竹、水葱、香蒲等配置。常见栽培品种如下。

'白花'梭鱼草（'Alba'）：花白色。

'白花'梭鱼草

凤眼莲（水葫芦）

Pontederia crassipes Mart.
雨久花科，梭鱼草属

【形态特征】多年生漂浮草本，株高30~50 cm。须根发达，棕黑色。茎极短，具长匍匐枝，和母株分离后，生出新植物。叶基生，莲座状，圆形、宽卵形或菱形，表面深绿色，光亮，具弧形脉；叶柄中部膨大呈囊状或纺锤形，基部有鞘状苞片。花葶从叶柄基部的鞘状苞片腋内伸出，具多棱；穗状花序具9~15朵花；花被裂片6枚，卵形、长圆形或倒卵形，紫蓝色，上方1枚较大，四周淡紫红色，中间蓝色，中央有1黄色圆斑。蒴果卵圆形。花期7~10月，果期8~11月。

【产地分布】原产巴西，现广泛分布于世界各地，被列为入侵植物。中国长江、黄河流域及华南地区广泛分布。

【生长习性】喜温暖湿润、阳光充足环境，喜生于浅水中。耐半阴，耐高温，耐寒，繁殖迅速。喜肥沃、富含有机质的泥土。

【繁殖方法】分株繁殖。

【园林用途】叶片光亮，叶柄奇特，开花俏丽，是布置水面和净化水体的良好材料。

箭叶雨久花

***Pontederia hastata* L.**
雨久花科，梭鱼草属

【形态特征】多年生水生草本，株高 0.5~1 m。根状茎长而粗壮，匍匐。叶基生，三角状，基部剑形或戟形，稀心形，长 5~25 cm，具弧状脉；叶柄长，下部成开裂叶鞘。总状花序腋生，着花 10~40 朵；花被片卵形，淡蓝色，有绿色中脉及红色斑点。蒴果长圆形。花期 8 月至翌年 3 月。

【产地分布】原产中国广东、海南、贵州和云南。亚洲热带和亚热带地区广泛分布。

【生长习性】喜温暖湿润、阳光充足环境。耐半阴，不耐寒，生长适温 20~30℃。不择土壤。

【繁殖方法】播种、分株繁殖。

【园林用途】株型秀丽，花美丽，常用于园林中浅水处绿化。

雨久花

***Pontederia korsakowii* (Regel et Maack) M.Pell. et C.N.Horn**
雨久花科，梭鱼草属

【形态特征】多年生挺水草本，株高 30~70 cm。根状茎粗壮，须根柔软。叶基生和茎生，基生叶宽卵状心形，长 4~10 cm，基部心形，具弧状脉；叶柄常膨大呈囊状，基部成鞘抱茎。总状花序顶生，有时再聚成圆锥花序，具花 10 余朵；花蓝色，花被片椭圆形。蒴果长卵圆形。花期 7~8 月，果期 9~10 月。

【产地分布】中国广为分布。朝鲜、日本、俄罗斯西伯利亚地区也有分布。

【生长习性】喜温暖湿润、阳光充足环境。稍耐阴，耐寒。不择土壤。

【繁殖方法】播种、分株繁殖。

【园林用途】叶色翠绿，花大美丽，像只飞舞的蓝鸟，可用于水景布置，常与其他水生植物搭配使用，片植效果佳。

鸭舌草

Pontederia vaginalis Burm.f.
雨久花科，梭鱼草属

【形态特征】多年生水生草本，株高可达 50 cm。根状茎极短。叶基生和茎生，叶片形状和大小变化较大，由心状宽卵形、长卵形至披针形，基部圆形或浅心形，具弧状脉；叶柄长 10~20 cm，基部有鞘。总状花序直立，通常 3~5 朵花，蓝色，花梗长不到 1 cm。蒴果卵形或长圆形；种子椭圆形。花期 8~9 月，果期 9~10 月。

【产地分布】原产中国南北各地。日本、马来西亚、菲律宾、印度等地也有分布。

【生长习性】喜温暖湿润、阳光充足环境。耐湿，耐寒。喜富含腐殖质的塘泥或黏质壤土。

【繁殖方法】播种、分株繁殖。

【园林用途】叶色葱绿，花形可爱，适宜栽植于浅水区，亦可盆栽观赏。

高袋鼠爪（黄袋鼠爪、袋鼠爪）

Anigozanthos flavidus DC.
血草科，袋鼠爪属

【形态特征】多年生草本，具根状茎，株高 40~150 cm。植株丛生状。叶片披针状条形，灰绿色。总状花序顶生，有花 15~20 朵，花茎常有分枝，密被茸毛。花管状，先端唇形开裂，酷似袋鼠爪；花色有橙黄、黄色、红色、绿色等，初花期花瓣朝下，盛花期花瓣向上生长；雄蕊 6 枚，花完全开放后横排于爪瓣内侧。花期 11 月至翌年 5 月。

【产地分布】原产澳大利亚西部。中国南方有引种栽培。

【生长习性】喜温暖湿润、光照充足环境。喜强光，耐热，耐旱，耐瘠薄，不耐寒。喜排水良好的偏酸性土壤。

【繁殖方法】播种、分株繁殖。

【园林用途】花形奇特，花色明亮，花期长，观赏价值高，适合作切花，也适于盆栽，或庭园栽培观赏。

红绿袋鼠爪（长药袋鼠爪、鼠爪花）

Anigozanthos manglesii D.Don
血草科，袋鼠爪属

【形态特征】多年生草本，高 40~120 cm。枝叶丛生状。叶扁平，线状披针形，灰绿色。总状花序顶生，花茎常有分枝，颀长，紫红色，密生茸毛；花管状，顶端6裂，酷似袋鼠爪；花冠红绿相间，初花期花瓣朝下，盛花期花瓣向上生长。花期2~7月。

【产地分布】原产澳大利亚西南部。中国南方有引种栽培。

【生长习性】喜温暖湿润、光照充足的环境。喜强光，耐高温，不耐寒，耐旱，耐瘠薄，忌水涝。宜疏松透气、排水良好的砂质土壤。

【繁殖方法】播种、分株繁殖。

【园林用途】花奇异美丽，整个花序呈奇妙的爪形，红色花茎上绽放亮绿色花，如天鹅绒般美丽，常作切花，也适合园林种植或盆栽。

旅人蕉

Ravenala madagascariensis Sonn.
鹤望兰科，旅人蕉属

【形态特征】多年生常绿乔木状草本，高5~6 m。叶二列状排列于茎顶，似折扇；叶片长圆形，似蕉叶，长达2 m。蝎尾状聚伞花序腋生，花序轴每边有佛焰苞5~6枚，内有花5~12朵；萼片披针形，革质；花瓣与萼片相似，唯中央1枚较狭小；雄蕊线形，花药长为花丝的2倍。蒴果开裂为3瓣，种子肾形。花期7~8月。

【产地分布】原产非洲马达加斯加。中国广东、海南、台湾等地有栽培。

【生长习性】喜温暖湿润、阳光充足环境。不耐寒，生长适温度15~30℃，夜间温度不宜低于8℃。喜土层深厚、富含有机物、排水良好的土壤，忌积水。

【繁殖方法】分株繁殖。

【园林用途】株型高大别致，叶柄内有较多清水，可解游人之渴。可用于庭园绿化，也可作大型盆栽观赏。

大鹤望兰（尼古拉鹤望兰、白花鹤望兰）

Strelitzia nicolai Regel et Körn.

鹤望兰科，鹤望兰属

【形态特征】多年生乔木状草本，高可达8 m。茎丛生状，木质。叶二列状着生于枝端，长圆形，叶柄长1.8~2 m。花序腋生，有2枚大型佛焰苞；佛焰苞舟状，绿色而染红棕色，内有花4~9朵；萼片披针形，白色，下方1枚背生龙骨状脊突；侧生花瓣箭头状，天蓝色，中央花瓣极小，长圆形。花期5~7月，华南地区3~10月。

【产地分布】原产非洲南部。中国广东、台湾等地有引种栽培。

【生长习性】喜温暖湿润、阳光充足环境。不耐寒，生长适温23~32℃，越冬温度一般需10℃以上，但能耐短期0℃以上低温。喜肥沃、疏松、排水良好的土壤，耐旱，不耐涝。

【繁殖方法】播种、分株、组培繁殖。

【园林用途】植株高大挺拔，壮硕高雅，花朵奇特，可用于庭院、公园美化，多孤植于空阔的大型草坪上，也可作盆栽观赏。

鹤望兰（极乐鸟、天堂鸟）

Strelitzia reginae Banks

鹤望兰科，鹤望兰属

【形态特征】多年生草本，株高1~2 m。无主茎，根肉质。叶长圆状披针形，套叠着生，两侧排列，叶柄细长。总花梗与叶柄近等长或稍短，花数朵生于总花梗上，下托一舟状佛焰苞；佛焰苞绿色，边缘紫红色；萼片披针形，橙黄色，表面蜡质；花瓣暗蓝色，侧生2枚小，合生成舌状，中央1枚舟状，与萼片近等长。花期9月至翌年6月。

【产地分布】原产非洲南部。中国华南地区有引种栽培。

【生长习性】喜温暖湿润、阳光充足环境。不耐寒，忌酷热，生长适温20~28℃；不耐干旱，不耐涝。宜疏松肥沃、排水良好的微酸性砂质壤土。

【繁殖方法】分株、播种、组培繁殖。

【园林用途】叶片挺拔秀丽，四季常青，花形奇特，花期长，南方地区可用于公园、庭院绿化，也可盆栽或作切花。

布尔若蝎尾蕉（富红蝎尾蕉）

Heliconia bourgaeana Petersen
蝎尾蕉科，蝎尾蕉属

【形态特征】多年生常绿草本，株高 1.2~5.4 m。茎粗壮，直立，丛生。叶狭长圆形，具长柄，被蜡质白粉，叶鞘互相抱持呈假茎。蝎尾状聚伞花序顶生，花序轴红色；舟状苞片 7~17 枚，红色，二列于花序轴上，宿存；花两性，花被片部分连合呈管状，顶部具 5 裂片；发育雄蕊 5 枚，退化雄蕊 1 枚，花瓣状。蒴果天蓝色。花期 4~10 月。

【产地分布】原产哥斯达黎加、委内瑞拉、美国佛罗里达等。中国华南地区有栽培。

【生长习性】喜温暖湿润、阳光充足环境。忌暴晒；不耐霜冻，生长适温 22~25℃，越冬温度不宜低于 10℃。喜疏松肥沃、排水良好的中性至微酸性土壤。

【繁殖方法】播种、分株、组培繁殖。

【园林用途】植株高大，花序奇特，色彩艳丽，可用于公园、庭院林下绿化，亦可盆栽或作高档切花。

翠鸟蝎尾蕉（硬毛蝎尾蕉）

Heliconia hirsuta L.f.
蝎尾蕉科，蝎尾蕉属

【形态特征】多年生常绿草本，株高 1~3 m。茎直立，丛生。叶互生，披针形，长 25~30 cm，薄革质，叶缘绿褐色，叶鞘红褐色。花序顶生，直立，小型，总花梗绿色；苞片 14~18 枚，船形，基部黄绿色，中上部紫红色，每苞内有花 5~6 朵；小花筒状，萼片黄色，远端绿色，具白粉。花期 5~10 月。

【产地分布】原产中南美洲、加勒比地区。中国华南地区有栽培。

【生长习性】喜温暖湿润、阳光充足环境。不耐霜冻，生长适温 20~30℃。喜疏松肥沃、排水良好的砂质土壤。

【繁殖方法】分株、组培繁殖。

【园林用途】花序奇特，花色艳丽，是庭院墙垣边绿化的优良材料，亦可盆栽或作切花。

黄苞蝎尾蕉（金鸟赫蕉、黄小鸟）

Heliconia latispatha Benth.
蝎尾蕉科，蝎尾蕉属

【形态特征】多年生常绿草本，株高 1.5~2.5 m。假茎细长，丛生。叶互生，长椭圆状披针形，长 70~110 cm，革质。穗状花序顶生，直立，花序轴黄色，微曲成"之"字形；苞片 5~9 枚，船形，金黄色，顶端边缘带绿色；每苞片有花 5~16 枚，舌状花小，绿白色。蒴果；种子黑色。花期 5~10 月。

【产地分布】原产秘鲁、阿根廷。中国南方地区常见栽培。

【生长习性】喜温热湿润、半阴环境。忌暴晒，不耐霜冻，越冬温度不低于 10℃。宜肥沃疏松、排水良好的土壤。

【繁殖方法】分株、播种繁殖。

【园林用途】叶大花美，花形奇特，常作切花材料，可用于公园、庭院岩石旁、水边、林下绿化，也可盆栽观赏。

常见栽培品种如下。

'红箭'蝎尾蕉（'Distans'）：苞片橘红色至红色，箭形。

'黄鹤'蝎尾蕉（'Orange Gyro'）：苞片橙色，小花黄绿色至绿色。

'红鹤'蝎尾蕉（'Red Yellow Gyro'）：苞片红黄双色，小花黄绿色。

'红箭'蝎尾蕉

'黄鹤'蝎尾蕉

'红鹤'蝎尾蕉

扇形蝎尾蕉

Heliconia lingulata Ruiz et Pav.
蝎尾蕉科，蝎尾蕉属

【形态特征】多年生常绿草本，株高2~3 m。茎直立，丛生。叶互生，宽卵圆形。聚伞花序顶生，直立，未完全展开时呈扇形，花序轴黄色；舟状苞片9~18枚，黄色，螺旋状排列；花两性，两侧对称，萼片黄绿色，花瓣合生呈狭筒状，基部浅黄白色，尖端淡绿色。蒴果天蓝色；种子近三棱形。花期4~12月。

【产地分布】原产于墨西哥至尼加拉瓜及美国的佛罗里达、夏威夷等地。中国南方有引种栽培。

【生长习性】喜高温高湿、半阴环境。较耐干旱，不耐贫瘠；生长适温18~30℃，冬季5℃以上能安全过冬，可耐短暂0℃左右低温，是蝎尾蕉中最耐寒的种类之一。喜肥沃疏松、排水良好的中性至微酸性土壤。

【繁殖方法】播种、分株、组培繁殖。

【园林用途】株型美观，花姿奇特，形似鸟喙状，可用于公园、庭院绿化，也可盆栽或作切花材料。

金嘴蝎尾蕉（垂序蝎尾蕉、垂花火鸟蕉）

Heliconia rostrata Ruiz et Pav.
蝎尾蕉科，蝎尾蕉属

【形态特征】多年生常绿草本，地下具根茎，株高可达5 m。地上假茎细长，丛生，墨绿色，具紫褐色斑纹。叶互生，直立，狭披针形或带状阔披针形，革质。顶生穗状花序下垂，呈蝎尾状；苞片呈二列互生排列成串，4~33枚，基部深红色，近顶端金黄色，形如鸟喙；舌状花两性，米黄色。蒴果蓝灰色。花期5~10月，在温室中几乎全年开花。

【产地分布】原产美洲热带地区阿根廷至秘鲁一带。中国华南地区有栽培。

【生长习性】喜温暖湿润、阳光充足环境。忌夏季暴晒，不耐寒，生长适温22~25℃。喜疏松肥沃、排水良好的中性至微酸性土壤。

【繁殖方法】分株、播种、组培繁殖。

【园林用途】花序长而下垂，花姿奇特，花色艳丽，可用于庭院绿化，或作高级垂吊切花材料和盆栽观赏。

红鸟蕉（艳红赫蕉、小红鸟）

Heliconia psittacorum L.f.
蝎尾蕉科，蝎尾蕉属

【形态特征】多年生常绿草本，株高 1~1.5 m。地上假茎丛生，基部紫红色。叶互生，披针形或长椭圆形，长 25~35 cm，薄革质，叶鞘浅红色，抱茎。穗状花序顶生，直立，花序轴红色或粉红色；苞片 5~8 枚，船形，基部深红色，先端紫红色；每苞内有管状花 5~8 朵，黄白色至橙红色，顶端有绿色斑纹。花期 6~11 月。

【产地分布】原产太平洋诸岛。中国华南地区常见栽培。

【生长习性】喜温暖湿润、阳光充足环境。忌干旱，耐水湿，畏寒冷，生长适温 22~30℃。喜富含有机质、肥沃的中性至酸性土壤。

【繁殖方法】分株、组培繁殖。

【园林用途】花形独特，形似鸟嘴，苞片艳丽，花期长，适合庭园丛植或片植，也可作切花或盆栽观赏。

常见栽培品种如下。

'多色'蝎尾蕉（'Andromeda'）：苞片橘红色至红色，小花橙黄色。
'美女'蝎尾蕉（'Lady Di'）：苞片粉红色至红色，小花浅黄色至黄色。
'彩虹'鸟蕉（'Sassy'）：苞片粉红色，基部灰绿色，小花橙色。

'多色'蝎尾蕉

'美女'蝎尾蕉

'彩虹'鸟蕉

直立蝎尾蕉（牙买加蝎尾蕉）
Heliconia stricta Huber
蝎尾蕉科，蝎尾蕉属

【形态特征】多年生常绿草本，株高90~150 cm。地下具根茎，粗壮，地上假茎丛生。叶片倒卵形或卵形，先端渐尖，基部楔形，深绿色，全缘。蝎尾状聚伞花序顶生，直立；苞片呈二列互生排列，疏离，船形，先端直，红色或橙红色，边缘带绿色；小花簇生苞内，花被片弧形弯曲，先端绿色。花期5~8月。

【产地分布】原产厄瓜多尔、牙买加等地。中国华南地区有栽培。

【生长习性】喜温暖湿润、阳光充足环境。忌夏季暴晒，不耐寒。喜疏松肥沃、排水良好的土壤。

【繁殖方法】分株、播种、组培繁殖。

【园林用途】花序奇特，色彩鲜艳，可用于庭院绿化，或作高级切花材料和盆栽观赏。

常见栽培品种如下。

'矮牙买加'蕉（'Dwarf Jamaican'）：植株低矮，花序梗短，苞片紧凑。

'火鸟'蕉（'Firebird'）：苞片火红色。

'沙龙'蝎尾蕉（'Sharonii'）：叶片主脉及背面紫色，苞片橙黄双色。

'火鸟'蕉

'矮牙买加'蕉

'沙龙'蝎尾蕉

香蕉

Musa acuminata (AAA)
芭蕉科，芭蕉属

【形态特征】多年生常绿草本，株高3~6 m。茎丛生，具匍匐茎，假茎浓绿带黑斑，被白粉。叶长圆形，长1.5~2.5 m，叶柄短粗，叶翼显著。穗状花序下垂，花序轴密被褐色茸毛，苞片外面紫红色，内面深红色；雄花苞片不脱落，每苞片内有花2列；花乳白色或稍带淡紫色。果丛有果150~360个，呈弓形弯曲，有4~5棱；果肉松软，黄白色，味甜，无种子，香味特浓。花果期全年。

【产地分布】原产中国南部。世界上热带地区广泛种植。

【生长习性】喜阳光充足、湿热环境。耐半阴，不耐寒，忌霜雪，1~2℃叶片枯死。喜疏松、深厚、排水良好的土壤。

【繁殖方法】分株、组培繁殖。

【园林用途】株型美观，花大而奇特，四季有花，果可食用。常用于庭院绿化。

芭蕉

Musa basjoo Siebold et Zucc. ex Iinuma
芭蕉科，芭蕉属

【形态特征】多年生草本，株高2.5~4 m。茎粗壮，丛生。叶长圆形，长2~3 m，叶柄粗壮，长达30 cm。顶生聚伞花序下垂，苞片黄绿色、红褐色至紫色；花小而聚集，黄色，雄花生于花序上部，雌花生于花序下部，雌花每一苞片内10~16朵，排成2列。浆果三棱状，长圆形。花期8~9月。

【产地分布】原产琉球群岛。中国南方广泛栽培。

【生长习性】喜温暖湿润、阳光充足环境。耐半阴，不耐寒，能耐短时间0℃低温，不耐旱，生长期大量需水。喜肥沃、排水良好的土壤。

【繁殖方法】分株繁殖。

【园林用途】株型优美，叶大而秀丽，常用于公园、庭院中，可与其他大叶子植物搭配种植，营造热带风格景观。

紫苞芭蕉（莲花蕉）

Musa ornata Roxb.
芭蕉科，芭蕉属

【形态特征】多年生草本，株高 1.5~3 m。叶长圆形，长可达 2 m，顶端截形，全缘。花序顶生，直立；紫红色苞片层层包被，下部苞片向外反折，形似荷花；小花黄色，雌花和雄花均 3~5 朵排成一行，着生于顶端的苞片内。果实黄色，状如指头，不可食。花期 5~10 月。

【产地分布】原产印度、缅甸及孟加拉国等地。中国广东、云南有引种栽培。

【生长习性】喜阳光充足、湿热环境。稍耐阴，不耐霜冻。喜肥沃、排水良好的土壤，在生长季节需定期施肥。

【繁殖方法】分株繁殖。

【园林用途】花序挺立，花苞片艳丽，花期长，适合亚热带地区庭院种植，可作大型盆栽，花和叶可用作插花材料。

红蕉（红花蕉）

Musa coccinea Andrews
芭蕉科，芭蕉属

【形态特征】多年生草本，株高 1~2 m。由叶鞘集合成假茎，呈丛生状。叶片硕大，长椭圆形，叶脉硬挺，翠叶直立。花序自假茎顶部叶腋处抽生，花葶直立；苞片外面鲜红色，里面粉红色，苞鞘黄色；每一苞内有花 1 列，3~4 朵。浆果。花期 5~10 月。

【产地分布】原产中国云南。越南也有分布。中国广东、广西常栽培。

【生长习性】喜温暖湿润、阳光充足、避风环境。忌暴晒，不耐寒冷，生长适温 20~30℃。喜肥沃、排水透气的土壤。

【繁殖方法】分株、播种繁殖。

【园林用途】植株粗壮，叶片硕大，花序直立，苞片红艳似火，可用于庭院种植，也可盆栽观赏。

大蕉（粉芭蕉）

Musa × paradisiaca L.
芭蕉科，芭蕉属

【形态特征】多年生草本，高 3~7 m。假茎粗状，丛生，被白粉。叶长圆形，直立或上举，长 1.5~3 m，叶柄长 30 cm 以上。穗状花序下垂，苞片卵形，外紫红色，内深红色；每苞内有花 2 列。果序由 7~8（10）段果束组成，果长圆形，微弯曲。花期夏季。

【产地分布】原产印度、马来西亚等地。中国南部常见栽培。

【生长习性】喜温暖湿润、阳光充足、避风环境。忌暴晒，不耐寒。喜深厚、肥沃、疏松的砂质土壤。

【繁殖方法】分株繁殖。

【园林用途】株型美观，在中国古典园林中常见，可在公园、庭院转廊曲径、檐角墙边种植观赏，也可盆栽观赏。

地涌金莲（地金莲、地涌莲）

Musella lasiocarpa (Franch.) H.W.Li
芭蕉科，地涌金莲属

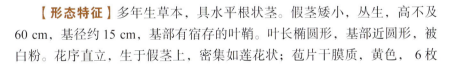

【形态特征】多年生草本，具水平根状茎。假茎矮小，丛生，高不及 60 cm，基径约 15 cm，基部有宿存的叶鞘。叶长椭圆形，基部近圆形，被白粉。花序直立，生于假茎上，密集如莲花状；苞片干膜质，黄色，6 枚构成 1 层，逐次展开，整个花期可开放多达数十层；每苞内有花 2 列，每列 4~5 花；小花黄色。浆果三棱状卵形；种子大，扁球形。花清香。花期春季。

【产地分布】原产中国云南。华南地区广泛栽培。

【生长习性】喜温暖湿润、阳光充足和通风环境。忌暴晒。不耐寒，越冬温度不宜低于 1℃。喜肥沃、排水良好、疏松的土壤。

【繁殖方法】分株、播种繁殖。

【园林用途】佛教"五树六花"之一，花如金色莲花涌出地面，花期长达半年之久。可丛植或片植于公园、庭院造景，也可盆栽观赏。

大花美人蕉

Canna × generalis L.H.Bailey
美人蕉科，美人蕉属

【形态特征】多年生草本，株高 1~1.5 m，具肥大块状根茎。地上茎直立，被白粉。叶大，阔椭圆形，螺旋状排列，绿色或紫色，有明显的中脉和羽状平行脉，叶柄呈鞘状抱茎。总状花序顶生，花大，较密集，每一苞片内有花 1~2 朵；萼片与花冠裂片披针形，外轮退化雄蕊倒卵状匙形，发育雄蕊披针形；花色有乳白、黄、橘红、粉红、大红至紫红。花期 7~10 月。

【产地分布】园艺杂交种，原种产于中南美洲。中国各地广泛栽培。

【生长习性】喜温暖湿润、阳光充足环境。不耐寒，怕强风和霜冻，耐水湿。性强健，适应性强，几乎不择土壤，以湿润肥沃的砂壤土为宜。

【繁殖方法】分株、播种繁殖。

【园林用途】叶片翠绿，花朵艳丽，可用于花境，或在林缘、水岸边丛植或片植。

常见栽培品种如下。

'鸳鸯'美人蕉（'Cleopatra'）：花色红黄相间，具红色斑点或条纹，叶片常有紫色斑纹。

'金脉'美人蕉（'Striata'）：又名花叶美人蕉，叶片淡黄色，具乳黄或乳白平行脉纹。

'鸳鸯'美人蕉

'金脉'美人蕉

'金脉'美人蕉

粉美人蕉（水生美人蕉、粉叶美人蕉）

***Canna glauca* L.**
美人蕉科，美人蕉属

【形态特征】多年生草本，株高 1.5~2 m。根茎长。叶片披针形，长 30~50 cm，宽 10~15 cm，顶端急尖，基部渐狭，绿色，被白粉。总状花序，疏花，单生或分叉，稍高出叶上；苞片圆形，褐色；花黄色，无斑点，有粉色、橙红色及带红色斑点等多种园艺栽培品种。蒴果长圆形。花期 6~11 月。

【产地分布】原产南美洲和西印度群岛。中国各地广泛栽培。

【生长习性】喜温暖湿润、阳光充足环境。不耐寒，耐水湿。性强健，适应性强，几乎不择土壤，以湿润肥沃的疏松砂壤土为宜。

【繁殖方法】分株、播种繁殖。

【园林用途】茎叶茂盛，花色亮丽，花期长，耐水淹，可用于公园、风景区等水体或湿地水岸边造景，也可陆地种植。

美人蕉

***Canna indica* L.**
美人蕉科，美人蕉属

【形态特征】多年生草本，株高可达 1.5 m。全株绿色，不被粉霜。叶长圆形或卵状长圆形。总状花序，疏花；花单生或 2 朵聚生，红色；苞片卵形，绿色；萼片披针形，绿色，有时染红；花冠裂片披针形，绿或红色；外轮退化雄蕊 3 或 2 枚，鲜红色；唇瓣披针形，弯曲。蒴果绿色，长卵形。花果期 3~12 月。

【产地分布】原产印度。中国各地多有栽培。

【生长习性】喜温暖湿润、阳光充足环境。不耐寒，耐水湿。对土壤要求不严，在疏松肥沃、排水良好的土壤中生长最佳。

【繁殖方法】分株、播种繁殖。

【园林用途】株丛挺拔，花色艳丽，可丛植或片植于公园、庭院、林缘、路侧、水边等。

常见栽培应用的变种和品种如下。

黄花美人蕉（var. *flava*）：花冠、退化雄蕊杏黄色。

'蕉芋'（'Edulis'）：茎紫色，叶长 30~40 cm，边缘紫色，根茎可食。

'紫叶'美人蕉（'Purpurea'）：叶片深紫色。

黄花美人蕉

'紫叶'美人蕉

'蕉芋'

'紫叶'美人蕉

黄花竹芋（雪茄竹芋）

Calathea lutea (Aubl.) E.Mey. ex Schult.
竹芋科，叠苞竹芋属

【形态特征】多年生草本，高1.8~3 m。叶片硕大，似芭蕉叶，正面绿色，背面银白色；在黄昏和晚上叶片呈垂直状态，但不折叠，早晨呈水平状态，中午又移动到垂直的位置，自然折叠起来，以减少阳光暴晒。因花序苞片排列的方式看似雪茄而得名；花小，黄色。花期夏季。

【产地分布】原产热带美洲、墨西哥、巴西等地。中国南方地区有栽培。

【生长习性】喜温暖湿润、半阴环境。不耐寒冷，不耐干旱，忌强光直射。喜疏松、排水、通气性好的土壤。

【繁殖方法】分株、组培繁殖。

【园林用途】株型紧凑，叶片硕大，适合园林中丛植或片植。

方角栉花竹芋（方角竹芋、凤眉竹芋、马克思竹芋）

Ctenanthe burle-marxii H.Kenn.
竹芋科，栉花芋属

【形态特征】多年生草本，丛生。叶片宽椭圆形近乎长方形，薄革质，先端钝形或截形，呈方角状，具有小突尖；叶面银灰绿色，中肋两侧羽脉有排列整齐、大小不等的深绿色互生条斑，数量5~8对。

【产地分布】原产巴西热带地区。中国南方有栽培。

【生长习性】温暖湿润、半阴环境。忌阳光直射，稍耐寒，不耐干旱。宜疏松肥沃、排水良好的土壤。

【繁殖方法】分株、组培繁殖。

【园林用途】株型低矮，小巧优雅，叶形和叶色极为别致，适合盆栽观赏，亦可作林下地被。
常见栽培品种如下。
'银纹'竹芋（'Amagris'）：叶面银灰色，具深绿色叶脉。

'银纹'竹芋

黄斑栉花竹芋（黄斑竹芋、镶嵌斑竹芋）

Ctenanthe lubbersiana (É.Morren) Eichler ex Petersen
竹芋科，栉花芋属

'金梦'竹芋

【形态特征】多年生常绿草本，株高 40~90 cm。茎具分枝。叶片长椭圆形，叶面绿色，沿侧脉有不规则黄绿色或乳黄色斑块，叶背绿色至灰绿色、浅黄色。花白色。

【产地分布】原产南美巴西、哥斯达黎加。中国有引种栽培。

【生长习性】喜温暖湿润、半阴环境。不耐寒，怕强光暴晒，需空气湿度较大。宜疏松肥沃、排水良好的砂质壤土。

【繁殖方法】分株、扦插繁殖。

【园林用途】株型紧凑，叶色明丽，耐阴性强，适合盆栽于室内观赏，华南地区可露地丛植或片植。

常见栽培品种如下。

'金梦'竹芋（'Golden Mosaic'）：又名'巴西雪'（'Brazilian Snow'），绿色叶片上分布着黄色、绿色、黄绿色混搭的条纹或斑块。

紫背栉花竹芋（栉花竹芋、锦竹芋）

Ctenanthe oppenheimiana (É.Morren) K.Schum.
竹芋科，栉花芋属

【形态特征】多年生常绿草本，株高 70~100 cm。茎枝坚挺，簇生。叶片长披针形，革质，全缘；叶面绿色，由中脉沿侧脉有羽状银色斑纹，叶背紫红色，叶柄上端一小段呈紫红色。

【产地分布】原产南美巴西、哥斯达黎加。中国南方地区常见栽培。

【生长习性】喜温暖湿润、半阴环境。忌暴晒，稍耐寒，不耐旱。宜疏松肥沃、排水良好的砂质壤土。

【繁殖方法】分株、扦插、组培繁殖。

【园林用途】株型紧凑，叶色明丽，耐阴性强，适合盆栽于室内观赏，华南地区可露地丛植或片植。

竹叶蕉

***Donax canniformis* (G.Forst.) K.Schum.**
竹芋科，竹叶蕉属

【形态特征】多年生亚灌木状草本，具块状地下根茎，株高 1.5~3 m。茎直立，具纤细分枝。叶卵形至长圆状披针形，叶背沿中脉被长柔毛。圆锥花序顶生，通常基部分枝；花白色，花冠裂片线形，外轮退化雄蕊楔形，兜状退化雄蕊具椭圆形侧裂片。浆果干燥不裂；种子褐色。花期夏至秋季。

【产地分布】原产中国广东、云南、台湾等地。亚洲热带地区广泛分布。中国南方地区常见栽培。

【生长习性】喜高温高湿、半阴环境，常生于密林阴湿处或山沟竹林边。耐阴，耐水湿，不耐旱，不耐寒，生长适温 23~32℃。

【繁殖栽培】分株繁殖。

【园林用途】株型紧凑，茎叶翠绿，适于庭园丛植美化或盆栽，亦可植于水中。

翠叶竹芋

***Goeppertia concinna* (W.Bull) Borchs. et S.Suárez**
竹芋科，肖竹芋属

【形态特征】多年生常绿草本，株高 15~20 cm。叶片卵圆形，先端渐尖；叶面灰绿色，沿中脉两侧均匀分布深绿色斑纹，斑纹一直延续到叶缘，叶背绿色；叶柄细长，绿色。

【产地分布】原产巴西。中国南方地区有栽培。

【生长习性】喜温暖湿润、半阴环境。忌暴晒，不耐寒，不耐干旱。宜疏松肥沃、排水良好的腐殖土。

【繁殖方法】分株、组培繁殖。

【园林用途】株型小巧，叶色浓绿亮泽，可盆栽布置卧室、客厅、办公室等。

黄苞肖竹芋（金花竹芋、金花柊叶）

Goeppertia crocata (É.Morren et Joriss.) Borchs. et S.Suárez
竹芋科，肖竹芋属

【形态特征】多年生常绿草本，株高 15~30 cm。叶片椭圆形，全缘，稍有波浪状起伏，叶面橄榄绿色或暗绿色，叶背紫红色。花序由叶丛中抽出，通常高出叶面，苞片橘黄色；花小，藏于苞片内，并不显眼。花期冬春季。

【产地分布】原产巴西。中国常见栽培。

【生长习性】喜高温高湿、半阴环境。忌阳光直射，不耐寒，不耐旱，忌水涝。宜富含腐殖质、疏松透气的微酸性土壤。

【繁殖方法】分株、组培繁殖。

【园林用途】四季常绿，苞片耀眼夺目，花开持久，适合盆栽观赏，亦可植于庭院。

青纹竹芋

Goeppertia elliptica (Roscoe) Borchs. et S.Suárez
竹芋科，肖竹芋属

【形态特征】多年生常绿草本，株高 50~60 cm。叶片长圆形或披针形，叶面绿色，具光泽，白色线斑分布于中脉两侧，叶背鲜绿色。

【产地分布】原产美洲热带地区。中国南方常见栽培。

【生长习性】喜温暖湿润、半阴环境。忌强光暴晒，不耐寒，怕干燥。宜富含腐殖质、疏松透气的栽培基质。

【繁殖方法】分株、组培繁殖。

【园林用途】株型美观，叶色靓丽，适于室内盆栽或造景观赏。

箭羽竹芋（披针叶竹芋、紫背肖竹芋、猫眼竹芋）

Goeppertia insignis (W.Bull ex W.E.Marshall) J.M.A.Braga, L.J.T.Cardoso et R.Couto

竹芋科，肖竹芋属

【形态特征】多年生常绿草本，株高60~90 cm。叶片狭披针形，先端尖，边缘稍呈波状，叶面淡黄绿色，沿主脉两侧规则地交互分布着与侧脉平行的深绿色箭羽状斑块，斑块大小不等、形状不一，叶背深紫红色，具光泽。

【产地分布】原产南美、非洲。中国南方地区常见栽培。

【生长习性】喜温暖湿润、半阴环境。忌暴晒，不耐寒。喜疏松肥沃、排水良好的壤土。

【繁殖方法】分株、组培繁殖。

【园林用途】叶片光亮，花纹斑斓，观赏性极强。可种植在庭院、公园的林阴下或路旁，亦可用于室内盆栽观赏。

马赛克竹芋（洒金肖竹芋）

Goeppertia kegeljanii (É.Morren) Saka

竹芋科，肖竹芋属

【形态特征】多年生草本，地下具根茎，株高30~45 cm。地上茎有或无。叶基部丛生，长卵形，基部心形，边缘波浪状；叶面斑纹奇特，由许多黄绿色、翠绿色和墨绿色的小方块排列组成，如"马赛克"一般。花序头状，由叶丛基部抽出，花葶较短；苞片乳白色，具紫褐色纹；花白色。

【产地分布】原产巴西东南部。我国华南地区有栽培。

【生长习性】喜高温多湿、半阴环境。忌强光直射，不耐寒。宜疏松透气、排水良好的栽培基质。

【繁殖栽培】分株、组培繁殖。

【园林用途】叶片光亮，斑纹奇特，适于盆栽观赏，亦可植于庭园。

罗氏竹芋（白竹芋）

Goeppertia loeseneri (J.F.Macbr.) Borchs. et S.Suárez
竹芋科，肖竹芋属

【形态特征】多年生草本，株高可达 1.2 m。地上茎有或无。叶较大，宽椭圆形或宽卵形，叶面深绿色，中脉及两侧黄绿色。花序顶生，具多枚苞片，白色至粉色；花小，白色。果长圆形。花期夏秋，开花持久。

【产地分布】原产巴西。中国华南地区有引种栽培。

【生长习性】喜高温多湿、半阴环境。夏季避免强光直射，4~9月为生长旺季。宜疏松肥沃、通透性好的栽培基质。

【繁殖方法】分株、组培繁殖。

【园林用途】花叶兼赏，是一种很好的观赏植物，可盆栽，亦可植于庭园。

常见栽培品种如下。

'碧卡粉'肖竹芋（'Bicajoux Gecko Pink'）：属于'碧卡秋'（'Bicajoux'）系列杂交品种，又名青莲竹芋、荷花肖竹芋。叶片边缘银白色，苞片粉红色，形似姜荷花。

'碧卡粉'肖竹芋

'碧卡粉'肖竹芋

清秀竹芋

Goeppertia louisae (Gagnep.) Borchs. et S.Suárez
竹芋科，肖竹芋属

【形态特征】多年生常绿草本，株高30~50 cm。叶片卵圆形或长卵圆形，叶面暗绿色，主脉两侧有绿色散射状条纹或不规则斑纹，叶背紫红色。花序头状或球果状，苞片2至数枚，通常螺旋排列，浅绿色；花通常超过3对，白色。

【产地分布】原产美洲热带。中国南方有栽培。

【生长习性】喜温暖湿润、半阴环境。不耐寒，不耐旱，忌强光直射。喜疏松肥沃、排水透气的微酸性土壤。

【繁殖方法】分株、组培繁殖。

【园林用途】株型紧凑，叶片秀丽，可盆栽，亦可植于庭园。

常见栽培品种如下。

'女王'竹芋（'Maui Queen'）：叶面深绿色，沿主脉两侧分布有浅绿色至白色不规则斑。

'黄油画'竹芋（'Thai Beauty'）：叶面具绿色、乳黄色、石灰色等斑块，颜色堆叠如油画。

'女王'竹芋

'黄油画'竹芋

孔雀竹芋

Goeppertia makoyana (É.Morren) Borchs. et S.Suárez
竹芋科，肖竹芋属

【形态特征】多年生常绿草本，株高30~60 cm。叶柄紫红色；叶片薄革质，卵状椭圆形，长可达30 cm，先端尖，基部圆；叶面黄绿色，在主脉两侧交互排列有羽状暗绿色的长椭圆形斑纹，对应的叶背为紫色，就像孔雀羽毛上的图案。叶片白天舒展，夜间折叠。花白色。花期夏季。

【产地分布】原产巴西。中国各地常见栽培。

【生长习性】喜温暖湿润、稍荫蔽环境。耐热，不耐寒。喜疏松、肥沃的微酸性壤土。

【繁殖方法】分株、组培繁殖。

【园林用途】株型紧凑，叶面富有精致的斑纹，状似孔雀开屏，独特美丽。可植于庭院、公园的林阴下或路旁，也可盆栽或作切叶。

青苹果竹芋（圆叶竹芋）

Goeppertia orbifolia (Linden) Borchs. et S.Suárez
竹芋科，肖竹芋属

【形态特征】多年生常绿草本，株高40~70 cm。叶丛生状，圆形或近圆形，先端钝圆，边缘呈波状；叶面淡绿色或银灰色，沿羽状侧脉有6~10对银灰色条斑，中肋也为银灰色，叶背淡绿泛浅紫色；叶柄浅褐紫色，叶鞘抱茎。

【产地分布】原产热带美洲巴西等国。中国各地常见栽培。

【生长习性】喜高温多湿、半阴环境。怕强光，不耐寒，忌干旱。宜疏松肥沃、排水良好、富含有机质的酸性腐殖土。

【繁殖方法】分株、组培繁殖。

【园林用途】叶片硕大，叶形浑圆，叶色青翠，适合盆栽观赏。

肖竹芋

Goeppertia ornata (Lem.) Borchs. et S.Suárez
竹芋科，肖竹芋属

【形态特征】多年生常绿草本，株高可达1 m。叶片椭圆形，长约60 cm，叶面黄绿色，沿侧脉有白色或红色条纹，叶背紫红色。穗状花序卵形，苞片排列紧密；总花梗长约35 cm；花冠管与萼片等长，白色，花冠裂片长圆形，紫堇色。

【产地分布】原产圭亚那、哥伦比亚、巴西等地。中国南方地区有栽培。

【生长习性】喜温暖湿润、半阴环境。不耐寒冷，不耐干旱，忌强光直射。喜疏松、排水良好土壤。

【繁殖方法】分株、组培繁殖。

【园林用途】叶色秀美，是优良的室内观叶植物，亦可用于庭院种植。

常见栽培品种如下。

'魅力之星'（'Beauty Star'）：叶面深蓝色，主脉两侧黄绿色，具浅色条纹。

'双线'肖竹芋（'Roseolineata'）：又名红羽肖竹芋，叶片长椭圆形，叶面墨绿色，沿侧脉有红白色线纹。

'魅力之星'

'双线'肖竹芋

彩虹竹芋（玫瑰竹芋）

Goeppertia roseopicta (Linden ex Lem.) Borchs. et S.Suárez

竹芋科，肖竹芋属

【形态特征】多年生常绿草本，株高30~60 cm。叶稍厚带革质，椭圆形或卵圆形，叶面青绿色，中脉浅绿色至粉红色，主脉两侧有斜向上的浅绿色斑条，侧脉间排列着墨绿色斑纹，近叶缘处有一圈玫瑰色或银白色环形斑纹，如同一道彩虹，叶背具紫红斑块。花序头状或球果状，苞片2至数枚，通常螺旋排列，绿色；花通常超过3对，花冠紫色。蒴果开裂为3瓣；种子3粒。

【产地分布】原产巴西。中国有引种栽培。

【生长习性】喜高温湿润环境。忌暴晒；不耐热，不耐寒，生长适温18~25℃；忌干旱。宜肥沃疏松、排水良好的微酸性土壤。

【繁殖方法】分株、组培繁殖。

【园林用途】株型美观，叶面颜色五彩斑斓，常用作室内观叶植物或林下地被。

常见栽培品种如下。

'日冕'竹芋（'Corona'）：又名彩云竹芋，叶片中央大面积银灰色，边缘深绿色，叶背紫红色。

'红美丽'竹芋（'Dottie'）：叶面墨绿色，主脉及叶缘处环形斑纹为红色。

'绿美丽'竹芋（'Jungle Rose'）：叶面墨绿色，主脉及叶缘处环形斑纹为灰白色，或带紫红晕。

'红玫瑰'竹芋（'Rosy'）：叶片中央大面积玫红色，边缘深绿色。

'日冕'竹芋

'红美丽'竹芋

'绿美丽'竹芋

'红玫瑰'竹芋

波浪竹芋（浪星竹芋、浪心竹芋、剑叶竹芋）

Goeppertia rufibarba (Fenzl) Borchs. et S.Suárez

竹芋科，肖竹芋属

【形态特征】多年生常绿草本，具根茎，株高 25~50 cm。茎茂密丛生。叶片倒披针形或披针形，边缘波浪状起伏；叶面绿色，中脉黄绿色，叶背和叶柄紫色。头状花序，具短柄，开花时犹如从地面涌出；苞片 2 至数枚，绿色，花亮黄色。蒴果开裂为 3 瓣；种子三角形。

【产地分布】原产巴西。中国有引种栽培。

【生长习性】喜温暖湿润、半阴环境。忌暴晒；不耐寒，忌干旱。宜肥沃疏松、排水良好的微酸性土壤。

【繁殖方法】分株、组培繁殖。

【园林用途】株丛茂密，花叶兼赏，可种植于庭院、公园的林阴下或路旁，亦可于室内盆栽观赏。

常见栽培品种如下。

'小浪心'竹芋（'Blue Grass'）：株高 20~30 cm，株型矮小而紧凑。

'小浪心'竹芋

双线竹芋（粉双线竹芋）

Goeppertia sanderiana (Sander) Borchs. et S.Suárez

竹芋科，肖竹芋属

【形态特征】多年生常绿草本，具根茎，株高 60~100 cm。茎通常不分枝，稀分枝。叶片椭圆形，先端钝尖，基部圆钝，叶面浓绿色，有光泽，侧脉间有 2 到多条平行的白色带红色羽状条纹，色彩对比鲜明。

【产地分布】原产南美洲。中国南方地区常见栽培。

【生长习性】喜温暖湿润、光线明亮环境。不耐寒，不耐旱，忌暴晒。宜疏松、排水良好、富含腐殖质的微酸性土壤。

【繁殖方法】分株、组培繁殖。

【园林用途】株型美观，叶色秀丽，常作为林下地被或盆栽观赏。

美丽竹芋

Goeppertia veitchiana (Veitch ex Hook.f.) Borchs. et S.Suárez
竹芋科，肖竹芋属

【形态特征】多年生常绿草本，株高40~60 cm。叶自根际丛生，阔歪卵形，全缘；叶面浓绿色，有浅绿色与墨绿色相间的羽状斑纹，靠叶缘部位有一圈白色斑纹，叶背及叶柄红褐色或紫褐色。

【产地分布】原产厄瓜多尔、秘鲁等地。中国南方地区有栽培。

【生长习性】喜温暖湿润、半阴环境。不耐寒，不耐干旱，忌强光直射。喜疏松、排水通气土壤。

【繁殖方法】分株、组培繁殖。

【园林用途】株型紧凑，叶色斑斓，适宜于室内盆栽观赏或做庭园绿化。

紫背天鹅绒竹芋（花叶葛郁金）

Goeppertia warszewiczii (Lem.) Borchs. et S.Suárez
竹芋科，肖竹芋属

【形态特征】多年生草本，具根茎，株高30~80 cm。叶呈宽阔长椭圆形，全缘，叶面具浅绿色和深绿色交织的斑马状条纹，叶背紫红色。花序顶生，苞片白色，小花从苞片中伸出，白色。蒴果开裂为3瓣；种子三角形。

【产地分布】原产巴西。中国有引种栽培。

【生长习性】喜温暖湿润、光线明亮环境。不耐寒，也不耐旱，忌烈日暴晒。宜疏松肥沃、排水良好、富含腐殖质的微酸性土壤。

【繁殖方法】分株、扦插、组培繁殖。

【园林用途】叶片具天鹅绒质感，十分秀美，适合盆栽，亦可植于庭院林阴处。

天鹅绒竹芋（斑马竹芋、绒叶肖竹芋）

Goeppertia zebrina Nees

竹芋科，肖竹芋属

【形态特征】多年生常绿草本，株高50~100 cm。叶基生，椭圆状披针形，叶面深绿色，间以灰绿色至黄绿色横向条纹，似天鹅绒一般，叶背幼时浅灰绿色，老时深紫红色。花莛较短，头状花序卵形，球果状；苞片覆瓦状排列，里面的紫色；花冠紫堇色或白色。花期6~8月。

【产地分布】原产巴西。中国有引种栽培。

【生长习性】喜温暖湿润、半阴环境。忌阳光直射，不耐寒，不耐干旱。宜疏松肥沃、排水良好的土壤。

【繁殖方法】分株、组培繁殖。

【园林用途】叶片具深绿色斑马纹，极为美丽，可作盆栽，用于装饰客厅、书房、卧室等。

豹斑竹芋（豹纹竹芋）

Maranta leuconeura É.Morren

竹芋科，竹芋属

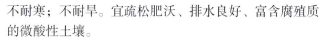

【形态特征】多年生常绿草本，株高10~30 cm。茎直立或匍匐状，节间短，多分枝。叶宽矩圆形，先端尖凸，叶面淡绿色，脉间有两列对称呈羽状排列的斑纹，初为灰褐色，后呈深绿色。花少数，成对，排成总状花序；苞片少数，迟落，萼片披针形，花冠管圆柱形，基部常肿胀。果倒卵形或矩圆形，坚果状。

【产地分布】原产美洲、非洲和亚洲的热带地区。中国有引种栽培。

【生长习性】喜温暖湿润、光线明亮环境。忌暴晒；不耐寒；不耐旱。宜疏松肥沃、排水良好、富含腐殖质的微酸性土壤。

【繁殖方法】分株、扦插、组培繁殖。

【园林用途】株型低矮，叶色斑斓，常作林下地被。常见栽培品种如下。

'红脉'豹纹竹芋（'Fascinator'）：又名叶蝉竹芋，叶片天鹅绒般深绿色，叶脉发红。

'哥氏白脉'竹芋（'Kerchoveana'）：又名黑豹纹竹芋，叶片绿色，具墨绿色至紫黑色斑块。

'红脉'豹纹竹芋

'哥氏白脉'竹芋

紫背竹芋（红背卧花竹芋）

Stromanthe thalia (Vell.) J.M.A.Braga
竹芋科，紫背竹芋属

【形态特征】多年生常绿草本，株高30~100 cm。叶在基部簇生，具短柄，厚革质，长椭圆形至宽披针形，叶面深绿色有光泽，叶背紫褐色。穗状花序顶生，花两性，常成对生于苞片中，苞片及萼片红色，花瓣白色。花期春季。

【产地分布】原产中美洲及巴西。中国南方各地有栽培。

【生长习性】喜温暖湿润、半阴环境。耐热，耐瘠，不耐寒，生长适温18~28℃。宜富含腐殖质、排水良好的砂质壤土。

【繁殖方法】分株、扦插繁殖。

【园林用途】叶色美观，花艳丽，适合庭院、公园墙垣边、假山石边点缀或片植于疏林下、路边观赏，也可作盆栽。

常见栽培品种如下。

'三色'竹芋（'Tricolor'）：又名七彩竹芋，叶面深绿色，具淡绿色、白色至淡粉红色羽状斑，叶柄及叶背暗红色。

'三色'竹芋

再力花（水竹芋）

Thalia dealbata Fraser
竹芋科，水竹芋属

【形态特征】多年生挺水草本，高可达2 m。叶基生，4~6枚，卵状披针形至长椭圆形，硬纸质，浅灰绿色，边缘紫色，叶背被白粉；叶柄较长，下部鞘状。复穗状花序，生于由叶鞘内抽出的总花序梗顶端；小花紫红色，2~3朵由两个小苞片包被，多仅有一朵小花可以发育成果实。蒴果近圆球形或倒卵状球形，成熟种子棕褐色。花期7~9月。

【产地分布】原产美国南部和墨西哥。中国南方各地常见栽培。

【生长习性】喜温暖湿润环境。不耐寒，耐半阴，怕干旱。喜微碱性土壤。

【繁殖方法】分株、播种繁殖。

【园林用途】株型美观，叶色翠绿，适于水池、湿地种植，也可盆栽观赏。

垂花再力花（垂花水竹芋、红鞘再力花、红鞘水竹芋）

Thalia geniculata L.
竹芋科，水竹芋属

【形态特征】多年生挺水植物，株高1~2 m，具根茎。叶片长卵圆形，具明显羽状平行脉，叶鞘红褐色。花茎直立，高可达3 m，穗状花序细长，弯垂，花不断开放，花梗呈"之"字形；花瓣4枚，上部两枚淡紫色，下部两枚白色，状似蝴蝶。蒴果或浆果状。花期6~11月。

【产地分布】原产中非及美洲。中国南方地区常见栽培。

【生长习性】喜温暖湿润环境。不耐寒，不耐旱；忌暴晒。喜疏松肥沃、排水良好、富含腐殖质的微酸性土壤。

【繁殖方法】分株、扦插繁殖。

【园林用途】株丛挺拔，花序弯垂，姿态飘逸，广泛用于湿地景观布置，常群植于水池或河岸边。

丛毛宝塔姜（红塔姜）

Costus comosus (Jacq.) Roscoe
闭鞘姜科，宝塔姜属

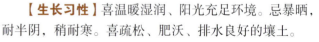

【形态特征】多年生常绿草本，株高0.5~2.5 m。根状茎块状，肉质；假茎呈螺旋状弯曲，丛生。叶片窄椭圆形至窄卵形，呈螺旋状排列，深绿色，叶鞘抱茎。穗状花序顶生，卵形或圆柱形，呈塔状，长6~10 cm；苞片宽卵形，红绿色或红色，密被柔毛，呈覆瓦状排列；金黄色管状花从苞片中伸出。蒴果。花期春至秋季。

【产地分布】原产热带美洲。中国华南地区有引种栽培。

【生长习性】喜温暖湿润、阳光充足环境。忌暴晒，耐半阴，稍耐寒。喜疏松、肥沃、排水良好的壤土。

【繁殖方法】分株繁殖。

【园林用途】叶色葱绿，花似宝塔，花期长达3个月，可用于庭院绿化或室内盆栽，也可作切花材料。

常见栽培的变种如下。

玫瑰闭鞘姜（var. *bakeri*）：苞片鲜红色，15~30枚，盛开的花序犹如鲜艳的玫瑰。

玫瑰闭鞘姜

红花闭鞘姜

Costus curvibracteatus Maas

闭鞘姜科，宝塔姜属

【形态特征】多年生草本，株高约 60 m。茎直立，小枝上部弯曲成半圆形。叶互生，螺旋状排列，椭圆形或卵状披针形，表面密被白色柔毛，叶鞘宽而封闭，绿紫色。穗状花序顶生，长卵形或椭圆形；苞片覆瓦状排列，裸露部分红色，其余部分白色或淡绿色，肉质；花自苞片伸出，花瓣2，基部合生，形成筒状，橘红色，肉质，唇瓣喇叭形。花期几乎全年。

【产地分布】原产美洲和非洲热带地区。中国南方有引种栽培。

【生长习性】喜温暖湿润环境。喜散射光，不耐强光直射；耐热，不耐寒，生长适温 20~30℃，华南地区春、夏、秋三季均可生长，冬季呈半休眠状态；不耐旱。喜湿润、疏松、富含有机质的土壤。

【繁殖方法】分株繁殖。

【园林用途】花叶兼赏，观赏期长，适合公园、庭院树下或池畔种植，也可作盆栽观赏。

非洲螺旋旗（螺旋姜、非洲彩旗闭鞘姜）

Costus lucanusianus J.Braun et K.Schum.

闭鞘姜科，宝塔姜属

【形态特征】多年生常绿草本，株高 1.5~3 m。根状茎块状，肉质，丛生。叶披针形，螺旋状排列，叶鞘抱茎。花序顶生，球状，长 3~10 cm；绿色苞片呈覆瓦状排列，每苞片内有一朵花；花漏斗状，无梗，花萼绿色，花冠白色，内面有紫红色的条纹和黄色斑。花期 4~11 月。

【产地分布】原产热带非洲。中国广东有引种栽培。

【生长习性】喜温暖湿润、阳光充足环境。不耐寒，生长适温 22~26℃。喜疏松、排水良好的砂质壤土。

【繁殖方法】分株繁殖。

【园林用途】株型紧凑，叶色葱绿，花娇艳美丽，可作庭院绿化或温室种植观赏。

红闭鞘姜（红宝塔姜、红响尾蛇姜）

Costus woodsonii Maas

闭鞘姜科，宝塔姜属

【形态特征】多年生常绿草本，株高 0.5~1.5 m。根略呈肉质，茎基部略膨大，幼茎直立，老茎斜伸，丛生状。叶互生，薄革质，椭圆形。穗状花序生于茎端，长达 10 cm；蜡质苞片包覆花序，形似松球；花自苞片伸出，每花序同时仅开出 1~2 朵花；花筒状，由 2 枚红色萼片包覆，仅末端露出黄色花瓣。花期几乎全年。

【产地分布】原产巴拿马至哥伦比亚太平洋岸。中国华南地区有引种栽培。

【生长习性】喜温暖湿润、阳光充足环境。耐半阴，不耐旱，夏季要及时补水。喜富含有机质的砂质壤土。

【繁殖方法】分株繁殖。

【园林用途】花叶兼赏，花序奇特，观赏期长，适合公园、庭院树下或池畔种植，也可作盆栽观赏。

闭鞘姜

Hellenia speciosa (J.Koenig) S.R.Dutta

闭鞘姜科，闭鞘姜属

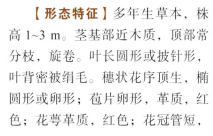

【形态特征】多年生草本，株高 1~3 m。茎基部近木质，顶部常分枝，旋卷。叶长圆形或披针形，叶背密被绢毛。穗状花序顶生，椭圆形或卵形；苞片卵形，革质，红色；花萼革质，红色；花冠管短，白色或顶部红色；唇瓣宽喇叭形，纯白色；雄蕊花瓣状，白色，基部橙黄色。蒴果红色，稍木质。花期 7~9 月，果期 9~11 月。

【产地分布】原产中国广东、广西、台湾、云南等地。广布于热带亚洲。

【生长习性】喜温暖湿润、阳光充足环境。耐半阴，生长适温 20~30℃，耐寒，耐霜冻。喜水源充足、肥沃而排水良好的壤土或砂壤土。

【繁殖方法】分株、扦插繁殖。

【园林用途】抗性强，株型美观，花色艳丽，花期长，可用于风景区、公园、庭院、小区绿化，也可作鲜切花、干花材料。

常见栽培品种如下。

'花叶'闭鞘姜（'Marginatus'）：叶面有黄色斑纹。

'斑叶'闭鞘姜（'Variegatus'）：叶面有白色纵纹。

'花叶'闭鞘姜

'斑叶'闭鞘姜

海南山姜（草豆蔻、草果）

Alpinia hainanensis K.Schum.
姜科，山姜属

【形态特征】多年生常绿草本，具根状茎。叶带形，顶端渐狭并有一旋卷的尾状尖头，两面无毛。总状花序长 13~15 cm，花序轴呈"之"字形，被黄色绢毛；小苞片红棕色；花萼筒钟状，外被黄色长柔毛；唇瓣倒卵形，顶端浅 2 裂，自中央向边缘有放射的彩色条纹。蒴果长圆形。花期 4~6 月，果期 7~10 月。

【产地分布】原产中国广东、海南等地。越南亦有分布。

【生长习性】喜温暖湿润、半阴、通风环境。忌暴晒，不耐寒。喜疏松肥沃的土壤。

【繁殖方法】分株、播种繁殖。

【园林用途】四季常绿，叶形美观，可作庭院绿化，或盆栽观赏。

艳山姜（红团叶、糕叶、斑纹月桃）

Alpinia zerumbet (Pers.) B.L.Burtt et R.M.Sm.
姜科，山姜属

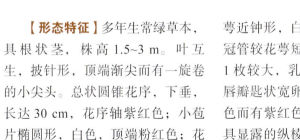

【形态特征】多年生常绿草本，具根状茎，株高 1.5~3 m。叶互生，披针形，顶端渐尖而有一旋卷的小尖头。总状圆锥花序，下垂，长达 30 cm，花序轴紫红色；小苞片椭圆形，白色，顶端粉红色；花萼近钟形，白色，顶端粉红色；花冠管较花萼短，裂片长圆形，后方 1 枚较大，乳白色，顶端粉红色，唇瓣匙状宽卵形，顶端皱波状，黄色而有紫红色纹彩。蒴果卵圆形，具显露的纵棱。花期 4~6 月，果期 7~10 月。

【产地分布】原产中国东南部至西南部。印度、马来西亚、印尼及日本等地有分布。

【生长习性】喜温暖潮湿、半阴、避风的环境。耐阴，不耐霜冻，不耐寒，越冬温度不宜低于 8℃。喜肥沃、保水性好的砂质土壤。

【繁殖方法】播种、分株繁殖。

【园林用途】叶片宽大，花姿雅致，种植在溪水旁或树阴下富有野趣，常用于公园、庭院绿化。

常见栽培品种如下。

'花叶'艳山姜（'Variegata'）：叶面以中脉为轴向两侧分布有羽毛状黄色斑纹。

'花叶'艳山姜

姜荷花

Curcuma alismatifolia Gagnep.
姜科，姜黄属

【形态特征】多年生草本，具圆球状至圆锥状的球茎，株高 30~80 cm。球茎基部着生 1~6 个不等的贮藏根，球茎上有 2 排对生的芽。叶基生，长椭圆形，中脉紫红色。穗状花序顶生，高出叶面；苞片有两种，上半部 10~12 片，体积较大，色彩鲜艳，有红色、玫瑰色、棕色等；下半部 8~9 片，半圆形，绿色；花着生于下部苞片内，每苞片着生小花 4 枚，白色。花期 6~10 月。

【产地分布】原产泰国。中国南方有引种栽培。

【生长习性】喜温暖湿润、阳光充足环境。忌暴晒，耐半阴，不耐霜冻，忌积水，生长适温 20~28℃，8℃以上可安全越冬。喜腐殖质丰富、排水良好的土壤。

【繁殖方法】分球、播种繁殖。

【园林用途】花清新典雅，状似荷花，观赏期长。可用于公园、庭院绿化，也可盆栽或作切花。

常见栽培品种如下。

'清迈粉'（'Chiang Mai Pink'）：株高 50~60 cm，花序大而艳丽，上部苞片粉红色，下部苞片绿色。

'清迈白'（'Chiang Mai White'）：不育苞片偏白，粉红色相对较浅。

'红观音'（'Hongguanyin'）：苞片深红色，比'清迈粉'更为鲜艳。

'荷兰红'（'Kimono Rose'）：株高 25 cm，3~5 片叶时开花，苞片深红色。

'白雪公主'（'Snow White'）：株高 25~30 cm，不育苞片纯白色，顶端早期绿色，后期变红。

'清迈粉'

'清迈白'

'红观音'

'荷兰红'

'白雪公主'

郁金

Curcuma aromatica Salisb.
姜科，姜黄属

【形态特征】多年生草本，株高约1 m。根茎粗壮，肉质，无分枝。叶基生，长圆形，顶端具细尾尖，叶柄和叶片近等长。花葶由根茎基部抽出，与叶同出或先叶而出；穗状花序长约15 cm，上部苞片大，白色而染淡红；下部苞片淡绿色，内生小花；花冠管漏斗形，白色而带粉红；唇瓣黄色，倒卵形，顶端微2裂。花期4~6月。

【产地分布】原产中国东南部至西南部。东南亚各地亦有分布。

【生长习性】喜温暖湿润、阳光充足环境。耐干旱，不耐寒，秋末叶枯，进入休眠。喜腐殖质丰富、排水良好的土壤。

【繁殖方法】分株、播种繁殖。

【园林用途】根茎芳香，花美丽，花期长，适合林下花境种植，也可做盆花和切花，瓶插期约15天。

姜黄

Curcuma longa L.
姜科，姜黄属

【形态特征】多年生草本，株高1~1.5 m。根茎发达，粗壮，丛生，分枝多，末端膨大呈块根，内部橙黄色，极香。叶片长圆形或椭圆形。穗状花序从叶鞘中抽出；上部苞片无花，白色，边缘染淡红晕，下部苞片淡绿色；花萼白色，花冠淡黄色，唇瓣倒卵形，淡黄色，中部深黄。花期8月。

【产地分布】原产中国广东、福建、台湾、广西、云南、西藏等地。东亚及东南亚广泛栽培。

【生长习性】喜温暖湿润、阳光充足环境。忌暴晒，怕严寒霜冻；怕干旱、积水。宜土层深厚、排水良好、疏松肥沃的砂质壤土。

【繁殖方法】分株、播种繁殖。

【园林用途】花序奇特，花色明亮，是良好的保健植物，可种植于庭院，或作切花和盆栽观赏。

莪术

Curcuma phaeocaulis Valeton

姜科，姜黄属

【形态特征】多年生草本，株高约 1 m。根茎圆柱形，肉质，具樟脑般香味，黄色或白色，根细长，末端膨大成块根。叶椭圆状长圆形至长圆状披针形，中部常有紫斑，叶柄较叶片长。花葶常先叶而生，被数枚鳞片状鞘；穗状花序长 10~18 cm，上部苞片较长，紫色，下部花苞绿色，顶端红色；花萼白色，花冠管黄色，唇瓣近倒卵形，黄色。花期 4~6 月。

【产地分布】原产中国华南至西南各地。印度至马来西亚亦有分布。

【生长习性】喜温暖湿润、阳光充足环境。忌阳光直射和暴晒。喜肥沃、排水良好的土壤，生长期内保持土壤湿润。

【繁殖方法】分株、播种繁殖。

【园林用途】株型秀丽，叶色翠绿，花形美观。可种植于庭院，或作切花和盆栽观赏。

火炬姜（瓷玫瑰）

Etlingera elatior (Jack) R.M.Sm.

姜科，茴香砂仁属

【形态特征】多年生大型草本，株高 2~5 m。植株丛生状。叶互生，二列状排列，披针形。穗状花序头状或卵形，从根茎抽出；苞片粉红色至鲜红色，外苞片卵形，内苞片披针形，层层排列；花萼管状，花冠裂片线状披针形，下部淡红色，上部深红色，边缘白色；唇瓣匙形，上部深红色，边缘金黄色。花期 5~10 月。

【产地分布】原产非洲及亚洲热带地区。中国南方地区常见栽培。

【生长习性】喜阳光充足、温暖高湿环境。生长适温 25~30℃，低于 15℃停止生长，越冬温度不宜低于 5℃。不择土壤，一般疏松壤土即可。

【繁殖方法】分株、组培繁殖。

【园林用途】株型高大，花序外形似玫瑰，妖娆艳丽。可用于温暖地区庭院种植，也可进行大型盆栽，或作切花。

舞花姜

Globba racemosa Sm.
姜科，舞花姜属

【形态特征】多年生草本，株高 0.6~1 m。茎基膨大。叶长圆形或卵状披针形，叶舌及叶鞘上部具缘毛。圆锥花序顶生，长 15~20 cm；花黄色，花萼管漏斗状，花冠裂片反折；侧生退化雄蕊披针形，与花冠裂片等长；唇瓣倒楔形，顶端 2 裂，反折。蒴果椭圆形。花期 6~9 月，果期 9~11 月。

【产地分布】原产中国南部至西南部。印度亦有分布。

【生长习性】喜温暖潮湿、半阴、通风环境。忌阳光直射，不耐高温，不耐寒，生长适温 18~25℃，不耐旱。喜疏松肥沃、排水良好、富含有机质的微酸性砂壤土。

【繁殖方法】播种、分株繁殖。

【园林用途】形态奇特，花色金黄，盛开的花朵犹如翩翩起舞的少女，婀娜多姿。南方地区可作公园、庭院绿化，也可室内盆栽或作切花。

双翅舞花姜

Globba schomburgkii Hook.f.
姜科，舞花姜属

【形态特征】多年生草本，株高 30~50 cm。植株丛生状，地下根茎膨大。叶 5~6 枚，椭圆状披针形。圆锥花序顶生，下垂，上部有分枝，分枝长 1~2.5 cm，有 2 至多花，下部无分枝，而在苞片内仅有珠芽；苞片披针形，珠芽卵形；花黄色，花冠裂片卵形；侧生退化雄蕊披针形，镰状弯曲；唇瓣狭楔形，基部具橙红色斑点。花期 5~9 月。

【产地分布】原产中国云南南部。中南半岛亦有分布。

【生长习性】喜温暖潮湿、半阴、通风环境。忌积水；不耐寒，夏季避免高温灼伤，冬季防寒避风。喜疏松肥沃、排水良好、富含有机质的腐叶土。

【繁殖方法】分株芽繁殖。

【园林用途】花形奇特而美丽，可用于庭院园路边栽培，也可盆栽或作切花观赏。

美苞舞花姜（紫苞舞花姜、泰国舞花姜、跳舞郎）

Globba winitii C.H.Wright

姜科，舞花姜属

【形态特征】多年生草本，具肉质肥厚根茎，株高 30~70 cm。地上茎从根茎上萌出，直立，丛生。叶披针形，先端尾状渐尖。总状花序顶生，下垂，长约 15 cm；苞片较疏，反折，紫红色，十分醒目；花小，黄色，雄蕊具长的弯曲花丝，整个花序造型十分奇特。蒴果。花期 6~9，果期 7~10 月。

【产地分布】原产泰国。中国南方地区有引种栽培。

【生长习性】喜高温湿润、阳光充足、避风环境。忌阳光直射和暴晒；不耐寒，生长适温 25~35℃，10℃以下停止生长，进入休眠。喜疏松肥沃、排水透气的微酸性土壤。

【繁殖方法】分株或根茎繁殖。

【园林用途】花序造型十分奇特，苞片色彩瑰丽，观赏期长。可作地被植物种植于风景区、公园、庭院，也可盆栽或作切花材料。

常见栽培品种如下。

'白苞'舞花姜（'White Dragon'）：苞片白色。

'白苞'舞花姜

红姜花

Hedychium coccineum Buch.-Ham. ex Sm.

姜科，姜花属

【形态特征】多年生草本，具块状根茎，株高 1.5~2 m。茎直立。叶片狭线形，无柄。穗状花序圆柱形，苞片革质，内有 3 花；花橘红色至橙黄色，花冠管稍长于萼片，裂片线形，反折；侧生退化雄蕊披针形，唇瓣圆形，基部具瓣柄。蒴果球形。花期 6~8 月，果期 10 月。

【产地分布】原产中国广西、云南、西藏。印度、斯里兰卡亦有分布。

【生长习性】喜温暖湿润、半阴环境。耐热，生长适温 25~30℃。喜肥沃、有机质丰富、排水良好的壤土或砂壤土。

【繁殖方法】分株、组培繁殖。

【园林用途】抗逆性强，花序亭亭玉立，火红如炬，花期长，可丛植或片植，也可作新型鲜切花。

姜花

Hedychium coronarium J.Koenig
姜科，姜花属

【形态特征】多年生草本，具块状根茎，株高1~2 m。叶披针形，无柄。穗状花序顶生，椭圆形，苞片呈覆瓦状排列，每苞片内有花2~3朵；花白色，有香气；花冠裂片披针形，后方1枚兜状；侧生退化雄蕊长圆状披针形，唇瓣倒心形，基部稍黄，顶端2裂。花期8~12月。

【产地分布】原产中国广东、广西、湖南、台湾、四川、云南。印度、越南、马来西亚至澳大利亚亦有分布。

【生长习性】喜温暖湿润、阳光充足环境。生长初期宜半阴，生长旺盛期需充足阳光，不耐寒，不耐旱。喜肥沃、保湿力强的土壤。

【繁殖方法】分株繁殖。

【园林用途】花洁白，具香气，是优良的切花材料，也可用于公园、庭院绿化，丛植或片植。

黄姜花

Hedychium flavum Roxb.
姜科，姜花属

【形态特征】多年生草本，具块状根茎，株高1.5~2 m。叶长圆状披针形或披针形，两面无毛。穗状花序长圆形，苞片长圆状卵形，覆瓦状排列，每苞片内有花2~5朵；花黄色，花冠裂片线形；侧生退化雄蕊倒披针形，唇瓣倒心形，中央有一橙色斑。花期8~9月。

【产地分布】原产中国广西、四川、贵州、云南、西藏。印度亦有分布。

【生长习性】喜温暖湿润、阳光充足、避风环境。抗寒，抗病，不耐水淹。宜疏松肥沃、富含有机质、排水良好的壤土或砂壤土。

【繁殖方法】分株繁殖。

【园林用途】佛教"五树六花"之一，花深黄色，形似蝴蝶，气味芬芳，沁人心脾，可作切花或庭院绿化种植，亦可室内盆栽观赏。

红丝姜花（金姜花）

Hedychium gardnerianum Sheppard ex Ker Gawl.
姜科，姜花属

【形态特征】多年生草本，具块状根茎，株高 1~2 m。叶 2 列，近无柄，叶片矩圆状披针形至披针形，叶鞘紫红色。穗状花序顶生，直立，圆柱形，有花 30~40 朵，自下而上逐渐开放；苞片绿色，卵圆形，每苞片内有 3~5 朵小花；花冠管长约 5 cm，花瓣 3 枚，金黄色；花丝红色，细长，常伸出花冠管外。花期 5~11 月。

【产地分布】原产印度。中国南方地区有引种栽培。

【生长习性】喜温暖湿润、半阳环境。耐高温，忌霜冻，生长适温 25~30℃。喜肥沃的微酸性砂质壤土。

【繁殖方法】分株、组培繁殖。

【园林用途】开花美丽，红色花丝伸出花冠外，对比强烈。适宜群植或与其他花卉于花境配置，亦可盆栽观赏或作切花。

紫花山柰

Kaempferia elegans Wall.
姜科，山柰属

【形态特征】多年生草本。根茎匍匐，不呈块状。叶 2~4 枚，长圆形，叶柄长达 10 cm。头状花序具短总梗，苞片绿色，长圆状披针形；花淡紫色，花冠管细长，裂片披针形；侧生退化雄蕊倒卵状楔形，唇瓣 2 裂至基部，裂片倒卵形。种子近球形。花期 5 月。

【产地分布】原产中国四川。印度至马来半岛、菲律宾亦有分布。

【生长习性】喜温暖湿润、半阴环境。忌强光直射，不耐寒，适生温度为 16~26℃。喜疏松、肥沃的砂质壤土。

【繁殖方法】块茎、组培繁殖。

【园林用途】株型美观，叶大花美，除用于园林外，也可盆栽用于阳台、窗台绿化。

海南三七

***Kaempferia rotunda* L.**
姜科，山柰属

【形态特征】多年生草本，具块状根茎。叶片长椭圆形，叶面淡绿色，中脉两侧深绿色。头状花序有花4~6朵，春季自根茎发出；苞片紫褐色，花冠裂片线形，白色；侧生退化雄蕊披针形，白色，直立；唇瓣蓝紫色，近圆形，深2裂至中部以下。花期4月。

【产地分布】原产中国广东、广西、台湾、云南。亚洲南部至东南部亦有分布。

【生长习性】喜温暖湿润、阳光充足环境。不耐寒，生长适温20~28℃；忌积水。宜疏松、腐殖质丰富、排水良好的砂质壤土。

【繁殖方法】分株繁殖。

【园林用途】株型优美，先花后叶，花美丽、芳香，是极好的地被花卉，亦可盆栽观赏。

红球姜

***Zingiber zerumbet* (L.) Sm.**
姜科，姜属

【形态特征】多年生草本，具块状根茎，株高0.6~2 m。叶二列状，披针形至长圆状披针形，叶鞘抱茎。穗状花序着生于花茎顶端，球果状，总花梗长达30 cm，被5~7枚鳞片状鞘；苞片覆瓦状排列，幼时淡绿色，后变红色；花淡黄色，花冠裂片披针形；唇瓣中裂片近圆形或近倒卵形，顶端2裂。蒴果椭圆形。花期7~9月，果期10月。

【产地分布】原产中国广东、广西、云南等地。亚洲热带广泛分布。

【生长习性】喜温热湿润、半阴环境。喜阳又耐阴，生长适温22~30℃，低于20℃生长缓慢或休眠。不择土壤，宜肥沃、排水良好的壤土或砂壤土。

【繁殖方法】分株繁殖。

【园林用途】株型美观，花形奇特，观赏期长，可作切花、盆栽、庭院绿化。

水烛（蜡烛草）

Typha angustifolia L.
香蒲科，香蒲属

【形态特征】多年生水生或沼生草本。根状茎乳黄色或灰黄色，先端白色。地上茎直立粗壮，高 1.5~2.5 m。叶片条形，长 50~120 cm，上部扁平，中部以下腹面微凹，背面向下逐渐隆起呈凸形。肉穗状花序顶生，圆柱状似蜡烛，花单性，雌雄同株；雌雄花序明显分开，相隔 2.5~7 cm，下部为雌花序。坚果小，长椭圆形。花果期 6~9 月。

【产地分布】原产中国，世界分布较广。中国广泛栽培。

【生长习性】喜温暖多湿环境。喜光，耐寒；喜湿，不耐旱。适应性强，对土质要求不严，喜有机质丰富、淤泥层深厚肥沃的壤土。

【繁殖方法】播种、分株繁殖。

【园林用途】株型挺拔，叶形优美，穗状花序奇特可爱。常用于湿地或布置水景。

香蒲（东方香蒲）

Typha orientalis C.Presl.
香蒲科，香蒲属

【形态特征】多年生水生或沼生草本。根状茎乳白色。地上茎直立粗壮，向上渐细，高 1.3~2 m。叶片条形，长 40~70 cm，上部扁平，下部腹面微凹，背面向下逐渐隆起呈凸形。肉穗状花序顶生，圆柱状似蜡烛，花单性，雌雄同株；雌雄花序紧密相连，雄花序生于上部。坚果细小，椭圆形至长椭圆形，具多数白毛。花果期 5~8 月。

【产地分布】原产中国。菲律宾、日本及大洋洲等地均有分布。中国广泛栽培。

【生长习性】喜温暖多湿、光照充足环境。喜湿，不耐旱，耐寒。对土质要求不严，喜有机质丰富、淤泥层深厚肥沃的壤土。

【繁殖方法】播种、分株繁殖。

【园林用途】叶片挺拔，花序独特，具一定观赏性。可用于点缀园林水池、湖畔，作水景背景材料。

粉菠萝（美叶光萼荷、蜻蜓凤梨）

Aechmea fasciata Baker
凤梨科，光萼荷属

【形态特征】多年生附生草本，株高0.5~1.5 m。莲座状叶丛相互套叠成筒状，叶片革质，绿色，有虎纹状银白色横纹，密被白粉，边缘具刺齿。花葶从叶筒中央抽出，直立，花序球状，花多数；苞片革质，淡红色或深红色。小花无柄，初开时蓝紫色，后变桃红色。复果似松果状。花期3~9月。

【产地分布】原产南美巴西东南部。中国华南地区常见栽培。

【生长习性】喜温暖湿润、阳光充足环境。耐阴，忌强光直射；不耐寒，生长适温24~27℃，不宜低于5℃；耐旱。喜疏松排水良好、富含腐殖质的砂质壤土。

【繁殖方法】分株、播种繁殖。

【园林用途】叶色奇特，花序大而艳丽，常作盆栽或垂吊观赏，用于美化居室和布置厅堂，也可应用于专类园布置。

常见栽培应用的变种如下。

紫叶粉菠萝（var. *purpurea*）：花粉色，叶片紫红色，被银白斑纹。

紫叶粉菠萝

艳凤梨（金边凤梨、斑叶凤梨）

Ananas comosus (L.) Merr. 'Variegatus'
凤梨科，凤梨属

【形态特征】多年生草本，株高可达120 cm。叶剑形，莲座状着生，质厚而硬，中间绿，两边呈金黄色，有锐齿。花葶生于叶丛中，直立，总状花序呈球状，小花紫红色，结果后顶部冠有叶丛。果形如菠萝，红色。

【产地分布】园艺品种，原种产于美洲热带、亚热带地区。中国华南地区有栽培。

【生长习性】喜温暖湿润、阳光充足环境。耐干旱，生长适温21~35℃。喜酸性或微酸性的砂质壤土。

【繁殖方法】分株、组培繁殖。

【园林用途】植株秀雅别致，花叶艳丽，可用于公园、庭院或专类园绿化美化，也可用于室内摆设。

水塔花

***Billbergia pyramidalis* Lindl.**
凤梨科，水塔花属

【形态特征】多年生常绿草本。茎极短。叶从根茎处旋叠状丛生，基部呈莲座状，中心呈筒状，状似水塔；叶片阔披针形，直立或稍外弯，硬革质，边缘有细锯齿，上面绿色，下面粉绿色。穗状花序直立，高出叶丛；苞片粉红色；萼片被粉，暗红色；花瓣红色，边缘带紫色，开花时旋扭。花期9月至翌年5月。

【产地分布】原产巴西。中国有引种栽培。

【生长习性】喜温暖湿润、阳光充足环境。耐半阴，忌强光直射；不耐寒，稍耐旱，生长适温20~28℃。喜含腐殖质丰富、酸性的砂质壤土。

【繁殖方法】分株、扦插、组培繁殖。

【园林用途】四季常绿，花序美丽，是花叶俱美的室内观赏花卉，常用于阳台、厅室盆栽观赏，也可用于庭院、假山、池畔等场所。

常见栽培应用的变种和品种如下。

火炬水塔花（var. *concolor*）：与水塔花相似，但花瓣、苞片均为红色。

条纹水塔花（var. *strata*）：叶片上有乳黄色纵纹。

'白边'水塔花（'Kyoto'）：叶片边缘有白色的纵纹。

火炬水塔花

条纹水塔花

'白边'水塔花

姬凤梨

***Cryptanthus acaulis* Beer**
凤梨科，姬凤梨属

【形态特征】多年生常绿草本，株高约15 cm。具匍匐茎，地下部分具有块状根茎，地上部分近无茎。叶从根茎上密集丛生，呈莲座状，叶片条带形，粉红色，坚硬，先端渐尖，边缘呈波状，具软刺，叶背具白色鳞状物。花葶自叶丛中抽出，花序莲座状，总苞片4枚，三角形，白色，革质，雌雄同株。

【产地分布】原产巴西。中国南方有引种栽培。

【生长习性】喜温暖湿润、有散射光的环境。忌强光直射，耐旱，耐高温，不耐寒，生长适温20~30℃。喜中性或微酸性土壤。

【繁殖方法】播种、分株、扦插、组培繁殖。

【园林用途】植株小巧玲珑，叶态雅致，叶色鲜艳，是优良的室内观叶植物。可用于公园、庭院绿化美化。

火炬凤梨（圆锥凤梨、圆锥擎天、大咪头果子蔓）

Guzmania conifera (André) André ex Mez
凤梨科，星花凤梨属

【形态特征】多年生常绿草本，株高50~90 cm。茎短。叶带状，呈莲座状排列，深绿色、全缘，基部常呈鞘状。穗状花序由叶丛中央抽出，粗壮；苞片密集，在花序梗顶端簇生成头状，猩红色，尖端鲜黄色；小花淡黄色，生于花穗顶端的苞片内。春季开花，花期长达数月。

【产地分布】原产秘鲁和厄瓜多尔。中国常见栽培。

【生长习性】喜温暖湿润、半阴环境。耐热，不耐寒，生长温度不宜低于15 ℃。喜排水良好的砂质壤土。

【繁殖方法】分株、组培繁殖。

【园林用途】叶形优美，花穗奇特，苞片亮丽，观赏期长，适合作室内盆栽，南方常用于园林绿化。

星花凤梨（果子蔓、擎天凤梨、西洋凤梨）

Guzmania lingulata (L.) Mez
凤梨科，星花凤梨属

【形态特征】多年生常绿草本，株高30~70 cm。茎短。叶片呈莲座式排列，长带状、全缘，基部常呈鞘状。穗状花序由叶丛中央抽出，粗壮；苞片密集，呈星状开展，橘红色或猩红色；小花白色，聚生于花穗顶端的苞片内。春季开花，花期长达数月。

【产地分布】原产中、南美洲各地。中国各地常见栽培。

【生长习性】喜温暖湿润、阳光充足环境。忌暴晒，耐热，不耐寒，生长温度不宜低于15 ℃。喜排水良好的砂质壤土。

【繁殖方法】分株、组培繁殖。

【园林用途】植株四季常青，花穗奇特，苞片艳丽，观赏期长，适合作室内盆栽，也可用于园林绿化。

虎纹凤梨（丽穗凤梨、火剑凤梨）

Lutheria splendens (Brongn.) Barfuss et W.Till
凤梨科，虎纹凤梨属

【形态特征】多年生常绿附生草本，株高50~60 cm。茎短。叶莲座状着生，条形，向外弯曲，全缘；叶色深绿，有白色鳞片及紫黑色横纹。穗状花序从叶丛中心抽出，高挺直立，无分枝，呈剑形而略扁；苞片艳红，互相叠生，先端尖锐；小花黄色，密集生于花序上半部。

【产地分布】原产南美圭亚那。中国华南地区常见栽培。

【生长习性】喜温热、湿润、半阴环境。忌暴晒，夏季要适量遮阴；不耐严寒，生长适温16~27℃，5℃以下易受冻害。喜肥沃、疏松透气和排水良好的砂壤土或腐叶土。

【繁殖方法】分株、播种、组培繁殖。

【园林用途】株型美观大方，叶具美丽条纹，花序独特优美，观赏期长，可用于室内盆栽观赏，也可做切花。

老人须（松萝凤梨、气生凤梨）

Tillandsia usneoides (L.) L.
凤梨科，铁兰属

【形态特征】多年生气生或附生草本。植株下垂生长，茎长可达1~1.5 m，纤细，无根，具分枝。叶片细小丝状，互生，密被银灰色鳞片，外形似松萝及老人的胡须。小花腋生，黄绿色，具芳香。花期从春天到秋天，连续开放长达4个月。

【产地分布】原产美国南部、阿根廷中部、中南美洲广泛分布。中国南方地区常见栽培。

【生长习性】喜阳光充足、温暖高湿环境。忌暴晒，极耐旱，较耐寒，生长适温20~30℃，越冬温度5℃以上。

【繁殖方法】分株繁殖。

【园林用途】形态奇特，叶色银白，可悬挂于稍荫蔽的阳台、书房、办公室栽培观赏，或悬挂于公园、庭院的树枝上、廊架上观赏。

彩叶凤梨（羞凤梨）

Neoregelia carolinae (Beer) L.B.Sm.
凤梨科，彩叶凤梨属

【形态特征】多年生常绿草本，株高 20~30 cm。叶基生，莲座状，带形，革质，边缘具尖锐细齿。穗状花序顶生，花茎常低于叶丛，花茎、苞片及近花茎基部的数枚叶片均为深红色，小花蓝紫色。花期春季，观赏期可达 2 个月左右。

【产地分布】原产巴西东南部。中国常见栽培。

【生长习性】喜温暖湿润、明亮光照环境。怕强光暴晒，不耐寒，越冬温度要求在 5℃以上。喜排水良好的微酸性砂壤土。

【繁殖方法】分株、扦插、组培繁殖。

【园林用途】株型低矮，四季常绿，叶色明亮，可盆栽观赏，亦可布置专类园区。

常见栽培应用的变种或品种如下。

'三色'彩叶凤梨（'Tricolor'）：叶片有金心或金边，具绿、黄、红三色。

'五彩红星'凤梨（'Meyendorffii'）：又名红彩凤梨，叶绿色，花苞片深红色。

'橙光'彩叶凤梨（'Orange Glow'）：叶色鲜艳，具绿、白、红、复色。

'里约红'彩叶凤梨（'Red of Rio'）：株高约 30 cm，叶色红艳，极美丽。

'三色'彩叶凤梨

'五彩红星'凤梨

'里约红'彩叶凤梨

莺哥凤梨（岐花鹦哥凤梨、龙骨瓣丽穗兰）

Vriesea carinata **Wawra**

凤梨科，丽穗凤梨属

【形态特征】多年生附生性常绿草本，株高20~30 cm。茎短。叶莲座状着生，带状，革质，全缘，先端稍下垂。复穗状花序有多个分枝，由叶丛中央抽出，苞片呈二列扁平叠生，艳红色，有的品种外围黄色，外形尤似莺哥鸟的冠毛；小花黄色。花期秋季，观赏期长达1个月以上。

【产地分布】原产巴西。中国各地均有栽培。

【生长习性】喜温暖高湿、半阴环境。忌烈日暴晒，不耐干旱，不耐寒，生长适温20~27℃，越冬温度不得低于5℃。喜疏松透气、排水良好的砂壤土。

【繁殖方法】分株、播种、组培繁殖。

【园林用途】株型美观，花序独特，花叶皆赏，适宜盆栽观赏，亦可布置专类园。

紫花凤梨（铁兰）

Wallisia cyanea **Barfuss et W.Till**

凤梨科，缟纹凤梨属

【形态特征】多年生常绿草本，株高约30 cm。叶片莲座状丛生，线形，弯垂，坚实硬挺，基部紫褐色。穗状花序直立，扁平状；苞片粉红色，呈二列，对称互叠；小花蓝紫色，喇叭状，花瓣3枚，状似蝴蝶。花期春季，苞片观赏期可达数月之久。

【产地分布】原产于厄瓜多尔。中国有引种栽培。

【生长习性】喜温暖高湿、半阴、通风透气的环境。耐干旱，畏霜寒。喜疏松透气、排水性良好的土壤，以腐叶土为佳。

【繁殖方法】播种、分株、扦插繁殖。

【园林用途】叶姿优美，花苞艳丽，形态别致，为花叶兼美植物，适宜盆栽放于阳台、窗台等处进行观赏，也可用于布置专类园。

灯芯草（灯心草、水灯草）
Juncus effusus L.
灯芯草科，灯芯草属

【形态特征】多年生水生草本，高 30~90 cm。茎丛生，直立，圆柱形，淡绿色，具纵条纹，茎内充满白色的髓心。叶呈鞘状或鳞片状，包围在茎基部，叶片退化为刺芒状。聚伞花序假侧生，花淡绿色，排列紧密或疏散；花被片线状披针形，外轮稍长于内轮。蒴果长圆形或卵形，黄褐色；种子卵状长圆形。花期 4~7 月，果期 6~9 月。

【产地分布】原产中国大部分省区。全世界温暖地区均有分布。

【生长习性】喜温暖潮湿环境，多生于河边、池旁、水沟、草地及沼泽湿处。适应性强，耐寒，耐湿，不耐旱。对土壤要求不严，喜肥沃壤土或黏质壤土。

【繁殖方法】分株繁殖。

【园林用途】株丛紧密挺拔，茎叶独特，可丛植或片植于水边或浅水处。

金丝苔草（花叶苔草）
Carex oshimensis Nakai 'Evergold'
莎草科，苔草属

【形态特征】多年生草本，高 25~30 cm。茎丛生。叶线形，披散，中央具金黄色条纹。穗状花序，棕色；苞片叶状，小穗通常 3 个，圆柱形，长约 2.5 cm，间隔约 3 cm。花期 4~5 月。

【产地分布】原产于日本。世界各地广泛栽培。

【生长习性】喜温暖湿润、光照环境。耐半阴，不耐暴晒，不耐高温，不耐涝。适应性较强。

【繁殖方法】分株繁殖。

【园林用途】株丛低矮紧密，叶色明亮，可作为花坛、花境镶边材料，或种植在石阶旁作为点缀。

风车草（旱伞草、轮伞莎草）

Cyperus involucratus Rottb.
莎草科，莎草属

【形态特征】多年生草本，高30~150 cm。根状茎短，粗大。秆丛生，较粗壮，近圆柱状。叶退化成鞘状，棕色，包裹茎秆基部。叶状苞片15~25枚，顶生为伞状，长于花序，向四周展开；多次复出长侧枝聚伞花序，具多数第一次辐射枝，每个第一次辐射枝具4~10个第二次辐射枝，小穗密集于第二次辐射枝上端，椭圆形或长圆状披针形，压扁，具6~26朵花。小坚果椭圆形，近于三棱形，棕褐色。花果期8~11月。

【产地分布】原产于非洲。中国南北各地均见栽培。

【生长习性】喜温暖、光照充足环境，生于森林、草原地区的大湖、河流边缘的沼泽中。不耐旱，不耐寒，生长适温15~25℃。适应性强，对土壤要求不严，以保水的肥沃土壤最适宜。

【繁殖方法】分株繁殖。

【园林用途】茎秆挺拔，苞片放射状排列，为常用的水生植物，多丛植于水体的浅水处。

纸莎草（埃及纸莎草）

Cyperus papyrus L.
莎草科，莎草属

【形态特征】多年生常绿草本，具有粗壮的根状茎，高可达2 m。秆丛生，粗壮，直立，钝三棱形，不分枝。叶退化成鞘状，红棕色，包裹茎秆基部。茎秆顶端着生大型伞形花序，具披针形叶状总苞片，呈伞状簇生；放射状分枝多达100个以上，长10~30 cm，披散，下垂；小穗棕色。瘦果灰褐色，椭圆形。花期6~7月。

【产地分布】原产非洲埃及、乌干达、苏丹及西西里岛。中国南部地区有栽培。

【生长习性】喜温暖及阳光充足环境，生于沼泽、浅水湖和溪畔等湿地。耐热，耐瘠，稍耐阴。不择土壤。

【繁殖方法】分株繁殖。

【园林用途】株型自然，茎秆挺拔，伞形花序生于茎顶，呈放射状。适合丛植于浅水处营造景观，也常与其他水生植物配置或作背景材料。

埃及莎草（小纸莎草、矮纸莎草）

Cyperus prolifer Lam.
莎草科，莎草属

【形态特征】多年生常绿草本，高 60~80 cm。秆丛生，直立，三棱形，不分枝。叶退化成鞘状，棕色，包裹茎秆基部。茎秆顶端着生伞形花序，由 100 个以上辐射状分枝组成，长 5~16 cm，不弯垂；小穗红棕色。瘦果棕色，倒卵形。花果期夏季。

【产地分布】原产于非洲。中国华南地区有栽培。

【生长习性】喜高温湿润环境，生于沼泽、浅水湖和溪畔等湿地。耐光，耐半阴。不择土壤。

【繁殖方法】分株繁殖。

【园林用途】株型自然，茎秆挺拔，伞形花序姿态优美。多丛植于浅水处营造景观，也常与其他水生植物配置。

荸荠（马蹄）

Eleocharis dulcis (Burm.f.) Trin. ex Hensch.
莎草科，荸荠属

【形态特征】多年生水生植物，匍匐根状茎细长，顶端膨大成球茎。秆圆柱状，丛生，直立，高 30~100 cm，有多数横隔膜。叶缺，只在秆的基部有 2~3 枚叶鞘。小穗顶生，圆柱状，长 1.5~3.5 cm，淡绿色，有多数花。小坚果宽倒卵形，扁双凸状，黄色。花果期 5~10 月。

【产地分布】原产中国，朝鲜、日本、越南、印度也见分布。中国各地有栽培。

【生长习性】喜温暖湿润，不耐霜冻，常生长在浅水田中。以土层浅薄、pH 6~7 的砂壤土或腐殖质壤土为宜。

【繁殖方法】分株、球茎繁殖。

【园林用途】株型自然，茎秆纤细优美，可丛植或片植于浅水处营造水生植物景观。

白鹭莞（星光草）

Rhynchospora colorata (L.) H.Pfeiff.
莎草科，刺子莞属

【形态特征】多年生水生或湿生植物。秆直立，高15~30 cm。叶基部丛生，狭长，钻状线形。头状花序顶生，球形，棕色，具多数小穗；苞片6~9枚，包裹花序，基部白色，向外伸展下垂，宛如白鹭展翅，故得此名。瘦果。花期6~10月，果期8~11月。

【产地分布】原产北美东南部。世界各地有栽培。

【生长习性】喜温暖湿润、光照充足环境。耐高温，生长适温20~28℃。喜潮湿的壤土。

【繁殖方法】播种、分株繁殖。

【园林用途】株型纤细优美，苞片如点点星光。可丛植或片植于岸边浅水处作为点缀。

水葱

Schoenoplectus tabernaemontani (C.C.Gmel.) Palla
莎草科，水葱属

【形态特征】多年生水生植物，具粗壮匍匐根状茎。秆圆柱状，高1~2 m，基部叶鞘3~4枚，膜质。叶片线形。苞片1枚，为秆的延长，直立，钻状，常短于花序；长侧枝聚伞花序简单或复出，假侧生，辐射枝4~13或更多；小穗单生或2~3个簇生于辐射枝顶端，卵形或长圆形，多花。小坚果倒卵形或椭圆形。花果期6~9月。

【产地分布】原产中国南北各地。朝鲜、日本、澳大利亚和南北美洲也有分布。

【生长习性】适应性强，能耐低温，生长在湖边、水边、浅水塘、沼泽地或湿地草丛中。

【繁殖方法】分株、播种繁殖。

【园林用途】秆茂密且挺拔，对污水中的有机物、氨氮、磷酸盐及重金属有较高的除去率。可丛植或片植于浅水处营造湿地景观。

常见栽培品种如下。

'花叶'水葱（'Zebrinus'）：秆上有黄绿色环状条斑。

'花叶'水葱

芦竹

***Arundo donax* L.**
禾本科，芦竹属

【形态特征】多年生草本，具发达根状茎。秆粗大直立，高3~6 m，具多数节。叶片扁平狭长，基部抱茎，叶鞘长于节间；叶舌截平，先端具短纤毛。圆锥花序极大型，分枝稠密；小穗长10~12 cm，含2~4小花。颖果细小，黑色。花果期9~12月。

【产地分布】原产中国多省份。广布亚洲、非洲、大洋洲热带地区。

【生长习性】喜温暖湿润环境，常生于河岸道旁。喜光，耐水湿，不甚耐寒。喜砂质壤土。

【繁殖方法】分株、扦插繁殖。

【园林用途】茎干高大，形似竹子。适合用于庭院、水岸边，亦可点缀于桥、亭、榭四周。

常见栽培变种如下。

'花叶'芦竹（'Versicolor'）：叶片伸长，具黄白色纵条纹。

'花叶'芦竹

地毯草（大叶油草）

***Axonopus compressus* (Sw.) P.Beauv.**
禾本科，地毯草属

【形态特征】多年生草本，具长匍匐枝。秆压扁，高可达60 cm，节密生灰白色柔毛。叶片扁平，质地柔薄，长5~10 cm。总状花序2~5枚，顶端两枚成对而生；小穗长圆状披针形，单生。

【产地分布】原产热带美洲，世界各热带、亚热带地区常见栽培。中国南方有引种栽培。

【生长习性】喜光照充足、潮湿的环境。耐高温，不耐寒。适应性强，不择土壤。

【繁殖方法】分株、草皮移植。

【园林用途】植物体平铺地面成毯状，匍匐枝蔓延迅速，每节上都生根和抽出新植株，为铺建草坪和保持水土的优良草种。

紫叶狼尾草

***Cenchrus setaceus* (Forssk.) Morrone 'Rubrum'**
禾本科，蒺藜草属

【形态特征】多年生草本，须根较粗壮。秆直立，丛生，高 30~120 cm。叶片线形，紫色；叶鞘光滑，两侧压扁，主脉呈脊。圆锥花序常弯向一侧呈狼尾状，花密集，刚毛粗糙，初期为紫红色，后褪色。花期 5~8 月。

【产地分布】羽绒狼尾草的园艺品种，原种产自非洲、中东及西南亚。中国多地有栽培。

【生长习性】喜温暖湿润、光照充足环境。耐寒，耐湿，耐半阴，耐轻微碱，耐干旱贫瘠。不择土壤。

【繁殖方法】分株繁殖。

【园林用途】管理粗放，观赏价值高，可孤植、群植、片植于草地、边坡、林缘、岸边、石头旁等。

香根草

***Chrysopogon zizanioides* (L.) Roberty**
禾本科，香根草属

【形态特征】多年生草本，须根具浓郁的香气。秆丛生，粗壮，高 1~2.5 m，中空。叶片线形，直伸，扁平，下部对折，边缘粗糙。圆锥花序大型顶生，长 20~30 cm，主轴粗壮，各节具多数轮生的分枝，分枝细长上举；无柄小穗线状披针形，基盘无毛。花果期 8~10 月。

【产地分布】原产印度，热带非洲、斯里兰卡、泰国、缅甸、印度尼西亚、马来西亚一带广泛种植。中国南方多地有栽培。

【生长习性】喜光，属 C4 植物，光合能力强。适应性广，耐热、耐寒、耐涝、耐旱，耐贫瘠。喜生于水湿溪流旁和疏松黏壤土上。

【繁殖方法】分株繁殖。

【园林用途】根系发达，抗逆性强，可用于水土保持和土壤修复。

蒲苇

***Cortaderia selloana* (Schult. et Schult.f.) Asch. et Graebn.**
禾本科，蒲苇属

【形态特征】多年生草本，雌雄异株。秆高大粗壮，丛生，高 2~3 m。叶片狭窄，质硬，簇生于茎秆基部，长 1~3 m，边缘具锯齿状粗糙；叶舌为一圈密生柔毛。圆锥花序大型稠密，长 50~100 cm，银白色至粉红色；雌花序较宽大，雄花序较狭窄；小穗含 2~3 小花，雌小穗具丝状柔毛，雄小穗无毛。花期 9~10 月。

【产地分布】原产于美洲，世界各地广泛栽培。

【生长习性】喜温暖湿润、阳光充足环境。性强健，耐寒。对土壤要求不严，易栽培，管理粗放，可露地越冬。

【繁殖方法】分株繁殖。

【园林用途】株丛紧密，花穗长而美丽，庭院栽培壮观而雅致，或植于岸边入秋赏其银白色花序，也可用于花境配置。

常见栽培品种如下。

'矮蒲苇'（'Pumila'）：株丛紧凑密集，高约 120 cm，叶狭长，聚生于基部，边缘有细齿，圆锥花序羽毛状，银白色。

'花叶'蒲苇（'Silver Comet'）：叶片具白色条纹。

'矮蒲苇'

'花叶'蒲苇

香茅（柠檬草）

Cymbopogon citratus (DC.) Stapf

禾本科，香茅属

【形态特征】多年生草本。秆丛生，较粗壮，高达 2 m，节部膨大，节下被白粉。叶片狭条形，具柠檬香味。复合圆锥花序疏散，长达 50 cm，顶端下垂；佛焰苞长 1.5~2 cm，无柄小穗线状披针形。花果期夏季，少见开花。

【产地分布】世界热带和亚热带地区广泛分布。中国华南地区有栽培。

【生长习性】喜高温湿润、阳光充足环境。不耐寒，不耐旱。适应性强，不择土壤，喜疏松肥沃、排水良好的砂质壤土。

【繁殖方法】分株繁殖。

【园林用途】株丛紧密，茎叶芳香，常用于提取精油或作为调料，可栽种于花境、庭院或芳香花园。

狗牙根（百慕达草）

Cynodon dactylon (L.) Pers.

禾本科，狗牙根属

【形态特征】多年生草本，具根茎。秆细而坚韧，下部匍匐地面蔓延甚长，节上常生不定根，直立部分高 10~30 cm。叶片线形，通常两面无毛；叶鞘微具脊，鞘口常具柔毛；叶舌仅为一轮纤毛。穗状花序，小穗灰绿色或带紫色，仅含 1 小花。颖果长圆柱形。花期 5~10 月。

【产地分布】原产中国黄河以南各地。全世界温暖地区均有分布。

【生长习性】喜温暖湿润环境。耐热，耐寒，耐瘠薄。不择土壤，喜疏松肥沃、排水良好的壤土。

【繁殖方法】播种、分株或草皮移植。

【园林用途】根系发达，根茎蔓延力很强，为良好的固堤保土植物，常用以铺设停机坪、运动场、公园或庭院草坪等。

蓝羊茅

***Festuca glauca* Vill.**
禾本科，羊茅属

【形态特征】多年生常绿草本。茎丛生，高可达 40 cm，蓬径约为株高的 2 倍，形成圆垫。叶片强内卷几成针状或毛发状，大多呈蓝色，具银白霜，冬季往往变成土绿色。圆锥花序小型，直立，长约 10 cm。花期 5 月。

【产地分布】原产于欧洲中南部，世界各地广泛栽培。华南地区冬季偶见栽培。

【生长习性】喜凉爽干燥、光照充足环境。稍耐阴，耐寒，耐旱，耐瘠薄，稍耐盐碱，不耐积水。喜疏松的中性或弱酸性土壤。

【繁殖方法】播种、分株繁殖。

【园林用途】株型矮小紧凑，叶色奇特清雅，适合盆栽、成片种植，或作花坛、花境镶边材料。

血草

***Imperata cylindrica* (L.) P.Beauv. 'Rubra'**
禾本科，白茅属

【形态特征】多年生草本，高 30~50 cm。秆直立，通常不分枝，无毛。叶丛生，剑形，常保持深血红色；叶鞘聚集于秆基；叶舌膜质。圆锥花序，小穗银白色，基盘具丝状柔毛。颖果椭圆形。花期夏末。

【产地分布】白茅的园艺品种，引自日本。现中国各地均有栽培。

【生长习性】喜温暖湿润、阳光充足环境。耐热，冬季休眠。喜湿润且排水良好的土壤。

【繁殖方法】分株繁殖。

【园林用途】叶色红艳，优良的彩叶观赏草，适合丛植、片植，或作为花境配置植物。

坡地毛冠草（毛冠草、颖苞糖蜜草、红宝石糖蜜草）

Melinis nerviglumis (Franch.) Zizka
禾本科，糖蜜草属

【形态特征】多年生草本，高30~60 cm。植株丛生状。叶片线形，弯卷，基部叶鞘套叠。圆锥花序直立，具分枝，小枝及花序梗被毛；小穗窄卵形或窄椭圆形，密被长柔毛、白色、粉色或紫色。花果期夏秋季。

【产地分布】原产非洲。中国有引种栽培。

【生长习性】喜温暖、阳光充足环境。宜疏松、湿润、排水良好土壤。

【繁殖方法】播种、分株繁殖。

【园林用途】株丛紧密，花序美观，可用于花境、林缘或岩石园，亦可盆栽观赏。

粉黛乱子草

Muhlenbergia capillaris Trin.
禾本科，乱子草属

【形态特征】多年生草本，常具被鳞片的匍匐根茎。秆直立或基部倾斜、横卧，高30~90 cm。叶片纤细，绿色，密集。圆锥花序顶生，粉红色；小穗细小，含1~2朵小花。颖果细长，圆柱形或稍扁压。花期9~11月。

【产地分布】原产北美。世界各地广泛栽培。

【生长习性】喜温暖湿润、光照充足环境。耐半阴，耐热，耐旱，耐湿，耐盐碱。适应性强，不择土壤。

【繁殖方法】播种、分株繁殖。

【园林用途】开花时，绿叶为底，粉紫色花穗如发丝从基部长出，远看如红色云雾。适合大片种植，景色非常壮观，亦可孤植、盆栽或作为背景、镶边材料。

芒

Miscanthus sinensis Andersson
禾本科，芒属

【形态特征】多年生草本，高 1~2 m。叶片线形，下面疏生柔毛及被白粉，边缘粗糙；叶鞘无毛，长于节间；叶舌膜质，顶端及其后面具纤毛。圆锥花序直立，长 15~40 cm，主轴无毛，节与分枝腋间具柔毛；小穗披针形，黄色有光泽。颖果长圆形，暗紫色。花果期 7~12 月。

【产地分布】原产中国南方多省份。朝鲜、日本也有分布。

【生长习性】喜温暖湿润、阳光充足环境。耐旱，耐寒，耐贫瘠。粗生，不择土壤。

【繁殖方法】扦插、分株繁殖。

【园林用途】姿态优美、形态多样、抗逆性强，常作为花境配置材料，或成丛、成片种植。

常见栽培品种如下。

'细叶'芒（'Gracillimus'）：株型较小，叶片纤细柔软。

'晨光'芒（'Morning Light'）：株型紧凑，叶片纤细，边缘白色。

'花叶'芒（'Variegatus'）：叶片较宽，边缘白色。

'斑叶'芒（'Zebrinus'）：叶片带金黄色横斑纹。

'细叶'芒

'晨光'芒

'花叶'芒

'斑叶'芒

海雀稗（海滨雀稗、夏威夷草）

Paspalum vaginatum Sw.
禾本科，雀稗属

【形态特征】多年生草本，具根状茎及长匍匐茎。节上抽出直立的枝秆，高 10~50 cm。叶片线形，长 5~10 cm，宽 2~5 mm，顶端渐尖，内卷。总状花序大多 2 枚，对生，长 2~5 cm；小穗卵状披针形，顶端尖。花果期 6~9 月。

【产地分布】原产南美洲。全球热带、亚热带地区广泛分布。中国南方常见栽培。

【生长习性】喜温暖湿润、光照充足环境，多生于海滨及沙地。不耐阴，耐旱，耐盐，亦耐水湿；耐热，不耐寒。适应性强，对土壤要求不严。

【繁殖方法】播种、根茎繁殖。

【园林用途】根状茎和匍匐茎发达，分枝多，生长快，是滨海地区盐土改良和水土保持的优良植物，耐践踏和修剪，可用作草坪草。

狼尾草

Pennisetum alopecuroides (L.) Spreng.
禾本科，狼尾草属

【形态特征】多年生草本，须根较粗壮。秆直立，丛生，高 30~120 cm，在花序下密生柔毛。叶片线形，绿色；叶鞘光滑，两侧压扁，主脉呈脊。圆锥花序直立，主轴密生柔毛；小穗通常单生，偶有双生，线状披针形。花果期夏秋季。

【产地分布】原产中国自东北、华北经华东、中南及西南各地。东南亚、大洋洲及非洲也有分布。

【生长习性】喜温暖湿润、光照充足环境；耐半阴，耐旱，耐湿，耐寒，抗病虫害。不择土壤。

【繁殖方法】分株繁殖。

【园林用途】株丛低矮紧凑，叶片线条流畅，花序形似狼尾，常丛植、配置于花境，或作地被植物应用。

象草

Pennisetum purpureum Schumach.
禾本科，狼尾草属

'紫叶'象草

【形态特征】多年生丛生大型草本，常具地下茎。秆直立，高2~4 m。叶片线形，扁平，质较硬，上面疏生刺毛，边缘粗糙。圆锥花序长10~30 cm，主轴密生长柔毛，直立或稍弯曲；小穗通常单生或2~3簇生，披针形。花果期8~10月。

【产地分布】原产非洲。中国南方有栽培。

【生长习性】喜温暖湿润、光照充足环境。耐热，耐寒，耐瘠薄。适应性强，不择土壤，且抗土壤酸性能力强。

【繁殖方法】分株繁殖。

【园林用途】植株高大，轮廓线条富于变化，用作花境背景材料效果良好。

常见栽培品种如下。

'紫叶'象草（'Prince'）：株型较矮，叶紫红色。

丝带草（玉带草、花叶蘱草）

Phalaris arundinacea L.
禾本科，蘱草属

【形态特征】多年生草本，具根茎。秆单生或少数丛生，高60~140 cm，有6~8节。叶片扁平，幼嫩时微粗糙，绿色，有白色条纹，柔软似丝带。圆锥花序紧密狭窄，分枝直向上举，密生小穗。花果期6~8月。

【产地分布】原产中国南北各地。

【生长习性】喜温暖湿润、半阴环境。耐热，耐寒，耐湿。适应性强，不择土壤。

【繁殖方法】分株繁殖。

【园林用途】植株秀丽，轮廓线条富于变化，可用作林下边缘或水岸边绿化。

芦苇

***Phragmites australis* (Cav.) Trin. ex Steud.**
禾本科，芦苇属

【形态特征】多年水生或湿生高大草本，根状茎十分发达。秆直立，高 1~3 m，具 20 多节，节下被蜡粉。叶片披针状线形，无毛，顶端长渐尖成丝状；下部叶鞘短于节间，上部叶鞘长于节间；叶舌边缘密生一圈短纤毛。圆锥花序大型，分枝多数，着生稠密下垂的小穗。

【产地分布】全球广泛分布。中国各地广泛栽培。

【生长习性】喜温暖湿润、光照充足环境。耐热，耐寒，耐湿。适应性强，不择土壤，常以其迅速扩展的繁殖能力，形成连片的芦苇群落。

【繁殖方法】分株繁殖。

【园林用途】根茎四布，株型飘逸，常用作湖边、河岸低湿处的背景材料，有调节气候、涵养水源、固堤、护坡、控制杂草之作用；用于湿地可形成良好的生态环境，为鸟类提供栖息、觅食、繁殖的家园。

钝叶草

***Stenotaphrum helferi* Munro ex Hook.f.**
禾本科，钝叶草属

【形态特征】多年生草本。茎匍匐，节处生根。叶片带状，顶端微钝，两面无毛，边缘粗糙；叶鞘松弛，通常长于节间；叶舌极短，顶端有白色短纤毛。花序主轴扁平呈叶状，具翼；穗状花序嵌生于主轴的凹穴内，穗轴三棱形；小穗互生，卵状披针形。花果期秋季。

【产地分布】原产中国广东、云南等地。缅甸、马来西亚等亚洲热带地区也有分布。

【生长习性】喜温暖湿润、半阴环境。耐热，耐湿、耐阴、耐盐碱，不耐寒。适应性强，不择土壤。

【繁殖方法】分株、播种繁殖。

【园林用途】植株低矮，返青早，绿期长，耐阴性好，韧性强，耐一定程度的践踏，适合疏林下或较阴处作草坪、地被，也可用于南方水土保持、荒山绿化。

条纹钝叶草

Stenotaphrum secundatum (Walter) Kuntze 'Variegatum'
禾本科，钝叶草属

【形态特征】多年生草本，自然高度 10~30 cm。秆下部匍匐，多分枝。叶片宽线形，顶端微钝，叶面绿色，具乳白色纵条纹。花序纤细，圆柱形；小穗披针形。

【产地分布】原产美国东南部，栽培品种。中国南方有栽培。

【生长习性】喜温暖湿润、阳光充足环境，稍耐阴。耐热、耐湿、耐盐，耐一定程度的踩踏。适应性强，不择土壤。

【繁殖方法】扦插、分株繁殖。

【园林用途】植株低矮，生长迅速，叶色明亮，宜作草坪、地被。

菰（茭白、高笋）

Zizania latifolia (Griseb.) Hance ex F.Muell.
禾本科，菰属

【形态特征】多年生水生草本，具根状茎，高 1~2 m。秆直立，具多数节，基部节上生不定根。叶片扁平，长 50~90 cm，表面粗糙，背面光滑；叶鞘肥厚，长于节间。圆锥花序长 30~50 cm，分枝多数，果期开展。颖果圆柱形。花果期 7~9 月。

【产地分布】原产中国东北、内蒙古、河北、甘肃、陕西、四川、湖北、湖南、江西、福建、广东、台湾。亚洲温带及日本、俄罗斯也有分布。

【生长习性】喜温暖、阳光充足环境。稍耐寒，生长适温 10~25℃；喜水湿，不耐旱。宜水源充足、肥沃、富含有机质的黏壤土。

【繁殖方法】分株繁殖。

【园林用途】适应性强，常用于湿地或布置水景。秆基嫩茎被真菌寄生后，粗大肥嫩，是美味的蔬菜。

结缕草（日本结缕草）

Zoysia japonica Steud.
禾本科，结缕草属

【形态特征】多年生草本，具横走根茎，须根细弱。秆直立，高15~20 cm。叶片斜伸，扁平或稍内卷，长2.5~5 cm。总状花序呈穗状，具10~50小穗，长2~4 cm，花序梗伸出叶鞘；小穗卵形，淡黄绿色或带紫褐色；柱头帚状，开花时伸出稃体外。颖果卵形。花果期5~8月。

【产地分布】原产中国南北各地。日本、朝鲜也有分布。北美有引种栽培。

【生长习性】喜温暖湿润、阳光充足环境。稍耐阴、耐旱、耐盐碱、耐瘠薄，抗病虫害能力强。适应性强，不择土壤。

【繁殖方法】播种、扦插、分株、草皮移植。

【园林用途】具横走根茎，易于繁殖，耐践踏，弹性好，适作草坪，用于游憩、运动场、机场、高尔夫球场等。

常见栽培品种如下。

'兰引3号'（'Lanyin No. 3'）：叶片革质，披针形，长约3 cm，耐旱、耐热性极强。

'兰引3号'

沟叶结缕草（马尼拉草）

Zoysia matrella (L.) Merr.

禾本科，结缕草属

【形态特征】多年生草本，具横走根茎，须根细弱。秆直立，高 12~20 cm。叶片质硬，内卷或扁平，上面具沟。总状花序呈细柱形，长 2~3 cm，花序梗伸出叶鞘；小穗披针形，黄褐色或略带紫褐色。颖果长卵形，棕褐色。花果期 7~10 月。

【产地分布】原产中国广东、海南、台湾。亚洲和大洋洲的热带地区亦有分布。北美有引种栽培。

【生长习性】喜温暖湿润、光照充足环境。不耐阴，耐热，耐寒，耐旱，耐盐碱。适应性强，不择土壤。

【繁殖方法】扦插、分株、草皮移植。

【园林用途】具横走根茎，易于繁殖，耐磨、耐践踏性好，适作草坪，为高尔夫球场常用草种。

细叶结缕草（台湾草、天鹅绒草）

Zoysia pacifica (Goudsw.) M.Hotta et Kuroki

禾本科，结缕草属

【形态特征】多年生草本，具匍匐茎。秆纤细，高 5~10 cm。叶片线形，内卷，长约 3 cm，宽约 0.5 mm，叶鞘无毛，紧密裹茎。总状花序长 0.4~2 cm，花序梗伸出叶鞘；小穗狭披针形，黄绿色，或有时略带紫色。颖果与稃体分离。花果期 8~12 月。

【产地分布】原产中国台湾、亚洲热带及太平洋岛屿。中国南方常见栽培。

【生长习性】喜温暖湿润、光照充足环境。不耐阴，耐旱，耐热，不耐寒。适应性强，对土壤要求不严，喜肥沃、湿润的土壤。

【繁殖方法】播种、根茎繁殖。

【园林用途】植株低矮，枝叶纤细，叶色翠绿，是优良的草坪植物，适用于公园、庭院和居住区绿地。

金鱼藻（细草、软草、灯笼丝）

Ceratophyllum demersum L.
金鱼藻科，金鱼藻属

【形态特征】多年生沉水草本。全株深绿色，茎细长，具分枝。叶4~12轮生，一至二回叉状分歧，裂片丝状或丝状条形，先端带白色软骨质，边缘仅一侧有细齿。花小，苞片9~12枚，条形，浅绿色，透明。坚果宽椭圆形，黑色。花期6~7月，果期8~10月。

【产地分布】原产北美。全世界广泛分布。

【生长习性】喜温暖湿润、阳光充足环境。耐寒，耐高温，耐湿。喜肥沃、富含有机质的泥土。

【繁殖方法】播种、分株繁殖。

【园林用途】外形别致美观，四季常绿，可用于水体绿化、水族造景。

蓟罂粟（刺罂粟）

Argemone mexicana L.
罂粟科，蓟罂粟属

【形态特征】一年生草本，株高可达1 m。茎多分枝，疏被黄褐色平展的刺。基生叶密集，宽倒披针形、倒卵形或椭圆形，先端尖，基部楔形，羽状深裂，裂片具波状刺齿，上面沿脉两侧灰白色；茎生叶互生，与基生叶同形，上部叶较小，无柄，常半抱茎。花常单生于短枝顶，稀少花成聚伞花序；花瓣6枚，呈黄色或橙黄色。蒴果长圆形或宽椭圆形，疏被黄褐色刺；种子球形，具明显的网纹。花果期3~10月。

【产地分布】原产中美洲和热带美洲。中国南部已逸生。

【生长习性】喜阳光充足、温暖、干旱环境。耐寒，耐旱，可生于贫瘠的土壤。

【繁殖方法】播种繁殖。

【园林用途】叶形独特，齿端具尖刺，花大漂亮，明艳动人，可应用于花境。

野罂粟（冰岛罂粟、冰岛虞美人）

Oreomecon nudicaulis (L.) Banfi, Bartolucci, J.-M.Tison et Galasso
罂粟科，高山罂粟属

【形态特征】多年生草本，常作一年生栽培，株高 20~60 cm。茎粗短，常不分枝。叶全部基生，卵形至披针形，羽状浅裂、深裂或全裂，两面稍被白粉。花葶直立，圆柱形，密被或疏被斜展的刚毛；花单生，花瓣 4 枚，宽楔形或倒卵形，边缘具浅波状圆齿，白色、淡黄色、黄色或橙黄色至橙红色。蒴果倒卵形或倒卵状长圆形；种子褐色。花果期 5~9 月。

【产地分布】原产中国华北、东北地区。中亚和北美洲也有分布。现中国各地广泛栽培。

【生长习性】喜温暖干爽、阳光充足环境。耐寒，不耐高温高湿；耐旱，忌积水。宜排水良好的砂壤土。

【繁殖方法】播种繁殖。

【园林用途】花瓣质感轻盈，花色明丽，华南地区常作为时花布置于花境或成片种植。

常见栽培品种如下。

'香槟气泡'（'Champagne Bubbles'）系列：有白色、黄色、橙色、粉色、猩红色等品种。

'仙境'（'Wonderland'）系列：有黄色、白色、橙色、粉色等品种。

'香槟气泡'系列

'仙境'系列

鬼罂粟（东方罂粟）
Papaver orientale L.
罂粟科，罂粟属

【形态特征】多年生草本，常作一年生栽培，株高60~90 cm。茎部不分枝，少叶，全株被刚毛，具乳白色液汁。基生叶卵形至披针形，二回羽状深裂，小裂片披针形或长圆形，具疏齿或缺刻状齿；茎生叶互生，较小。花单生于花葶顶端，直立，花瓣4~6枚，宽倒卵形或扇形；雄蕊多数，花药紫蓝色。蒴果近球形，苍白色；种子圆肾形，褐色。花期6~7月。

【产地分布】原产地中海地区。中国各地广泛栽培。

【生长习性】喜温暖干爽、阳光充足环境。耐寒，不耐高温高湿；耐旱，忌积水。宜疏松肥沃、排水良好的砂质土壤。

【繁殖方法】播种、分株繁殖。

【园林用途】花朵较大，质薄如绫，妖艳美丽，常用于花海、花境、花坛等。

虞美人
Papaver rhoeas L.
罂粟科，罂粟属

【形态特征】一、二年生草本，株高可达90 cm。茎直立，具分枝，全株被伸展的淡黄色刚毛。叶互生，披针形或窄卵形，二回羽状分裂，下部叶比上部叶裂得更深。花单生于茎枝顶端，开花前花蕾下垂，开时直立；花瓣4枚，近圆形，薄而有光泽，园艺品种花色丰富，以紫红色系居多，基部通常具黑斑。蒴果宽倒卵形；种子肾形长圆形。花果期3~8月。

【产地分布】原产欧洲。现中国各地广泛栽培。

【生长习性】喜温暖干爽、阳光充足环境。耐寒，不耐高温高湿；耐旱，忌积水。宜疏松肥沃、排水良好的砂质土壤。

【繁殖方法】播种繁殖。

【园林用途】花瓣质薄如绫，轻盈美观，花期长，可用于花海、花境、花坛等。

杂种耧斗菜

Aquilegia hybrida Sims
毛茛科,耧斗菜属

【形态特征】多年生草本,常作一、二年生栽培,株高 40~60 cm。二回三出复叶,最终小叶或裂片广楔形。聚伞花序顶生,具数朵花;花径 5~8 cm,花色丰富,单色或双色,花瓣 5,各具一弯曲的长距。蓇葖果密被短茸毛。花期 6~8 月。

【产地分布】原产欧洲。中国各地常见栽培。

【生长习性】喜冷凉湿润、阳光充足环境。耐半阴,耐寒,不耐酷暑。喜富含腐殖质、排水良好的砂质壤土。

【繁殖方法】播种、分株繁殖。

【园林用途】花形独特,花色鲜艳,适宜布置花坛、花境、岩石园、林缘等,也可盆栽或作切花。

常见栽培品种如下。

'春语'('Earlybird')系列:株高 25~30 cm,花单瓣,花径 5~8 cm,花色丰富,包括紫黄、红黄等独特花色。

'春季魔力'('Spring Magic')系列:株高约 35 cm,花单生,花径约 5 cm,有黄、蓝白、红白等花色。

'春语'系列

'春季魔力'系列

欧耧斗菜

Aquilegia vulgaris L.
毛茛科，耧斗菜属

【形态特征】多年生草本，常作一、二年生栽培，株高30~60 cm。基生叶及茎下部叶为二回三出复叶，小叶2~3裂，裂片边缘具圆齿；上部茎生叶近无柄，狭3裂。聚伞花序，具数朵花；花径3~5 cm，下垂，通常蓝色，也有白色、红色、粉色等；萼片5，花瓣5，距向内弯曲成钩状。蓇葖果；种子黑色。花期5~7月。

【产地分布】原产欧洲。中国各地常见栽培。

【生长习性】喜冷凉湿润、阳光充足环境。耐寒，不耐暑热，生长适温15~25℃。喜富含腐殖质、排水良好的土壤。

【繁殖方法】播种、分株繁殖。

【园林用途】花大色艳，花形独特，适宜布置花坛、花境、林缘等处，也可盆栽或作切花。

常见栽培品种如下。

'小柑橘'（'Clementine'）系列：株高35~40 cm，花完全重瓣，自然上仰，无花距，有蓝、鲑红、玫红、红等花色。

'重瓣闪烁'（'Winky Double'）系列：株高30~35 cm，花重瓣，自然上仰，有蓝紫白、紫红白、玫红白等双色品种。

'单瓣闪烁'（'Winky Single'）系列：株高30~35 cm，花单瓣，自然上仰，有玫红、白、蓝白、紫白、红白等花色。

'小柑橘'系列

'重瓣闪烁'系列

'重瓣闪烁'系列

'单瓣闪烁'系列

飞燕草（千鸟草）
Delphinium ajacis L.
毛茛科，翠雀属

【形态特征】一年生草本，株高 30~60 cm。茎直立，上部疏生分枝，茎叶疏被柔毛。叶互生，呈掌状深裂至全裂，裂片线形；茎生叶无柄，基生叶具长柄。总状花序顶生，花紫色、粉色或白色，形似小鸟。花期 6~9 月。

【产地分布】原产欧洲南部和亚洲西南部。现世界各地广为栽培。

【生长习性】喜光照充足、干燥、通风的凉爽环境。不耐高温，较耐寒，忌涝。宜深厚肥沃的砂质土壤。

【繁殖方法】播种繁殖。

【园林用途】栽培容易，生长周期短，竖状花穗，华贵优美，花期较长，是花境运用的良好材料，亦可用作切花。

大花飞燕草（翠雀）
Delphinium grandiflorum L.
毛茛科，翠雀属

【形态特征】多年生草本，株高 35~100 cm。茎直立。叶互生，基生叶和茎下部叶具长柄；叶片掌状 3 全裂，中全裂片近菱形，一至二回 3 裂至近中脉，侧全裂片扇形，不等 2 深裂至近基部。总状花序挺拔，具花 3~15 朵，花比飞燕草更密集，下部苞片叶状，其他苞片线形；萼片蓝紫色，椭圆形或宽椭圆形，距钻形；花瓣蓝色、紫蓝色、白色或粉色；退化雄蕊蓝色。种子倒卵状四面体形，沿棱有翅。花期 5~9 月，果期 9~10 月。

【产地分布】原产中国华北、西南等地。俄罗斯、蒙古国也有分布。世界各地广泛栽培。

【生长习性】喜阳光充足、凉爽通风的干燥环境。耐寒，忌炎热。宜排水通畅的砂质壤土。

【繁殖方法】播种、分株、扦插繁殖。

【园林用途】花序长而挺拔，花朵密集，花形别致，开花时似飞燕落满枝头，甚为壮观。广泛用于花境、花坛或成片种植，亦可作切花。

常见栽培品种如下。

'钻石蓝色'（'Diamonds Blue'）：株高 40~60 cm，花瓣上部具紫红色斑点。第一个没有花距的 F_1 品种，比其他品种更耐湿热。

'夏日'（'Summer'）系列：矮生系列，株高 30 cm 左右，茎多分枝，株型紧凑，花量大。耐热性强，无须春化即可开花。

'钻石蓝色'

'夏日'系列

高翠雀花（穗花翠雀）

***Delphinium elatum* L.**
毛茛科，翠雀属

【形态特征】多年生草本，株高 90~120 cm。茎直立，多分枝。叶掌状，5~7 裂。总状花序硕大，花成串着生，形似飞鸟，故有"翠雀"之称。萼片花瓣状，蓝色；花瓣有蓝、紫白、粉等色，半重瓣或重瓣。花期 4~5 月。

【产地分布】原产中国西北部。欧洲高加索、西伯利亚地区也有分布。现世界各地广为栽培。

【生长习性】喜光照充足、干燥冷凉气候。不耐湿热。宜疏松肥沃、排水良好的中性或微碱性土壤。

【繁殖方法】播种、扦插、分株繁殖。

【园林用途】花序硕大丰满，花形秀丽别致，花色高雅，是良好的花境背景材料，亦可作切花。

常见栽培品种如下。

'北极光'（'Aurora'）系列：株高 80~120 cm，花形大而紧凑，花期春夏季，无须春化。

'德桑蓝色'（'Dasante Blue'）：株高 70~90 cm，株型整齐紧凑，花蓝色带有紫色渲染和白色花心。

'卫士'（'Guardian'）系列：株高 75~100 cm，播种当年即可开花。耐寒性强，花期可控，是优良的切花品种。

'北极光'系列

'德桑蓝色'

'卫士'系列

黑种草

***Nigella damascena* L.**
毛茛科，黑种草属

【形态特征】一年生草本，株高 35~60 cm。茎直立，有疏短毛，中上部多分枝。叶二至三回羽状深裂，裂片细。花单生枝顶，花萼淡蓝色、红色、粉色或白色，椭圆状卵形，形如花瓣。蒴果椭圆球形；种子多数，扁三棱形，黑色，表面粗糙或有小点。花期 6~7 月，果期 8 月。

【产地分布】原产欧洲南部。现中国各地区有栽培。

【生长习性】喜冷凉气候。忌高温高湿。宜富含有机质、排水性好的砂壤土。

【繁殖方法】播种繁殖。

【园林用途】花形奇特，形似宝石，可用于乡村风格的花境中，亦可作盆栽。

常见栽培品种如下。

'桑葚玫瑰'（'Mulberry Rose'）：花萼粉紫渐变色。

'牛津蓝'（'Oxford Blue'）：花萼深蓝色。

'波斯宝石'（'Persian Jewels'）：花萼蓝色、白粉或粉色。

'桑葚玫瑰'

'牛津蓝'

'波斯宝石'

花毛茛（波斯毛茛、芹菜花）

***Ranunculus asiaticus* L.**

毛茛科，花毛茛属

【形态特征】多年生草本，株高 20~40 cm。块根纺锤形，常数个聚生于根颈部。茎单生或稀分枝，有毛。基生叶阔卵形，具长柄，叶缘有锯齿；茎生叶羽状细裂，无柄。花单生或数朵顶生，花径 3~4 cm，花色丰富，有白、黄、红、橙、紫和褐等多种颜色，多为重瓣或半重瓣，花形似牡丹。蒴果。花期 4~5 月。

【产地分布】原产亚洲西南部和欧洲东南部。现世界各地广为栽培。

【生长习性】喜凉爽、阳光充足的环境，耐半阴。忌炎热，忌湿忌旱。宜排水良好、肥沃疏松的中性或偏碱性土壤。

【繁殖方法】分块根、播种繁殖。

【园林用途】株型低矮，花茎挺立，花朵硕大，色泽艳丽，花形优美而独特，适用于花境、盆栽观赏，亦可作切花。

常见栽培品种如下。

'花谷'（'Bloomingdale'）系列：矮生型，花重瓣，花径可达 8 cm，花色丰富。耐寒性强。

'花谷Ⅱ'（'Bloomingdale Ⅱ'）系列：'花谷'的改良品种，叶片大而圆，开花早，花大，重瓣，种子发芽率高。

'缤纷'（'Sprinkles'）系列：半高型，花重瓣，开花整齐，花色鲜艳明亮，花量大。

'花谷'系列

'缤纷'系列

'花谷Ⅱ'系列

莲（荷花、芙蓉）
Nelumbo nucifera Gaertn.
莲科，莲属

【形态特征】多年生水生植物，根状茎横生，肥厚，节间膨大，内有多数纵行通气孔道。叶圆形，盾状，直径 25~90 cm。花单生，花径 10~20 cm，花红色、粉红色或白色，花瓣矩圆状椭圆形至倒卵形。坚果椭圆形或卵形，果皮革质，坚硬，熟时黑褐色。花期 6~8 月，果期 8~10 月。

【产地分布】原产中国南北各地。俄罗斯、朝鲜、日本、印度、越南、亚洲南部和大洋洲均有分布。

【生长习性】喜阳光充足、相对静水环境。不耐阴，耐热，耐寒，喜肥，喜湿，不耐干旱。适应性强，喜富含有机质且肥沃的泥土。

【繁殖方法】播种、分根茎繁殖。

【园林用途】叶大而圆，花大色雅，具清香，是中国著名十大传统名花之一。适合公园湖泊、水塘或水渠等装点水面景观，也是良好的插花材料。

落新妇（红升麻、金毛三七）
Astilbe chinensis (Maxim.) Franch. et Sav.
虎耳草科，落新妇属

【形态特征】多年生草本，株高 50~100 cm。根状茎粗壮，茎无毛。基生叶为二至三回 3 出羽状复叶，顶生小叶菱状椭圆形，侧生小叶卵形或椭圆形，先端短渐尖或急尖，具重锯齿；茎生叶较小。圆锥花序长 8~37cm，着花密集；萼片 5，卵形，花瓣 5，线形，淡紫色至紫红色。蒴果；种子褐色。花果期 6~9 月。

【产地分布】原产中国东北至西南大部分地区。俄罗斯、朝鲜和日本也有分布。世界各地广泛栽培。

【生长习性】喜温凉湿润、半阴环境。忌酷热，在夏季温度高于 34℃时生长不良，耐寒，耐轻碱。对土壤适应性较强，喜排水良好的中性或微酸性砂壤土。

【繁殖方法】播种、分株繁殖。

【园林用途】花形独特，花色鲜艳。适用于花境布置，也可作切花或盆栽观赏。

岩白菜

Bergenia purpurascens (Hook.f. et Thomson) Engl.
虎耳草科，岩白菜属

【形态特征】多年生草本，株高 13~52 cm。根状茎粗壮，被鳞片。叶基生，革质，倒卵形、狭倒卵形至近椭圆形，先端钝圆，边缘具波状齿至近全缘，基部楔形。聚伞花序圆锥状，花梗与花序分枝均密被长柄腺毛；萼片革质，近狭卵形，花瓣紫红色，阔卵形，先端钝或微凹，基部变狭成爪。花果期 5~10 月。

【产地分布】原产中国四川、云南及西藏。缅甸、印度、不丹、尼泊尔也有分布。

【生长习性】喜阳，耐阴，耐旱。喜疏松肥沃、排水良好的砂壤土。

【繁殖方法】播种、扦插繁殖。

【园林用途】叶片紫褐色，花朵紫红色，花叶俱美，广泛用作地被植物，适宜于水边、岩石间丛栽或草坪边缘种植。

虎耳草（通耳草、耳朵草）

Saxifraga stolonifera Curtis
虎耳草科，虎耳草属

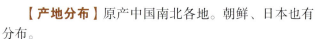

【形态特征】多年生草本，株高 8~45 cm。茎被长腺毛。基生叶近心形、肾形或扁圆形，边缘 5~11 浅裂，具不规则牙齿和腺睫毛，两面被腺毛和斑点，叶柄被长腺毛；茎生叶披针形。聚伞花序圆锥状，长可达 26 cm，具 7~61 花；花序分枝被腺毛，具 2~5 花；花梗细弱，被腺毛；花两侧对称，萼片在花期开展至反曲，卵形；花瓣 5 枚，白色，中上部具紫红色斑点，基部具黄色斑点，其中 3 枚较短，卵形。花果期 4~11 月。

【产地分布】原产中国南北各地。朝鲜、日本也有分布。

【生长习性】喜阴凉潮湿环境。喜肥沃、湿润的土壤。

【繁殖方法】分株繁殖。

【园林用途】株型矮小，枝叶疏密有致，叶形美丽，是优良的观叶植物。可用作林下地被，或布置于假山、石隙，也可盆栽观赏。

矾根（珊瑚钟）

Heuchera hybrida hort.
虎耳草科，矾根属

【形态特征】多年生草本，株高20~25 cm。叶基生，阔心形，长20~25 cm，叶形多样，叶色丰富，有鲜红、酒红、深紫、明黄、嫩黄等色。复总状花序，花小，钟状，红色，两侧对称。花期4~6月。

【产地分布】园艺杂交种，主要亲本有红花矾根（*H. sanguinea*）、美洲矾根（*H. americana*）、肾形草（*H. micrantha*）、长柔毛矾根（*H. villosa*）和塔顶矾根（*H. cylindrica*），原产北美。中国各地有栽培。

【生长习性】喜阳，耐阴，忌强光；不耐湿热，耐寒。喜疏松肥沃的中性或偏酸性壤土。

【繁殖方法】播种、分株繁殖。

【园林用途】叶色丰富多彩，随季节变化而变化，是优良的观叶地被植物。多用于林下花境、花带、地被、庭院绿化等，亦可盆栽观赏。

常见栽培品种如下。

'秋之落叶'（'Autumn Leaves'）：叶片春秋红色，夏季灰褐色。

'酒红'（'Beaujolais'）：花红色。

'饴糖'（'Caramel'）：叶片夏季棕黄色，秋季变为鲜艳的橘黄色。

'香茅'（'Citronelle'）：叶片黄绿色，边缘浅裂。

'黄色斑马'（'Golden Zebra'）：叶片黄绿色，掌状裂，沿叶脉暗红色。

'烈火'（'Melting Fire'）：叶片深紫红色，边缘皱曲。

'紫色宫殿'（'Palace Purple'）：叶片紫铜色，开白色小花。

'红辣椒'（'Paprika'）：叶片春季亮玫红色至橙色，夏秋季橙色至酒红色，开白色小花。

'巴黎'（'Paris'）：叶片银灰色具深绿色脉纹，花深玫红色。

'桃色火焰'（'Peach Flambé'）：叶片夏秋桃红色，冬季变为李子色。

'太阳黑子'（'Sunspot'）：叶片亮黄绿色，具暗红色脉纹，花粉色。

'提拉米苏'（'Tiramisu'）：叶片春季黄绿色带红色脉纹，夏季红色，秋季深红色带黄绿色边。

'秋之落叶'

'酒红'

'饴糖'

'香茅'

'黄色斑马'

'烈火'

'紫色宫殿'

'红辣椒'

'巴黎'

'桃色火焰'

'太阳黑子'

'提拉米苏'

'提拉米苏'

长寿花（矮生伽蓝菜、圣诞伽蓝菜）

Kalanchoe blossfeldiana Poelln.

景天科，伽蓝菜属

【形态特征】多年生常绿肉质草本，株高10~30 cm。茎直立。叶对生，厚肉质，长圆状匙形或椭圆形，上部叶缘具波状钝齿，下部全缘，亮绿色、有光泽，叶边略带红色。圆锥状聚伞花序，花单瓣或重瓣，高脚碟状，花冠长管状，基部稍膨大；花色有绯红、桃红、橙红、黄、橙黄和白等。蓇葖果，种子多数。花期12至翌年5月。

【产地分布】原产非洲马达加斯加。中国广有栽培。

【生长习性】喜温暖湿润、阳光充足环境。耐半阴，耐干旱，不耐寒，生长适温15~25℃。对土壤要求不严，以肥沃的砂壤土为好。

【繁殖方法】扦插、组培繁殖。

【园林用途】株型紧凑，花朵密集，花色丰富、艳丽，是冬春季理想的室内盆栽花卉，华南地区也可于室外布置美化庭院。

常见栽培品种如下。

'块金'（'Nugget'）：花重瓣，橙黄色。

'粉皇后'（'Pink Queen'）：花重瓣，粉色。

  '块金' '粉皇后'

伽蓝菜（裂叶伽蓝菜、裂叶落地生根、鸡爪三七）

Kalanchoe ceratophylla Haw.

景天科，伽蓝菜属

【形态特征】多年生草本，株高20~100 cm。叶对生，中部叶羽状深裂，长8~15 cm，裂片线形或线状披针形，边缘有浅锯齿或浅裂。聚伞花序排列成圆锥状，苞片线形；萼片4，披针形，先端急尖；花冠黄色，高脚碟形，管部下部膨大，裂片4，卵形。花期3月。

【产地分布】原产中国广东、广西、福建、台湾、云南。亚洲热带、亚热带地区及非洲北部也有分布。

【生长习性】喜温暖、阳光充足环境。怕热，不耐寒，越冬温度宜高于10℃。宜疏松、排水良好的砂质壤土。

【繁殖方法】播种、扦插繁殖。

【园林用途】叶色亮绿，花朵鲜艳，宜盆栽观赏，华南地区可于室外布置美化庭院。

石莲花（宝石花）

Echeveria spp.
景天科，石莲花属

【形态特征】石莲花属多肉植物的统称。多年生肉质草本，株高可达 60 cm，具短茎。肉质叶排列成标准的莲座状，生于短缩茎上，生长旺盛时叶盘直径可达 20 cm，叶片有匙形、圆形、圆筒形、船形、披针形、倒披针形等，顶端有小尖；不同品种叶片厚度不一，部分种类叶片被有白粉或白毛；叶色呈绿、紫黑、红、褐、白、蓝等。聚伞花序，花小型，瓶状或钟状，花萼钟状，花色以红、橙、黄色为主。蓇葖果长圆形；种子细小。花期 6~8 月，果期 8 月。

【产地分布】原产墨西哥、中美洲及南美洲。世界各地均有栽培。

【生长习性】喜阳光充足、干燥、通风良好环境。耐干旱，忌阴湿；不耐寒，生长适温 18~22℃。以肥沃、排水良好的砂壤土为宜。

【繁殖方法】扦插、分株、播种繁殖。

【园林用途】叶片肥厚肉质，造型独特美观，观赏价值高。以盆栽观赏为主，在热带、亚热带地区可用于岩石园、立体绿化或点缀在岩石孔隙间。

同属有超过 150 个种或杂交品种，常见栽培应用的种类与品种如下。

月影（*E. elegens* Rose）：又名美丽石莲花，叶长圆状倒卵形，淡绿色被白霜，叶缘透明，有时带紫色。

锦晃星（*E. pulvinata* Rose ex Hook.f.）：又名茸毛掌，叶卵状倒披针形，密被短白毛，上缘与叶端呈红色。

大和锦（*E. purpusorum* A.Berger）：叶三角状卵形，灰绿色，密布红褐色斑纹。

玉蝶（*E. secunda* Booth ex Lindl.）：又名蓝石莲花，叶倒卵匙形，淡绿色，被白粉。

锦司晃（*E. setosa* Rose et J.A.Purpus）：又名毛叶石莲花，叶长倒卵形，较厚，绿色，被白毛，先端呈红褐色。

'黑王子'（'Black Prince'）：叶匙形，紫黑色。

'女王花笠'（'Meridian'）：叶扇形，边缘大波浪状，有皱褶，翠绿色至紫红色。

'高砂之翁'（'Takasagono-okina'）：叶宽大，边缘呈波浪状皱褶，翠绿色至红褐色。

'特玉莲'（'Topsy Turvy'）：叶匙形，边缘向下反卷，似船形，表面被白粉。

月影

锦晃星

大和锦

玉蝶

锦司晃

'黑王子'

'女王花笠'

'高砂之翁'

'特玉莲'

大叶落地生根（宽叶不死鸟）

Kalanchoe daigremontiana Raym.-Hamet et H.Perrier

景天科，伽蓝菜属

【形态特征】多年生肉质草本，株高 50~100 cm。茎单生，直立，褐色，光滑无毛，基部木质化。叶对生，肉质，长三角形，边缘有粗齿，在缺刻处会长出不定芽，落地生根而成新的植株；叶柄短，叶背有不规则鱼鳞状紫色斑纹。复聚伞花序顶生，花小，钟形，下垂；花萼 4，花瓣 4，淡紫色。花期 12 月至翌年 3~4 月。

【产地分布】原产非洲马达加斯加岛。中国各地有栽培。

【生长习性】喜阳光充足、温暖干燥环境，不耐弱光和暴晒。耐干旱，不耐寒，生长适温 13~19℃，越冬温度 7~10℃。不择土壤。

【繁殖方法】扦插、不定芽、播种繁殖。

【园林用途】叶片肥厚，边缘长出整齐美观的不定芽，颇具奇趣，常作盆栽室内观赏，或片植于草地边缘、墙边、林缘等地。

棒叶落地生根（不死鸟、锦蝶）

Kalanchoe delagoensis Eckl. et Zeyh.

景天科，伽蓝菜属

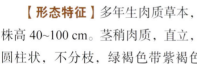

【形态特征】多年生肉质草本，株高 40~100 cm。茎稍肉质，直立，圆柱状，不分枝，绿褐色带紫褐色斑点。叶 3 片轮生、近对生或互生，无柄，通常平直，近圆柱形，有的上面有沟槽，长 4~10 cm，灰绿色带紫褐色斑纹，末端有 2~9 个羽状排列的小尖齿，齿隙有珠芽。花序顶生，长达 20 cm，聚伞圆锥状，小花红色或橙色。花期 12 月至翌年 3 月。

【产地分布】原产非洲马达加斯加。世界各地有引种栽培。

【生长习性】喜阳光充足、干燥的环境。耐旱，耐瘠薄；不耐寒，生长适温 20~28℃。喜排水良好、疏松的砂质壤土。

【繁殖方法】扦插、不定芽繁殖。

【园林用途】叶形奇特，叶端常生具根小植株，富有奇趣。可用于屋顶绿化，亦可作盆栽观赏。

宫灯长寿花（小提灯花、小宫灯）

Kalanchoe manginii Raym.-Hamet et H.Perrier
景天科，伽蓝菜属

【形态特征】多年生常绿肉质草本，株高 30~40 cm。茎木质化，多分枝。叶对生，形状各异，有圆形、长圆形、倒卵形或匙形，稍肉质，光滑无毛，有光泽，先端圆钝，全缘。聚伞状花序顶生，小花绯红色，管状铃铛形，下垂，先端4瓣裂。花期晚冬至早春。

【产地分布】原产非洲马达加斯加。世界各地有引种栽培。

【生长习性】喜阳光充足、干燥环境。耐旱，耐瘠薄；不耐寒，越冬温度5~10℃以上。适应性强，不择土壤，喜疏松、排水良好的砂质壤土。

【繁殖方法】扦插繁殖。

【园林用途】花形奇特，花色艳丽，宜作盆栽观赏。

落地生根（叶爆芽、打不死）

Kalanchoe pinnata (Lam.) Pers.
景天科，伽蓝菜属

【形态特征】多年生草本，株高 40~150 cm。茎有分枝。羽状复叶，长 10~30 cm，小叶长圆形至椭圆形，先端钝，边缘有圆齿，圆齿基部容易生芽，芽落地生根成一新植株。圆锥花序顶生，长可达 40 cm；花下垂，花萼圆柱形，花冠高脚碟形，基部稍膨大，向上成管状，裂片4，卵状披针形，淡红色或紫红色。花期1~3月。

【产地分布】原产非洲。中国各地有栽培，华南、西南逸为野生。

【生长习性】喜温暖湿润、阳光充足环境，较耐阴。耐旱，耐瘠薄，耐寒，耐湿热。不择土壤。

【繁殖方法】扦插、不定芽、播种繁殖。

【园林用途】叶片肥厚，边缘长出整齐美观的不定芽，落地即可成为一新植株，颇有奇趣。常作盆栽室内观赏，或片植于草地边缘、墙边、林缘等地。

紫萼宫灯长寿花（红提灯、大提灯花、大宫灯）

Kalanchoe porphyrocalyx (Baker) Baill.

景天科，伽蓝菜属

【形态特征】多年生肉质草本，株高约 30 cm。茎木质化，多分枝，新生枝条柔软，常下垂。叶对生，长卵形，稍肉质，鲜绿色，边缘具缺刻状锯齿。聚伞状花序顶生，小花红色，钟形，花色深紫色，花冠先端 4 瓣裂，裂片淡黄色，盛开时向外翻卷，外形酷似宫廷小提灯。花期 12 月至翌年 3 月。

【产地分布】原产非洲马达加斯加。世界各地有引种栽培。

【生长习性】喜阳光充足、干燥的环境。耐旱，不耐寒，生长适温 15~25℃，越冬温度 10℃以上。喜排水良好、疏松的砂质壤土。

【繁殖方法】扦插繁殖。

【园林用途】花形奇特，花色艳丽，花期长，宜作盆栽观赏。

东南景天

Sedum alfredii Hance

景天科，景天属

【形态特征】多年生匍匐状肉质草本，株高 10~20 cm。茎斜上，单生或上部有分枝，小枝弧曲。叶互生，下部叶常脱落，上部叶常聚生，线状楔形、匙形至匙状倒卵形，长 1.2~3 cm，宽 2~6 mm，基部狭楔形。聚伞花序，花黄色，无梗，萼片线状匙形，花瓣披针形至披针状长圆形。蓇葖果斜叉开；种子多数，褐色。花期 4~5 月，果期 6~8 月。

【产地分布】原产中国。朝鲜、日本也有分布。

【生长习性】喜温暖湿润、阳光充足环境。耐半阴，耐寒，耐旱，耐瘠薄。不择土壤，喜疏松、透气土壤。

【繁殖方法】扦插、分株繁殖。

【园林用途】适应性强，对锌、镉、铅等重金属具有超富集作用，是实施困难立地植物修复与生态绿化的优良地被植物。

凹叶景天（圆叶佛甲、石马齿苋）
Sedum emarginatum Migo
景天科，景天属

【形态特征】多年生匍匐状肉质草本，株高10~15 cm。茎细弱，匍匐状。叶对生，匙状倒卵形至宽卵形，长1~2 cm，宽5~10 mm，先端圆，有微缺。聚伞状花序，顶生，花黄色，无梗，萼片披针形至狭长圆形，花瓣线状披针形至披针形。蓇葖略叉开，腹面有浅囊状隆起；种子细小，褐色。花期5~6月，果期6月。

【产地分布】原产于中国云南、四川、湖南、湖北、陕甘及华东等地。

【生长习性】喜温暖湿润、阳光充足环境。耐半阴，耐寒，耐旱，耐瘠薄。不择土壤，喜疏松、透气土壤。

【繁殖方法】扦插、分株繁殖。

【园林用途】植株低矮，叶片密集，是优良的地被植物，宜用于立体绿化或植于封闭式绿地、岩石园。

佛甲草（狗豆芽、指甲草）
Sedum lineare Thunb.
景天科，景天属

【形态特征】多年生匍匐状肉质草本，株高10~20 cm。叶3枚轮生，少有4叶轮生或对生，线形或披针形，扁平，长2~2.5 cm，先端钝尖。聚伞状花序，顶生，二歧分枝，疏生花；萼片5枚，线状披针形；花瓣5枚，黄色，披针形。蓇葖果；种子小。花期4~5月，果期6~7月。

【产地分布】原产中国，分布广泛。日本也有分布。国内外广泛栽培。

【生长习性】喜温暖湿润、阳光充足环境。耐半阴，耐热，耐寒，耐干旱，耐瘠薄。不择土壤。

【繁殖方法】扦插、分株繁殖。

【园林用途】适应性强，生长快，株型低矮紧凑，是优良地被植物，可用于护坡、立体绿化、花境、岩石园等，亦可盆栽观赏。

常见栽培品种如下。

'银边'佛甲草（'Variegatum'）：叶片边缘银色。

'银边'佛甲草

圆叶景天

Sedum makinoi Maxim.
景天科，景天属

【形态特征】多年生匍匐状肉质草本，株高15~25 cm。茎下部节上生根，上部直立。叶对生，倒卵形至倒卵状匙形，先端钝圆，基部渐狭。聚伞状花序，二歧分枝，花无梗；萼片5，线状匙形；花瓣5，黄色，披针形。蓇葖果斜展；种子细小，卵形。花期6~7月，果期7~8月。

【产地分布】原产中国安徽、浙江。日本也有分布。

【生长习性】喜凉爽湿润、半阴环境。不耐夏季高温、日晒；耐寒性较强。喜疏松肥沃的砂质壤土。

【繁殖方法】扦插、分株繁殖。

【园林用途】植株整齐，生长健壮，是优良的地被植物，可用于立体绿化、花境、岩石园和封闭式草坪。

常见栽培品种如下。

'黄金'圆叶景天（'Ogon'）：叶片金黄，茎红褐色。

'花叶'圆叶景天（'Variegatum'）：叶缘银色。

'黄金'圆叶景天

'花叶'圆叶景天

松叶景天（松叶佛甲草）

Sedum mexicanum Britton
景天科，景天属

【形态特征】多年生匍匐状肉质草本，株高10~25 cm。茎半卧，先端直立，易分枝，茎节易生根。叶常4（5）枚轮生，无柄，线状披针形，长1~2 cm，先端急尖。聚伞状花序，顶生，二歧分枝；萼片5，线状披针形；花瓣5，黄色，披针形。蓇葖果；种子小。花期5~6月，果期7~8月。

【产地分布】原产墨西哥。中国各地广泛栽培。

【生长习性】喜温暖湿润、阳光充足环境。耐寒，耐热，耐干旱，耐瘠薄。对土壤要求不严。

【繁殖方法】扦插、分株繁殖。

【园林用途】适应性强，植株细腻整齐，开花时一片金黄，是优良的地被植物，可广泛用于立体绿化、花坛、花境、岩石园和封闭式草坪等。

常见栽培品种如下。

'金丘'（'Gold Mound'）：又名金叶佛甲草，叶片金黄色。

'金丘'

翡翠景天（白菩提、串珠草、驴尾景天、玉缀）

Sedum morganianum E.Walther
景天科，景天属

【形态特征】多年生长常绿草本。茎呈匍匐状半卧或下垂，枝蔓长达1 m。叶互生，密集，厚肉质，浅绿色，被白粉，长圆锥状披针形，顶部急尖，基部稍弯曲。聚伞花序顶生，具2~3分枝；花瓣5枚，深玫红色。蓇葖果；种子小。花期5~6月，果期6~7月。

【产地分布】原产墨西哥亚热带地区。世界各地广泛栽培。

【生长习性】喜阳光充足、干燥通风环境。喜温暖，不耐寒，生长适温16~28℃；耐旱。喜富含有机质、排水良好的砂质土壤。

【繁殖方法】扦插繁殖。

【园林用途】叶片碧绿，密生成串，株型优雅，可作盆栽悬吊观赏，亦可药用。

常见栽培品种如下。

'新玉缀'（'Burrito'）：叶片不弯曲，叶端圆形。

'新玉缀'

藓状景天

Sedum polytrichoides Hemsl.
景天科，景天属

【形态特征】多年生匍匐状肉质草本，株高5~10 cm。茎稍木质，细弱，丛生，有多数不育枝。叶互生，线形至线状披针形，先端急尖，基部有距。花序聚伞状，有2~4分枝；花黄色，花瓣5，窄披针形，先端渐尖。蓇葖星芒状叉开；种子卵状长圆形。花期7~8月，果期8~9月。

【产地分布】原产中国江西、安徽、浙江、陕西、河南、山东、辽宁、吉林、黑龙江。

【生长习性】喜温暖湿润、阳光充足环境。耐热，耐寒，耐旱，耐瘠薄。不择土壤。

【繁殖方法】播种、扦插、分株繁殖。

【园林用途】植株生长健壮，细腻整齐，是优良的地被植物，可用于立体绿化、花坛、花境、岩石园和封闭式草坪等。

垂盆草（佛指甲）

Sedum sarmentosum Bunge
景天科，景天属

【形态特征】多年生匍匐状肉质草本，株高 5~10 cm。茎匍匐，节上生根。叶 3 片轮生，倒披针形至长圆形，先端近急尖，基部急狭。聚伞花序，有 3~5 分枝；花少，无梗，萼片、花瓣均为披针形至长圆形，花黄色。蓇葖果；种子卵形。花期 5~7 月，果期 8 月。

【产地分布】原产中国，分布广泛。朝鲜、日本也有分布。

【生长习性】喜温暖湿润、半阴环境。耐旱，较耐寒，生长适温 15~25℃，越冬温度为 5℃。对土壤要求不严，喜疏松、排水良好的砂质土壤。

【繁殖方法】播种、扦插繁殖。

【园林用途】适应性强，耐粗放管理；宜作地被，可用于立体绿化、护坡等，亦可盆栽观赏。

粉绿狐尾藻（大聚藻）

Myriophyllum aquaticum (Vell.) Verdc.
小二仙草科，狐尾藻属

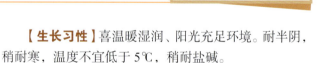

【形态特征】多年生沉水或挺水草本，株高 50~80 cm。茎直立。羽状复叶轮生，二型；沉水叶每轮 4~7 枚，黄绿色；挺水叶每轮 6 枚，深绿色，新生叶表面有一层白霜。雌雄异株，穗状花序生于叶腋；花细小，白色。花期 7~8 月。

【产地分布】原产于南美洲。中国各地常见栽培。

【生长习性】喜温暖湿润、阳光充足环境。耐半阴，稍耐寒，温度不宜低于 5℃，稍耐盐碱。

【繁殖方法】扦插繁殖。

【园林用途】叶形奇特，轮生叶像小片羽毛，一簇簇看上去像狐狸尾巴，既能用于室内水体点缀种植，也可于公园、风景区等水体或湿地水岸边成片种植。

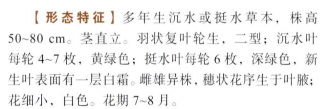

蔓花生

Arachis duranensis Krapov. et W.C.Greg.
豆科，落花生属

【形态特征】多年生草本，株高 10~15 cm。全株散生小茸毛，具明显主根，须根多，均有根瘤。茎具蔓性，匍匐生长。偶数羽状复叶，互生；小叶 2 对，倒卵形，全缘，晚间闭合。花腋生，蝶形，金黄色；花瓣 3 枚，旗瓣近圆形，翼瓣长圆形，龙骨瓣内弯，具喙。荚果长椭圆形，果壳薄。花期春至秋季。

【产地分布】原产中南美洲。现中国华南地区广为栽培。

【生长习性】喜温暖湿润、阳光充足环境。耐旱，耐热，不耐寒，耐贫瘠。宜排水良好的土壤。

【繁殖方法】扦插繁殖。

【园林用途】适应性强，花色金黄，常用于园林绿化的地被植物，也可植于边坡等地防止水土流失。

紫云英（红花草籽）

Astragalus sinicus L.
豆科，黄芪属

【形态特征】二年生草本，株高 10~30 cm。匍匐茎，多分枝。奇数羽状复叶，具 7~13 片小叶；小叶倒卵形或椭圆形，具短柄，上面近无毛，下面散生白柔毛。伞形总状花序，小花 5~10 朵，粉红色。荚果线状长圆形，具短喙，黑色；种子肾形，栗褐色。花期 2~6 月，果期 3~7 月。

【生长习性】喜温暖湿润、阳光充足环境。耐热，不耐寒；耐贫瘠，不耐旱。宜排水良好的土壤。

【繁殖方法】播种繁殖。

【园林用途】具根瘤，固氮能力强，花色鲜艳，是优良的地被植物和绿肥植物。

蝶豆（蝴蝶花豆、蓝花豆）
Clitoria ternatea L.
豆科，蝶豆属

【形态特征】攀缘状草质藤本。茎被贴伏短柔毛。奇数羽状复叶，小叶 5~7 片，宽椭圆形或近圆形。花单朵腋生；花冠蓝色、粉红色或白色，长 5~5.5 cm，旗瓣宽倒卵形，中间有一白色或橙黄色斑，翼瓣倒卵状长圆形，龙骨瓣椭圆形，均远较旗瓣小。荚果扁平，具长喙；种子长圆形，黑色。花果期 7~11 月。

【产地分布】原产印度。现世界各热带地区常见栽培。

【生长习性】喜温暖湿润、阳光充足环境。耐热，不耐寒；耐贫瘠，不耐旱。宜排水良好的土壤。

【繁殖方法】播种繁殖。

【园林用途】花大而多为蓝色，酷似蝴蝶，可用于廊架、篱蔓装饰。

舞草（钟萼豆、跳舞草）
Codariocalyx motorius H.Ohashi
豆科，舞草属

【形态特征】多年生草本至小灌木，株高可达 1.5 m。叶具 3 小叶，侧生小叶很小或缺，顶生小叶长椭圆形或披针形，上面无毛，下面被短柔毛。圆锥花序或总状花序，顶生或腋生，花序轴具钩状毛；花冠紫红色。荚果镰刀形或直，成熟时沿背缝线开裂。花果期 7~10 月。

【产地分布】原产中国南方地区。南亚地区也有分布。

【生长习性】喜温暖湿润、阳光充足环境。耐热，不耐寒；耐贫瘠，不耐旱。宜排水良好的土壤。

【繁殖方法】播种繁殖。

【园林用途】侧生小叶能随着温度和光照以及声波的变化而旋转舞动，故而得名，其独特的生物特性受人喜爱，可于园林中应用，亦可盆栽玩赏。

猪屎豆（黄野百合）

Crotalaria pallida Aiton
豆科，猪屎豆属

【形态特征】多年生灌木状草本，株高可达 1 m。茎枝圆柱形，密被紧贴的短柔毛。三出复叶，小叶长圆形或椭圆形，先端钝圆或微凹，基部阔楔形。总状花序顶生，长达 25 cm，小花 10~40 朵；花冠黄色，伸出萼外，旗瓣圆形或椭圆形，翼瓣长圆形，龙骨瓣最长，弯曲，几达 90°，具长喙。荚果长圆形。花果期 9~12 月。

【产地分布】原产中国南方地区。美洲、非洲、南亚地区亦有分布。

【生长习性】喜温暖湿润、阳光充足环境。耐热，不耐寒；耐贫瘠，不耐旱。宜排水良好的土壤。

【繁殖方法】播种繁殖。

【园林用途】适应性强，花黄色，似蝶形，果形奇特，是优良的竖线条造景植物，也是优良的防水土流失的边坡植物。

香豌豆

Lathyrus odoratus L.
豆科，山黧豆属

【形态特征】一年生草本，株高 50~200 cm。攀缘茎，多分枝，具翅。叶具 1 对小叶，托叶半箭形；叶轴具翅，末端具有分枝的卷须；小叶卵状长圆形或椭圆形，全缘。总状花序长于叶，具 1~4 朵花；花下垂，具香，通常为紫色，也有白色、粉红色、红紫色、蓝色等。荚果线形，无翅。花果期 6~9 月。

【产地分布】原产意大利西西里岛。中国各地有栽培。

【生长习性】喜温暖湿润、阳光充足环境。忌炎热。宜土层深厚、肥沃、排水良好的壤土。

【繁殖方法】播种繁殖。

【园林用途】枝条细长柔软，花形独特，可用于花境、垂直绿化，亦可盆栽或作切花。

多叶羽扇豆（鲁冰花）

Lupinus polyphyllus Lindl.

豆科，羽扇豆属

【形态特征】多年生草本，株高50~100 cm。茎直立。掌状复叶，小叶9~15枚，椭圆状倒披针形。总状花序顶生，长15~40 cm，花多而稠密，互生，花梗较长；花冠蓝色至堇青色，旗瓣反折，龙骨瓣喙尖，先端呈蓝黑色。荚果长圆形，密被绢毛；种子卵圆形，灰褐色，具深褐色斑纹。花期6~8月，果期7~10月。

【产地分布】原产美国西部。中国各地常见栽培。

【生长习性】喜阳光充足、温凉环境。忌炎热，略耐阴，较耐寒，忌积水。宜肥沃、排水良好的砂质土壤。

【繁殖方法】播种繁殖。

【园林用途】叶形优美，花序醒目，小花密集，花色丰富，宜布置花境中景或背景，或丛植于通风良好的疏林下或林缘边，亦可盆栽或作切花。

含羞草（怕羞草、害羞草）

Mimosa pudica L.

豆科，含羞草属

【形态特征】多年生亚灌木状草本，株高可达1 m，株型披散。茎圆柱状，具分枝，散生下弯的钩刺及倒生刺毛。二回羽状复叶，羽片通常2对，指状排列于总叶柄顶端；小叶10~20对，线状长圆形，边缘具刚毛；羽片和小叶触之即闭合下垂。圆球形头状花序单生或2~3个生于叶腋；花小，淡红色，多数，具线形苞片。荚果长圆形，扁平，稍弯曲，边缘波状，具刺毛。花期3~10月，果期5~11月。

【产地分布】原产中国南部。现世界热带地区广泛分布。

【生长习性】喜温暖湿润、阳光充足环境。耐干旱，忌积水，耐贫瘠。宜肥沃疏松、排水良好的土壤。

【繁殖方法】播种、分株繁殖。

【园林用途】株型散落，羽叶纤细秀丽，用手触碰叶片会闭合，犹如害羞的少女一般，故称之含羞草，可点缀种植于花境，也可于室内盆栽观赏。

红车轴草（红三叶）

Trifolium pratense L.
豆科，车轴草属

【形态特征】多年生草本，株高 10~30 cm。茎直立或平卧上升，具纵棱。掌状三出复叶，叶柄较长，茎上部的叶柄短；小叶卵状椭圆形至倒卵形，两面疏生褐色长柔毛，叶面上常有"V"字形白斑。花序球状或卵状，顶生，托叶扩展成焰苞状，具花 30~70 朵，密集；花萼钟形，被长柔毛；花冠紫红色至淡红色，旗瓣匙形，龙骨瓣、翼瓣稍短。荚果卵形。花果期 5~9 月。

【产地分布】原产欧洲中部。中国南北各地均有栽培。

【生长习性】喜阳光充足、温凉环境。忌炎热，略耐阴，不耐寒，不耐旱，忌积水。宜肥沃、排水良好的土壤。

【繁殖方法】播种繁殖。

【园林用途】紫红色的球状花序，美丽壮观，是良好的地被植物，也是优良的牧草植物。

白车轴草（白三叶）

Trifolium repens L.
豆科，车轴草属

【形态特征】多年生草本，株高 10~20 cm。茎匍匐蔓生或平卧上升，节上生根。掌状三出复叶，叶柄较长；小叶倒卵形或近圆形，鲜绿色，叶面中下部常有弧形白斑。花序球形，顶生，具长梗；花冠白色、乳黄色或淡红色，旗瓣匙形，龙骨瓣、翼瓣稍短。荚果长圆形；种子阔卵形。花果期 5~10 月。

【产地分布】原产欧洲和北非。世界各地均有栽培，并在湿润草地、河岸、路边呈半野生状态。

【生长习性】喜阳光充足、温凉环境。忌炎热，略耐阴，较耐寒，不耐旱。宜肥沃、排水良好的土壤。

【繁殖方法】播种繁殖。

【园林用途】适应性强，白色花序，清新淡雅，是良好的地被植物，也是优良的牧草植物。

花叶冷水花（冷水花）

Pilea cadierei Gagnep. et Guillaumin

荨麻科，冷水花属

【形态特征】多年生常绿草本。茎匍匐，长数至 10 m 余，逐节生根。叶纸质或近膜质，有细腺点，下部叶阔卵形或近圆形，上部叶小，卵形或卵状披针形。穗状花序，与叶对生，花单性，雌雄异株；雄花序长 1.5~2 cm，雌花序长 6~8 mm。浆果近球形。花期 4~11 月。

【产地分布】原产越南。现世界各地均有栽培。

【生长习性】喜温暖湿润气候。喜半阴，耐肥，耐湿；不耐寒，冬季不低于 5℃。喜疏松肥沃的砂土。

【繁殖方法】扦插繁殖。

【园林用途】株型小巧秀雅，叶片花纹美丽，可盆栽置于有散射光的室内，也可片植作地被植物。

玲珑冷水花（婴儿泪）

Pilea depressa Blume

荨麻科，冷水花属

【形态特征】多年生草本。茎纤细，肉质，匍匐或下垂。叶小，交互对生，鲜绿色，有光泽，倒卵形，先端圆钝或平截形，有钝齿。

【产地分布】原产澳大利亚。中国常见栽培。

【生长习性】喜高温多湿气候。耐阴，不耐旱。宜疏松肥沃、排水良好的土壤。

【繁殖方法】播种、扦插繁殖。

【园林用途】植株小巧玲珑，叶色碧绿青翠，适合作吊盆或地被。

小叶冷水花（透明草）

Pilea microphylla (L.) Liebm.
荨麻科，冷水花属

【形态特征】多年生草本，高 4~10 cm。茎肉质，多分枝，直立或铺散。叶小，对生，同对的不等大，倒卵形至匙形，全缘，稍反曲，上面绿色，下面浅绿色。雌雄同株，有时同序，聚伞花序密集呈近头状；雄花具梗，花被片 4，黄绿色，开花时能爆出花粉；雌花更小，花被片 3，稍不等长。瘦果卵形。花期夏秋季，果期秋季。

【产地分布】原产南美洲热带。中国华南地区已成为广泛的归化植物。

【生长习性】喜温暖湿润、半阴环境，常生长于路边石缝或墙上阴湿处。

【繁殖方法】播种、扦插繁殖。

【园林用途】株型低矮，嫩绿秀丽，适合盆栽，或假山、盆景点缀等。

皱皮草（虾蟆草、皱叶冷水花）

Pilea mollis Wedd.
荨麻科，冷水花属

【形态特征】多年生常绿草本，株高 10~30 cm。茎基部分枝，细弱，斜向上，具刚毛。叶对生，交互排列，长圆形或倒披针形，叶缘有锯齿或全缘；叶面黄绿色，有凹凸不平的皱纹，3 基出脉，叶脉褐红色。花单性，苞片小，花萼深裂 2，裂片披针形；花冠小，淡粉红色。

【产地分布】原产中南美洲。中国南方有栽培。

【生长习性】喜温暖多湿、半阴环境。宜明亮的散射光，忌直射光，稍耐寒。以富含腐殖质的壤土为佳。

【繁殖方法】扦插繁殖。

【园林用途】叶面波皱，叶脉红褐色，十分美观，适宜盆栽，或室外片植。

泡叶冷水花（毛虾蟆草）
Pilea nummulariifolia (Sw.) Wedd.
荨麻科，冷水花属

【形态特征】多年生草本。茎匍匐蔓生，分枝多而细，节处着地极易生根。叶对生，圆形，质薄，先端圆形，基部心形，叶缘具半圆形锯齿，叶脉在叶面凹陷，叶脉间叶肉凸起，看上去成泡状，且具短粗毛。花小，不明显。

【产地分布】原产北美洲南部和南美洲北部。中国华南地区有栽培。

【生长习性】喜高温多湿、半阴环境。不耐寒，越冬温度不低于10℃。宜疏松、排水好的腐殖土。

【繁殖方法】扦插繁殖。

【园林用途】叶色青翠，叶面凹凸不平，颇有奇趣，适于室内吊盆栽植，也可片植铺地绿化。

镜面草（一点金）
Pilea peperomioides Diels
荨麻科，冷水花属

【形态特征】多年生草本，具匍匐根茎，高15~40 cm。茎肉质，下部多少木质化。叶呈"十"字对生，椭圆形，先端骤凸，基部楔形或钝圆，边缘上半部有锯齿；叶面深绿色，脉间有间断、凸起的白色斑块，背面淡绿色，3基出脉。花雌雄异株；雄花序头状，常成对生于叶腋；雄花倒梨形，花被片4，合生至中部；雌花长约1 mm，花被片4，近等长。花期9~11月。

【产地分布】原产中国云南和四川。现世界各地均有栽培。

【生长习性】喜温暖湿润气候。喜半阴，耐肥，耐湿；不耐寒，冬季不低于5℃。喜疏松肥沃的砂土。

【繁殖方法】扦插繁殖。

【园林用途】株型小巧秀雅，叶片花纹美丽，可盆栽置于有散射光的室内，也可片植作地被植物。

吐烟花

Procris repens (Lour.) B.J.Conn et Hadiah
荨麻科，藤麻属

【形态特征】多年生草本。茎肉质，平卧，长 20~60 cm，常分枝，节处生根。叶斜长椭圆形或斜倒卵形，边缘有波状浅钝齿或近全缘。花雌雄同株或异株；雄花序有长梗，宽椭圆形或椭圆形，雄花开花时能爆出花粉，如吐烟雾；雌花序无梗，有多数密集的花，船状狭长圆形。瘦果有小瘤状突起。花期 5~10 月。

【产地分布】原产东南亚。中国各地有栽培。

【生长习性】喜温暖潮湿、光照明亮的半阴环境。避免阳光直射，不耐寒。宜富含腐殖质、排水良好的壤土。

【繁殖方法】扦插繁殖。

【园林用途】株型低矮紧凑，枝叶繁密，四季常绿，适合盆栽观赏，也可用于假山点缀，或作林下地被。

观赏南瓜（玩具南瓜、看瓜、观赏西葫芦）

Cucurbita melopepo L.
葫芦科，南瓜属

【形态特征】一年生蔓性草本。茎常节部生根，伸长达 2~5 m，被半透明毛刺，卷须多分叉。叶片大，掌状有 5 角或 5 浅裂，叶脉隆起，叶面有茸毛。雌雄同株异花，单生叶腋；花萼筒钟形，花冠黄色或橙黄色，钟状，果梗粗壮，有棱和槽。瓠果形状多样，因品种而异，具有各种斑纹；种子扁平，椭圆形。

【产地分布】原产墨西哥到中美洲一带。世界各地普遍栽培。

【生长习性】喜温暖湿润、阳光充足环境。耐热、耐旱，不耐涝。对土壤要求不严，以疏松肥沃、排水良好的壤土为宜。

【繁殖方法】播种繁殖。

【园林用途】果形小巧可爱，果色艳丽丰富，观赏价值高，适合观光园区、庭院种植，亦可作切果。

观赏葫芦（小葫芦、腰葫芦）

Lagenaria siceraria (Molina) Standl.
葫芦科，葫芦属

【形态特征】一年生攀缘草本，藤长可达10 m余。茎、枝具沟纹，被黏质长柔毛。叶卵状心形或肾状卵形，不分裂或3~5裂，具5~7掌状脉，先端锐尖，基部心形，边缘有不规则锯齿；卷须纤细，上部分二歧。雌雄同株，雌、雄花均单生，花冠白色。果实初为绿色，后变白色至带黄色，长约10 cm，中部缢细，熟后果皮木质；种子白色，倒卵形或三角形。花期7~9月，果期8~10月。

【产地分布】广泛分布于热带至温带地区。中国各地有栽培。

【生长习性】喜温暖湿润、阳光充足环境。喜疏松肥沃、排水良好的土壤。

【繁殖方法】播种繁殖。

【园林用途】果实奇特可爱，具有较高的观赏和艺术价值，适合于棚架栽培，可观赏花、果。

蛇瓜

Trichosanthes cucumerina L.
葫芦科，栝楼属

【形态特征】一年生草质藤本。茎纤细，多分枝，被柔毛及长硬毛。叶圆形或肾状圆形，3~7浅至中裂，有时深裂，叶基弯缺深心形；叶面被柔毛和长硬毛，背面密被茸毛；卷须二至三歧。雌雄同株，雄花单生或组成总状花序，雌花单生；花冠白色，裂片卵状长圆形，具流苏。果长圆柱形，通常扭曲，幼时绿色，具苍白色条纹，成熟时橙黄色；种子长圆形，扁，两面具皱纹。花期7~9月，果期8~10月。

【产地分布】原产印度。中国南北均有栽培。

【生长习性】喜温暖湿润、光照充足环境。耐湿热，生长适温20~35℃。对土壤要求不严。

【繁殖方法】播种繁殖。

【园林用途】适应性强，果实体态各异，酷似长蛇，栩栩如生，适合棚架栽培，可观赏花、果。

银星秋海棠

Begonia × albopicta W.Bull
秋海棠科，秋海棠属

【形态特征】多年生草本，株高 80~100 cm。叶片稍肉质，偏斜的卵状三角形，宽大于长，基部斜心形，边缘有不规则浅裂，叶面深绿色，有时具银白色斑点，叶脉在叶面稍下凹，背面突起。聚伞花序顶生或腋生，多花，苞片卵状长圆形，粉红色；雄花花被片 4，粉红色，外轮 2 枚较大，内轮 2 枚较小；雌花花被片 5~6，粉红色，外轮最大 1 片阔卵形至近圆形。蒴果具不等 3 翅，最大翅新月形。花期几乎全年。

【产地分布】竹节秋海棠（*B. maculata*）与 *B. olbia* 的天然杂交种，原产巴西。中国西南、华南等地常见栽培。

【生长习性】喜温暖湿润、半阴环境。忌强光暴晒，有一定耐寒力；怕旱，忌涝。喜疏松肥沃、排水良好的壤土。

【繁殖方法】播种、扦插繁殖。

【园林用途】株型挺拔，叶面具密集的银白色斑点，花期长，适合盆栽，或庭园、花境美化。

玻利维亚秋海棠

Begonia boliviensis A.DC.
秋海棠科，秋海棠属

【形态特征】多年生草本，块状茎扁球形。茎多分枝，下垂，绿褐色。叶较长，卵状披针形。花橙红色，钟状，下垂，花被片长条状披针形。蒴果，具不等 3 翅。花期夏季。

【产地分布】原产玻利维亚、阿根廷和秘鲁安第斯山脉。中国有引种栽培。

【生长习性】喜温暖湿润、半阴环境。不耐寒，不耐干旱。宜疏松肥沃、排水良好的砂壤土。

【繁殖方法】分球、扦插繁殖。

【园林用途】茎枝下垂，花色艳丽，适合吊盆观赏。

虎斑秋海棠（细蜘蛛秋海棠）

Begonia bowerae Ziesenh. 'Tiger'

秋海棠科，秋海棠属

【形态特征】多年生常绿草本。植株细小，具粗壮肥大的肉质根状茎，叶和花均从根状茎上长出，在靠近土面处长成一簇。叶片卵圆形，具长柄，叶柄绿色，有红褐色斑点，叶面暗红褐色，有不规则的浅绿色斑块，叶缘具白毛。蒴果；种子极小。花期9~11月，果期10月至翌年2月。

【产地分布】园艺品种。中国华南地区有栽培。

【生长习性】喜温暖湿润、半阴环境。不耐寒，忌高温干燥和烈日暴晒，生长适温15~25℃。喜腐殖质丰富、疏松肥沃、排水良好的基质土。

【繁殖方法】播种、分株、扦插繁殖。

【园林用途】株型紧凑，叶片斑斓，是优良的观叶植物，宜盆栽观赏，或作植物墙、点缀假山等。

大红秋海棠（红花竹节秋海棠）

Begonia coccinea Hook.

秋海棠科，秋海棠属

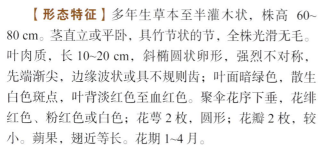

【形态特征】多年生草本至半灌木状，株高60~80 cm。茎直立或平卧，具竹节状的节，全株光滑无毛。叶肉质，长10~20 cm，斜椭圆状卵形，强烈不对称，先端渐尖，边缘波状或具不规则齿；叶面暗绿色，散生白色斑点，叶背淡红色至血红色。聚伞花序下垂，花绯红色、粉红色或白色；花萼2枚，圆形；花瓣2枚，较小。蒴果，翅近等长。花期1~4月。

【产地分布】原产巴西。中国华南地区常见栽培。

【生长习性】喜温暖湿润环境。耐阴，不耐寒，忌高温干燥和烈日暴晒。喜肥沃、排水良好的土壤。

【繁殖方法】播种、扦插繁殖。

【园林用途】株型潇洒，叶片美丽，花期早，花成簇下垂，色泽艳丽，适合庭园种植或室内盆栽。

四季秋海棠（四季海棠）

Begonia cucullata Willd.
秋海棠科，秋海棠属

【形态特征】多年生草本，高15~30 cm。茎直立，稍肉质，基部多分枝。单叶互生，卵圆形至宽卵圆形，边缘有锯齿和缘毛，两面光亮，绿色，有红色叶品种。聚伞花序腋生，花红色、淡红色或白色；雄花较大，花被片4，雌花稍小，花被片5。蒴果具翅。花期几乎全年。

【产地分布】原产巴西。中国各地广泛栽培。

【生长习性】喜温暖湿润、阳光充足环境。稍耐阴，夏天避免强光直射；不耐寒，怕热及水涝。宜疏松、湿润、排水良好的土壤。

【繁殖方法】播种、扦插繁殖。

【园林用途】株姿秀美，叶色光亮，花量大，花期长，适于花坛、花台、花境等应用，亦可盆栽观赏。

四季秋海棠品种丰富，按叶色可分为绿叶系和铜叶系，常见栽培品种如下。

'巴特宾'（'Bada Bing'）系列：包括绿叶和铜叶品种，开花早，花色有白、粉红、玫红、猩红、玫红双色等。

'鸡尾酒'（'Cocktail'）系列：铜叶系，株高20~25 cm，耐阳光，不怕晒，花色有淡粉、深粉、玫红、红、白等。

'超奥'（'Super Olympia'）系列：绿叶系，株高20~25 cm，花色有白、粉红、玫红、红、白色粉边等。

'巴特宾'系列

'鸡尾酒'系列

'超奥'系列

丽格秋海棠（丽格海棠、玫瑰海棠）

Begonia × hiemalis Fotsch
秋海棠科，秋海棠属

【形态特征】多年生草本，株高 20~40 cm。地下部无明显肥大，茎枝肉质多汁，易脆折，直立型或略蔓垂性。单叶互生，卵圆形或斜心形，先端锐尖。复二歧聚伞花序，侧生于叶腋；花朵硕大，花形变化多样，单瓣或重瓣，花色有红、白、黄、橙、粉等。花期秋至冬季。

【产地分布】德国育种家培育的园艺杂种，亲本为球根秋海棠（*B.* × *tuberhybrida*）与阿拉伯秋海棠（*B. socotrana*）。中国南方常见栽培。

【生长习性】喜温暖湿润、半阴环境。不喜强光，忌闷热，生长适温 15~23℃；不耐瘠，忌涝，雨季注意排水。喜疏松、肥沃的壤土。

【繁殖方法】扦插、组培繁殖。

【园林用途】花大色艳，花色丰富，花期长，适于室内盆栽观赏，南方地区也可用于园林景观布景。

杂交秋海棠

Begonia hybrida Burb.
秋海棠科，秋海棠属

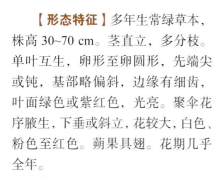

【形态特征】多年生常绿草本，株高 30~70 cm。茎直立，多分枝。单叶互生，卵形至卵圆形，先端尖或钝，基部略偏斜，边缘有细齿，叶面绿色或紫红色，光亮。聚伞花序腋生，下垂或斜立，花较大，白色、粉色至红色。蒴果具翅。花期几乎全年。

【产地分布】园艺杂交类群。中国各地常见栽培。

【生长习性】喜温暖湿润、半阴环境。耐热，不耐寒，忌高温干燥和水涝。宜疏松、排水透气的栽培基质。

【繁殖方法】播种、扦插繁殖。

【园林用途】开花繁茂，花期长，适合花坛、花台或室内盆栽。常见栽培品种如下。

'宝贝龙翅'（'Baby Wing'）系列：株高 30~40 cm，直立生长，有白、粉、红、双色等品种。

'龙翅'（'Dragon Wing'）系列：株高 30~40 cm，拱垂生长，花大，有粉红色和红色。

'超级巨星'（'Megawatt'）系列：株高 50~70 cm，绿叶或铜叶，花粉红色、玫红色或红色。

'宝贝龙翅'系列

'龙翅'系列

'超级巨星'系列

竹节秋海棠

Begonia maculata Raddi
秋海棠科，秋海棠属

【形态特征】多年生草本，株高70~150 cm。茎直立或披散状，具明显竹节状的节。叶厚，肉质，斜长圆形至长圆状卵形，顶端尖，基部心形，边缘浅波状，叶面深绿色，有多数圆形的白色斑点，背面深红色，叶柄紫红色。聚伞花序腋生而悬垂，花淡红色或白色；雄花的萼片2，大于2枚花瓣；雌花的萼片与花瓣5，等大，子房大而有翅。蒴果。花期7~10月，果期8~12月。

【产地分布】原产巴西。中国华南地区常见栽培。

【生长习性】喜温暖湿润、半阴环境。不耐寒，忌高温干燥和烈日暴晒。喜疏松肥沃、排水良好的中性壤土。

【繁殖方法】播种、扦插繁殖。

【园林用途】茎秆奇特如竹节，花成簇下垂，娇媚艳丽，适合庭园种植或室内盆栽。

常见栽培品种如下。

'斑叶'竹节秋海棠('Wightii')：俗称鳟鱼秋海棠，叶片表面暗绿色，布满白色斑点，花白色。

'斑叶'竹节秋海棠

铁甲秋海棠（铁十字秋海棠）

Begonia masoniana Irmsch. ex Ziesenh.
秋海棠科，秋海棠属

【形态特征】多年生草本。叶基生，通常1片，具长柄；叶片两侧极不相等，斜宽卵形至斜近圆形，掌状5~7脉，基部深心形，叶缘有微凸长芒密齿；叶面绿色，沿叶脉有紫褐色斑纹，表面有独特的泡状突起和刺毛。花葶有棱，花多数，黄绿色，组成四至五回圆锥状二歧聚伞花序；雄花花被片4，雌花花被片3，子房具3窄翅。花期5~7月，果期9月开始。

【产地分布】原产中国广西。越南也有分布。世界各地广泛栽培。

【生长习性】喜温暖湿润、半阴环境。忌强光直射，不耐干旱，不耐高温。喜疏松、富含腐殖质、排水良好的壤土。

【繁殖方法】分株、扦插繁殖。

【园林用途】株型紧凑，叶片秀丽，适合盆栽室内观赏，也可于林阴下丛植或片植。

大王秋海棠（蟆叶秋海棠、毛叶秋海棠）

Begonia rex Putz.
秋海棠科，秋海棠属

【形态特征】多年生草本，高15~25 cm。根状茎圆柱形，呈结节状。叶均基生，具长柄；叶片两侧不相等，轮廓长卵形，具掌状6~7脉，先端短渐尖，基部歪心形，边缘具不等三角形浅齿；叶面深绿色，常有各种浅色斑，叶柄密被褐色长硬毛。花莛具棱；花2朵，茎生。蒴果3翅，1翅特大。花期5月，果期8月。

【产地分布】原产中国云南、贵州、广西。越南、印度和喜马拉雅山区也有分布。中国南方地区广泛栽培。

【生长习性】喜温暖湿润、半阴通风环境。忌强光直射，不耐寒，不耐高温，生长适温22~28℃。宜富含腐殖质、排水透气的砂壤土。

【繁殖方法】分株、叶插繁殖。

【园林用途】叶色丰富，是栽培最普遍的观叶类秋海棠，可室内盆栽观赏，也可植于庭园庇荫处。

大王秋海棠品种繁多，常见栽培品种如下。

'蜗牛'（'Escargot'）：叶片螺旋状卷曲，伴有银灰色斑纹，形似蜗牛壳。

'焰火'（'Fireworks'）：叶面银色，中心呈烟花状深紫色，边缘紫色。

'红拖鞋'（'Ruby Slippers'）：叶面红色，基部紫黑色。

'圣尼克'（'St. Nick'）：叶面中央紫红色，边缘绿色，具白斑。

'焰火'

'蜗牛'

'红拖鞋'

'圣尼克'

球根秋海棠（球根海棠、茶花海棠）

Begonia × *tuberhybrida* Voss
秋海棠科，秋海棠属

【形态特征】多年生草本，具不规则的扁球形块状茎，株高 30~100 cm。地上茎直立或铺散，肉质，多分枝。叶互生，不规则心形，先端锐尖，基部偏斜，边缘齿状。聚伞花序腋生，每花序常开 3 朵；花单性同株，雄花大而美丽，单瓣、半重瓣或重瓣，瓣缘有丝状、波皱状或鸡冠状，花色丰富，有白、红、粉、橙、黄、紫红及复色。蒴果三棱状，具 3 翅。花期 5~11 月。

【产地分布】园艺杂交品种。中国各地常见栽培。

【生长习性】喜温暖湿润、半阴通风环境。生长适温 16~21℃。宜疏松肥沃、排水良好的微酸性土壤。

【繁殖方法】分球、组培繁殖。

【园林用途】花大而艳丽，姿态优美，兼有茶花、牡丹、月季等名花的姿色，适合盆栽或花坛、花境、庭院布置。

红花酢浆草（紫花酢浆草、大酸味草）

Oxalis debilis Kunth
酢浆草科，酢浆草属

【形态特征】多年生草本，具球状鳞茎。无地上茎。叶基生，具叶柄；小叶 3 枚，扁圆状倒心形，先端凹缺，基部宽楔形。二歧聚伞花序，总花梗基生，被毛；萼片 5，披针形，顶端具暗红色小腺体 2 枚；花瓣 5，倒心形，淡紫色至紫红色。花果期 3~12 月。

【产地分布】原产南美。中国长江以北各地作为观赏植物引入，南方各地已逸为野生。

【生长习性】喜温暖湿润、阳光充足环境。耐阴，不耐旱；抗寒力较强，华北地区可露地栽培。宜疏松肥沃、排水良好的土壤。

【繁殖方法】分株繁殖。

【园林用途】适应性强，植株低矮，花期长，常用作地被植物，亦可植于花境、花台等。

黄花酢浆草

Oxalis pes-caprae L.
酢浆草科，酢浆草属

【形态特征】多年生草本，株高 5~10 cm。根茎匍匐，具块茎。叶基生，具叶柄；小叶 3 枚，倒心形，先端深凹，基部楔形，两面被柔毛，具紫斑。伞形花序基生，总花梗明显长于叶，被柔毛；萼片披针形，边缘白色膜质，具缘毛；花瓣 5 枚，宽倒卵形，黄色。蒴果圆柱形；种子卵形。

【产地分布】原产南非。中国各地有栽培。

【生长习性】喜温暖湿润环境。喜阳，耐半阴；喜湿，不耐旱。宜腐殖质丰富、排水良好的土壤。

【繁殖方法】分株繁殖。

【园林用途】植株低矮，花色明亮，常用作地被植物，或植于花境、花台等。

紫叶酢浆草（三角叶酢浆草）

Oxalis triangularis A.St.-Hil.
酢浆草科，酢浆草属

【形态特征】多年生草本，株高 15~30 cm。地下部分具鳞茎，会不断增生。叶丛生于基部，小叶 3 枚，倒三角形，宽大于长，质软，紫红色，部分品种的叶片内侧还镶嵌有如蝴蝶般的紫黑色斑块。伞形花序具花 12~14 朵，总花梗基生；花瓣 5 枚，宽倒卵形，淡紫色或白色，端部呈淡粉色，端部呈淡粉色。蒴果圆柱形，被柔毛。花期夏秋季。

【产地分布】原产巴西。中国各地有栽培。

【生长习性】喜温暖湿润、阳光充足环境。耐半阴，不耐旱。宜腐殖质丰富、排水良好的土壤。

【繁殖方法】分株繁殖。

【园林用途】叶形奇特，叶色深紫，十分醒目，常用作地被植物，或植于花境、花台等。

班克斯堇菜（熊猫堇、肾叶堇）

Viola banksii K.R.Thiele et Prober
堇菜科，堇菜属

【形态特征】多年生蔓性草本，株高 10~20 cm。叶互生，宽肾形，先端钝圆，基部深心形或心形，边缘具钝齿，表面叶脉明显。花单朵腋生，花茎高出叶丛；花瓣紫白色，卵形或椭圆形，顶生 2 枚花瓣直立向上，稍外翻，很像熊猫的耳朵，故得名"熊猫堇"。蒴果长椭圆状；种子黑色。花期 5~11 月。

【产地分布】原产澳大利亚东部。中国南方有引种栽培。

【生长习性】喜温暖湿润、光照充足环境。性强健，较耐阴，耐湿热。宜疏松肥沃、排水良好的土壤。

【繁殖方法】播种、扦插繁殖。

【园林用途】株型匍匐，覆盖性好，花色亮丽，花形独特，可做林下地被或种植于台阶边，亦可盆栽观赏。

香堇菜（香堇）

Viola odorata L.
堇菜科，堇菜属

【形态特征】多年生草本，株高 3~15 cm。无地上茎，具匍匐枝，根状茎较粗。叶基生，圆形或肾形至宽卵状心形，开花期叶片较小，花后叶片渐增大，基部深心形，边缘具圆钝齿。花较大，深紫色、浅紫色、粉红色或白色，具芳香；花梗细长，中部或中部以上有 2 枚线形小苞片；花瓣边缘波状，上方花瓣倒卵形，下方花瓣宽倒卵形。蒴果球形，密被短柔毛。花期 2~4 月。

【产地分布】原产欧洲、亚洲西部。中国各大城市多有栽培。

【生长习性】喜光照充足、凉爽环境。稍耐半阴，较耐寒，适宜生长温度 10~25 ℃。宜疏松肥沃、排水良好、富含有机质的中性壤土。

【繁殖方法】播种繁殖。

【园林用途】耐寒性好，花色多样，具芳香，是冬春季节优良的园林花卉，宜植于花境、路边、岩石园、野趣园、或作地被，也可盆栽观赏。

角堇（小花三色堇）

***Viola cornuta* L.**
堇菜科，堇菜属

【形态特征】多年生草本，常作二年生栽培，株高10~30 cm。茎较短而直立，分枝能力强。叶互生，披针形或卵形，边缘有锯齿；托叶小，呈叶状，离生。花单朵腋生，花径 2.5~4.0 cm；花瓣 5 枚，有红、白、黄、紫、蓝等颜色，常有花斑，下方一枚花瓣通常稍大且基部延伸成距，花形似三色堇，但距比后者长。蒴果椭圆形，成熟时 3 瓣裂；种子倒卵状，有光泽。花期 3~7 月，果期 5~8 月。

【产地分布】原产西班牙和比利牛斯山脉。中国及世界各地均有栽培。

【生长习性】喜光照充足、凉爽环境。稍耐阴，耐寒性强，可耐轻度霜冻，忌高温，但比三色堇耐热性好，生长适温 10~15℃。宜疏松肥沃、排水良好的土壤。

【繁殖方法】播种繁殖。

【园林用途】株型矮小，开花繁密，花小巧，花色丰富，是秋冬季和早春的重要园林花卉，宜植于花坛、花境、花台、岩石园、野趣园，或作地被；也可盆栽，置于窗台、门廊、庭院等。

常见栽培品种如下。

'忍耐'（'Endurio'）系列：株高 15~20 cm，半垂吊型，越冬表现良好，目前有 12 个不同花色。

'花力'（'Floral Power'）系列：株高 10~15 cm，开花早，有 35 个以上花色品种。

'小钱币'（'Penny'）系列：株高 10~15 cm，分枝力强，越冬性好，花径 3~4 cm，花色丰富，具有近 40 个不同花色品种。

'小铃铛'（'Rebelina'）系列：分枝多，蔓生性好，开花早，花期长，有金黄色、红黄双色、蓝黄双色、紫黄双色等。

'果汁冰糕'（'Sorbet'）系列：株高 15~20 cm，冠幅 15~20 cm，花径 3~4 cm，具 14 个不同花色；后来又推出'果汁冰糕 XP'（'Sorbet XP'）系列，包括 30 多个不同花色品种。

'忍耐'系列　　'花力'系列　　'小钱币'系列
'小铃铛'系列　　'果汁冰糕'系列　　'果汁冰糕'系列

大花三色堇

Viola × wittrockiana Gams
堇菜科，堇菜属

【形态特征】多年生草本，常作二年生栽培，株高10~30 cm。叶互生，基生叶心形至卵形，具长柄，茎生叶较长，边缘具稀疏的圆齿或钝锯齿；托叶大，叶状，羽状深裂。花大，腋生，花梗先端弯垂，花朵侧向开放；花瓣5枚，呈蝴蝶状排列，下方花瓣具细距，花色极为丰富，有白、黄、红、粉、橙、蓝、紫、紫黑等单色和复色品种。蒴果椭圆形；种子黄褐色。花期3~6月，果期5~7月。

【产地分布】园艺杂种。世界各地广泛栽培。

【生长习性】喜凉爽湿润、阳光充足环境。较耐寒，不怕霜，忌高温。宜疏松肥沃、排水良好的土壤。

【繁殖方法】播种繁殖。

【园林用途】植株低矮，耐寒性强，花色丰富，是冬春季重要园林花卉，享有"花坛皇后"的美誉，宜植于花坛、花境、花台、岩石园、大树下，也可盆栽，作为冬季或早春摆花之用。

常见栽培品种如下。

超大花型（Extra-large-flowered）：花径9~12 cm，如'壮丽大花'（'Majestic Giants'）、'超级帝国巨人'（'Super Majestic Giants'）、'巨人'（'Colossus'）、'超级宾哥'（'Matrix'）等系列。

大花型（Large-flowered）：花径6~9 cm，如'宾哥'（'Bingo'）、'春季超级宾哥'（'Spring Matrix'）、'诺言'（'Promise'）、'革命者'（'Dynamite'）、'新革命者'（'Grandio'）、'卡玛'（'Karma'）、'得大'（'Delta'）、'普鲁斯'（'Inspire Plus'）等系列。

中花型（Medium-flowered）：或称多花型（Multiflora），花径4~6 cm，如'Baby Lucia' 'Crystal Bowl' 'Maxim' '潘诺拉'（'Panola'）、'花蝴蝶'（'Mariposa'）、'超凡'（'Grandissimo'）等系列。

垂吊型（Spreading/Trailing）：蔓生习性，株幅可达60 cm，如'冷凉波浪'（'Cool Wave'）、'奇妙瀑布'（'WonderFall'）等系列。

'超级宾哥'系列

'得大'系列

'巨人'系列

'壮丽大花'系列

'诺言'系列

'春季超级宾哥'系列

'普鲁斯'系列

'潘诺拉'系列

'冷凉波浪'系列

'奇妙瀑布'系列

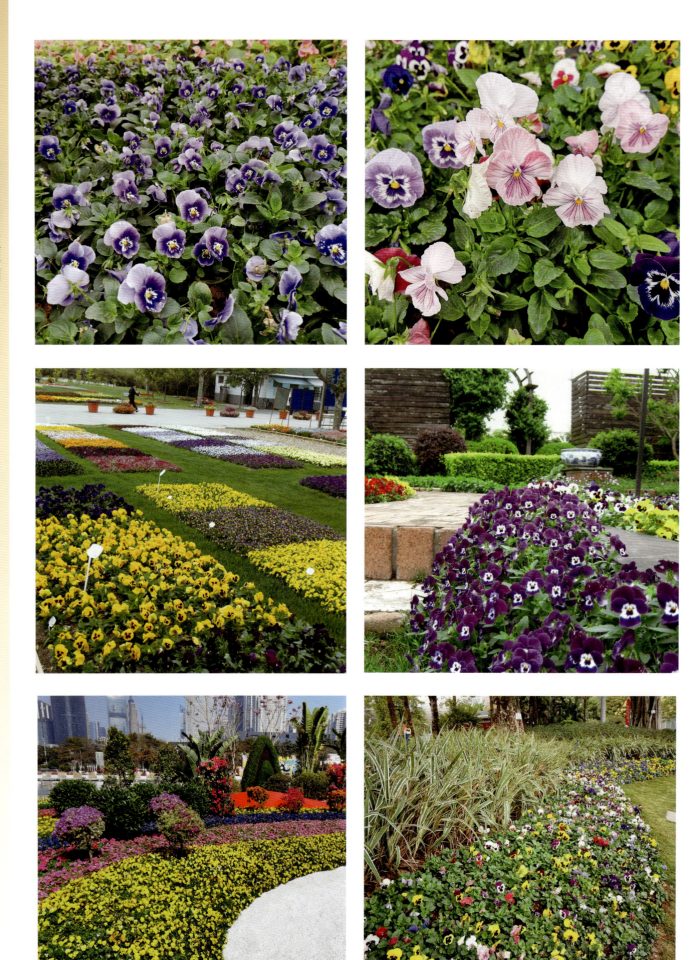

三色堇（猫儿脸、鬼脸花、蝴蝶花）
Viola tricolor L.
堇菜科，堇菜属

【形态特征】一、二年生或多年生草本，高10~40 cm。地上茎直立或稍倾斜，有棱。基生叶长卵形或披针形，具长柄；茎生叶卵形或长圆状披针形，上部叶柄较长，下部者较短；托叶叶状，羽状深裂。花单生叶腋，通常每花有紫、黄、白三色；上方花瓣深紫堇色，侧方及下方花瓣均为三色，有紫色条纹。蒴果椭圆形。花期4~7月，果期5~8月。

【产地分布】原产欧洲。世界各地均有栽培。

【生长习性】喜凉爽、阳光充足环境。耐寒，忌高温和积水。宜疏松肥沃、排水良好的土壤。

【繁殖方法】播种、分株繁殖。

【园林用途】植株低矮，花色瑰丽，宜植于花坛、花境、花台、岩石园等，也可盆栽观赏。

西番莲（蓝色西番莲）
Passiflora caerulea L.
西番莲科，西番莲属

【形态特征】多年生草质藤本。叶纸质，掌状3~7深裂，基部近心形，裂片全缘。聚伞花序退化仅存1花，与卷须对生；萼片5枚，外面淡绿色，内面绿白色；花瓣5枚，淡绿色，与萼片近等长；外副花冠裂片3轮，丝状，外轮与中轮裂片顶端天蓝色，中部白色，下部紫红色，内轮裂片顶端具1紫红色头状体；内副花冠流苏状，裂片紫红色；花盘膜质。浆果卵球形至近圆球形，熟时橙色或黄色。花期5~7月，果期7~9月。

【产地分布】原产南美。世界各地广泛栽培。

【生长习性】喜温暖湿润、阳光充足环境。耐热，不耐寒；忌积水，不耐旱。对土壤要求不严，宜富含有机质、疏松、排水良好的土壤。

【繁殖方法】播种、扦插、压条繁殖。

【园林用途】花果俱美，花大而奇特，热情奔放，可作庭园立体绿化植物，也可盆栽观赏。

鸡蛋果（百香果、洋石榴）

Passiflora edulis Sims
西番莲科，西番莲属

【形态特征】多年生草质藤本。茎长约 6 m，具细条纹。叶纸质，掌状 3 深裂，裂片有锯齿。聚伞花序退化仅存 1 花，与卷须对生；花芳香，白色；萼片 5 枚，长圆形，外面绿色，内面绿白色；花瓣 5 枚，披针形，与萼片近等长；副花冠裂片 4~5 轮，外 2 轮丝状，与花瓣近等长，基部淡绿色，中部紫色，顶部白色，内 2~3 轮窄三角形，极短；内花冠非褶状，顶端全缘或不规则撕裂状；花盘膜质。浆果卵球形，熟时紫色。花期 5~10 月，果期 11 月。

【产地分布】原产南美。现世界热带和亚热带地区广泛栽培。

【生长习性】喜温暖湿润、阳光充足环境。耐半阴，不耐寒。适应性强，不择土壤，宜富含有机质、排水良好的砂质壤土。

【繁殖方法】播种、扦插、压条繁殖。

【园林用途】花果俱美，花大而美丽，是一种理想的庭园立体绿化植物，也可盆栽观赏。

红花西番莲（洋红西番莲）

Passiflora miniata Vanderpl.
西番莲科，西番莲属

【形态特征】多年生常绿草质藤本。茎圆形，具卷须，长 6~8 m。叶互生，长圆形至长卵形，边缘具不规则浅疏齿。花单生叶腋，苞片绿色或红绿色，花瓣红色，长披针形，先端微急尖，稍向下垂；副花冠 3 轮，丝状，最外轮较长，紫褐色并散布白色斑点，内两轮稍短，白色。花期春至秋季，以春夏为盛。

【产地分布】原产南美。中国南方地区有引种栽培。

【生长习性】喜高温湿润、光照充足环境。不耐阴，不耐寒。宜肥沃、富含有机质、排水良好的砂壤土。

【繁殖方法】扦插繁殖。

【园林用途】花朵硕大，花形奇特，花色艳丽，是优良的垂直绿化植物，可应用于庭院、花廊、花架、栅栏等。

猩猩草（草本一品红）

Euphorbia cyathophora Murray
大戟科，大戟属

【形态特征】一年生至多年生草本，株高可达 1 m。茎直立，上部多分枝。叶互生，卵形、椭圆形或卵状椭圆形，边缘波状分裂或具波状齿或全缘。总苞叶与茎生叶同形，较小，淡红色或仅基部红色。花序单生，总苞钟状，绿色，边缘 5 裂，裂片三角形，常呈齿状分裂。蒴果三棱状球形，成熟时 3 瓣裂；种子卵状椭圆形，褐色至黑色。花果期 5~11 月。

【产地分布】原产中南美洲。现中国各地均有栽培。

【生长习性】喜阳光充足、温暖干燥环境。喜凉爽，不耐寒，怕霜冻，不耐高温；耐半阴，忌积水。宜疏松肥沃、排水良好的腐殖质土壤。

【繁殖方法】播种、扦插繁殖。

【园林用途】常用作花境、花台中的点缀花材，或者盆栽观赏。

皱叶麒麟

Euphorbia decaryi Guillaumin
大戟科，大戟属

【形态特征】多年生肉质草本，呈矮性匍匐状，株高 5~10 cm。肉质茎短小，细圆棒状，表皮深褐色至黄褐色、灰白色，并有粗糙的褶皱。叶轮生，长椭圆形，全缘，深绿色至灰褐色，表面完全皱缩；植株仅上部留有少量的叶片。花生于枝上部叶腋，具 2 枚苞片，小花黄绿色，不甚显著。

【产地分布】原产非洲东部的马达加斯加岛。世界各地有栽培。

【生长习性】喜温暖、干燥环境。耐高温，不耐寒，怕霜冻；喜阴，忌阳光直射；耐干旱，忌积水。宜疏松、排水良好的砂质土壤。

【繁殖方法】分株、扦插繁殖。

【园林用途】幼株直立，成株则匍匐生长，可盆栽，也可用于沙地景观营造。

禾叶大戟

Euphorbia graminea Jacq.
大戟科，大戟属

【形态特征】一年生或多年生草本，株高 30~80 cm。茎直立或斜生，多分枝，具白色乳汁。叶互生或对生，卵形至长椭圆形，上部叶片逐渐变小，叶面具浅色"V"形纹。杯状花序 2~3 个组成伞房状花序生于枝顶，或单生于叶腋，具白色苞片；总苞钟状或倒圆锥形，腺体 2~4，边缘具白色花瓣状附属物，有时无。蒴果卵球形。花果期全年。

【产地分布】原产墨西哥北部至南美洲北部。世界多地归化为杂草。中国华南地区有栽培。

【生长习性】喜阳光充足、温暖干燥环境。喜凉爽，不耐高温；耐干旱，忌积水。宜肥沃疏松、排水良好的土壤。

【繁殖方法】播种繁殖。

【园林用途】株型紧凑，白色小苞片远看像满天繁星，常用于花境中，也可作切花或盆栽。

银边翠

Euphorbia marginata Pursh.
大戟科，大戟属

【形态特征】一年生草本，株高 60~80 cm。茎单生，自基部向上多分枝，具乳白色汁液。叶互生，椭圆形，绿色，全缘，无柄或近无柄。总苞叶 2~3 枚，椭圆形，绿色具白边；苞叶椭圆形，花序单生于苞叶内或数个聚伞状着生；总苞钟状，边缘 5 裂；腺体 4，边缘具宽大的白色花瓣状附属物。蒴果近球状，具长柄。花果期 6~9 月。

【产地分布】原产于北美洲。现中国各地均有栽培。

【生长习性】喜阳光充足、温暖干燥环境。喜凉爽，耐高温，耐干旱，忌积水。宜土层深厚、疏松肥沃、排水良好的土壤。

【繁殖方法】播种、扦插繁殖。

【园林用途】叶片翠绿，上部叶片边缘逐渐呈现白色边，花瓣状白色苞片，亮丽醒目，可种植于花境、墙边，也是优良的切花材料。

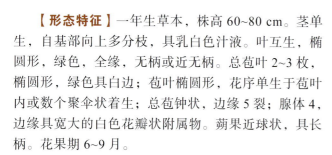

龙脷叶

Breynia spatulifolia (Beille) Welzen et Pruesapan

叶下珠科，黑面神属

【形态特征】多年生常绿草本至小灌木，株高约40 cm。幼枝被腺状柔毛。叶常聚生小枝上部，常向下弯垂，鲜时近肉质，干后革质或厚纸质，匙形或倒卵状长圆形，叶面深绿色，具银灰色叶脉。花红色或紫红色，雌雄同枝，2~5朵簇生落叶枝条中部或下部，有时成聚伞花序，具披针形苞片。花期2~10月。

【产地分布】原产越南北部。中国福建、广东、广西等地有栽培。

【生长习性】喜温暖湿润、半阴环境。不耐寒。宜疏松肥沃、排水良好的土壤。

【繁殖方法】分株、扦插繁殖。

【园林用途】株丛低矮，叶色浓绿，宜植于花境、林缘，或作林下地被，叶可药用。

大花天竺葵（洋蝴蝶、蝴蝶天竺葵）

Pelargonium × ***domesticum*** L.H.Bailey

牻牛儿苗科，天竺葵属

【形态特征】多年生草本，株高30~50 cm。茎直立，基部木质化，被长柔毛。叶互生，广心状卵形，基部心形或平截，叶面微皱，边缘具不规则锐锯齿，有时3~5浅裂。伞形花序与叶对生，花梗疏被柔毛和腺毛；花大，花冠粉红色、淡红色、深红色或白色，先端钝圆，上面2片较宽大，具黑紫色条纹。蒴果被柔毛。花期3~7月，每年开花一次。

【产地分布】园艺杂交种，原产非洲南部地区。中国各地广泛栽培。

【生长习性】喜温暖湿润、阳光充足环境。不耐高温，不耐寒，耐旱，忌涝。宜疏松肥沃、排水良好的土壤。

【繁殖方法】扦插、播种或组培繁殖。

【园林用途】花大，常作盆栽，亦可植于庭院、花境等。

香叶天竺葵（驱蚊草、柠檬天竺葵）
Pelargonium graveolens L'Hér.
牻牛儿苗科，天竺葵属

【形态特征】多年生草本，株高可达 1 m。茎直立，基部木质化，上部肉质，密被柔毛，有香味。叶互生，近圆形，掌状 5~7 裂达中部或近基部，两面被长糙毛。伞形花序与叶对生，具花 5~12 朵；花瓣玫瑰色或粉红色，长为萼片的 2 倍，上面 2 片较大。蒴果被柔毛。花期 5~7 月，果期 8~9 月。

【产地分布】原产非洲南部。中国各地广泛栽培。

【生长习性】喜温暖湿润、阳光充足环境。不耐高温，不耐寒；耐旱，忌涝。宜疏松肥沃、排水良好的中性或弱碱性的砂土或壤土。

【繁殖方法】扦插、播种、组培繁殖。

【园林用途】植株常年散发柠檬香味，既可驱虫，又能观赏，常作盆栽，亦可植于庭院、花境等。

盾叶天竺葵（蔓生天竺葵、藤本天竺葵、常春藤叶天竺葵）
Pelargonium peltatum (L.) L'Hér.
牻牛儿苗科，天竺葵属

【形态特征】多年生攀缘或缠绕草本。茎具棱角，多分枝。叶互生，稍肉质，叶柄盾状着生于叶缘以内；叶片近圆形，五角状浅裂或近全缘。伞房花序腋生，有花数朵，总花梗和花梗被柔毛；花冠洋红色，上面 2 瓣具深色条纹，下面 3 瓣分离。花期 5~7 月。

【产地分布】原产非洲南部。中国各地广泛栽培。

【生长习性】喜温暖湿润、光照充足环境。喜冷凉，忌高温，生长适温 15~25℃，不耐寒，冬季不低于 5℃；耐旱，忌涝。宜疏松肥沃、排水良好的土壤。

【繁殖方法】扦插、播种、组培繁殖。

【园林用途】株型美观，花色鲜艳，花期长，常用于花坛、花境，或盆栽悬垂观赏。

天竺葵（洋绣球、入腊红）
Pelargonium hortorum L.H.Bailey
牻牛儿苗科，天竺葵属

【形态特征】多年生草本，株高30~60 cm。茎直立，基部稍木质，上部肉质，通体被细毛和腺毛，具浓烈鱼腥味。单叶互生，圆形至肾形，茎部心形，边缘波状浅裂。伞形花序腋生，具多花，总花梗长于叶；花梗长3~4 cm，蕾期下垂，花期直立；花瓣红色、橙红、粉红或白色，下面3枚通常较大；有单瓣和重瓣品种。蒴果被柔毛。花期5~7月，果期6~9月。

【产地分布】原产非洲南部。中国各地广泛栽培。

【生长习性】喜温暖湿润、阳光充足环境。不耐高温，不耐寒；耐旱，忌涝。宜疏松肥沃、排水良好的土壤。

【繁殖方法】扦插、播种、组织培养繁殖。

【园林用途】株型美观，花色鲜艳，花期长，常用于花坛、花境或盆栽。

常见栽培品种如下。

'幻想曲'（'Fantasia'）系列：大花型，具多种花色。

'地平线'（'Horizon'）系列：株高25~30 cm，开花整齐，花色丰富，有猩红、深红、鲑红、深橙、浅紫、粉、玫红、白等。

'落基山脉'（'Rocky Moutain'）系列：旺盛型，叶片和花朵较大，开花稍晚，具多种花色。

'日出'（'Sunrise'）系列：花色丰富，有'Bright Lilac''Bright Red''Dark Red''Fuchsia''Hot Pink''Light Pink''Light Salmon''Orange''Red''Salmon''Violet''White''Lavender+Red Eye''Pink+Big Eye''Salmon+Red Eye''White+Eye'等品种。

'Vectis'系列：星花型，有'Allure''Embers''Finery''Glitter''Purple''Rose''Snow''Sparkler''Spider''Volcano'等品种。

'Vectis'系列

'幻想曲'系列

'地平线'系列

'落基山脉'系列

'日出'系列

马蹄纹天竺葵

Pelargonium zonale (L.) L'Hér.
牻牛儿苗科，天竺葵属

【形态特征】多年生草本，亚灌木状，株高30~40 cm。茎直立，密被短柔毛。叶互生，倒卵形，茎部心形，边缘具钝齿，叶面有深褐色马蹄形斑纹。伞形花序腋生，具多花；花瓣深红色至白色等，上面2瓣较短。蒴果。花期夏季。

【产地分布】原产非洲南部地区。中国各地广泛栽培。

【生长习性】喜温暖湿润、阳光充足环境。不耐高温，不耐寒；耐旱，忌涝。喜疏松肥沃、排水良好的土壤。

【繁殖方法】扦插、播种、组培繁殖。

【园林用途】株型美观，花色鲜艳，花期长，常用于花坛、花境或盆栽。

常见栽培品种如下。

'枫叶'天竺葵（'Vancouver Centennial'）：观叶型，叶片掌状裂，似枫叶，叶面红褐色，边缘黄绿色。

'枫叶'天竺葵

火红萼距花（洋绣球、入腊红）

Cuphea ignea A.DC.
千屈菜科，萼距花属

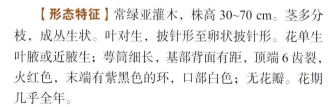

【形态特征】常绿亚灌木，株高30~70 cm。茎多分枝，成丛生状。叶对生，披针形至卵状披针形。花单生叶腋或近腋生；萼筒细长，基部背面有距，顶端6齿裂，火红色，末端有紫黑色的环，口部白色；无花瓣。花期几乎全年。

【产地分布】原产墨西哥。中国华南地区有栽培。

【生长习性】喜温暖湿润、阳光充足环境。耐半阴，耐热，不耐寒，耐修剪。宜排水良好的土壤。

【繁殖方法】播种、扦插繁殖。

【园林用途】植株低矮，枝叶繁茂，花期集中，花色艳丽，是花坛、花境营造的优良材料，也可盆栽观赏。

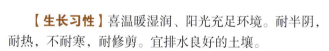

萼距花（朱红萼距花）

Cuphea llavea Lex.
千屈菜科，萼距花属

【形态特征】多年生草本至亚灌木，株高 45~75 cm。茎直立，粗糙，分枝细，密被短柔毛。叶对生，薄革质，披针形或卵状披针形，稀矩圆形。花单生于叶柄之间或近腋生，组成总状花序；花萼基部上方具短距，带红色，密被黏质柔毛或茸毛；花瓣 6，其中上方 2 枚特大而显著，朱红色，边缘波状，其余 4 枚较小；园艺品种有多种花色。蒴果。花期晚春至秋季。

【产地分布】原产墨西哥。中国南方地区有栽培。

【生长习性】喜温暖湿润、阳光充足环境。耐半阴，耐热，不耐寒。喜排水良好的砂质土壤。

【繁殖方法】扦插繁殖。

【园林用途】生长健壮，花色艳丽，花期长，具有极佳的美化效果，可用于花坛、花境或成片种植，亦可盆栽观赏。

粉兔萼距花

Cuphea 'Pink Bunny'
千屈菜科，萼距花属

【形态特征】多年生草本至亚灌木，株高 60~90 cm。分枝极多，成丛生状。叶对生，披针形至卵状披针形。花单生叶腋或近腋生，花梗纤细，萼筒细长，基部背面有距；花瓣 6 枚，不等大，上面 2 枚较大，粉紫色，有红紫色条纹。蒴果。花期几乎全年。

【产地分布】园艺杂交品种，由火红萼距花（*C. ignea*）和 *C. angustifolia* 杂交而来。中国华南地区有栽培。

【生长习性】喜温暖湿润、阳光充足环境。耐半阴，耐热，不耐寒，耐修剪。宜排水良好的土壤。

【繁殖方法】扦插繁殖。

【园林用途】株型紧凑，枝叶繁茂，全年开花不断，花形奇特，形似伸出双臂的小兔子而得名，是花坛、花境营造的优良材料，也可盆栽观赏。

千屈菜（水柳）

Lythrum salicaria L.
千屈菜科，千屈菜属

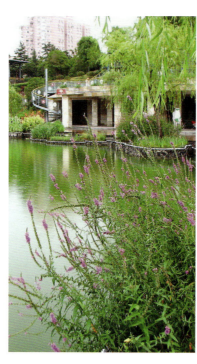

【形态特征】多年生草本，株高30~100 cm，地下具横卧根茎。茎直立，多分枝，常具4棱。叶对生或三叶轮生，披针形或阔披针形，全缘，无柄。多花组成小聚伞花序，簇生；花瓣6枚，红紫色或淡紫色。蒴果扁圆形。花期5~9月。

【产地分布】原产亚洲、欧洲、非洲、北美和澳大利亚。中国广泛栽培。

【生长习性】喜温暖湿润、阳光充足环境。耐寒，喜水湿，不耐旱。对土壤要求不严，喜深厚、富含腐殖质的土壤。

【繁殖方法】分株、播种、扦插繁殖。

【园林用途】株丛整齐，花朵繁茂，花期长，是沼泽湿地、水景园中优良的竖线条材料，宜在浅水岸边丛植或片植。

圆叶节节菜（豆瓣菜、水瓜子、猪肥菜）

Rotala rotundifolia (Buch.-Ham. ex Roxb.) Koehne
千屈菜科，节节菜属

【形态特征】一年生草本，株高5~30 cm。根茎横卧于地下；茎直立，丛生，带紫红色。叶对生，近圆形、阔倒卵形或阔椭圆形。稠密穗状花序顶生，苞片叶状，卵形或卵状矩圆形；花单生于苞片内，花瓣4枚，倒卵形，淡紫红色。蒴果椭圆形。花果期12月至翌年6月。

【产地分布】原产中国长江以南地区。印度、马来西亚、斯里兰卡、中南半岛及日本亦有分布。中国华南地区极为常见。

【生长习性】喜温暖潮湿环境。耐水湿，不耐旱。对土壤要求不严，喜肥沃疏松砂质壤土或腐殖质土。

【繁殖方法】播种、分株、扦插繁殖。

【园林用途】株丛整齐，花朵繁茂，花期长，宜在浅水岸边丛植或片植。

欧菱（菱、乌菱）

Trapa natans L.
千屈菜科，菱属

【形态特征】一年生浮水草本。根二型，着泥根细铁丝状，同化根羽状细裂。茎柔弱，分枝。叶二型，浮水叶聚生于主茎和分枝茎顶端，形成莲座状菱盘，叶片三角状菱圆形，中上部具齿状缺刻或细锯齿；沉水叶小，早落。花小，单生于叶腋；花瓣4枚，白色。果三角状菱形，具4刺角，2肩角斜上伸，2腰角向下伸。

【产地分布】广布于亚洲、非洲、欧洲、北美洲和澳大利亚。亚洲热带、亚热带地区广泛种植。

【生长习性】喜温暖、阳光充足环境。耐高温，不耐寒，不耐阴。对土壤要求不严，喜肥沃、富含腐殖质的泥土。

【繁殖方法】分株、播种繁殖。

【园林用途】叶形成莲座状菱盘，成片种植于水面，宏伟壮观，是优良的水景材料，亦可盆栽观赏。

菱叶丁香蓼（黄花菱、菱叶水龙）

Ludwigia sedioides (Humb. et Bonpl.) H.Hara
柳叶菜科，丁香蓼属

【形态特征】多年生浮水草本，常作一年生栽培。茎红色。叶二型，浮水叶菱形，呈莲座状，漂浮于水面，边缘具齿，表面绿色，边缘紫红色，背面淡紫色；沉水叶羽状细裂，裂片丝状。花单生叶腋，杯状，黄色，花瓣4枚。花期夏季。

【产地分布】原产巴西和委内瑞拉。

【生长习性】喜炎热湿润、阳光充足环境。耐水湿，不耐寒，耐半阴。对土壤要求不严，喜肥沃的腐殖质土。

【繁殖方法】扦插繁殖。

【园林用途】菱形叶片成莲座状簇生，漂浮于水面，清新美丽，是优良的水景材料，亦可盆栽观赏。

海边月见草（海滨月见草、海芙蓉）

Oenothera drummondii Hook.
柳叶菜科，月见草属

【形态特征】一年生至多年生草本，株高10~40 cm。茎直立或平铺，被毛。基生叶狭倒披针形或椭圆形；茎生叶互生，狭倒卵形或倒披针形，边缘疏生浅齿至全缘，两面被毛。穗状花序疏生茎枝顶端，有时下部有少数分枝，通常每日傍晚开一朵花；萼片绿色或黄绿色，开放时边缘带红色；花瓣4枚，宽倒卵形，黄色。蒴果圆柱状。花期5~8月，果期8~11月。

【产地分布】原产美国大西洋海岸与墨西哥湾海岸。中国福建、广东等地有栽培，并在沿海海滨野化。

【生长习性】喜温暖湿润、阳光充足环境，常生长于海边沙滩上。耐热，不耐寒；耐旱，不耐阴；极耐盐碱。对土壤要求不严，喜排水良好的沙土。

【繁殖方法】扦插、播种繁殖。

【园林用途】花在清晨闭合，傍晚开放，花色秀丽，是优秀的防风固沙植物和海岸沙地绿化植物。

山桃草（千鸟花）

Oenothera lindheimeri (Engelm. et A.Gray) W.L.Wagner et Hoch
柳叶菜科，月见草属

【形态特征】多年生草本，株高60~100 cm。茎直立，多分枝，常丛生，入秋变红色。叶互生，无柄，椭圆状披针形或倒披针形，边缘具远离的齿突或波状齿。穗状花序顶生，长20~50 cm；花瓣4枚，倒卵形或椭圆形，白色，后变粉红色，排向一侧。蒴果狭纺锤形，褐色，具明显的棱。花期5~8月，果期8~9月。

【产地分布】原产北美洲。中国各地常见栽培。

【生长习性】喜凉爽、半湿润、阳光充足环境。耐寒，耐半阴，耐干旱，忌涝。宜疏松肥沃、排水良好的砂质壤土。

【繁殖方法】播种、分株繁殖。

【园林用途】花序长，白色小花慢慢凋谢成粉红色，极具观赏性，是布置花境、点缀草坪的优良花材。

常见栽培品种如下。

'紫叶'山桃草（'Crimson Butterflies'）：叶片紫红色，花桃红色。

'紫叶'山桃草

粉花月见草

Oenothera rosea Aiton
柳叶菜科，月见草属

【形态特征】多年生草本，株高 30~50 cm。茎常丛生，被曲柔毛。基生叶紧贴地面，倒披针形；茎生叶灰绿色，披针形或长圆状卵形。花单生于茎枝顶部叶腋；花蕾绿色，锥状圆柱形；花瓣 4 枚，宽倒卵形，粉红色至紫红色。蒴果棒状，具翅。花期 4~11 月，果期 9~12 月。

【产地分布】原产美国至墨西哥。中国浙江、江西、云贵等地逸为野生。

【生长习性】喜温暖湿润、阳光充足环境。不耐寒，耐旱。对土壤要求不严，喜排水良好的土壤。

【繁殖方法】播种、分株、扦插繁殖。

【园林用途】花色优雅，常用于布置花境或点缀岩石园。

美丽月见草

Oenothera speciosa Nutt.
柳叶菜科，月见草属

【形态特征】多年生草本，株高 40~50 cm。茎直立，多分枝，基部茎叶红色。叶互生，狭披针形，边缘有波状锯齿，基部羽状深裂。花单生于茎枝上部叶腋；花瓣 4 枚，花初开时为淡粉色，后转为粉红色，具红色羽状纹脉。蒴果。花期夏秋季。

【产地分布】原产美国北部。中国各地常见栽培。

【生长习性】喜温暖湿润、阳光充足环境。耐半阴，不耐寒，耐旱。不择土壤，喜排水良好的壤土。

【繁殖方法】分株、播种、扦插繁殖。

【园林用途】花繁叶茂，花姿优美，成片开放极为壮观，常用于布置花坛、花境或点缀岩石园等。

锦鹿丹

Arthrostemma ciliatum Pav. ex D.Don

野牡丹科，锦鹿丹属

【形态特征】多年生常绿草本至亚灌木。茎四棱形，稍木质，有翼，四散半直立生长。叶对生，卵圆形，先端尖，弧形脉5~7条，叶缘有细毛，新叶带紫褐色。总状花序顶生；萼筒圆形，外面有颗粒状突起；花瓣4枚，卵形，桃红色；雄蕊8枚。花期夏季。

【产地分布】原产墨西哥和南美洲。中国南方有栽培。

【生长习性】喜高温湿润、光照充足环境。耐半阴、稍耐旱。喜疏松肥沃、排水良好的酸性土壤。

【繁殖方法】扦插繁殖。

【园林用途】株型铺散，叶色奇特，适合园林中自然式种植，亦可做地被或植于石头边。

蔓茎四瓣果（多花蔓性野牡丹）

Heterocentron elegans Kuntze

野牡丹科，四瓣果属

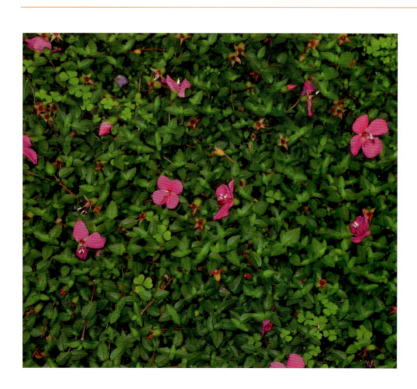

【形态特征】多年生常绿草本。茎草质，多汁，有翼，四散匍匐生长。叶对生，卵圆形，叶缘有细毛，叶脉羽状，新叶带褐色。总状花序自茎端伸出；萼筒圆形，外表有颗粒状突起；花瓣4枚，卵形，桃红色；雄蕊8枚。花期12月至翌年3月。

【产地分布】原产墨西哥和危地马拉。中国南方有栽培。

【生长习性】喜高温多湿环境。稍喜阳，但不可暴晒。喜肥沃、排水良好的酸性土壤。

【繁殖方法】扦插繁殖。

【园林用途】植株匍匐状，枝叶茂密繁盛，花量大，冬季低温期叶片红褐色，是优良的开花地被，也可用于花坛或做吊盆观赏。

蔓性野牡丹（圆叶非洲蕊）

Heterotis rotundifolia (Sm.) Jacq.-Fél.
野牡丹科，湿地棯属

【形态特征】多年生匍匐状草本。茎上生有大量不定根，延伸可达100 cm。叶十字对生，心形，有疏毛，基出3脉，叶背脉纹突出，略带红色。花顶生，紫粉色；花萼宿存，表面密被腺毛；花瓣5枚。蒴果球形，熟时紫黑色。花果期全年。

【产地分布】原产热带非洲。中国南方有栽培。

【生长习性】喜高温多湿环境，常成片生于高湿度林阴下。喜阳，耐半阴；耐高温；耐涝，不耐干旱。宜富含有机质的酸性土壤。

【繁殖方法】扦插、压条繁殖。

【园林用途】生性强健，茎叶繁茂，花开全年。除作观花地被外，还可用于岩石园和边坡护坡，或作盆栽悬垂观赏。

地菍（地稔、铺地锦）

Melastoma dodecandrum Lour.
野牡丹科，野牡丹属

【形态特征】多年生匍匐状草本。植株披散，多分枝，逐节生根。叶卵形，深绿色，坚纸质，油亮光滑，3~5基出脉。聚伞花序顶生；花萼宿存，疏被糙伏毛；花瓣菱状倒卵形，淡紫色至紫红色。果坛状，熟果外皮深紫色，可食。花期5~7月，果期7~9月。

【产地分布】原产中国华南地区。越南有分布。

【生长习性】喜温暖湿润环境。耐阴，忌暴晒；耐高温，亦耐寒；耐旱，忌积水；耐瘠。喜排水良好酸性土壤。

【繁殖方法】播种、扦插、分株繁殖。

【园林用途】茎枝贴伏地表，生长迅速，叶片浓密，能形成平整致密的"地毯"，是良好的地被植物，也可用于屋顶绿化、花坛镶边，或作吊盆观赏。

虎颜花

Tigridiopalma magnifica C.Chen
野牡丹科，虎颜花属

【形态特征】多年生常绿草本，具粗短根状茎。茎极短，被红色粗硬毛。叶基生，心形，长宽20~30 cm或更大，边缘具细齿，叶背被红色茸毛；叶柄圆柱形，肉质，密被红色粗硬毛。蝎尾状聚伞花序腋生，花瓣5，暗红色。蒴果漏斗状杯形。花期11月下旬，果期3~5月。

【产地分布】原产中国广东西南部。

【生长习性】喜高温湿润、半阴环境。耐阴，忌阳光直射；不耐干旱；耐高温、耐寒；喜疏松透气的轻薄基质。

【繁殖方法】播种、分株、组培繁殖。

【园林用途】耐阴性强，叶片硕大，叶形美观，花蕾小巧玲珑，可作为高档观叶植物用于室内盆栽摆设，也可于庭院花境荫蔽处栽培观赏。

倒地铃（风船葛）

Cardiospermum halicacabum L.
无患子科，倒地铃属

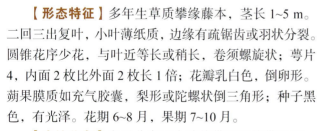

【形态特征】多年生草质攀缘藤本，茎长1~5 m。二回三出复叶，小叶薄纸质，边缘有疏锯齿或羽状分裂。圆锥花序少花，与叶近等长或稍长，卷须螺旋状；萼片4，内面2枚比外面2枚长1倍；花瓣乳白色，倒卵形。蒴果膜质如充气胶囊，梨形或陀螺状倒三角形；种子黑色，有光泽。花期6~8月，果期7~10月。

【产地分布】广泛分布于全球热带和亚热带地区。中国东部、南部和西南部地区常见。

【生长习性】喜温暖湿润、阳光充足环境。不耐寒，忌霜冻，生长适温18~28℃。对土壤要求不严。

【繁殖方法】播种繁殖。

【园林用途】枝条柔软，生命力顽强，果实奇特似铃铛，可栽于墙垣之侧进行美化，亦可盆栽观赏。

大花倒地铃（气球藤、铃桔梗）

Cardiospermum grandiflorum Sw.

无患子科，倒地铃属

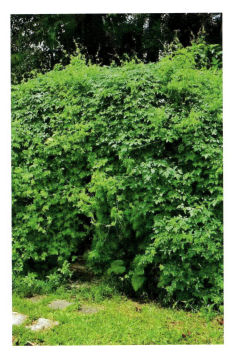

【形态特征】多年生草质攀缘藤本，茎长1~5 m。三出复叶，小叶单齿或浅裂。花白色，花瓣4。果膜质如充气胶囊（气球），绿色至褐色；种子圆形。

【产地分布】原产热带美洲。中国华南地区有引种栽培。

【生长习性】喜温暖湿润、阳光充足环境。适应性强，耐半阴，耐高温，忌霜冻，生长适温15~30℃。

【繁殖方法】播种繁殖。

【园林用途】花洁白，果似铃铛，覆盖能力强，可用于棚架、墙垣等立体绿化，也可作边坡绿化。

咖啡黄葵（秋葵、黄秋葵）

Abelmoschus esculentus (L.) Moench

锦葵科，秋葵属

【形态特征】一年生草本，高1~2 m。茎圆柱形，疏生散刺。叶掌状3~7裂，裂片边缘具粗齿及凹缺，两面被疏硬毛。花单生叶腋，花瓣倒卵形，黄色，内面基部紫色。蒴果筒状尖塔形，顶端具长喙，疏被糙硬毛。花期5~9月。

【产地分布】原产印度。热带和亚热带地区广泛栽培。中国华南、华中地区有栽培。

【生长习性】喜温暖干燥、光照充足环境。耐热，怕寒；耐旱、耐湿，不耐涝。不择土壤，喜疏松肥沃、排水良好的砂质壤土。

【繁殖方法】播种、分株繁殖。

【园林用途】生长周期短，花期较长，应用形式多样，可植于花镜，或在园林中丛植、列植。

常见栽培品种如下。

'红秋葵'（'Red Burgundy'）：茎、叶柄、果实均为深紫红色。

'红秋葵'

野牡丹科／无患子科／锦葵科

313

箭叶秋葵（五指山参、小红芙蓉）

Abelmoschus sagittifolius Merr.
锦葵科，秋葵属

【形态特征】多年生草本，具萝卜状肉质根，株高40~100 cm。茎直立，小枝被糙硬长毛。叶形多样，下部的叶卵形、中部以上的叶戟形、箭形至掌状3~5裂，裂片阔卵形至阔披针形，边缘具锯齿或缺刻。花单生叶腋；花萼佛焰苞状，密被细茸毛；花瓣红色或黄色。蒴果椭圆形，具短喙，被刺毛；种子肾形。花期5~9月。

【产地分布】原产中国广东、广西、云南、贵州等地。东南亚及大洋洲也有分布。

【生长习性】喜温暖湿润气候。喜光，稍耐寒。喜黏质壤土或钙质土。

【繁殖方法】播种、分株繁殖。

【园林用途】叶形变化丰富，花大色艳，宜植于花境、路边或山石边等处，也可盆栽观赏。

蜀葵（一丈红）

Alcea rosea L.
锦葵科，蜀葵属

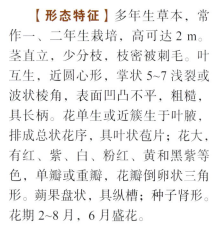

【形态特征】多年生草本，常作一、二年生栽培，高可达2 m。茎直立，少分枝，枝密被刺毛。叶互生，近圆心形，掌状5~7浅裂或波状棱角，表面凹凸不平，粗糙，具长柄。花单生或近簇生于叶腋，排成总状花序，具叶状苞片；花大，有红、紫、白、粉红、黄和黑紫等色，单瓣或重瓣，花瓣倒卵状三角形。蒴果盘状，具纵槽；种子肾形。花期2~8月，6月盛花。

【产地分布】原产中国四川。世界各地广泛栽培。

【生长习性】喜凉爽湿润气候。喜阳，耐半阴；耐寒，忌炎热；耐盐碱，忌水涝。喜疏松肥沃、排水良好、富含有机质的砂壤土。

【繁殖方法】播种、分株、扦插繁殖。

【园林用途】叶大花繁，色彩丰富，花期长，有"花似木槿，叶比芙蓉"之称。常列植于花镜作背景，矮生品种可用于花坛或作盆花栽培。

园艺品种较多，较有特色的品种如下。

'黑美人'（'Black Beauty'）：花瓣10~16枚，紫黑色，花径约10 cm，花瓣全缘伸展。

'春庆'（'Spring Celebraties'）系列：矮生品种，株高60~80 cm，花半重瓣至重瓣，花色多样，花期5~8月。

'黑美人'

'春庆'系列

小木槿（迷你木槿、南非葵）

Anisodontea capensis (L.) D.M.Bates
锦葵科，南非葵属

【形态特征】多年生亚灌木，成熟枝木质化，株高100~180 cm。茎多分枝，密集，绿色、淡紫色或褐色。叶片较小，互生，三角状卵形，3裂，裂片三角形，具掌状叶脉，缘具不规则齿。花生于叶腋，每次开1~3朵，花小，5瓣，粉色或嫣红色，花芯深红色。蒴果。花期夏至秋季。

【产地分布】原产非洲南部。世界各地广泛栽培。

【生长习性】喜凉爽湿润气候。喜光，不耐寒，生长适温15~25℃。宜疏松透气、排水良好的土壤，忌黏质土壤。

【繁殖方法】扦插繁殖。

【园林用途】株丛紧密，花姿优美，适合公园、庭院的路边、墙边等处列植或丛植观赏，也可作绿篱或搭配花境。

紫叶槿（红叶槿、丽葵）

Hibiscus acetosella Welw. ex Ficalho
锦葵科，木槿属

【形态特征】多年生常绿草本至小灌木，全株暗紫红色，高1~3 m。叶互生，近宽卵形，掌状3~5裂，裂片边缘有波状疏齿。花单生于枝条上部叶腋，花冠绯红色，有深色脉纹，喉部暗紫色；花瓣5，宽倒卵形。蒴果圆锥形。花期春末至夏秋季。

【产地分布】原产非洲。中国华南地区有栽培。

【生长习性】喜高温多湿环境。喜光，耐旱，不耐积水。不择土壤，宜肥沃壤土或砂壤土。

【繁殖方法】播种、扦插、分株繁殖。

【园林用途】生性强健，株型挺拔，花叶俱美，适合庭园丛植或作盆栽。

大麻槿（洋麻、红麻、芙蓉麻）
Hibiscus cannabinus L.
锦葵科，木槿属

【形态特征】一年生或多年生草本，高可达 3 cm。茎无毛，疏被锐利小刺。下部叶心形，不裂，上部叶掌状 3~7 深裂，裂片披针形。花单生枝端叶腋，近无梗；小苞片 7~10 枚，线形；花萼近钟状，被刺和白色茸毛；花冠浅黄色、白色或紫红色，内面基部深紫色，花瓣 5，长圆状倒卵形。蒴果球形；种子肾形。花期 7~10 月。

【产地分布】原产印度。中国广东、云南、江苏、浙江等地有栽培。

【生长习性】喜温暖、阳光充足环境。不耐积水。对土壤要求不严，喜土层深厚、肥沃的砂壤土。

【繁殖方法】播种繁殖。

【园林用途】适应性强，茎皮纤维柔软，可植于篱边、野趣园、花境等。

红秋葵（红葵、槭叶秋葵）
Hibiscus coccineus Walter
锦葵科，木槿属

【形态特征】多年生直立草本，高 1~3 m。茎带白霜，半木质化。叶掌状 5 裂，裂片狭披针形，边缘具疏齿。花单生于枝端叶腋；花萼钟形，5 裂，基部合生，裂片卵圆状披针形；花瓣玫瑰红至洋红色，倒卵形，外面疏被柔毛。蒴果近球形，紫红色；种子球形。花期 8 月。

【产地分布】原产美国东南部。中国有引种栽培。

【生长习性】喜温暖湿润、阳光充足环境。耐热，不耐霜冻；耐旱，耐水湿。不择土壤，以土层肥厚、排水良好的壤土为宜。

【繁殖方法】播种、分株繁殖。

【园林用途】植株高大，花大色艳，宜作庭园花境背景材料，或于水岸、路旁种植。

大花秋葵（大花芙蓉葵）
Hibiscus grandiflorus Michx.
锦葵科，木槿属

【形态特征】多年生草本至亚灌木，高1~2 m。茎粗壮直立，基部半木质化。单叶互生，具叶柄，叶大，三浅裂或不裂，边缘具齿，叶背及叶柄密生灰色星状毛。花单生于枝上部叶腋，排成总状花序，花大，朝开夕落；花瓣5枚，有白、粉、红、紫等色。蒴果扁球形；种子褐色。花期6~9月，果熟期9~10月。

【产地分布】原产北美。中国各地有引种栽培。

【生长习性】喜温暖、阳光充足环境。略耐阴，极耐高温，耐旱，耐寒，耐水湿，耐盐碱。不择土壤，以临近水边的肥沃砂质壤土为宜。

【繁殖方法】播种、分株、扦插繁殖。

【园林用途】花朵硕大，花色鲜艳，适应性强，广泛用于园林绿化，可用于花境作背景材料，也可丛植或片植于道路两旁、坡地等。

芙蓉葵（草芙蓉）
Hibiscus moscheutos L.
锦葵科，木槿属

【形态特征】多年生草本，高1~2.5 m。单叶互生，卵圆形或卵状披针形，边缘具钝圆锯齿，叶背及叶柄被灰白色毛。花单生枝端叶腋，花冠白色、粉红色或红色，内面基部深红色，具髯毛，花瓣5，倒卵形。蒴果圆锥状卵形；种子褐色。花期7~9月。

【产地分布】原产北美。中国各地有引种栽培。

【生长习性】喜温暖湿润、阳光充足环境。略耐阴，耐高温湿热，忌干旱，耐寒，北京地区可露地越冬。不择土壤，宜排水良好砂壤土。

【繁殖方法】播种、分株、扦插繁殖。

【园林用途】花大色艳，适应性强，可布置花坛、花境，也可丛植或片植于绿地中。

玫瑰茄（山茄子、洛神花）
Hibiscus sabdariffa L.
锦葵科，木槿属

【形态特征】一年生草本，高 1~2 m。茎、枝淡紫色。叶异型，下部的叶卵形，不分裂，上部的叶掌状 3 深裂。花单生于叶腋，近无梗；小苞片 8~12，红色，肉质；花萼紫红色至紫黑色，5 裂，下部与苞片合生；花冠黄色、白色、浅粉色或紫红色，内面基部深红色，外表面有线状条纹。蒴果卵球形，密被粗毛；种子肾形。花期 7~10 月。

【产地分布】原产东半球热带地区。全球热带地区均有栽培。中国广东、福建、台湾、云南等地有栽培。

【生长习性】喜温暖湿润、阳光充足环境。畏寒冷，忌积水；耐瘠薄。喜土层深厚、疏松肥沃的微酸性至酸性的砂壤土。

【繁殖方法】播种繁殖。

【园林用途】宿存苞片、萼片色泽鲜艳，可用于花境，或丛植于道路两旁，花可入药或泡茶。

野西瓜苗（火炮草、小秋葵、灯笼花）
Hibiscus trionum L.
锦葵科，木槿属

【形态特征】一年生草本，高 20~70 cm。茎柔软，常平卧，被白色星状粗毛。下部叶圆形，不裂或稍浅裂，上部叶掌状 3~5 深裂，中裂片较长。花单生叶腋，花梗长 1~2.5 cm；小苞片 12 枚，线形；花萼钟形，淡绿色，裂片 5，膜质，三角形，具紫色纵条纹；花冠淡黄色，内面基部紫色，花瓣 5，倒卵形。蒴果长圆状球形；种子肾形，黑色。花果期 6~9 月。

【产地分布】原产非洲北部、欧亚温带和热带地区。中国各地有野生分布。

【生长习性】喜温暖湿润、阳光充足环境，多生长在沟渠、田边、路旁、荒坡、旷野。抗旱，耐寒。对土壤要求不严。

【繁殖方法】播种繁殖。

【园林用途】适应性强，嫩叶可食用，花色淡雅，可植于篱边、野趣园、花境等。

锦葵（小钱花、钱葵）
Malva cavanillesiana Raizada
锦葵科，锦葵属

【形态特征】二年生或多年生草本，高50~90 cm。茎直立，多分枝，疏被粗毛。叶圆心形或肾形，5~7浅裂，边缘具圆齿。花2~11朵簇生叶腋，紫红色或白色；花瓣5，匙形或倒心形先端微缺。果扁球形；种子肾形。花期5~10月。

【产地分布】中国各地广泛分布。印度也有分布。

【生长习性】喜温暖湿润、阳光充足环境。不耐阴，耐高温干旱，亦耐寒，不耐积水。不择土壤，以砂质土为佳。

【繁殖方法】播种、分株繁殖。

【园林用途】适应性广，花期长，多用于花台、花境，或种植于庭院。

三月花葵（裂叶花葵）
Malva trimestris (L.) Salisb.
锦葵科，锦葵属

【形态特征】一年生草本，高1~2 m。茎少分枝，被短柔毛。叶肾形，上部叶卵形，常3~5裂，边缘具齿，两面被柔毛。花单生叶腋，花萼杯状，花瓣5，倒卵圆形，淡紫至紫色，具深色纵脉纹。果扁球形；种子肾形。花期4~8月。

【产地分布】原产欧洲地中海沿岸。中国多地有引种栽培。

【生长习性】喜阳光充足、凉爽湿润环境。较耐寒。不择土壤，宜富含有机质、排水良好的土壤。

【繁殖方法】播种繁殖。

【园林用途】植株似花灌木，花色明艳，可丛植，或作花境背景材料，也可作盆栽观赏。

午时花（夜落金钱）

Pentapetes phoenicea L.
锦葵科，午时花属

【形态特征】一年生草本，株高 0.5~1 m。叶条状披针形，边缘有钝锯齿。花 1~2 朵生于叶腋，午间开放，次晨闭合，故有"午时花"之称；花瓣 5 枚，红色，广倒卵形。蒴果近圆球形，密被星状毛及刚毛。花期夏秋，果期秋冬。

【产地分布】原产印度，亚洲热带地区和日本也有分布。中国南方多地有栽培。

【生长习性】喜温暖湿润环境。喜光，不耐阴；耐热，不耐寒，生长适温 18~26℃；耐旱，不耐涝。不择土壤，喜肥沃、疏松的砂壤土。

【繁殖方法】播种繁殖。

【园林用途】花色明艳，可作盆栽观赏，或植于庭院、路边和花境中。

旱金莲（旱莲花、荷叶七）

Tropaeolum majus L.
旱金莲科，旱金莲属

【形态特征】多年生半蔓生草本。叶互生，叶柄向上扭曲，盾状着生于叶片的近中心处；叶片近圆形，边缘具波浪形的浅缺刻。单花腋生，花黄色、紫色、橘红色或杂色；萼片 5，长椭圆状披针形，基部合生，其中 1 片延长成长距；花瓣 5，上部 2 片全缘，着生于距开口处，下部 3 片基部具爪。果扁球形。花期 6~10 月，果期 7~11 月。

【产地分布】原产南美秘鲁、巴西等地。中国多省份有栽培，有时逸生。

【生长习性】喜温暖湿润、光照充足环境。不耐严寒酷暑，能耐短期 0℃低温。喜湿润，不耐旱，不耐涝。宜疏松肥沃、排水良好的土壤。

【繁殖方法】播种、扦插繁殖。

【园林用途】株型优美，叶形似莲叶，素雅高贵，常用于花境、盆栽等。

醉蝶花（西洋白花菜、凤蝶草）

Cleome houtteana Schltdl.
白花菜科，鸟足菜属

【形态特征】一年生草本，株高 1~1.5 m。茎直立，全株被黏质腺毛，有特殊气味。掌状复叶，具 5~7 小叶，中央小叶最大，最外侧小叶最小。总状花序顶生，长可达 40 cm，花由底部向上次第开放；花瓣 4 枚，倒卵状披针形，具长爪，粉色、紫色或白色；雄蕊 6 枚，花丝细长，伸出花冠外。蒴果圆柱形；种子浅褐色。花期 6~9 月，果期 8~10 月。

【产地分布】原产热带美洲。全球热带至温带地区广泛栽培。

【生长习性】喜温暖湿润、阳光充足环境。耐半阴；耐高温，忌寒冷；耐旱，忌积水。宜疏松肥沃、排水良好的砂质土壤。

【繁殖方法】播种繁殖。

【园林用途】总状花序形成一个丰满的花球，花瓣轻盈飘逸，盛开时似翩翩起舞的蝴蝶，美丽壮观，可用于花海、花境、花坛。

羽衣甘蓝（花包菜、叶牡丹）

Brassica oleracea L.
十字花科，芸薹属

【形态特征】二年生草本，株高 20~40 cm。粗壮茎肉质。叶基生，厚质，宽大匙形，具白粉，抱茎但不成球状体；外部叶片呈粉蓝绿色，边缘呈细波状皱褶，内部叶色极为丰富，通常有白、粉红、紫红、乳黄、黄等；叶柄粗壮且有翼。总状花序顶生，长达 30 cm 或更长；花瓣倒卵形，花浅黄色。角果扁圆柱形；种子圆球形，灰棕色。花期 4 月，果期 5 月。

【产地分布】原产地中海沿岸至小亚细亚一带。世界各地广泛栽培。

【生长习性】喜冷凉气候。喜光，耐阴；耐高温，极耐寒，气温低叶色更美。对土壤的适应性强，宜疏松肥沃、排水良好的砂质土壤。

【繁殖方法】播种繁殖。

【园林用途】叶姿雍容华贵，叶色绚丽，整个植株形似牡丹，故被称为"叶牡丹"。观赏期较长，是南北各地早春和冬季普遍应用的观叶植物，常用于花坛、花境、花台布置，亦可盆栽观赏。

羽衣甘蓝品种较多，根据叶色可分为红紫叶和白绿叶两类，根据叶型可分为皱叶型、圆叶型和裂叶型。常见栽培品种如下。

'名古屋'（'Nagoya'）系列：皱叶型，转色早，一致性好。

'大阪'（'Osaka'）系列：波浪型，色彩鲜艳，耐寒性好。

'横滨'（'Yokohama'）系列：高度皱叶，极具造型感。

'名古屋'系列

'大阪'系列

'横滨'系列

香雪球

Lobularia maritima (L.) Desv.
十字花科，香雪球属

【形态特征】多年生草本，常作一、二年生栽培，株高10~40 cm。茎自基部向上分枝，常呈密丛，全株被"丁"字形银灰色毛。叶条形或披针形，两端渐窄，全缘。伞房状总状花序，外轮萼片宽于内轮；花瓣淡紫色或白色，长圆形，基部突然变窄成爪。短角果椭圆形。花期6~10月。

【产地分布】原产地中海沿岸。中国各地广泛栽培。

【生长习性】喜冷凉、干燥环境。喜光，稍耐阴；耐寒，忌炎热；耐干旱、瘠薄，忌积水。宜疏松肥沃、排水良好的砂质土壤。

【繁殖方法】播种、扦插繁殖。

【园林用途】植株低矮匍地，幽香宜人，是花坛、花境镶边的良好材料，宜在岩石园、石板路间栽种，也可作盆栽或作观赏，还可用作阳台摆饰或窗饰花卉。

紫罗兰（富贵花）

Matthiola incana (L.) W.T.Aiton
十字花科，紫罗兰属

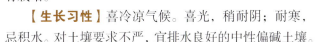

【形态特征】多年生草本，常作二年生栽培，株高30~60 cm。茎直立，多分枝，基部稍木质化，全株密被灰白色星状柔毛。叶长圆形至倒披针形或匙形，灰绿色，全缘或呈微波状。总状花序顶生，花梗粗壮；花瓣有紫红色、淡红色或白色，具香气。角果圆杜形。花期12月到翌年4月。

【产地分布】原产欧洲南部地中海沿岸。中国各地有栽培。

【生长习性】喜冷凉气候。喜光，稍耐阴；耐寒，忌积水。对土壤要求不严，宜排水良好的中性偏碱土壤。

【繁殖方法】播种繁殖。

【园林用途】花朵茂盛，花色鲜艳，香气浓郁，花期长，常用于花坛、花境，亦可作切花；矮生品种可盆栽观赏。

海石竹

Armeria maritima (Mill.) Willd.
白花丹科，海石竹属

【形态特征】多年生草本，株高 15~30 cm。植株低矮，丛生呈草甸状。叶线形，全缘，深绿色。花茎细长，高出叶面；头状花序顶生，呈半球形；小花花瓣 5，粉红色或白色。花期春夏季。

【产地分布】原产欧洲、北美和格陵兰岛。中国多地有栽培。

【生长习性】喜温暖湿润、阳光充足环境。忌高温高湿，生长适温 15~25℃；耐旱、耐盐碱。喜富含有机质、排水良好的砂质土壤。

【繁殖方法】播种、分株繁殖。

【园林用途】植株低矮，株型紧凑，花形可爱，可作盆栽观赏，也可用于花坛、花境、岩石园和庭院绿化等。

常见栽培品种如下。

'白色'（'Alba'）：株高 7.5~15 cm，花白色。

'罗裙'（'Laucheana'）：株高 20 cm，花粉红色，花期长。

'启明星'（'Morning Star'）系列：株高约 15 cm，叶片深绿色，花深玫红或白色。

'白色'

'罗裙'

'启明星'系列

珊瑚藤（紫苞藤、朝日藤、旭日藤）

Antigonon leptopus Hook. et Arn.
蓼科，珊瑚藤属

【形态特征】多年生攀缘草本至藤本，长可达 10 m。茎自肥厚的块根发出，基部稍木质。叶互生，卵形至长圆状卵形，先端渐尖，基部深心形。总状花序顶生或腋生，花序轴顶部延伸变成卷须；花被片 5，淡红色或白色。瘦果卵状三角形。花期 3~12 月。

【产地分布】原产墨西哥。中国南方有栽培，或逸为野生。

【生长习性】喜温暖湿润、阳光充足环境。喜高温，不耐寒，生育适温 22~30℃。喜肥沃的微酸性土壤。

【繁殖方法】播种、扦插繁殖。

【园林用途】花期极长，繁花满枝，是庭院垂直绿化的优良材料。园林中可用于凉亭、棚架、栅栏绿化，也可植于坡面作地被植物。

千叶兰（千叶吊兰、铁线兰）

Muehlenbeckia complexa Meisn.
蓼科，千叶兰属

【形态特征】多年生常绿草本，呈匍匐状或悬垂状。茎细长，可达6 m，红褐色或黑褐色，似铁丝。叶小，互生，心形或近圆形。花小，黄绿色。种子黑色。花期8~10月，果期9~12月。

【产地分布】原产新西兰。中国长江三角地区有栽培。

【生长习性】喜温暖湿润环境。喜光，亦耐阴；耐寒性强。宜疏松肥沃、排水良好的砂质土壤。

【繁殖方法】分株、扦插繁殖。

【园林用途】适应性强，株型饱满，枝叶婆娑，是室内空气净化能手，亦可用于园林花台、花境，美化室内外环境。

头花蓼（草石椒）

Persicaria capitata (Buch.-Ham. ex D.Don) H.Gross
蓼科，蓼属

【形态特征】多年生草本。茎匍匐，丛生，节部生根。叶卵形或椭圆形，全缘，上面有时具黑褐色新月形斑点。头状花序单生或成对，顶生，花被5深裂，淡红色。瘦果长卵形，具3棱，黑褐色。花期6~9月，果期8~10月。

【产地分布】原产中国长江以南地区。南亚及中南半岛北部亦有分布。

【生长习性】喜温暖湿润、半阴环境。耐旱，耐瘠薄，较耐寒，忌闷湿。对土壤要求不严，宜疏松透气砂质土壤。

【繁殖方法】播种、扦插繁殖。

【园林用途】适应性强，株型低矮匍匐，花序别致，观赏期长，适合作花境修边，或作林下地被。

火炭母

Persicaria chinensis (L.) H.Gross
蓼科，蓼属

【形态特征】多年生草本，株高达 1 m。茎直立或匍匐，多分枝，嫩时紫红色，节膨大。叶互生，椭圆形，叶面有"人"字形暗紫色斑纹，叶脉紫红色，叶柄浅红色。花小，白色或粉红色，集成头状花序。瘦果宽卵形，具 3 棱，熟时浅蓝色，汁多，味酸，可食。花期 7~9 月，果期 8~10 月。

【产地分布】原产中国黄河以南各地。日本、菲律宾、马来西亚、印度也有分布。

【生长习性】喜温暖湿润环境，忌干燥和大雨冲刷。宜疏松、肥沃的腐叶土。

【繁殖方法】播种、扦插繁殖。

【园林用途】颇有野趣，适合庭院、花境或建筑物周围栽植，也可作林下地被。

蓼子草

Persicaria criopolitana (Hance) Migo
蓼科，蓼属

【形态特征】一年生草本，株高 10~15 cm。茎平卧丛生，节部生根。叶狭披针形或披针形，顶端急尖，基部狭楔形。花序头状，顶生；花被 5 深裂，淡紫红色。瘦果椭圆形，双凸镜状。花期 7~11 月，果期 9~12 月。

【产地分布】原产中国南方地区。

【生长习性】喜温暖潮湿、光照充足环境，多生于河滩沙地、沟边、路旁潮湿地。稍耐寒，不耐热，耐盐碱，耐瘠薄。不择土壤，宜疏松肥沃壤土。

【繁殖方法】播种繁殖。

【园林用途】株型低矮紧凑，花小巧玲珑，成片盛开时犹如粉紫色花毯，颇有野趣，适用于水边阴湿处、河滩、水沟边、山谷湿地等地片植，是优良蜜源植物。

金线草

***Persicaria filiformis* (Thunb.) Nakai**
蓼科，蓼属

【形态特征】多年生草本，株高 50~100 cm。根茎横走，粗壮，扭曲，茎节膨大。叶互生，有短柄；托叶鞘抱茎，膜质；叶片椭圆形或长圆形，基部楔形，两面有长糙伏毛，散布棕色斑点。穗状花序顶生或腋生；花小，红色，花被 4 裂。瘦果卵圆形，棕色。花期 7~8 月，果期 9~10 月。

【产地分布】原产中国黄河以南地区。朝鲜、日本、越南也有分布。

【生长习性】喜温暖潮湿环境，耐阴，常生于山地林缘、路旁阴湿地。喜酸性疏松土壤，耐瘠薄。

【繁殖方法】播种繁殖。

【园林用途】花序细长，宛如线丝一般，花果稀疏排列于这根"线"上。适合花境布景，或林下片植作地被绿化。

蚕茧草（蚕茧蓼）

***Persicaria japonica* (Meisn.) Nakai**
蓼科，蓼属

【形态特征】多年生草本，株高可达 1 m。茎直立，节部膨大。叶近薄革质，披针形；托叶鞘筒状，边缘睫毛较长。穗状花序，长达 10 cm 以上；花单性，雌雄异株；花被 5 裂，花被片长椭圆形，白色或淡红色。瘦果卵圆形，具 3 棱或双凸。花期 8~10 月，果期 9~11 月。

【产地分布】原产中国南方地区。

【生长习性】喜温暖湿润、半阴环境，常生于水沟或路旁草丛中。忌干燥。对土壤要求不严。

【繁殖方法】播种繁殖。

【园林用途】适应性强，花期长，花大色艳，可用于湿地景观。

愉悦蓼

Persicaria jucunda (Meisn.) Migo
蓼科，蓼属

【形态特征】一年生草本，株高 60~90 cm。茎直立，多分枝。叶互生，椭圆状披针形，具短缘毛。总状花序呈穗状，顶生或腋生，花排列紧密；花被 5 深裂，粉白色。瘦果卵形，黑色。花期 8~9 月，果期 9~11 月。

【产地分布】原产中国南部。

【生长习性】喜温暖湿润、光照充足环境，常生于山坡草地、山谷路旁及沟边湿地。

【繁殖方法】播种繁殖。

【园林用途】生性强健，花期长，适合庭院、花境或建筑物周围栽植。

红蓼（东方蓼、荭草）

Persicaria orientalis (L.) Spach
蓼科，蓼属

【形态特征】一年生草本，株高可达 2 m。茎粗壮，直立。叶宽卵形、宽椭圆形或卵状披针形，两面密生短柔毛，叶脉上密生长柔毛。头状花序呈穗状，顶生或腋生，花紧密，微下垂；花淡红色或白色，花被片椭圆形。瘦果近圆形。花期 6~9 月，果期 8~10 月。

【产地分布】广布于中国各地（除西藏外）。亚洲、欧洲和大洋洲广泛分布。

【生长习性】喜温暖潮湿、光照充足环境。喜水又耐干旱，耐瘠薄，稍耐寒。对土壤要求不严，喜疏松、肥沃、湿润的壤土。

【繁殖方法】播种繁殖。

【园林用途】生性强健，生长迅速，花密红艳，可植于庭院、墙边、水沟旁点缀，亦可作切花。

赤胫散

Persicaria runcinata var. *sinensis* (Hemsl.) B.Li
蓼科，蓼属

【形态特征】多年生草本，株高30~50 cm。茎丛生，紫色，春季幼株枝条、叶柄及叶中脉均为紫红色。叶互生，卵状三角形，基部常具2圆耳，宛如箭镞；夏季成熟叶片绿色，中央有锈红色晕斑，叶缘淡紫红色。头状花序，常数个生于茎顶，上面开粉红色或白色小花。瘦果卵圆形，黑色。花期7~8月，果期8~10月。

【产地分布】原产于中国华中、华南、西南等地，各地区广泛栽培。

【生长习性】喜温暖、阴湿环境。喜光亦耐阴，耐寒，耐瘠薄。宜疏松、肥沃、排水良好的土壤。

【繁殖方法】播种繁殖。

【园林用途】适宜布置花境、路边、水沟边或栽植于疏林下。

虎杖

Reynoutria japonica Houtt.
蓼科，虎杖属

【形态特征】多年生草本，高1~2 m。根状茎粗壮，横走；茎直立，空心，具纵棱，散生红色或紫红色斑点。叶宽卵形或卵状椭圆形，近革质，全缘。花单性，雌雄异株，花序圆锥状，腋生；花被5深裂，淡绿色。瘦果卵形，黑褐色。花期8~9月，果期9~10月。

【产地分布】广布于中国陕西以南各地。朝鲜、日本也有分布。

【生长习性】喜温暖湿润环境。耐旱、耐寒力较强，忌水涝。生性强健，根系发达，对土壤要求不严。

【繁殖方法】播种、根茎繁殖。

【园林用途】株型高大直挺，花姿悦目，适合庭院、花境或建筑物周围栽植。

红瓶猪笼草

Nepenthes × ventrata Hort. ex Fleming
猪笼草科，猪笼草属

【形态特征】多年生草本，枝长可达 1 m。茎木质或半木质。叶长椭圆形，末端有粉红色笼蔓，笼蔓的末端会形成一个瓶状或漏斗状的由绿色逐渐过渡到粉红色的捕虫笼，并带有笼盖。捕虫笼分泌的蜜汁和消化液可以淹死昆虫并逐渐消化吸收昆虫的营养物质。总状花序，雌雄异株，花小，白天略香，晚上香味浓烈，转臭。蒴果，成熟时开裂散出种子。

【产地分布】翼状猪笼草（*N. alata*）与葫芦猪笼草（*N. ventricosa*）的天然杂交种，原产菲律宾。中国南方地区广泛栽培。

【生长习性】喜温暖湿润气候。喜阳，忌暴晒；生长适温 20~32℃。喜疏松、肥沃、透气的腐叶土或泥炭土。

【繁殖方法】扦插、压条、播种繁殖。

【园林用途】叶片翠绿，具有形态奇异的捕虫笼，可捕食昆虫，观赏价值高，适宜雨林种植，或室内吊盆观赏。

须苞石竹（美国石竹）

Dianthus barbatus L.
石竹科，石竹属

【形态特征】多年生草本，常作一、二年生栽培，株高 45~60 cm。茎直立，微四棱。叶对生，披针形，中脉明显。头状聚伞花序圆形，有多数叶状总苞片，苞片先端呈须状；花瓣有白、粉、绯红、墨紫等色，单色或具环纹、斑点及镶边等复色，单瓣或重瓣。蒴果卵状长圆形；种子褐色。花期 5~10 月，果期 10~11 月。

【产地分布】原产欧洲南部。中国各地有栽培。

【生长习性】喜冷凉气候及光照充足、干燥通风环境。耐寒耐旱，怕热，忌涝。宜疏松肥沃、排水良好的石灰质壤土。

【繁殖方法】播种、分株、扦插繁殖。

【园林用途】花色艳丽，花形紧凑，可用于花坛、花境、花台或盆栽，也可用于岩石园和草坪边缘点缀，亦可作切花。

常见栽培品种如下。

'快捷'（'Dash'）系列：株高 40~50 cm，株型紧凑，分枝性好。

'甜美'（'Sweet'）系列：株高 50~90 cm，花茎挺拔，花大，花期长，花色多样，是优良的切花品种。

'快捷'系列

'甜美'系列

香石竹（康乃馨）

***Dianthus caryophyllus* L.**
石竹科，石竹属

【形态特征】多年生草本，株高15~90 cm。茎直立，多分枝，节间膨大，基部半木质化，全株稍被白粉，呈灰绿色。叶对生，线状披针形，全缘，基部抱茎。花单生或簇生枝顶，花瓣多数，扇形，花色极为丰富，有红、粉、黄、橙、白等单色，还有条斑、晕斑及镶边复色，少数具香气。蒴果卵球形。花期5~8月，果期8~9月。

【产地分布】原产欧亚温带地区。现世界各地广泛栽培。

【生长习性】喜冷凉气候及光照充足、干燥通风环境。不耐炎热，不耐寒，生长适温15~21℃。忌连作及低洼地，宜排水良好、腐殖质丰富的微碱性壤土。

【繁殖方法】扦插、组培、分株、播种繁殖。

【园林用途】花色丰富、花形多变，是世界著名四大切花之一，也常盆栽观赏，或作花坛应用。

香石竹品种极多，按开花习性分为一季开花型（如'Grenadin''Chabaud'等系列）和四季开花型（如'Enfant de Nice'系列）；按花朵大小可分为大花型、标准型（如'Sim'系列）和小花型、射散型（如'Pigeon''Rony'等）；按用途不同可分为切花品种（如'Minami''Moon'等系列）和盆栽、花坛品种（如'Adorable'系列、'Lilipot'系列、'Pink kisses'等）。

'Enfant de Nice'系列

'Chabaud'系列

'Grenadin'系列

'Lilipot'系列

'Pink Kisses'

'Sim'系列

石竹（中国石竹、洛阳花）

Dianthus chinensis L.

石竹科，石竹属

【形态特征】多年生草本，常作一、二年生栽培，株高15~60 cm。茎直立，节部膨大。单叶对生，灰绿色，线状披针形，基部抱茎。花单生或数朵集生枝顶，形成聚伞花序，具芳香；花瓣5枚，先端有齿裂，紫红色、粉红色、鲜红色或白色，喉部有斑纹。蒴果圆筒形；种子扁圆形，黑色。花期5~9月，果期6~10月。

【产地分布】原产中国北方。西伯利亚和朝鲜也有分布。现已广泛栽培。

【生长习性】喜阳光充足、干燥、通风及凉爽环境。性耐寒、耐旱，忌湿涝，不耐酷暑，夏季多生长不良或枯萎。要求疏松、肥沃、排水良好及含石灰质的壤土或砂质壤土。

【繁殖方法】播种、扦插、分株繁殖。

【园林用途】石竹品种丰富，花色多样，宜植于花坛、花境、岩石园等，也可盆栽或用作切花。

常见栽培的变种或品种如下。

锦团石竹（var. *heddewigii*）：花芳香，重瓣，紫黑色花瓣，具白色边。

'科罗娜'（'Coronet'）系列：株高20~25 cm，花径5~8 cm，有白色、樱桃红、玫红、草莓色等花色。

'超级冰糕'（'Super Parfait'）系列：株高20~25 cm，花色为双色，有'Red peppermint' 'Raspberry' 'Strawberry'等品种。

锦团石竹

'科罗娜'系列

'超级冰糕'系列

少女石竹（美女石竹、西洋石竹）

Dianthus deltoides L.

石竹科，石竹属

【形态特征】多年生草本，株高15~30 cm。茎匍匐，灰绿色。叶对生，线形至线状披针形。花单生于茎端，具长梗；花瓣5枚，先端流苏状齿裂，有紫、红、粉、白等色，喉部具深色斑纹，且散布有白色斑点。花期5~6月，果期7~9月。

【产地分布】原产亚洲东部及西欧。中国广泛栽培。

【生长习性】喜阳光充足、温暖凉爽环境。耐寒，耐旱，忌水涝，不耐酷暑。宜疏松肥沃、排水良好、中性至微碱性砂质壤土。

【繁殖方法】播种、分株繁殖。

【园林用途】植株矮小，茎匍匐生长，园林中常作地被植物，也可用于布置花坛、花境。

杂交石竹

Dianthus hybridus F.W.Schmidt ex Tausch
石竹科，石竹属

【形态特征】多年生草本，常作二年生栽培，株高20~60 cm。全株粉绿色，茎疏丛生，直立，上部分枝。叶对生，线状披针形，基部抱茎。单生或数朵簇生成聚伞花序；花瓣5，先端有锯齿，有红色、粉红、紫红、白色或各种镶嵌色，稍有香气。蒴果长椭圆形；种子黑色。花期5~6月，果期7~9月。

【产地分布】世界各地广泛栽培，主要为中国石竹和美国石竹的杂交种。

【生长习性】喜阳光充足、干燥、通风的环境。耐寒性强，喜肥，耐干旱。宜肥沃、富含石灰质的壤土。

【繁殖方法】播种、扦插繁殖。

【园林用途】株型低矮，叶丛青翠，花色丰富，花期长，园林中可用于花坛、花境、花台或盆栽，也可用于岩石园和草坪边缘点缀。

常见栽培品种如下。

'钻石'（'Diamond'）：株高15~20 cm，冠幅20 cm左右。花色艳丽，开花早，生长周期短。耐热性、耐寒性强。

'王朝'（'Dynasty'）：株高41~51 cm，冠幅25 cm，茎秆健壮，分枝性强。花色丰富，重瓣，可渐变，有花晕。主要用作切花。

'花边'（'Floral Lace'）：株高20~25 cm，冠幅20 cm左右。花期早，花朵大，花径4 cm。地栽表现优异。

'霹雳'（'Jolt'）：株高41~51 cm，冠幅30~36 cm，分枝极佳。花色惊艳，花期长。耐热性极高，病害少，是夏季的主要栽培品种。

'繁星'（'Telstar'）：株高20~25 cm，冠幅20 cm左右，分枝性强。花色丰富，花量大。耐热，耐霜冻，抗病性强。

'钻石'

'王朝'

'花边'

'霹雳'

'繁星'

日本石竹（滨瞿麦）

Dianthus japonicus Thunb.
石竹科，石竹属

【形态特征】多年生草本，株高20~60 cm。茎直立，粗壮，圆柱形。叶片卵形至椭圆形，叶质较厚。花簇生成头状，顶端长尾状，花萼筒状，花瓣紫红色或白色。蒴果；种子黑色。花果期6~9月。

【产地分布】原产日本。中国各地广泛栽培。

【生长习性】喜光照充足、温暖湿润环境。不耐寒，不耐湿，较耐热。对土壤要求不严，在微酸性和中性土壤中均可生长良好。

【繁殖方法】播种繁殖。

【园林用途】植株低矮，花色秀美，可作花坛、花境、花海、花台材料，也可用于岩石园和草坪边缘点缀。

欧石竹

Dianthus 'Kahori'
石竹科，石竹属

【形态特征】多年生草本，株高10~20 cm。茎短，多分枝，丛生呈草甸状，全株无毛。叶对生，线状披针形，先端渐尖。花单生，花瓣5，先端有锯齿，白色、粉红色、猩红色、玫红色等，具芳香。蒴果长椭圆形。花期春夏。

【产地分布】园艺品种，由荷兰橙色多盟（Dümmen Orange）集团培育，亲本不详。

【生长习性】喜阳光充足、干燥、通风的环境。耐寒性强，也耐热，喜肥，耐干旱。宜排水良好、富含腐殖质的中性或微碱性砂壤土。

【繁殖方法】扦插、播种、分株繁殖。

【园林用途】株型低矮，叶丛青翠，花期长，花色艳丽，易于栽培。园林中可用于花坛、花境、花台等，也可用于岩石园和草坪边缘点缀，或成片种植作景观地被材料。

羽瓣石竹（常夏石竹、地被石竹）
Dianthus plumarius L.
石竹科，石竹属

【形态特征】多年生草本，株高30~40 cm。茎直立，簇生。叶对生，长线形，顶端锐尖，两面被白粉，呈灰绿色。花单生或2~3朵顶生，花瓣5，先端流苏状齿裂，有白色、粉红色和红色等，喉部常有紫红色斑块，具芳香。蒴果圆锥形，种子棕色。花期5~9月，果期9~10月。

【产地分布】原产欧洲。中国各地引种栽培。

【生长习性】喜温凉、阳光充足环境。耐寒，不耐酷暑，生长适温15~24℃。对土壤要求不严，喜疏松、排水良好的中性至微碱性砂壤土。

【繁殖方法】播种、分株、扦插繁殖。

【园林用途】叶形优美，花色艳丽，花具芳香，可植于岩石园、路边、墙角或用于花境、花坛，也可用作地被植物。

圆锥石头花（宿根霞草、满天星、锥花丝石竹）
Gypsophila paniculata L.
石竹科，石头花属

【形态特征】多年生草本，株高约90 cm。地下部有粗大肉质根。茎纤细，多分枝且开展，粉绿色具白霜，节处膨大。单叶对生，线状披针形。圆锥状聚散花序，小花繁多，花梗纤细；花瓣5枚，有白色、粉红色。蒴果球形；种子圆形。花期6~8月，果期8~9月。

【产地分布】原产欧亚大陆。世界各地广为栽培。

【生长习性】喜阳光充足、凉爽干燥环境。耐寒，生长适温15~25℃；忌高温多湿，不耐涝。宜疏松肥沃、排水良好的中性土壤。

【繁殖方法】播种、扦插、分株、组培繁殖。

【园林用途】枝干纤细，线条优美，点点小花，像繁星闪烁，晶莹亮丽，是世界流行的鲜切花材料和干花材料，也可布置花坛、花境和岩石园。

常见栽培品种如下。

'仙女'（'Bristol Fairy'）：花白色，重瓣，小花型，适应性强，产量高，适用于周年生产，为各国栽培量最大的品种。

'火烈鸟'（'Flamingo'）：花淡粉红色，重瓣，相对较大。

'完美'（'Perfecta'）：茎秆粗壮挺拔。花白色，重瓣，大花型。对光、温度变化较敏感，为切花常用品种。

'雪花'（'Snowflake'）：花白色，重瓣。

'仙女'

'火烈鸟'

'完美'

细小石头花

Gypsophila muralis L.
石竹科，石头花属

【形态特征】一年生草本，株高 5~20 cm。茎自基部分枝。叶对生，线形。二歧聚伞花序疏散，花梗细，苞片叶状；花瓣倒卵状楔形，粉红色或白色，脉色较深，顶端啮蚀状。蒴果长圆形；种子细小，黑色。花期 5~10 月。

【产地分布】原产欧洲、俄罗斯、哈萨克斯坦等地。中国各地有栽培。

【生长习性】喜阳光充足、凉爽干燥环境。耐寒性较强，生长适温 15~25℃，忌高温多湿，不耐涝。宜富含石灰质、排水良好的中性或略碱性土壤。

【繁殖方法】播种、扦插繁殖。

【园林用途】株型低矮、紧凑，花量大，可作花坛、花境、地被等应用，亦可盆栽观赏。

'花园新娘'

常见栽培品种如下。

'花园新娘'（'Garden Bride'）：花单瓣，粉色。

'吉普赛'（'Gypsy'）系列：株型紧凑，花量大，花白色、浅粉色或深粉色。

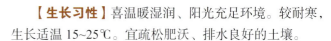

'吉普赛'系列

大蔓樱草（矮雪轮、小町草）

Silene pendula L.
石竹科，蝇子草属

【形态特征】一、二年生草本，株高 20~40 cm。茎多分枝，全株被柔毛和腺毛。叶对生，卵状披针形或椭圆状倒披针形。单歧式聚伞花序，花梗细，果时反折；花萼倒卵形，膨大，纵脉微凸起，带紫色；花瓣倒心形，淡红至白色。蒴果卵状锥形；种子圆肾形。花期 5~6 月，果期 6~7 月。

【产地分布】原产欧洲南部，中国各地有栽培。

【生长习性】喜温暖湿润、阳光充足环境。较耐寒，生长适温 15~25℃。宜疏松肥沃、排水良好的土壤。

【繁殖方法】播种繁殖。

【园林用途】植株低矮密集，开花繁茂，花朵小巧玲珑，花后还可观赏花萼筒，适宜布置花坛、花境或坡地片植。

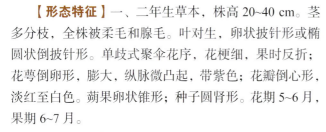

锦绣苋（五色苋、五色草、红绿草）

Alternanthera bettzickiana (Regel) G.Nicholson

苋科，莲子草属

【形态特征】多年生草本，株高20~50 cm。茎直立或基部匍匐，多分枝，上部四棱形，下部圆柱形。叶对生，矩圆形、矩圆状倒卵形或匙形，边缘波状皱；叶片绿色或红色，或部分绿色杂以红色或黄色斑纹。头状花序2~5个丛生，无总花梗；花被片卵状矩圆形，白色。果实不发育。花期8~9月。

【产地分布】原产南美洲。中国各地广泛栽培。

【生长习性】喜温暖湿润、阳光充足环境。略耐阴，不耐夏季酷热，不耐旱。对土壤要求不严，宜疏松肥沃、排水良好的土壤。

【繁殖方法】扦插、分株繁殖。

【园林用途】植株矮小，枝叶茂密，叶色鲜艳，常用于地被、模纹花坛、立体绿化等。

常见栽培品种如下。

'绿草'（'Green'）；叶绿色。

'红草'（'Red'）：叶紫红色。

'花叶'（'Red Green Yellow'）：叶具红、绿、黄各种斑纹。

'黄草'（'True Yellow'）：叶金黄色而有光泽。

'绿草'

'红草'

'花叶'

'黄草'

巴西莲子草（红龙草、红牛膝）

Alternanthera brasiliana (L.) Kuntze

苋科，莲子草属

【形态特征】多年生草本，株高15~30 cm。茎上升或匍匐，多分枝，圆柱形，紫红色。叶对生，卵形、椭圆形或披针形，全缘，紫红色至深紫色。头状花序顶生或腋生，具总花梗；花小，密集，白色。胞果倒心形；种子扁球形。花果期5~10月。

【产地分布】原产中南美洲。中国各地广泛栽培。

【生长习性】喜温暖湿润环境。耐半阴；耐高温，不耐寒。宜疏松肥沃、排水良好土壤。

【繁殖方法】扦插、分株繁殖。

【园林用途】叶色鲜艳，茎叶致密，头状花序形似干燥花，常用于地被、花坛、花境、庭院等。

红莲子草（红叶莲子草、紫叶莲子草）

Alternanthera sessilis (L.) DC. 'Red'

苋科，莲子草属

【形态特征】多年生草本，高10~45 cm。茎直立或匍匐，紫红色。叶对生，条状披针形，紫红色。头状花序腋生，无总花梗；花密生，白色带紫红色。胞果倒心形，侧扁，翅状；种子卵球形。花期5~7月，果期7~9月。

【产地分布】莲子草的栽培品种，原种产于亚洲热带、亚热带地区。我国长江流域及以南地区广泛栽培。

【生长习性】喜温暖湿润、阳光充足环境。喜水湿，稍耐寒。对土壤要求不严。

【繁殖栽培】扦插、分株繁殖。

【园林用途】适应性强，适用于园林水景镶边或湿地种植。

尾穗苋（老枪谷、籽粒苋）
Amaranthus caudatus L.
苋科，苋属

【形态特征】一年生草本，株高可达 1.5 m。茎直立，粗壮。叶菱状卵形或披针形，绿色或红色，全缘或波状缘。圆锥花序由多数穗状花序形成，顶生，下垂，有多数分枝，中央分枝特长，花密集成雌花和雄花混生的花簇。胞果近球形，上半部红色；种子近球形，淡棕黄色。花期7~8月，果期9~10月。

【产地分布】原产热带地区。中国各地常见栽培。

【生长习性】喜温暖湿润环境。耐高温，不耐寒，耐半阴。宜疏松肥沃、排水良好的土壤。

【繁殖方法】播种繁殖。

【园林用途】花序长条状下垂，色彩鲜艳，常用于花境布置或片植，亦可作切花。

苋（三色苋、老来少、雁来红）
Amaranthus tricolor L.
苋科，苋属

【形态特征】一年生草本，株高 90~150 cm。茎直立，粗壮，绿色或红色，常分枝。叶片卵形、菱状卵形或披针形，绿色或常成红色、紫色或黄色，或部分绿色夹杂其他颜色，全缘或波状缘。穗状花序顶生或腋生，下垂，花密集成雌花和雄花混生的球形花簇；花被片矩圆形，绿色或黄绿色。胞果卵状矩圆形；种子黑色或黑棕色。花期5~8月，果期7~10月。

【产地分布】原产印度和亚洲南部地区。中国各地均有栽培。

【生长习性】喜温暖湿润环境。耐高温，不耐寒，生长适温23~27℃；耐半阴。宜疏松肥沃、排水良好的土壤。

【繁殖方法】播种繁殖。

【园林用途】叶杂有各种颜色，园艺品种叶色艳丽，可用于花境或片植观赏，茎叶可作蔬菜食用。

地肤（扫帚菜）

Bassia scoparia (L.) A.J.Scott
苋科，沙冰藜属

【形态特征】一年生草本，株高 50~100 cm。茎直立，圆柱状，淡绿色或带紫红色。叶披针形或条状披针形。花两性或雌性，通常 1~3 个生于上部叶腋，构成疏穗状圆锥状花序；花被近球形，淡绿色。胞果扁球形；种子卵形，黑褐色。花期 6~9 月，果期 7~10 月。

【产地分布】原产欧洲及亚洲中部和南部地区。中国大部分地区有栽培。

【生长习性】喜温暖、光照充足环境。耐干旱，不耐寒。对土壤要求不严格，喜肥沃、疏松、富含腐殖质的壤土，较耐碱性土壤。

【繁殖方法】播种繁殖。

【园林用途】株型紧凑，枝叶细密，可丛植或片植，用于花坛、花丛、花境等，或种植于庭院及建筑物周围。

红甜菜（红菜头、紫菜头、火焰菜）

Beta vulgaris L.
苋科，甜菜属

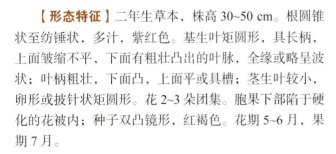

【形态特征】二年生草本，株高 30~50 cm。根圆锥状至纺锤状，多汁，紫红色。基生叶矩圆形，具长柄，上面皱缩不平，下面有粗壮凸出的叶脉，全缘或略呈波状；叶柄粗壮，下面凸，上面平或具槽；茎生叶较小，卵形或披针状矩圆形。花 2~3 朵团集。胞果下部陷于硬化的花被内；种子双凸镜形，红褐色。花期 5~6 月，果期 7 月。

【产地分布】原产欧洲地中海沿岸。中国长江流域有引种栽培。

【生长习性】喜凉爽湿润气候。耐寒、耐热、耐旱，生长适温 20~25℃。宜疏松肥沃、保肥保水力强的壤土。

【繁殖方法】播种繁殖。

【园林用途】叶片鲜红色，艳丽无比，具有很高的观赏价值，可种植于花坛、花境，也可盆栽观赏。

青葙（鸡冠花、百日红）
Celosia argentea L.
苋科，青葙属

【形态特征】一年生草本，株高 30~80 cm。茎直立，常分枝。叶互生，卵形、卵状披针形或披针状条形，绿色、黄绿色或红色。肉穗花序顶生，呈塔状、圆锥状、圆柱状、鸡冠状或羽毛状；苞片、小苞片和花被片干膜质，颜色丰富，有红色、紫色、黄色、橙色、白色、黄绿色或红黄色相间。胞果卵状矩圆形；种子肾形，黑色。花期 5~8 月，果期 6~10 月。

【产地分布】中国广为分布，亚洲热带、亚热带及非洲热带均有分布。世界各地广泛栽培。

【生长习性】喜温暖湿润环境。耐热，不耐寒，生长适温 25~30℃；喜阳，耐半阴；稍耐旱，不耐涝。对土壤要求不严，喜疏松肥沃、有机质丰富的土壤。

【繁殖方法】播种繁殖。

【园林用途】品种多，花色艳丽丰富，长期长，常用于花坛、花境，高型品种亦可作切花。

常见栽培应用的变种和品种如下。

头状鸡冠（var. *cristata*）：花序紧密而呈球形或鸡冠状。如'头脑风暴'（'Concertina'）、'尼奥'（'Neo'）等系列。

羽状鸡冠（var. *plumosa*）：花序呈羽毛状，似火焰。如'新火'（'First Flame'）、'冰淇淋'（'Ice Cream'）、'周日'（'Sunday'）等系列。

穗状鸡冠（var. *spicata*）：花穗短而紧缩，呈杉树形的圆锥状。如'宇宙'（'Kosmo'）、'思维'（'Celway'）等系列。

头状鸡冠

羽状鸡冠

穗状鸡冠

'头脑风暴'系列

'新火'系列

'宇宙'系列

千日红（火球花）

Gomphrena globosa L.
苋科，千日红属

【形态特征】一年生草本，株高 20~60 cm。茎直立，有分枝，节部稍膨大。叶对生，纸质，长椭圆形或长圆状倒卵形，边缘波状，两面被白色长柔毛。头状花序顶生，球形或长圆形，常紫红色，有时淡紫或白色；叶状总苞片绿色，对生，卵形或心形；小苞片干膜质，紫红色；小花黄色，花被片密被白色绵毛。胞果近球形；种子肾形，褐色。花期 7~10 月。

【产地分布】原产美洲热带地区。中国各地广泛栽培。

【生长习性】喜温暖湿润、阳光充足环境。耐高温，不耐寒，低于 10℃ 以下会生长不良；耐旱，不耐涝。宜疏松肥沃、排水良好的土壤。

【繁殖方法】播种繁殖。

【园林用途】球状花序由膜质苞片组成，干后不凋，灿烂多姿，花期持久，常用于花坛、花境、庭院等，亦可作切花和干花。

美洲千日红（细叶千日红）

Gomphrena haageana Klotzsch
苋科，千日红属

【形态特征】一年生草本，株高 40~50 cm。茎直立，纤细，被短粗毛。叶对生，狭披针形，纸质，叶面粗糙，全缘，两面被白色短粗毛。头状花序顶生，球形或长圆形；苞片膜质，橙色、红色或紫红色；小花黄色。花期夏季。

【产地分布】原产美洲热带地区。中国南部地区有栽培。

【生长习性】喜温暖湿润、阳光充足环境。耐高温，不耐寒，生长适温 23~30℃；不耐荫蔽，忌干旱、瘠薄。宜疏松肥沃、排水良好的土壤。

【繁殖方法】播种繁殖。

【园林用途】球状花序由膜质苞片组成，色艳丽，干后不凋，花期持久，常用于花坛、花境、庭院等，亦可作切花和干花。

血苋（红叶苋，红洋苋）
Iresine diffusa f. *herbstii* (Hook.) Pedersen
苋科，血苋属

【形态特征】多年生草本，株高可达 2 m。茎粗壮，常带红色，具纵棱。叶对生，宽卵形至近圆形，先端凹缺或 2 浅裂，全缘，紫红色，如为绿色或淡绿色，则有黄色叶脉。穗状圆锥花序顶生及腋生，苞片及小苞片卵形，绿白色或黄白色；花微小，雌雄异株。胞果卵形，侧扁，不裂。花果期 9 月至翌年 3 月。

【产地分布】原产南美洲。中国南部地区常见栽培。

【生长习性】喜温暖湿润、阳光充足环境。耐高温，不耐寒；耐旱，不耐涝。宜疏松肥沃、排水良好的土壤。

【繁殖方法】扦插繁殖。

【园林用途】全株茎叶紫红色，艳丽夺目，常用于地被、花境等，亦可盆栽观赏。

澳洲狐尾苋（澳洲狐尾）
Ptilotus exaltatus Nees
苋科，猫尾苋属

【形态特征】多年生草本，常作一年生栽培，株高 20~80 cm。茎直立。基生叶莲座状，茎生叶互生，叶片卵形至椭圆形，质厚，银绿色。圆锥形穗状花序，卵形或圆柱形，花密集，粉色至紫色，带银色茸毛。花期春夏。

【产地分布】原产澳大利亚。中国华南、华东地区有引种栽培。

【生长习性】喜温暖、光照充足环境。耐热，耐旱，不耐雨淋。适应性广，喜疏松、排水良好的土壤。

【繁殖方法】播种繁殖。

【园林用途】株型紧凑，花序奇特，花期长，可用于花坛及庭院花境，或作盆栽。

常见栽培品种如下。

'幼兽'（'Joey'）：株高 30~40 cm，花穗长 7~10 cm，花深霓桃红色。

'幼兽'

鹿角海棠（熏波菊）

Astridia velutina Dinter
番杏科，鹿角海棠属

【形态特征】多年生常绿肉质草本，株高 25~35 cm。老枝灰褐色，木质化，嫩枝淡绿色，全株密被极细短茸毛。叶交互对生，半月形，三棱状，粉绿色至灰绿色，无柄，基部合生，叶背有龙骨状突起。花顶生，具短梗，单生或数朵间生，花瓣粉红色或白色，花蕊黄色。蒴果肉质。花期冬季。

【产地分布】原产南非。中国各地均有栽培。

【生长习性】喜温暖干燥、阳光充足环境。耐干旱，怕高温，不耐寒，冬季温度最好不低于 15℃。宜排水良好、疏松透气的砂壤土。

【繁殖方法】扦插、播种繁殖。

【园林用途】株型小巧，叶片肥厚，花色鲜艳。可盆栽观赏，或用于布置岩石园、多肉植物园。

常见栽培品种如下。

鹿角海棠'锦'（'Variegata'）：肥厚的叶片带黄色锦斑，叶色艳丽。

鹿角海棠'锦'

丽晃（软叶鳞菊、花岚山、冰花）

Delosperma cooperi (Hook.f.) L.Bolus
番杏科，露子花属

【形态特征】多年生常绿肉质草本，株高 10~15 cm。茎多分枝，蔓延生长。叶对生，基部抱茎；叶片肉质，三棱线形。花单生枝顶，菊花状，花冠红紫色或鲜红色，花瓣多数，线形，具光泽。蒴果肉质；种子多数。花期 7~9 月，温室可全年开花。

【产地分布】原产非洲南部。中国有引种栽培。

【生长习性】喜光照充足、干燥环境。耐热，耐干旱；不耐寒。宜排水良好的砂质土壤，忌黏土。

【繁殖方法】扦插、播种繁殖。

【园林用途】花色鲜艳，绚丽夺目，可盆栽观赏，亦可用于岩石园。

长舌叶花（宝绿、佛手掌、舌叶菊）
Glottiphyllum longum (Haw.) N.E.Br.
番杏科，舌叶花属

【形态特征】多年生常绿肉质草本。茎肉质，叉状分枝。叶交互对生，紧密排成2列，叶片舌状或三角状线形，鲜绿色，肥厚肉质，顶端具钝弯钩，基部合生。花顶生，具细长花梗，橙黄色，花瓣和雄蕊均多数；花托膨大。花期5~6月。

【产地分布】原产非洲南部。中国有引种栽培。

【生长习性】喜阳光充足、温暖通风环境。较耐旱，畏高温。喜疏松、排水良好的砂壤土。

【繁殖方法】播种、扦插繁殖。

【园林用途】植株小巧玲珑，叶片肥厚多汁，翠绿别致，形似翡翠，花色金黄耀眼。适宜盆栽观赏，也可布置岩石园、多肉植物园等。

光琳菊（琴爪菊、白凤菊）
Lampranthus deltoides (L.) Glen ex Wijnands
番杏科，松叶菊属

【形态特征】多年生常绿肉质草本。茎分枝匍匐或直立，老枝茎干呈棕红色，嫩枝稍带浅红色或黄绿色。叶对生，肉质多汁具三棱形，边缘有小锯齿。花顶生，花瓣、花丝淡紫色，花药黄色。花期春末夏初。

【产地分布】原产南非。中国有引种栽培。

【生长习性】喜温暖干燥、阳光充足环境。耐干旱，怕水湿。喜疏松、排水良好的砂壤土。

【繁殖方法】分株、扦插繁殖。

【园林用途】叶形特别，花美丽，宜盆栽观赏，亦可用于岩石园。

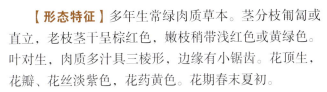

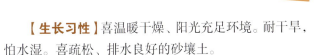

美丽日中花（龙须海棠、松叶菊）

Lampranthus spectabilis (Haw.) N.E.Br.

番杏科，松叶菊属

【形态特征】多年生常绿肉质草本，株高约 30 cm。茎丛生，基部木质，多分枝。叶对生，肉质，三棱线形，基部抱茎，粉绿色，有多数小点。花单生枝端，苞片叶状，对生；花瓣多数，紫红色至白色，线形，基部稍连合。蒴果肉质，星状 5 瓣裂；种子多数。花期春季或夏秋，通常白天开放，傍晚闭合。

【产地分布】原产非洲南部。中国有引种栽培。

【生长习性】喜温暖干燥、阳光充足环境。夏季不宜暴晒；不耐寒，生长适温 15~20℃，最低温度以 10℃左右为宜；耐干旱，不耐涝。喜疏松、中等肥沃、排水良好的砂壤土。

【繁殖方法】扦插繁殖。

【园林用途】叶似松叶，花似菊，花色丰富。宜盆栽观赏，亦可用于布置岩石园。

心叶日中花（露草、露花、心叶冰花）

Mesembryanthemum cordifolium L.f.

番杏科，日中花属

【形态特征】多年生常绿肉质草本。茎斜卧，铺散，长 30~60 cm，稍肉质，具小颗粒状凸起。叶对生，心状卵形，肉质，全缘。花单朵顶生或腋生，花瓣多数，匙形，红紫色。蒴果肉质；种子多数。花期 7~8 月。

【产地分布】原产非洲南部。中国有引种栽培。

【生长习性】喜阳光充足、温暖通风环境。忌强光直射及高温多湿；耐干旱。喜疏松、排水良好的砂壤土。

【繁殖方法】播种、扦插繁殖。

【园林用途】生性强健，管护粗放，花色艳丽。可用作地被植物，或用于花坛、垂直绿化等，亦可盆栽观赏。

常见栽培品种如下。

'花叶'露草（'Variegata'）：叶缘有一圈黄色边。

'花叶'露草

紫茉莉（胭脂花、地雷花、洗澡花、夜饭花）
Mirabilis jalapa L.
紫茉莉科，紫茉莉属

【形态特征】一年生草本，株高可达1 m。茎直立，多分枝，节稍膨大。叶对生，卵形或卵状三角形，全缘，两面无毛。花常数朵簇生枝端，傍晚开放，具香味；总苞钟形，花被筒高脚碟状，花被紫红色、黄色、白色或杂色。瘦果球形，黑色，表面具皱纹，状如地雷。花期6~10月，果期8~11月。

【产地分布】原产热带美洲。中国南北各地广泛栽培，有时逸为野生。

【生长习性】喜温暖湿润环境。喜光，耐半阴；喜凉爽，不耐寒，不耐高温。宜土层深厚、疏松肥沃、排水良好的土壤。

【繁殖方法】播种繁殖。

【园林用途】花具芳香，颜色丰富，可用于布置花境或点缀野趣园。

露薇花（琉维草）
Lewisia cotyledon (S.Watson) B.L.Rob.
水卷耳科，露薇花属

【形态特征】多年生草本，株高约30 cm。根肉质。叶基生，呈莲座状，叶片倒卵状匙形，全缘或波状。圆锥花序顶生，高约25 cm；花瓣8~10枚，开展，白色、黄色、橙色、粉色、淡紫色、红色或鲑红色，具红脉、红晕或红色条纹。花期早春至夏季。

【产地分布】原产美国西海岸中部山区。中国有引种栽培。

【生长习性】喜春季湿润、夏季干燥环境。喜半阴；忌高温高湿，不耐寒；较耐旱，不耐涝。喜排水良好、肥沃轻松的砂质土壤。

【繁殖方法】播种、分株繁殖。

【园林用途】花色靓丽，花期长，花开时满铺叶片顶端，色彩缤纷。常作盆栽观赏，亦可用于岩石园造景。

落葵薯（藤三七、洋落葵）
Anredera cordifolia (Ten.) Steenis
落葵科，落葵薯属

【形态特征】多年生缠绕草质藤本，茎长可达5 m。根茎粗壮。叶卵形或近圆形，先端急尖，基部圆形或心形，稍肉质，腋生小块茎（珠芽）。总状花序具多花，花序轴纤细，下垂；花被片白色，渐变黑，卵形至椭圆形。花期6~10月。

【产地分布】原产南美热带地区。中国南方地区常见栽培。

【生长习性】喜温暖潮湿、光照充足环境。耐阴，耐湿，耐热，稍耐寒，能忍耐0℃以上的低温。宜疏松肥沃、排水良好的土壤。

【繁殖方法】扦插或珠芽繁殖。

【园林用途】扩散蔓延能力强，可作地被护坡绿化，或覆盖墙垣、棚架。

落葵（潺菜、木耳菜）
Basella alba L.
落葵科，落葵属

【形态特征】一年生缠绕草本。茎长可达数米，肉质，绿色或略带紫红色。叶片卵形或近圆形，全缘，叶柄上有凹槽。穗状花序腋生，长3~15 cm；花被片卵状长圆形，淡红色或淡紫色，下部白色，连合成筒。果实球形，红色至深红色或黑色，多汁液。花期5~9月，果期7~10月。

【产地分布】原产亚洲热带地区。中国各地区广泛栽培。

【生长习性】喜温暖湿润环境。耐热，不耐寒；耐湿，不耐旱。宜疏松肥沃、排水良好的微酸性土壤。

【繁殖方法】播种、扦插繁殖。

【园林用途】蔓性生长，茎叶肉质，常用于庭院、阳台绿化，嫩梢或嫩叶亦可食用。

土人参（紫人参、假人参、申时花）

Talinum paniculatum (Jacq.) Gaertn.
土人参科，土人参属

【形态特征】一年生至多年生草本，株高30~100 cm。茎直立，肉质，基部近木质。叶互生或近对生，稍肉质，倒卵形或倒卵状长椭圆形，全缘。圆锥花序顶生或腋生，花小，花瓣粉红色或淡紫红色，长椭圆形、倒卵形或椭圆形。蒴果近球形，成熟时红色。花期6~7月，果期9~10月。

【产地分布】原产热带美洲。中国长江以南各地广为栽培，有的逸为野生。

【生长习性】喜温暖湿润气候。喜光，也耐阴；耐高温高湿，不耐寒冷；耐贫瘠。喜富含有机质、疏松土壤。

【繁殖方法】播种、扦插繁殖。

【园林用途】抗逆性强，叶片翠绿，开粉红色小花，橘红色果，富有野趣，药蔬兼用，可种植于花境中作点缀，亦可作插花。

常见栽培品种如下。

'斑叶'土人参（'Variegatum'）：叶片具黄白色斑块。

'斑叶'土人参

'斑叶'土人参

大花马齿苋（太阳花、半支莲、松叶牡丹、死不了）

Portulaca grandiflora Hook.
马齿苋科，马齿苋属

【形态特征】一年生至多年生肉质草本，株高10~30 cm。茎平卧或斜升，紫红色，多分枝。叶不规则互生，枝端较密集，细圆柱形，肉质，叶腋常生一撮白色长柔毛。花单生或数朵簇生枝端，日开夜闭；花瓣5或重瓣，倒卵形，顶端微凹，花色多样，有红、黄、白、紫红、橙、复色等。蒴果近椭圆形；种子细小。花期6~9月，果期8~11月。

【产地分布】原产巴西。中国广泛栽培。

【生长习性】喜温暖、阳光充足环境。耐强光、干旱、瘠薄，不耐寒。喜排水良好的砂质土壤。

【繁殖方法】播种、扦插繁殖。

【园林用途】株型低矮，花色丰富，向阳而开，艳丽夺目，可用于花坛、花境、护坡、园路边、庭园绿化和立体绿化，亦可盆栽观赏。

毛马齿苋（多毛马齿苋、禾雀舌）

Portulaca pilosa L.
马齿苋科，马齿苋属

【形态特征】一年生至多年生肉质草本，株高5~20 cm。茎丛生，铺散，多分枝。叶互生，茎上部较密，叶片近圆柱状线形或钻状狭披针形，肉质，腋内疏生长柔毛。花径约1 cm，无梗，基部密生长柔毛；花瓣5，膜质，红紫色，宽倒卵形，基部合生。蒴果卵球形。花期5~8月，果期5~8月。

【产地分布】原产中国广东、广西、福建、海南、台湾、云南。东南亚和美洲热带地区也有分布。

【生长习性】喜温暖、阳光充足环境。耐旱，耐热，耐瘠薄。宜排水良好的砂质土壤。

【繁殖方法】扦插、播种繁殖。

【园林用途】株型整齐，叶翠如玉，观赏性好；抗逆性强，养护成本低，可用于花坛、花境、护坡、园路边、庭园绿化和立体绿化，亦可盆栽观赏。

环翅马齿苋（阔叶马齿苋、阔叶半支莲、马齿牡丹）

Portulaca umbraticola Kunth
马齿苋科，马齿苋属

【形态特征】一年生至多年生肉质草本，株高5~20 cm。茎叶细弱，肉质，有棱。叶互生，椭圆形至倒卵形，绿色，扁平，叶缘泛红褐色。花大，单生枝顶；花瓣5或重瓣、半重瓣，花色有白、红、粉红、桃红、橘黄、黄色等。蒴果倒卵球形；种子灰色，圆形或细长。花期5~8月，果期6~9月。

【产地分布】原产美洲热带地区。世界各地广泛栽培。

【生长习性】喜温暖、阳光充足环境。耐热，耐旱，耐涝，耐瘠薄，不耐寒。喜排水良好的砂质土壤。

【繁殖方法】扦插、播种繁殖。

【园林用途】匍匐性好，花色艳丽、丰富多彩，可用于花坛、花境、护坡、园路边、庭园绿化和立体绿化，亦可盆栽观赏。

鸾凤玉

***Astrophytum myriostigma* Lem.**
仙人掌科，星球属

【形态特征】多年生肉质草本。植株单生，呈球形至长球形，直径 10~20 cm，球体绿色，常具白色星状毛或小鳞片，有 3~8 条肥厚的肉质棱，多数为 5 棱；刺座着生于棱缘上，无刺，具褐色短绵毛。花着生于球体顶部的刺座上，漏斗形，呈菊花状，橙黄色。果长圆形。花期 3~8 月。

【产地分布】原产墨西哥。中国各地广泛栽培。

【生长习性】喜温暖干燥、阳光充足环境。耐热，较耐寒，生长适温 15~28℃；忌湿。喜排水良好的砂质壤土。

【繁殖方法】播种、组培、嫁接繁殖。

【园林用途】球体端庄美观，多用于盆栽观赏，亦可用于布置点缀沙生植物区或多浆植物区。

常见栽培品种如下。

'复隆'鸾凤玉（'Fukuryu'）：具 6~8 条肥厚的肉质棱，棱与棱之间有不规格隆起。

'琉璃'鸾凤玉（'Nudum'）：植株形态同原种近似，但球体表面没有白色斑点，呈现绿色或蓝绿色、灰绿色。

'恩冢'鸾凤玉（'Onzuka'）：球体上布满密集的白点，通常为 5 棱，也有 4 棱、3 棱、甚至多棱（复棱）。

'四角'鸾凤玉（'Quadricostatum'）：具 4 条肥厚的肉质棱。

'三角'鸾凤玉（'Tricostatum'）：具 3 条肥厚的肉质棱。

'复隆'鸾凤玉

'琉璃'鸾凤玉

'恩冢'鸾凤玉

'四角'鸾凤玉

'三角'鸾凤玉

般若（白云般若、美丽星球）

Astrophytum ornatum (DC.) Britton et Rose

仙人掌科，星球属

【形态特征】多年生肉质草本，株高可达 1 m。幼株球形，成株长筒形，暗绿色，具棱 7~8，棱上具刺座，刺座有白绵毛，具直刺 5~11，褐色。花生于茎项，黄白色，花瓣有时带粉色，常数朵同开。果实成熟时裂开成星状。花期夏季。

【产地分布】原产墨西哥。中国有引种栽培。

【生长习性】喜温暖干燥、阳光充足环境。耐热，稍耐寒，生长适温 15~28℃；喜干燥，忌水湿。喜砂质壤土，忌黏重土壤。

【繁殖方法】播种繁殖。

【园林用途】球体美丽，具白色绵毛及小鳞片，状如白云覆于球体之上，观赏价值高，多用于布置多浆植物区、沙生植物区等，可片植或丛植，亦可盆栽观赏。

常见栽培应用的变种和品种如下。

琉璃般若（var. *glabrescents*）：又名裸般若，具 8 条棱，呈螺旋状排列。

螺旋般若（var. *spriale*）：球体深翠绿色，被白色星状毛或鳞片，具 8 条棱，呈螺旋状排列。

'复隆'般若（'Hukuryu Hannya'）：棱与棱之间有不规格隆起，被大片浓密的白色星状毛或鳞片。

琉璃般若

螺旋般若

'复隆'般若

连城角（天轮柱）

Cereus fernambucensis Lem.

仙人掌科，仙人柱属

【形态特征】多年生肉质草本，株高可达 7~8 m。茎圆柱形，直立，多分枝，茎粗 10~20 cm，深绿色或灰绿色，具棱 4~8 条。刺座较稀，带褐色毡毛，具刺 5~6 枚，中刺 1 枚，长约 2 cm。花侧生，漏斗形，白色。果实黄色或红色，椭球形，肉质。花期夏秋。

【产地分布】原产巴西。中国广泛栽培。

【生长习性】喜温暖干燥、阳光充足环境。可耐 40℃高温，也能耐 0℃低温；耐旱，不耐积水。喜富含有机质、排水良好的砂质土壤。

【繁殖方法】播种、扦插繁殖。

【园林用途】生长迅速，植株高大，极具沙漠风光，多用于布置多浆植物区、沙生植物区等，可片植或丛植。

金钮（管花仙人柱、黄金柱、黄金钮）
Cleistocactus winteri D.R.Hunt
仙人掌科，管花柱属

【形态特征】多年生肉质草本，株高可达90 cm。茎细长，匍匐，通常扭状下垂，具气生根。幼茎绿色，以后变灰，无叶，具14~17棱，表面长满金黄色刺。花漏斗状，深红色，昼开夜闭，可持续一周。浆果球形，红色，有刺毛；种子小，红褐色。花期夏秋。

【产地分布】原产玻利维亚。中国有引种栽培。

【生长习性】喜温暖干燥、阳光充足环境。耐干旱及半阴；生长适温20~25℃，可耐4℃低温；忌水湿。喜疏松透气、排水良好的肥沃砂壤土。

【繁殖方法】分株、扦插、嫁接繁殖。

【园林用途】鞭状茎细长柔软，金光灿灿，花色艳丽，可作盆栽观赏，亦可用于布置多浆植物区、沙生植物区等。

绯牡丹（红牡丹、红球）
Gymnocalycium friedrichii (Werderm.) Pazout 'Hibotan'
仙人掌科，裸萼球属

【形态特征】多年生肉质草本。茎扁球形，直径3~5 cm，具8棱，棱上有突出的横脊，球体橙红色、粉红色、紫红色或深红色，成熟球体群生子球。刺座较小，无中刺，辐射刺短或脱落。花着生于顶部的刺座，细长，漏斗形，粉红色，常数朵同时开放。果实细长，纺锤形，红色。花期春夏。

【产地分布】牡丹玉（*G. friedrichii*）的斑锦变异品种，原产南美洲巴拉圭。中国各地广有栽培。

【生长习性】喜温暖干燥、阳光充足、通风环境。夏季适当遮光，怕高温，不耐寒，生长适温24~26℃，越冬温度不低于8℃。喜肥沃、排水良好的微酸性至中性土壤。

【繁殖方法】嫁接繁殖。

【园林用途】球体颜色鲜艳，美丽耐看，适宜盆栽观赏，亦可用于布置多浆植物、沙生植物区等。

金琥（象牙球）

Kroenleinia grusonii (Hildm.) Lodé

仙人掌科，金琥属

【形态特征】一多年生肉质草本，高可达1.3 m。茎圆球形，单生或成丛，直径80 cm或更大，有棱21~37条，球顶密被金黄色绵毛。刺座大，密生金黄色硬刺；辐射刺8~10根，中刺3~5根，较粗，稍弯曲。花黄色，钟形，生于球顶部绵毛丛中，花筒被尖鳞片。果被鳞片及绵毛，基部孔裂；种子黑色。花期6~10月。

【产地分布】原产墨西哥。中国各地均有栽培。

【生长习性】喜阳光充足、温暖干燥环境。耐热，不耐寒，越冬温度10℃左右；耐瘠、耐旱，忌湿。喜肥沃、透水性好的砂壤土。

【繁殖方法】播种、嫁接繁殖。

【园林用途】球体浑圆碧绿，刺色金黄，刚硬有力，易栽培，常用于布置多浆植物区、沙生植物区等，亦可盆栽观赏。

常见栽培应用的变种和品种如下。

白刺金琥（var. *albispinus*）：又名银琥，球顶端绵毛和刺均为白色。

狂刺金琥（var. *intertextus*）：刺呈不规则弯曲，金黄色，中刺较原种宽大。

短刺金琥（var. *subinermis*）：又名裸琥，刺很短。

金琥'冠'（'Cristata'）：球体出现畸形变异，呈鸡冠状。

金琥'锦'（'Variegata'）：球体上有金黄色斑块。

白刺金琥　　狂刺金琥　　短刺金琥　　金琥'锦'

垂枝绿珊瑚（丝苇、浆果丝苇）

Rhipsalis baccifera (J.S.Muell.) Stearn

仙人掌科，丝苇属

【形态特征】多年生附生类草本。茎细棒状，下垂，浅绿色或深绿色，长可达3 m，于茎枝顶端分枝。刺座退化，不明显。花绿色或乳白色，无梗，伏贴在退化刺座上，花瓣略半透明状。浆果球形，白色；种子黑色。花期春夏。

【产地分布】原产非洲及美洲的热带地区。世界各地均有栽培。

【生长习性】喜温暖通风、半阴环境。忌强光直射；喜高温，耐旱。喜疏松透气、富含腐殖质的栽培基质。

【繁殖方法】扦插、播种繁殖。

【园林用途】枝条圆润翠绿，悬垂可爱，为耐阴性较强的悬垂植物，可室内盆栽观赏，亦可布置于庭院。

钝齿蟹爪兰（仙人指、辐花蟹爪兰）

Schlumbergera russelliana (Hook.) Britton et Rose
仙人掌科，仙人指属

【形态特征】多年生附生类常绿草本。扁平的变态茎节相连成枝，浅绿色，下部呈半圆形，顶部平截，边缘有2~3对波状钝齿。花从变态茎顶端长出，花瓣16~18片，生于花筒的下部和上部，先伸直而后呈90°角平展成辐射状，有紫红、橘红、粉红等色。花期12月至翌年3月。

【产地分布】原产南美巴西、玻利维亚。中国各地广泛栽培。

【生长习性】喜温暖湿润、半阴环境。忌强光直射；生长适温19~32℃，越冬温度宜为7~13℃。喜富含有机质、疏松透气的栽培基质。

【繁殖方法】扦插、嫁接繁殖。

【园林用途】株型优美，开花繁茂，多盆栽用于卧室、客厅、窗台、几案上摆放观赏。

蟹爪兰（圣诞仙人掌、蟹爪莲）

Schlumbergera truncata (Haw.) Moran
仙人掌科，仙人指属

【形态特征】多年生附生肉质草本。茎无刺，多分枝，常铺散下垂，老茎木质化，稍圆柱形，幼茎及分枝均扁平；每一节间矩圆形至倒卵形，截形，两端及边缘有2~4尖齿，形似螃蟹爪，故名"蟹爪兰"。花单生于茎节顶端，两侧对称，花瓣张开反卷，花色粉红、紫红、深红、淡紫、橙黄或白。浆果梨形，红色。花期冬季或早春。

【产地分布】原产巴西。全球热带、亚热带常见栽培。

【生长习性】喜温暖湿润、半阴环境。不耐寒，生长适温度20~25℃，最低温度不能低于10℃。喜富含有机质、疏松透气的肥沃壤土。

【繁殖方法】嫁接、扦插繁殖。

【园林用途】株型优美，花色艳丽，是优良的冬季室内盆栽花卉。

凤仙花（指甲花、急性子）

Impatiens balsamina L.
凤仙花科，凤仙花属

【形态特征】一年生草本，株高 60~100 cm。茎直立，肉质，不分枝或少分枝，下部节常膨大。叶互生，最下部叶有时对生；叶片披针形、狭椭圆形或倒披针形，边缘有锐锯齿。花单生或 2~3 朵簇生于叶腋，花冠白色、粉红色或紫色，单瓣或重瓣；唇瓣深舟状，基部急尖成内弯的距。蒴果宽纺锤形；种子圆球形，黑褐色。花期 7~10 月。

【产地分布】原产印度。中国各地广泛栽培。
【生长习性】喜温暖湿润、阳光充足环境。耐热，不耐寒；喜湿润，不耐旱，不耐涝。宜排水良好的土壤。
【繁殖方法】播种、扦插繁殖。
【园林用途】花美色艳，品种丰富，常用于花坛、花境、花台，或盆栽观赏。

新几内亚凤仙花（五彩凤仙花、四季凤仙）

Impatiens hawkeri W.Bull
凤仙花科，凤仙花属

【形态特征】多年生草本，株高 20~30 cm。茎直立，肉质，淡红色，茎节突出。单叶互生，长卵形，叶缘具锐锯齿，叶面绿色或具淡紫色，叶脉紫红色。花单生叶腋，基部花瓣衍生成矩，花色有洋红、雪青、白、紫、橙等。花期 6~8 月。

【产地分布】原产新几内亚岛。中国南方地区常见栽培。
【生长习性】喜温暖湿润、光照充足环境。耐半阴，忌强光；不耐寒，不耐暑热，生长适温 15~26 ℃；不耐旱，忌水涝。喜疏松、排水良好的微酸性土壤。
【繁殖方法】扦插、播种繁殖。
【园林用途】花色丰富，花期长，常用于花坛、花境、花台，或作盆花栽培。

常见栽培品种如下。

'桑蓓斯'（'SunPatiens'）：株型紧凑，花大色艳，颜色丰富；适应性强，耐旱，耐热。

'桑蓓斯'

苏丹凤仙花（非洲凤仙、何氏凤仙、瓦氏凤仙）

Impatiens walleriana Hook.f.

凤仙花科，凤仙花属

【形态特征】多年生草本，株高30~70 cm。茎直立，多分枝，茎节突出。单叶互生或上部螺旋状排列，卵状披针形，叶缘具钝锯齿。花单生或数朵簇生于叶腋，花瓣基部衍生成矩，花色有鲜红、深红、粉红、紫红、淡紫、蓝紫或有时白色。蒴果纺锤形。花期几乎全年。

【产地分布】原产非洲东部地区。中国各地广泛栽培。

【生长习性】喜温暖湿润、阳光充足环境。不耐寒，怕霜冻，不耐热，忌暴晒；不耐旱，忌水涝。宜排水良好的土壤。

【繁殖方法】播种、扦插繁殖。

【园林用途】叶片亮绿，繁花满株，色彩绚丽，全年开花不断，是良好的花坛、花带、花墙、花柱植物材料，亦可盆栽观赏。

福禄考（小天蓝绣球、金山海棠）

Phlox drummondii Hook.

花葱科，福禄考属

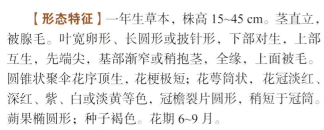

【形态特征】一年生草本，株高15~45 cm。茎直立，被腺毛。叶宽卵形、长圆形或披针形，下部对生，上部互生，先端尖，基部渐窄或稍抱茎，全缘，上面被毛。圆锥状聚伞花序顶生，花梗极短；花萼筒状，花冠淡红、深红、紫、白或淡黄等色，冠檐裂片圆形，稍短于冠筒。蒴果椭圆形；种子褐色。花期6~9月。

【产地分布】原产墨西哥。中国各地有栽培。

【生长习性】喜温暖湿润、光照充足环境。稍耐寒，忌酷暑；不耐旱，忌涝。宜疏松、排水良好的壤土。

【繁殖方法】播种繁殖。

【园林用途】植株低矮，花色丰富，可作花坛、花境及岩石园的布置材料，亦可盆栽观赏。

常见栽培变种如下。

星花福禄考（var. *stellaris*）：株高15~30cm，叶卵状披针形，花瓣边缘缺刻呈星型裂瓣。

星花福禄考

天蓝绣球（宿根福禄考、锥花福禄考）

Phlox paniculata L.
花葱科，福禄考属

【形态特征】多年生草本，株高可达 1 m。茎直立，基部半木质化。叶交互对生，有时 3 叶轮生，长圆形或卵状披针形，被腺毛。伞形状圆锥花序顶生，花冠高脚碟状，喉部紧缩呈细筒，有淡红、深红、紫、白、蓝、淡黄等深浅不同颜色及复色。蒴果椭圆形；种子卵球形。花期 6~9 月。

【产地分布】原产北美洲东部。中国各地有栽培。

【生长习性】喜温暖湿润、光照充足环境。耐半阴，耐寒，不耐酷热，耐瘠薄，忌水涝。宜疏松肥沃、排水良好的中性或偏碱性砂壤土。

【繁殖方法】扦插、播种繁殖。

【园林用途】姿态优雅，花朵繁茂，色彩艳丽，可用于布置花境、林缘，也可盆栽观赏或作切花。

丛生福禄考（芝樱、针叶天蓝绣球）

Phlox subulata L.
花葱科，福禄考属

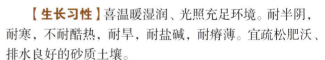

【形态特征】多年生草本，株高 10~15 cm。茎丛生，铺散，多分枝，呈毯状。叶对生或簇生于节上，钻状线形或线状披针形。花数朵生于枝顶，成简单的聚伞花序，花梗纤细；花冠高脚碟状，有粉红、紫罗兰、猩红、浅蓝、白等深浅不同颜色及复色、渐变色，具芳香。蒴果长圆形。花期 4~6 月。

【产地分布】原产北美东部。中国华东地区有栽培。

【生长习性】喜温暖湿润、光照充足环境。耐半阴，耐寒，不耐酷热，耐旱，耐盐碱，耐瘠薄。宜疏松肥沃、排水良好的砂质土壤。

【繁殖方法】播种、分株、扦插繁殖。

【园林用途】花色艳丽，气味芳香，可丛植或片植用于点缀岩石园、草坪边缘或布置花境，也是优良的观花地被材料。

仙客来（萝卜海棠、兔耳花、兔子花、一品冠）

Cyclamen persicum Mill.
报春花科，仙客来属

【形态特征】多年生草本，具扁球形块状茎。叶心状卵圆形，边缘有细圆齿，叶面深绿色，常有浅色斑纹；叶柄肉质，红褐色。花莛自块状茎顶部抽出，花冠裂片长圆状披针形，向上翻卷、扭曲，形似兔耳，有白、绯红、紫红、大红等色，单瓣或重瓣。蒴果球形；种子黑色。花期10月至翌年5月。

【产地分布】原产地中海东部沿岸、希腊、叙利亚等地。中国各地广泛栽培。

【生长习性】喜凉爽湿润、阳光充足环境。不耐寒，也不喜高温，生长适温15~25℃，30℃以上植株进入休眠。宜富含腐殖质、排水良好的微酸性土壤。

【繁殖方法】播种、组培繁殖。

【园林用途】株型美观，花形奇特，花色鲜艳，主要用作盆花室内观赏，也可作切花。

仙客兰品种繁多，按植株和花朵大小一般分为大型、中型、小型和微型。常见栽培品种如下。

大型：株高25~40 cm，如'猎豹'（'Leopardo'）、'XL''哈利奥'（'Halios'）系列。

中型：株高20~25 cm，如'诱惑'（'Allure'）、'炫舞'（'Merengue'）、'迪亚尼斯'（'Tianis'）等系列。

小型：株高15~20 cm，如'达芬奇'（'Da Vinci'）、'夏日'（'Verano'）、'蝶衣'（'Djix'）、'美蒂丝'（'Metis'）等系列。

微型：株高12~15 cm，如'玲珑''斯玛蒂兹'（'Smartiz'）、'七彩精灵'等系列。

'猎豹'系列

'诱惑'系列

'蝶衣'系列

'斯玛蒂兹'系列

聚花过路黄（临时救）

Lysimachia congestiflora Hemsl.
报春花科，珍珠菜属

【形态特征】多年生草本，常作一年生栽培，株高 10~15 cm。茎紫红色，下部匍匐，节上生根，上部及分枝上升。叶对生，卵形、宽卵形至近圆形，近边缘有暗红色或深褐色腺点。花 2~4 朵聚生于茎端，短缩成近头状的总状花序，花冠黄色，内面基部紫红色。蒴果球形；种子多数。花期 5~8 月。

【产地分布】原产中国长江以南各地及陕西、甘肃和台湾。印度、不丹、缅甸、越南亦有分布。

【生长习性】喜温暖湿润气候。喜阳，耐半阴，夏季忌暴晒，耐寒，耐旱，耐湿。喜疏松肥沃砂质土壤。

【繁殖方法】扦插、分株繁殖。

【园林用途】优良的地被植物，可于路旁向阳处、湿润草地、河边片植，或用于点缀岩石园，也可作吊篮栽培。

常见栽培品种如下。

'紫叶'（'Midnight Sun'）：株高约 10 cm，叶卵圆形，春秋两季为深紫色，夏季紫色变淡。

'波斯巧克力'（'Persian Chocolate'）：株高约 5 cm，叶紫红色。

'花叶'（'Variegated'）：叶面金黄色，中央具绿色斑块。

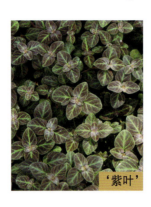

'紫叶'

'波斯巧克力'

'花叶'

金叶过路黄

Lysimachia nummularia L. 'Aurea'
报春花科，珍珠菜属

【形态特征】多年生常绿蔓性草本，株高约 5 cm。茎匍匐，先端伸长成鞭状，长可达 50~80 cm。单叶对生，卵形或阔卵形，3~11 月叶色金黄，低温时为暗红色。花单生于茎中部叶腋，花冠亮黄色，基部部分合生，裂片狭卵形至近披针形。蒴果球形。花期 5~7 月。

【产地分布】原产欧洲。中国各地常见栽培。

【生长习性】喜温暖湿润、阳光充足环境。耐阴，耐寒，不耐热，生长适温 15~25℃；耐旱，耐水湿。不择土壤，宜疏松肥沃、排水良好的土壤。

【繁殖方法】扦插、压条、繁殖。

【园林用途】叶色亮丽，繁殖力强，是优良的彩叶地被植物，可片植路边、草地、花境等打造色块，或用于点缀岩石园，也可盆栽用作挂篮。

鄂报春（仙鹤莲、四季报春、四季樱草）

Primula obconica Hance
报春花科，报春花属

【形态特征】多年生草本，常作一年生栽培，株高30 cm。全株被柔毛。叶丛生，长圆形至卵圆形，全缘或具小牙齿或浅波状，两面被柔毛。花序梗从叶丛中抽生，伞形花序具2~13花；花色丰富，有白、深橙、紫罗兰、深蓝、玫瑰红、粉红及复色等品种。蒴果球形。花期3~6月。

【产地分布】原产中国西南、华中和华南地区。现世界各地广泛栽培。

【生长习性】喜凉爽湿润、半阴环境。忌强光直射，耐湿，不耐热，不耐寒。喜富含腐殖质、排水良好的土壤。

【繁殖方法】播种繁殖。

【园林用途】花色丰富亮丽，花期长，多用作盆栽观赏，亦可在春季布置花坛、花境等。

多花报春（西洋樱草、西洋报春）

Primula × polyantha Mill.
报春花科，报春花属

【形态特征】多年生草本，常作一年生栽培，株高15~30 cm。叶丛生呈莲座状，倒卵形，叶脉下陷。花序梗从叶丛中抽生，伞形花序具花4~12朵；花冠漏斗状或钟状，花色有橙、红、黄、紫、蓝、白等，喉部有五角星形的黄斑。蒴果球形。花期12月至翌年4月。

【产地分布】园艺杂交种，由黄花九轮草（*P. veris*）与欧洲报春（*P. vulgaris*）杂交而来。现世界各地广泛栽培。

【生长习性】喜凉爽湿润气候。耐半阴，忌强光直射，不耐高温，不耐寒，生长适温13~18℃，越冬温度10~12℃。喜富含腐殖质、排水良好的微酸性砂质土壤。

【繁殖方法】播种、分株繁殖。

【园林用途】株型紧凑，花大，花色丰富，是著名的冬季室内盆栽花卉，亦可用于岩石园、花坛等。

灯珠花（珍珠橙、红果薄柱草）

Nertera granadensis Druce

茜草科，薄柱草属

【形态特征】多年生常绿草本。茎匍匐，丛生状，节上常生根。叶密集对生，卵形或卵状三角形，淡绿色。花小，单生茎顶，直径约 3 mm。核果直径 0.5~0.6 cm，成熟后橙色至红色。花期 4~6 月，果期 6~10 月。

【产地分布】原产中国台湾。马来西亚、澳大利亚、南美、夏威夷等地亦有分布。中国华南地区有栽培。

【生长习性】喜温凉、潮湿环境。喜明亮散射光，忌强光照射，不耐高温。宜富含腐殖质、疏松透气的砂质土壤。

【繁殖方法】播种繁殖。

【园林用途】植株低矮小巧，果实鲜亮可爱，常作盆栽观赏，亦可作观果地被植物。

五星花（繁星花）

Pentas lanceolata (Forssk.) Deflers

茜草科，五星花属

【形态特征】多年生草本至亚灌木，高 30~70 cm。茎直立或下部匍匐，被毛。叶卵形、椭圆形或披针状长圆形，先端短尖或渐尖，基部渐狭成短柄。聚伞花序密集，顶生；花冠淡紫红色，有粉红色、绯红色、桃红色、白色等品种，喉部被密毛。花期 5~8 月。

【产地分布】原产非洲热带和阿拉伯地区。中国南方地区有栽培。

【生长习性】喜温暖湿润、阳光充足环境。较耐旱，不耐湿；不耐寒，生长适温 23~26℃。不择土壤，宜疏松、肥沃、排水良好的砂壤土。

【繁殖方法】播种、扦插繁殖。

【园林用途】花量大，花形别致，花色艳丽，花期持久，可用于布置花坛、花境、花台等，亦可盆栽观赏。常见栽培品种如下。

'蝴蝶'（'Butterfly'）系列：株高 30~56 cm，有白、红、深粉、深玫红、淡紫等花色品种；耐雨水。

'星辰'（'Glitterati'）系列：株高 30~56 cm，有'红星'和'紫星'品种；耐热，耐湿。

'幸运星'（'Lucky Star'）系列：株高 30~40 cm，有白色、红色、粉色、浅紫色、紫罗兰色等品种。

'蝴蝶'系列

'星辰'系列

'幸运星'系列

蔓九节

***Psychotria serpens* L.**
茜草科，九节属

【形态特征】多年生攀缘或匍匐草质藤本。茎多分枝，常以气生根攀附于树干或岩石上，长可达6 m或更长。叶对生，纸质或革质，叶形变化大，年幼植株的叶多呈卵形或倒卵形，年老植株的叶多呈椭圆形、披针形或倒卵状长圆形。聚伞花序顶生，常三歧分枝，圆锥状或伞房状；花冠白色。浆果状核果白色，球形或椭圆形。花期4~6月，果期全年。

【产地分布】原产中国长江以南各地区。东南亚各国亦有分布。

【生长习性】喜温暖湿润、阳光充足环境。较耐寒。不择土壤。

【繁殖方法】扦插、播种繁殖。

【园林用途】枝叶茂密紧凑，四季翠绿，果实小巧可爱，覆盖及攀缘能力强，适合布置庭院，是美化假山、树干的良好材料。

洋桔梗（大花草原龙胆）

***Eustoma grandiflorum* (Raf.) Shinners**
龙胆科，洋桔梗属

【形态特征】多年生草本，常作一、二年生栽培，株高30~90 cm。叶对生，灰绿色，卵形至长圆形，全缘，几无柄。花冠呈漏斗状，单瓣或重瓣，花瓣呈覆瓦状排列；花色丰富，有红、粉红、蓝、淡紫、紫、白、黄以及各种不同程度镶边的复色等。花期5~10月，果期秋季。

【产地分布】原产美国和墨西哥北部。中国南方地区有栽培。

【生长习性】喜温暖湿润、阳光充足环境。较耐旱，稍耐寒，生长适温15~28℃，冬季温度不宜低于5℃以下。宜疏松肥沃、排水良好土壤。

【繁殖方法】播种、组培繁殖。

【园林用途】株型优美，花色淡雅。矮生品种可作盆栽观赏，高型品种是优良的切花材料。

紫芳草（波斯紫罗兰）

Exacum affine Balf.f.

龙胆科，藻百年属

【形态特征】多年生草本，常作一、二年生栽培，株高15~30 cm。茎直立，有分枝。叶对生，密集，长卵形，无柄。花瓣5枚，深蓝、白、深玫瑰红等色，具甜香味。蒴果近球形。花期3~10月。

【产地分布】原产也门索科特拉岛。中国南方地区有栽培。

【生长习性】喜温暖湿润环境。耐阴，耐旱，耐热。宜疏松肥沃、排水良好的土壤。

【繁殖方法】播种、扦插繁殖。

【园林用途】株型紧凑，花量大，花朵小巧精美，花色清新秀丽，与绿叶相映成趣，可盆栽观赏，华南地区也可布置花坛或作地被材料。

常见栽培品种如下。

'公主'（'Princess'）系列：株高12~15 cm，有深蓝色和白色。

'丹麦王子'（'Royal Dane'）系列：株高12~15 cm，有深蓝色、深玫瑰红色和白色。

'公主'系列

'丹麦王子'系列

吊金钱（吊灯花、爱之蔓、心心相印）

Ceropegia woodii Schltr.

夹竹桃科，吊灯花属

【形态特征】多年生肉质草本，具块根。茎匍匐或悬垂，枝蔓长可达90~120 cm。叶心形，对生，肥厚肉质，叶面深绿色，有灰色、白色网状花纹，叶背紫红色；叶腋处会长出圆形块茎，称作"零余子"，有贮存养分、水分及繁殖的功用。花自叶腋生出，通常2朵连生于同一花柄，红褐色，壶状，花托隆起，呈紫色。蓇葖果羊角状。花期5~10月。

【产地分布】原产南非。现世界多地有栽培。

【生长习性】喜温暖、干燥环境。喜散射光，耐半阴；耐旱，忌水涝。喜疏松、排水良好的砂质土壤。

【繁殖方法】扦插、块茎繁殖。

【园林用途】枝蔓悬垂，潇洒飘逸，小叶圆润可爱，适合吊盆观赏或悬垂绿化。

长春花（日日春，四时春）

Catharanthus roseus **(L.) G.Don**
夹竹桃科，长春花属

【形态特征】多年生草本至亚灌木，株高 0.5~1.3 m。茎直立，多分枝。叶对生，倒卵形，全缘。聚伞花序腋生或顶生，有花 2~3 朵；花冠高脚碟状，裂片 5，宽倒卵形，白色至深紫色，花朵中心常具花斑。蓇葖果圆柱形有竖条纹；种子黑色。花果期几乎全年。

【产地分布】原产马达加斯加。中国各地广泛栽培。

【生长习性】喜温暖湿润、光照充足环境。耐半阴，不耐寒。宜富含腐殖质、排水透气的砂质土壤。

【繁殖方法】播种、扦插繁殖。

【园林用途】花色丰富，姿态优美，花期长，适合布置花坛、花境，也可作盆栽观赏。

常见栽培品种如下。

'卡拉'（'Cora'）系列：有直立型和垂吊型品种，抗性好。
'地中海'（'Mediterranean'）系列：垂吊型，抗性较差。
'太平洋'（'Pacifica'）系列：花朵大，多达 17 个花色，抗性一般。
'刺青'（'Tattoo'）系列：具独特的黑色花眼，抗性较差。
'大力神'（'Titan'）系列：花大，花色艳丽，抗性一般。
'勇士'（'Valiant'）系列：分枝多，花大，抗性好。
'胜利'（'Victory'）系列：花色丰富，抗病表现较好。

'卡拉'系列

'地中海'系列

'太平洋'系列

'刺青'系列

'大力神'系列

'勇士'系列

'胜利'系列

眼树莲（瓜子金）

Dischidia chinensis Champ. ex Benth.
夹竹桃科，眼树莲属

【形态特征】多年生附生草质藤本。茎肉质，节上生根，枝蔓长达 2 m，全株含乳汁。叶对生，卵状椭圆形，肉质，全缘。聚伞花序腋生，近无柄；花极小，花冠黄白色，坛状。蓇葖果披针状圆柱形；种子顶端具白色绢毛。花期 4~5 月，果期 5~6 月。

【产地分布】原产中国广东、广西和香港。中国华南地区有栽培。

【生长习性】喜温暖湿润、散射光环境，常攀附于树干和山石上。耐阴，忌强光直射。喜疏松、排水良好的砂质土壤。

【繁殖方法】扦插、播种繁殖。

【园林用途】四季常绿，叶形独特，适合作墙垣、假山石覆绿等立体绿化，或吊盆观赏。

圆叶眼树莲（串钱藤、纽扣藤、小叶眼树莲）

Dischidia nummularia R.Br.
夹竹桃科，眼树莲属

【形态特征】多年生附生草质藤本。茎纤细，肉质，可攀附或垂坠生长，节上生根。叶对生，圆形，边缘较薄，中间加厚。聚伞花序腋生，花冠白色或黄白色，坛状。蓇葖果披针状圆柱形；种子顶端具白色绢毛。花期 1~5 月，果期 5~8 月。

【产地分布】原产中国广东、福建和云南。印度、越南、马来西亚亦有分布。

【生长习性】喜温暖湿润、半阴环境。耐热，较耐旱，生长适温 20~30 ℃。宜排水透气栽培基质。

【繁殖方法】扦插、播种繁殖。

【园林用途】叶形小巧可爱，叶色终年青翠，适合盆栽或爬藤、悬垂绿化。

百万心

Dischidia ruscifolia Decne. ex Becc.
夹竹桃科，眼树莲属

【形态特征】多年生常绿草本。茎匍匐或悬垂，长可达 1 m 以上，节处生根。叶对生，绿色，稍肉质，阔椭圆形或卵形，先端突尖。花小，白色。花期秋季。

【产地分布】原产菲律宾。中国华南地区有栽培。

【生长习性】喜温暖湿润、半阴环境。忌阳光直射，耐热，耐旱，不耐寒，生长适温 20~26℃。宜疏松透气、排水良好土壤。

【繁殖方法】扦插繁殖。

【园林用途】叶形奇特，终年青翠，适合阳台、窗台等处悬挂栽培，也可用于墙面或树干上美化。

玉荷包（青蛙藤）

Dischidia vidalii Becc.
夹竹桃科，眼树莲属

【形态特征】多年生附生草本，株高 20~30 cm。茎纤弱细长，攀缘或缠绕生长，茎节具气生根。叶对生，椭圆形或卵形，肉质，黄绿色，全缘，先端突尖；枝条上常着生变态叶，胀大如青蛙鼓起的肚皮，内中空。花簇生于叶腋，红色。花期 6~9 月，果期 8~11 月。

【产地分布】原产菲律宾。中国华南地区有栽培。

【生长习性】喜温暖湿润环境，忌阳光直射。较耐旱，不耐寒，生长适温 20~26℃。宜疏松透气、排水良好土壤。

【繁殖方法】扦插繁殖。

【园林用途】叶形奇特，花色艳丽，其变态叶胀大如青蛙鼓起的肚皮，十分惹人喜爱，宜作盆栽居家摆放，或于阴处悬垂栽培。

球兰

Hoya carnosa (L.f.) R.Br.
夹竹桃科，球兰属

【形态特征】多年生攀缘草质藤木。茎蔓生，节上生气生根。叶对生，肉质，卵圆形至卵圆状长圆形，先端钝，基部圆形。聚伞花序伞形状，腋生，着花约30朵；花白色，花冠辐状，裂片内面多乳头状突起；副花冠星状，喉部紫红色。蓇葖果线形；种子顶端具白色绢毛。花期4~6月，果期7~8月。

【产地分布】原产中国华南地区。东南亚及大洋洲等地亦有分布。中国各地常见栽培。

【生长习性】喜温暖潮湿、半阴环境。忌烈日暴晒，耐干燥，不耐寒，适生温度20~25℃。对土壤要求不严，宜富含腐殖质、排水良好的土壤。

【繁殖方法】扦插、压条繁殖。

【园林用途】茎叶花均美丽，小花呈球形簇生，清雅芳香，适宜盆栽，悬挂于庭院、长廊、棚架等处。

大花犀角（海星花）

Stapelia grandiflora Masson
夹竹桃科，犀角属

【形态特征】多年生肉质草本，株高20~30 cm。茎丛生，直立向上，四角棱状，基部分枝，有齿状突起，形如犀牛角。花大，呈星状5裂张开，极像海星，淡黄色，具淡黑紫色横斑纹，边缘密生紫色细长毛，具臭味。蓇葖果近似圆柱形，有茸毛。花期7~8月，果期9~11月。

【产地分布】原产南非。世界各地多有栽培。

【生长习性】喜温暖干燥、光照充足环境。耐旱，耐半阴，不耐寒，生长适温16~22℃，越冬温度在12℃以上。宜疏松肥沃、排水良好的砂质土，忌水涝。

【繁殖方法】扦插、分株繁殖。

【园林用途】肉质茎挺拔，形如犀牛角，花大艳丽，花形奇特，常作盆栽，或用于岩石园、多肉植物园。

南美天芥菜（香水草）

Heliotropium arborescens L.
紫草科，天芥菜属

【形态特征】多年生草本，常作一年生栽培，株高30~45 cm。茎直立或斜生，基部木质化，不分枝或上部分枝。叶互生，卵形或长圆状披针形，叶脉下陷。聚伞花序，顶生，花小；花冠漏斗状，堇色或紫色，稀白色，具香气。核果圆球形。花期2~6月。

【产地分布】原产秘鲁。中国南方常见栽培。

【生长习性】喜温暖湿润、阳光充足环境。耐半阴，夏季忌强光直射。宜富含有机质、排水良好的砂质土壤。

【繁殖方法】播种、扦插繁殖。

【园林用途】花色优雅，具芳香，可用于布置花坛、花境或点缀草坪边缘，也可作盆栽观赏。

勿忘草（勿忘我、星辰花、不凋花）

Myosotis alpestris F.W.Schmidt
紫草科，勿忘草属

【形态特征】多年生草本，株高20~45 cm。茎直立，常分枝，疏被开展糙毛。基生叶和茎下部叶有柄，狭倒披针形、长圆状披针形或线状披针形；茎生叶较小，无柄或具短柄。聚伞花序，初花时短，花后伸长；花冠蓝色，裂片近圆形。小坚果卵圆形。花果期6~8月。

【产地分布】产中国云南、四川、江苏、华北、西北、东北。欧洲、伊朗、巴基斯坦、印度和克什米尔地区也有分布。

【生长习性】喜凉爽干燥气候。喜光，耐半阴；忌高温，耐水湿。宜疏松肥沃、排水良好的中性至微碱性土壤。

【繁殖方法】播种、分株繁殖。

【园林用途】株型柔美，茎枝纤细，花朵小巧秀丽，常用于布置花坛、花境，也可盆栽观赏。

粉蝶花（喜林草、婴儿蓝眼）

Nemophila menziesii Hook. et Arn.
紫草科，粉蝶花属

【形态特征】一年生草本，株高 8~15 cm。茎细长，肉质，匍匐。叶对生，羽状浅裂，灰绿色。花单生，花瓣 5 枚，半旋成碗状花冠，淡蓝色，喉部为白色，偶有蓝色花脉散布着深色斑点。花期 4~6 月。

【产地分布】原产北美西部。中国有引种栽培。

【生长习性】喜凉爽湿润、通风良好环境。耐半阴，较耐寒，忌夏季高温、暴晒。宜富含有机质、排水良好的微酸性土壤。

【繁殖方法】播种繁殖。

【园林用途】株型优美，花色雅致，是优良的观花地被材料，可片植于草地营造花海景观或点缀岩石园，也可用于布置花坛、花境或盆栽观赏。

银马蹄金

Dichondra argentea Humb. et Bonpl. ex Willd.
旋花科，马蹄金属

【形态特征】多年生草本，全株银灰色。茎匍匐，细长柔软，节处生不定根。单叶互生，圆扇形或肾形，先端圆形，有时微凹，基部深心形，全缘。花小，单生叶腋。蒴果；种子近球形。

【产地分布】原产中南美洲。中国有引种栽培。

【生长习性】喜高温湿润环境。喜阳，耐半阴，忌过度暴晒；耐热、耐寒、耐旱，不耐积水。不择土壤。

【繁殖方法】扦插、分株繁殖。

【园林用途】垂蔓茂密，叶色特别，长势强健，常作垂吊栽培应用。常见栽培品种如下。

'翡翠瀑布'（'Emerald Falls'）：叶片翠绿色。

'银瀑'（'Silver Falls'）：叶密集，银白色，垂吊如瀑布。

'银瀑'　　　　　'翡翠瀑布'

马蹄金（落地金钱、荷苞草）
Dichondra micrantha Urb.
旋花科，马蹄金属

【形态特征】多年生草本。茎匍匐，细长，被灰色短柔毛，节上生根。叶肾形至圆形，形似马蹄，叶面绿色，光亮而微被毛，背面被贴生短柔毛，全缘。花单生叶腋，花冠钟状，黄色，深5裂。蒴果近球形；种子黄色至褐色。

【产地分布】原产美国南部至墨西哥、加勒比地区，全球热带、亚热带地区栽培归化。中国分布于长江以南各省。

【生长习性】喜温暖湿润气候。喜光，耐阴；耐践踏，抗病、抗污染能力强。不择土壤。

【繁殖方法】扦插、分株、播种繁殖。

【园林用途】植株低矮，叶片密集，生命力旺盛，宜于公园、庭院等地片植作地被，也可用于护坡固土。

蓝星花
Evolvulus nuttallianus Schult.
旋花科，土丁桂属

【形态特征】多年生常绿草本，株高20~40 cm。茎枝伸长呈半蔓性或匍匐性，幼枝密被白绵毛。叶互生，纸质，椭圆形，全缘，叶背密被白绵毛。花腋生，合瓣，花冠蓝色，中心白星形，背面有白色星状条纹。花期全年，以春夏为盛。

【产地分布】原产北美洲。中国华南、西南及华东南部均有栽培。

【生长习性】喜高温湿润或半燥气候。喜阳，不耐阴；耐热、耐旱、耐湿，不耐寒。喜肥沃砂质土壤。

【繁殖方法】扦插、播种繁殖。

【园林用途】枝叶生长密集，花姿清新别致，宜作盆栽观赏，或栽植庭院、公园、风景区等路边、花坛。

番薯（甘薯、红苕、红薯、地瓜）

Ipomoea batatas (L.) Lam.
旋花科，虎掌藤属

【形态特征】多年生草本，地下具圆形、椭圆形或纺锤形的块根。茎蔓性，多分枝，平卧或上升。叶互生，全缘，偶有缺裂，叶片形状、颜色因品种不同而异，通常为宽卵形，常见叶色有浓绿、黄绿、紫红等。聚伞花序腋生，花冠粉红或浅紫色，漏斗状。蒴果卵形或扁圆形。花期10~11月。

【产地分布】原产南美洲。世界各地广泛栽培。

【生长习性】喜温暖湿润、光照充足环境。耐高温，不耐寒；耐旱，不耐积水；耐瘠薄。喜疏松肥沃、排水良好的砂壤土。

【繁殖方法】扦插、块根繁殖。

【园林用途】枝叶葱郁，叶色美观，适合庭院墙边或路边种植，常作地被或植于花境，也可组合盆栽。

常见栽培品种如下。

'紫叶'番薯（'Black Heart'）：全株终年叶色呈紫红色。

'紫叶'甘薯（'Blackie'）：叶片掌状5裂，紫黑色。

'金叶'番薯（'Marguerite'）：全株终年叶色呈金黄色。

'彩叶'番薯（'Pink Frost'）：叶面有紫红、乳白斑纹。

'紫叶'番薯

'紫叶'番薯

'紫叶'甘薯

'金叶'番薯

'彩叶'番薯

'彩叶'番薯

五爪金龙（番仔藤、掌叶牵牛）

Ipomoea cairica (L.) Sweet
旋花科，虎掌藤属

【形态特征】多年生缠绕草本。茎细长，灰绿色，老株具块根。叶掌状5深裂或全裂，裂片卵状披针形、卵形或椭圆形，中裂片较大，两侧裂片稍小，全缘或不规则微波状。聚伞花序腋生，具1~3花，偶有3朵以上；花冠紫红色、紫色或淡红色，偶有白色，漏斗状。蒴果近球形；种子黑色。花期几乎全年。

【产地分布】原产热带亚洲和非洲。中国华南地区常见栽培，并逸生，被列为入侵植物。

【生长习性】喜温暖湿润、阳光充足环境。耐旱，耐热，不耐寒，耐瘠薄，不耐积水。喜疏松肥沃、排水良好的砂壤土。

【繁殖方法】扦插、块根、播种繁殖。

【园林用途】生性强健，枝繁叶茂，花色亮丽，可少量用于垂直绿化，或作地被。

橙红茑萝（圆叶茑萝）

Ipomoea cholulensis Kunth
旋花科，虎掌藤属

【形态特征】一年生缠绕草本。叶心形，全缘，或边缘为多角形，或有时多角状深裂。聚伞花序腋生，有花3~6朵；花冠高脚碟状，橙红色，喉部带黄色，筒长约4 cm。蒴果小，球形；种子卵圆形或球形。花期6~8月，果期8~10月。

【产地分布】原产墨西哥至南美洲。中国华南地区有栽培。

【生长习性】喜温暖湿润、阳光充足环境。不耐阴；耐热，不耐寒；耐旱，耐瘠薄，不耐积水。喜疏松肥沃、排水良好的砂壤土。

【繁殖方法】播种、扦插繁殖。

【园林用途】适合垂直绿化，可用于装饰棚架、拱门、亭廊、院墙等。

变色牵牛（寄生牵牛）

Ipomoea indica Merr.
旋花科，虎掌藤属

【形态特征】一年生缠绕草本。叶卵圆形，全缘或3裂，顶端渐尖，基部心形，背面密被灰白色贴伏毛。花数朵聚生成伞形聚伞花序，花序梗长于叶柄；萼片外面被柔毛，花冠漏斗状，初开蓝紫色，后变红紫色或红色，晨开午谢。蒴果近球形；种子卵状三棱形。花期6~10月。

【产地分布】原产南美洲，泛热带分布。中国广东、台湾及其他沿海岛屿栽培归化。

【生长习性】喜温暖湿润、通风环境。喜阳，不耐阴；喜高温，不耐寒；较耐旱，怕雨涝。喜排水良好土壤。

【繁殖方法】扦插、压条繁殖。

【园林用途】生长迅速，花开不断，需借助外物进行攀缘，可应用于立交桥、边坡、棚架等绿化。

牵牛（喇叭花、牵牛花、裂叶牵牛、大花牵牛、朝颜）

Ipomoea nil (L.) Roth
旋花科，虎掌藤属

【形态特征】一年生缠绕草本，全株被粗毛。叶互生，宽卵圆形，3裂，先端渐尖，基部心形。花腋生，花冠漏斗状喇叭形，边缘常呈皱褶或波浪状，有平瓣、皱瓣、裂瓣、重瓣等类型，花色丰富，有白、红、蓝、紫、粉、玫红、复色等品种。蒴果近球形；种子卵状三棱形。花期6~10月。

【产地分布】原产热带美洲。世界各地广泛栽培和归化。

【生长习性】喜温暖湿润、阳光充足环境。耐热，不耐寒；耐干、旱瘠薄。宜疏松肥沃、排水良好的中性土壤。

【繁殖方法】播种繁殖。

【园林用途】生性强健，花色艳丽，常用于垂直绿化，攀缘庭院围墙、窗台、棚架、篱笆等，亦可作地被。

厚藤（马鞍藤、海薯、海牵牛）
Ipomoea pes-caprae (L.) R.Br.
旋花科，虎掌藤属

【形态特征】多年生草本。茎匍匐贴地，有时缠绕，基部木质化，节上生不定根，茎叶有白色乳汁，全株无毛。叶互生，肉质，形如马鞍。多歧聚伞花序腋生，有时仅1朵发育；花冠紫色或深红色，漏斗状。蒴果球形，果皮革质；种子三棱状，密被茸毛。花果期5~10月。

【产地分布】广布于热带沿海地区。中国东南沿海、华南地区海滨尤为常见，常与红树林伴生。

【生长习性】喜温暖干燥、阳光充足环境。耐热，耐旱，耐贫瘠，抗盐碱，忌土壤潮湿或滞水不退。适应性强，不择土壤，在高盐分土壤中亦可生长。

【繁殖方法】播种、扦插繁殖。

【园林用途】四季常绿，叶形奇特，生长势强，花色艳丽，可作立体绿化，更是优良的海滩地被植物。

圆叶牵牛（紫花牵牛、心叶牵牛）
Ipomoea purpurea (L.) Roth
旋花科，虎掌藤属

【形态特征】一年生缠绕草本。叶互生，阔心形，通常全缘。花腋生，单朵或2~5朵着生于花序梗顶端成伞形聚伞花序，晨开午闭；花冠漏斗状，紫红、红或白色，花冠管通常白色，瓣中带于内面色深，外面色淡。蒴果近球形；种子卵状三棱形，黑褐色或米黄色。花期5~10月，果期8~11月。

【产地分布】原产热带美洲，世界各地广泛栽培和归化。

【生长习性】喜温暖湿润、阳光充足环境。不耐寒，较耐旱；耐瘠薄。不择土壤。

【繁殖方法】播种繁殖。

【园林用途】夏季常见的蔓生花卉，花色艳丽，花期长，常作垂直绿化材料。

茑萝（五角星花、羽叶茑萝）

Ipomoea quamoclit L.
旋花科，虎掌藤属

【形态特征】一年生缠绕草本。茎长可达6 cm。叶互生，卵形或长圆形，羽状深裂至中脉，裂片线形，细长如丝。聚伞花序腋生，有花数朵；花直立，花冠高脚碟状，先端呈五角星状，深红色，有白色和粉红色品种。蒴果卵圆形；种子卵状长圆形，黑褐色。花期7~10月，果期8~11月。

【产地分布】原产热带美洲，现广布于全球温带及热带。中国各地有栽培。

【生长习性】喜温暖湿润环境。喜光，不耐阴；耐热，不耐寒。宜疏松肥沃、排水良好的土壤。

【繁殖方法】播种繁殖。

【园林用途】茎细长，花俏丽可人，适用于篱垣、花墙、棚架等处作垂直绿化，亦可盆栽置于阳台、庭院。

葵叶茑萝（槭叶茑萝、掌叶茑萝、杂种茑萝）

Ipomoea × *sloteri* (House) Ooststr.
旋花科，虎掌藤属

【形态特征】一年生缠绕草本。叶掌状深裂，裂片披针形；假托叶较大，与叶同形。聚伞花序腋生，1~3花，总花梗长而粗壮；花冠高脚碟状，较大，红色，管基部狭，冠檐骤然开展，呈五边形。蒴果圆锥形；种子有微柔毛。花期4~9月。

【产地分布】栽培起源，是茑萝（*I. quamoclit*）与圆叶茑萝（*I. cholulensis*）的杂交种。中国华南地区有栽培。

【生长习性】喜温暖潮湿气候。喜光，不耐阴；较耐高温，不耐寒；喜微潮，稍旱；耐瘠薄。宜排水良好的砂质土壤。

【繁殖方法】播种繁殖。

【园林用途】叶型美观独特，小花精巧别致，可植于篱垣、棚架、柱廊等作垂直绿化材料。

三裂叶薯（小花假番薯、红花野牵牛）

Ipomoea triloba L.
旋花科，虎掌藤属

【形态特征】一年生草本。茎缠绕或平卧，无毛或茎节疏被柔毛。叶宽卵形或卵圆形，基部心形，全缘、具粗齿或3裂，无毛或疏被柔毛。伞形聚伞花序，具1至数花，花序梗长2.5~5.5 cm，无毛；花冠漏斗状，淡红或淡紫色，长约1.5 cm。蒴果近球形。花期5~10月，果期8~11月。

【产地分布】原产热带美洲，现广布于全球热带地区。中国广东及其沿海岛屿有野生。

【生长习性】喜温暖湿润、阳光充足环境，多生长于路旁、荒草地或田野。生长适温18~30℃。适应性极强，对土壤没有要求。

【繁殖方法】播种繁殖。

【园林用途】小花繁密，色泽秀雅，点缀于枝叶间极为美丽，适合廊柱、小型花架、篱架等立体绿化。

木玫瑰（黄牵牛花、姬旋花、块茎鱼黄草）

Distimake tuberosus (L.) A.R.Simões et Staples
旋花科，萼龙藤属

【形态特征】多年生常绿草质藤本。茎下部木质化，全株无毛。叶互生，纸质，掌状7深裂，披针形至椭圆形，中央裂片较大。聚伞花序腋生，具花数朵，有时仅一朵；萼片长圆形，干时宿存，形如玫瑰花瓣；花冠黄色，钟形。蒴果近球形；种子黑色，被短茸毛。花期秋季，果期冬季。

【产地分布】原产热带美洲。中国华南地区有栽培。

【生长习性】喜高温多湿、阳光充足环境。生性强健，生命力旺盛。不择土壤。

【繁殖方法】播种、扦插繁殖。

【园林用途】花色亮丽，花期持久，花果兼赏，可作棚架绿化材料，亦可取果作切花材料或装饰物。

蓝英花（布洛华丽、紫水晶、美丽紫水晶）

Browallia speciosa Hook.
茄科，蓝英花属

【形态特征】多年生草本，常作一年生栽培，株高30~60 cm。茎多分枝。叶互生，卵形，叶面光滑，翠绿。花单生于叶腋，星形，具长梗；花瓣紫蓝色，喉部白色。花期5~10月。

【产地分布】原产南美。中国有引种栽培。

【生长习性】喜温暖湿润、阳光充足环境。耐半阴，不耐寒。宜疏松肥沃、排水良好的弱酸性至中性土壤。

【繁殖方法】播种繁殖。

【园林用途】花形精致，花色漂亮，花期长，可用于布置花坛、花境，也可作盆栽观赏。

常见栽培品种如下。

'铃铛'（'Bells'）系列：蔓生品种，花有紫色、蓝色、白色等，适合做悬挂式花篮。

'星光'（'Starlight'）系列：株型紧凑，花有紫色、蓝色、白色。

'星光'系列

'铃铛'系列

'铃铛'系列

舞春花（小花矮牵牛）

Calibrachoa hybrida Cerv.
茄科，舞春花属

【形态特征】多年生草本，常作一、二年生栽培，株高15~40 cm。茎呈匍匐状，半木质化。叶互生，狭椭圆形或倒披针形，全缘。单歧聚伞花序，花单生于苞片腋内；花冠漏斗状，先端5浅裂，形似小花型矮牵牛，花色丰富，有白、黄、橙、粉、红、洋红、紫等色及带斑点、网纹、条纹等复色，单瓣或重瓣。蒴果圆锥状；种子黑褐色。花期4月至霜冻，气候适宜或温室栽培可全年开花。

【产地分布】原产南美，现世界各地广为栽培。

【生长习性】喜温暖湿润、阳光充足环境。不耐寒，忌高温高湿。宜疏松肥沃、排水良好的弱酸性土壤。

【繁殖方法】扦插、播种繁殖。

【园林用途】株型低矮匍匐，开花繁茂，花色丰富，花期长，可盆栽悬挂于廊架、围栏、阳台、窗台等处观赏，也可植于花坛、花箱、路边等用于美化城市和庭院。

舞春花品种有500多个，可分为垂吊型、花篮型、紧凑型和重瓣型。常见栽培品种如下。

'阿罗哈'（'Aloha'）系列：包括'经典'（'Aloha Classic'）、'风暴'（'Aloha Kona'）、'耐丽'（'Aloha Nani'）、'重瓣'（'Aloha Double'）等子系列。

'庆典'（'Celebration'）系列：全球销量最大的品种系列之一，主要为半垂吊型和紧凑型，有单瓣和重瓣，生长和开花对低温、低光不敏感。

'呼啦'（'Hula'）系列：花大，有深色喉部，以紧凑型品种为主，有白、浅粉、深粉、红、蓝、紫、橙、金黄等色。

'炫彩'（'Kabloom'）系列：采用种子繁殖的舞春花F_1品种，是近年来舞春花育种的重大突破，目前有9个不同花色。

'百万小玲'（'Million Bells'）系列：最早的舞春花商业品种，具有垂吊型（Trailing）、花篮型（Mounding）、紧凑型（Bouquet）等多种类型不同花色的品种。

'MiniFamous'系列：包括'MiniFamous Neo' 'MiniFamous Neo Double' 'MiniFamous Piú' 'MiniFamous Uno' 'MiniFamous Uno Double'等子系列。

'诺娃'（'Noa'）系列：开花对光照不敏感，光照达到10小时即可开花，适合早春生产和应用。

'超级铃'（'Superbells'）系列：包括40多个品种，有单瓣、重瓣及多种杂色花，花大，夏季表现良好。

五色椒（观赏辣椒、樱桃椒、佛手椒、朝天椒、珍珠椒）

Capsicum annuum L.
茄科，辣椒属

【形态特征】多年生草本，常作一年生栽培，株高30~60 cm。茎直立，常呈半木质化，多分枝。叶互生，卵状披针形或矩圆形，全缘。花单生叶腋或簇生枝梢顶端，白色或带紫色，形小不显眼。浆果直立，根据品种不同形状有差别，指形、圆锥形或球形。在成熟过程中，能在同一株上呈现黄、白、橙、紫、红等不同颜色有光泽的果实。花期7~10月，果期8~11月。

【产地分布】原产南美洲。世界各地广为栽培。

【生长习性】喜温暖湿润、光照充足环境。耐热，不耐寒。对土壤要求不严，宜疏松肥沃、排水良好的土壤。

【繁殖方法】播种繁殖。

【园林用途】果实颜色丰富，五彩斑斓，作为观果植物，最适合中小型盆栽，也可用于布置花坛、花境。

五色椒品种多，一般根据果实的形状可分为如下品种。

樱桃椒组（Cerasiforme Group）：果直立，圆形，果径1~2.5 cm，如'摇滚'（'Hot pops'）系列、'红珍珠'（'OnyxTM Red'）、'黑珍珠'（'Black Pearl'）等品种。

锥形椒组（Conoides Group）：果直立，圆锥形，长达5 cm，如'阿卡普尔科'（'Acapulco'）系列、'火焰'（'Blaze'）、'午夜之火'（'Midnight Fire'）等品种。

丛生椒组（Fassiculatum Group）：果直立，多数丛生枝顶，如'喜丽'（'Chilly Chili'）、'梦都莎'（'Medusa'）、'宇宙霜红色'（'Uchu Cream Red'）等。

樱桃椒组

锥形椒组

丛生椒组

'摇滚'系列

'阿卡普尔科'系列

'喜丽'

假酸浆（鞭打绣球）

Nicandra physalodes (L.) Gaertn.
茄科，假酸浆属

【形态特征】一年生草本，株高0.4~1.5 m。茎直立，无毛，有棱。叶互生，卵形或椭圆形。花单生于叶腋，花梗俯垂；花冠钟状，浅蓝色，冠檐5浅裂，裂片宽短。浆果球状，黄色或褐色；种子肾状盘形。花果期6~10月。

【生长习性】喜凉爽湿润、阳光充足环境。耐寒，也耐热，不耐阴。对土壤要求不严。

【产地分布】原产南美洲。中国有引种栽培。

【繁殖方法】播种、扦插繁殖。

【园林用途】植株高大，花色淡雅，可用作花境背景植物，挂有成熟的灯笼状果实的枝干也可在冬季于室内观赏。

花烟草

Nicotiana alata Link et Otto
茄科，烟草属

【形态特征】多年生草本，株高45~150 cm。茎直立，全体被黏毛。茎下部叶片铲形或矩圆形，基部稍抱茎或具翅状柄，向上成卵形或卵状矩圆形，近无柄或基部具耳，接近花序即成披针形。假总状式花序，散生数朵花；花冠淡绿、乳黄、白、红、玫红、紫等色，裂片5枚，卵形。蒴果卵球状；种子灰褐色。花期6~8月，果期9~10月。

【产地分布】原产阿根廷和巴西。中国多地引种栽培。

【生长习性】喜阳光充足、温暖环境。耐旱，不耐寒，较耐热。宜肥沃疏松、排水良好的土壤。

【繁殖方法】播种繁殖。

【园林用途】植株紧凑，连续开花，是优美的花境材料，亦可盆栽或做切花。

矮烟草（观赏花烟草）

Nicotiana × sanderae W.Watson

茄科，烟草属

【形态特征】多年生草本，常作一年生栽培，株高15~60 cm。茎直立，全株被细毛。单叶互生，基生叶匙形，茎生叶长披针形。顶生圆锥花序，着花疏散；花高脚碟状，花冠喇叭形，5裂，红色、粉色、紫色、玫红、白色或黄绿色。花期6~8月，果期9~10月。

【产地分布】由花烟草（*N. alata*）与福吉特氏烟草（*N. forgetiana*）杂交而成。原种产巴西南部和阿根廷北部，现中国广泛引种栽培。

【生长习性】喜温暖、阳光充足环境。稍耐阴，喜不耐寒。宜疏松肥沃、排水良好的土壤。

【繁殖方法】播种繁殖。

【园林用途】花朵醒目，色彩艳丽，可作为花坛、花境材料，矮生品种可盆栽，在阳台、窗台或小庭院摆放。

灯笼果（秘鲁苦蘵、小果酸浆）

Physalis peruviana L.

茄科，酸浆属

【形态特征】多年生草本，具匍匐根状茎，株高45~90 cm。茎直立，不分枝或少分枝。叶互生，阔卵形或心形，两面密生柔毛。花单生叶腋，花冠黄色，喉部有紫色斑纹。果萼卵球状，薄纸质，淡绿色或淡黄色，被柔毛；浆果成熟时黄色；种子圆盘状。花期5~6月，果期7~8月。

【产地分布】原产秘鲁和智利。中国广东、云南等地有栽培。

【生长习性】喜温暖湿润、阳光充足环境。不耐霜冻。宜腐殖质较多、疏松肥沃、排水良好的土壤。

【繁殖方法】播种繁殖。

【园林用途】果形奇特，果萼膨大形似灯笼，可盆栽，或地栽布置庭院。

矮牵牛（碧冬茄、杂种撞羽朝颜）

Petunia hybrida E.Vilm.
茄科，矮牵牛属

【形态特征】多年生草本，常作一年生栽培，株高15~60 cm。茎直立或蔓生，全株被黏质腺毛。叶互生，近无柄，卵形，全缘。单歧聚伞花序，花单生于苞片腋内，对生苞片绿色，似叶片；花冠漏斗状，先端5浅裂，花色丰富，有白色、浅黄色、粉色、玫红色、红色、蓝色、紫色、蓝紫色、紫黑色以及各种条纹、星斑、花边等复色，单瓣或重瓣。蒴果圆锥状，2瓣裂；种子细小，褐色。花期春、夏、秋季，气候适宜或温室栽培可全年开花。

【产地分布】原产南美。世界各地广为栽培。

【生长习性】喜温暖、阳光充足环境。不耐霜冻，怕雨涝；忌高温高湿，夏季能耐35℃以上的高温，冬季低于4℃，植株生长停止。宜疏松、排水良好的砂壤土。

【繁殖方法】播种、扦插繁殖。

【园林用途】花开繁盛，花色艳丽丰富，花期长，是优良的花坛及花台布置花卉，享有"花坛植物之王"的美誉；也可自然式丛植、片植，或应用于吊篮悬挂，景点摆设，窗台点缀，家庭装饰等。

常见栽培品种如下。

大花型（Grandiflora）：株高25~60 cm，花径8~12 cm，如'梦幻'（'Dream'）、'极美'（'Ultra'）、'依格'（'Eagle'）、'棱镜'（'Prism'）、'超级瀑布'（'Supercascade'）等系列品种。

丰花型（Floribunda）：大花型与多花型品种杂交而来，花径6~8 cm，如'豪放'（'Madness'）、'丰花标致'（'Pretty Flora'）等系列品种。

多花型（Multiflora）：花量大，花径4~6 cm，如'海市蜃楼'（'Mirage'）、'地毯'（'Carpet'）、'梅林'（'Merlin'）、'雨林'（'Fenice'）等系列品种。

小花型（Milliflora）：株高15~30 cm，花径2.5~4 cm，如'幻想'（'Fantasy'）、'小甜心'（'Picobella'）、等系列品种。

垂吊型（Spreading）：茎蔓生，株型铺散，枝条细软，如'波浪'（'Wave'）、'轻浪'（'Easy Wave'）、'锦浪'（'Shock Wave'）、'潮波'（'Tidal Wave'）、'冲浪'（'Surfinia'）、'美声'（'Opera Supreme'）、'探险家'（'Explorer'）、'漫步者'（'Rambler'）等系列品种。

重瓣型（Double）：花重瓣，如大花型重瓣系列'双瀑布'（'Double Cascade'）、'旋转'（'Pirouette'），多花型重瓣系列'二重唱'（'Duo'），丰花型重瓣系列'Double Madness'，垂吊型重瓣系列'Double Wave'等。

'梦幻'系列　　'极美'系列　　'极美'系列　　'婷粉'

'豪放'系列　　'海市蜃楼'系列　　'雨林'系列　　'幻想'系列

'锦浪'系列　　'美声'系列　　'二重唱'系列　　'旋转'系列

蛾蝶花（蛾蝶草、平民兰）

Schizanthus pinnatus Ruiz et Pav.
茄科，蛾蝶花属

【形态特征】一、二年生草本，株高 30~100 cm。全株疏生微黏的腺毛。叶互生，一至二回羽状全裂。圆锥花序顶生，花多，花色丰富，有红色、浅黄色、紫色、白色等，基部常有黄色斑块，镶嵌着红色或紫色的斑点、脉纹；花瓣 5，其中 3 枚花瓣基部颜色较深，另外 2 枚花瓣呈盔状，深裂。花期春夏。

【产地分布】原产智利和阿根廷。中国华南、西南、台湾等地有栽培。

【生长习性】喜阳光充足、凉爽温和气候。耐阴，耐寒性较强，忌高温多湿，夏季高温多雨时需要通风降温。宜疏松肥沃、排水良好的砂质土壤。

【繁殖方法】播种繁殖。

【园林用途】叶形似蕨，花如洋兰，开花繁密，色彩绚丽，花期较长，可种植于花坛、花境，也可室内盆栽观赏，亦可作切花。

常见栽培品种如下。

'亚特兰蒂斯'（'Atlantis'）系列：植株紧凑，分枝性好，开花整齐，对日照长度不敏感，开花早。

乳茄（五指茄、牛头茄、五代同堂）

Solanum mammosum L.
茄科，茄属

【形态特征】多年生草本，株高约 80~100 cm。茎被短柔毛及扁刺。叶卵形，常 5 裂，裂片浅波状，两面密被亮白色长柔毛；侧脉下面略凸出，具土黄色长刺。蝎尾状花序腋外生，通常 3~4 花，花冠紫堇色。浆果倒梨状，具 5 个乳头状凸起，外面土黄色，内面白色；种子黑褐色。花期 6~8 月，果期 8~12 月。

【产地分布】原产美洲热带地区。中国广东、广西、云南等地有栽培。

【生长习性】喜阳光充足、温暖通风环境。不耐寒，冬季温度不低于 12 ℃，怕水涝和干旱。宜肥沃疏松、排水良好的砂质壤土。

【繁殖方法】播种、扦插繁殖。

【园林用途】果形奇特，果色鲜艳，观果期长达半年，是一种珍贵的观果植物，在切花和盆栽花卉上广泛应用。

蒲包花（荷包花）

Calceolaria crenatiflora Cav.
蒲包花科，蒲包花属

【形态特征】多年生草本，常作一、二年生栽培，株高 20~40 cm。全株有茸毛。叶对生或轮生，卵圆形，基部叶片较大，上部叶较小。聚伞花序顶生，花冠呈奇特二唇形，形成两个囊状物，下大上小，下唇膨胀呈荷包状，花黄色、红色、紫色，间各色不规则斑点。蒴果；种子细小。花期2~6月，种子6~7月成熟。

【产地分布】原产中南美洲。中国各地有栽培。

【生长习性】喜温暖湿润、通风环境。不耐寒，忌高温高湿；喜光，好肥。宜富含腐殖质、排水良好的微酸性砂质壤土。

【繁殖方法】播种、扦插繁殖。

【园林用途】花形奇特，花色艳丽，花期长，是冬春季重要盆花，亦可用于花坛、花境。

常见栽培品种如下。

'全天候'（'Anytime'）系列：株高 12~15 cm，早花，有黄色、红色、玫瑰红色、古铜色、双色等。

'比基尼'（'Bikini'）系列：株高约 20 cm，多花性，花色有红色、黄色等。

'优雅'（'Dainty'）系列：株高 10~15 cm，花瓣厚，有红色、古铜色、红黄双色、黄色带斑等品种。

'优雅'系列

口红花

Aeschynanthus pulcher (Blume) G.Don
苦苣苔科，芒毛苣苔属

【形态特征】多年生常绿草本。茎纤细，枝条下垂，长可达 30~100 cm。叶对生，卵形，革质，稍带肉质，浓绿色。花序腋生或顶生，花萼筒状，暗紫色，被茸毛，先端浅5裂；花冠筒状，鲜红色，从花萼中伸出，宛如旋出的"口红"；雄蕊4，伸长至花冠先端处。蒴果线形。花期12月至翌年2月。

【产地分布】原产印度尼西亚、马来西亚一带。国内广泛栽培。

【生长习性】喜温暖湿润、半阴、通风环境。忌强光直射；生长适温 21~26℃，较耐寒。宜疏松肥沃、排水良好的砂质土壤。

【繁殖方法】扦插繁殖。

【园林用途】花形奇特，鲜艳美丽，适于盆栽悬挂，或种植于石墙、假山缝隙处。

毛萼口红花

Aeschynanthus radicans Jack

苦苣苔科，芒毛苣苔属

【形态特征】多年生常绿草本。茎细弱，丛生，下垂，基部多分枝。叶对生，椭圆形、倒卵形或卵形，全缘或有浅齿，鲜绿色，有光泽。花腋生或成对着生枝顶；花萼筒状，深紫色，密被短茸毛；花冠筒状，被茸毛，鲜红色，先端2唇裂，下唇3裂，裂片基部稍呈黄色，内面具紫红色斑点或斑纹。蒴果线形。花期5~7月。

【产地分布】原产马来半岛、爪哇等地。中国有引种栽培。

【生长习性】喜温暖湿润、半阴环境。喜散射光，畏强光直射，不耐寒。喜疏松肥沃、排水良好的微酸性土壤。

【繁殖方法】扦插繁殖。

【园林用途】花形奇特，色泽鲜艳，多盆栽悬吊观赏，可用于阳台、窗台等处装饰。

常见栽培品种如下。

'泰粉'（'Thai Pink'）：叶片心形或近圆形，质厚，花萼、花冠粉色。

'泰粉'

美丽口红花（翠锦口红花、立叶口红花）

Aeschynanthus speciosus Hook.

苦苣苔科，芒毛苣苔属

【形态特征】多年生常绿草本。枝条匍匐下垂。叶对生或3枚轮生，叶片卵状披针形，肉质，深绿色，全缘。伞形花序生于茎顶或叶腋间，小花管状，弯曲，橙红色，花冠基部为黄绿色，柱头和花药伸出花冠外；冠筒具深红色的条纹，边缘红色。蒴果线形。花期5~12月。

【产地分布】原产东南亚的爪哇等地。中国有引种栽培。

【生长习性】喜温暖潮湿、半阴环境。不耐寒，忌干燥和闷热。

【繁殖方法】扦插繁殖。

【园林用途】花形奇特，花色艳丽，花期长，常作中型盆栽或吊盆，在适宜的条件下全年都可观赏。

金红花（金红岩桐）

Chrysothemis pulchella (Sims) Decne.

苦苣苔科，金红岩桐属

【形态特征】多年生草本，株高30~40 cm。茎叶多汁，脆嫩易折。叶对生，长椭圆状披针形，叶面深棕绿色，被短糙毛，叶背紫红色。伞形花序腋生，有花10余朵；萼片5枚，合生成5棱状杯形，胭脂红色；花长筒状，金黄色，内侧有数条放射状红色条纹。花期4~11月。

【产地分布】原产美洲热带地区。中国各地有引种栽培。

【生长习性】喜高温多湿、半阴环境。忌强光直射，不耐寒。喜疏松肥沃、排水良好的土壤。

【繁殖方法】扦插繁殖。

【园林用途】叶大而肥厚，花色艳丽，花期长，适合盆栽观赏，也可用于庭院绿化。

玉唇花（柳榕、中美钟铃花）

Codonanthe gracilis Hanst.

苦苣苔科，蚁巢岩桐属

【形态特征】多年生常绿蔓性草本。枝条纤细，长可达数米。叶对生，厚肉质，长椭圆形或卵形，全缘，光滑无毛。花序腋生，1~4朵丛生；花冠筒状，二唇形，多为白色，花冠喉部密布茸毛，喉部以下具紫红色斑点。浆果近球形，橘色或红色；种子卵形，外观似蚂蚁的卵及幼虫。花期全年，春、夏季为盛。

【产地分布】原产中美洲、委内瑞拉、秘鲁等地。中国华南地区有引种栽培。

【生长习性】喜高温多湿、光照充足环境。不宜强光直射，生长适温15~28℃。

【繁殖方法】扦插繁殖。

【园林用途】枝条自然下垂，叶片茂密，终年常绿，观叶、观花、观果俱佳，适作吊盆植物。

鲸鱼花（鲨鱼花、金鱼藤、大红鲸鱼花）
Columnea microcalyx Hanst.
苦苣苔科，鲸鱼花属

【形态特征】多年生常绿蔓性草本，全株被茸毛。叶对生，卵形，中脉凹陷。单花腋生，花冠长 6~7 cm，橘红色至猩红色，管部黄色，先端开裂，好似张开的鲨鱼大嘴。花期9月至翌年5月。

【产地分布】原产中、南美洲等地。中国南方地区有栽培。

【生长习性】喜温暖高湿、半阴环境。不耐寒，生长适温 18~22℃，越冬温度应不低于10℃。喜疏松肥沃、排水良好的砂质壤土。

【繁殖方法】扦插繁殖。

【园林用途】枝叶柔美，花色鲜艳，适合盆栽悬垂欣赏。

小叶鲸鱼花（小叶金鱼花、小叶金鱼藤）
Columnea microphylla Klotzsch et Hanst. ex Oerst.
苦苣苔科，鲸鱼花属

【形态特征】多年生常绿蔓性草本。茎纤细，具分枝，长达1 m以上，密被棕红色毛。叶对生，近圆形或卵形，长 1.5~2 cm，深绿色，被红褐色毛。花单生叶腋，二唇形；花冠长达 8 cm，橘红色至鲜红色，喉部黄色，裂片5，形状不同。浆果白色，杯状。花期冬春。

【产地分布】原产哥斯达黎加。中国有引种栽培。

【生长习性】喜高温多湿、半阴环境。忌酷暑和干燥，不耐寒。宜疏松肥沃、透气良好的土壤。

【繁殖方法】扦插、组培繁殖。

【园林用途】枝叶柔美，花色鲜艳，适合悬垂、吊盆栽植。

喜荫花

Episcia cupreata (Hook.) Hanst.
苦苣苔科，喜荫花属

【形态特征】多年生常绿草本，株高10~20 cm。茎具匍匐性，多分枝，全株密生细柔毛。叶对生，卵圆形，深绿色或棕褐色；叶面多皱，中脉及侧脉两侧呈银灰绿色。花单生或呈小簇生于叶腋，花冠筒状，先端5裂，鲜红色。花期6~9月。

【产地分布】原产墨西哥南部至巴西。中国南方地区有栽培。

【生长习性】喜温暖阴湿、通风环境。忌强光直射，不耐寒，生长适温15~28℃。宜疏松肥沃、排水良好的偏酸性砂壤土。

【繁殖方法】分株、扦插繁殖。

【园林用途】株型低矮紧凑，叶片具不同色斑，花色鲜艳，是优良的喜阴观叶观花植物，常作室内盆栽，也可用于公园、庭院树下荫蔽处或阴湿的山石旁。

袋鼠花（河豚花、金鱼花、亲嘴花）

Nematanthus gregarius D.L.Denham
苦苣苔科，袋鼠花属

【形态特征】多年生常绿草本，株高20~40 cm。茎基部半木质，嫩茎绿色，老茎红褐色。单叶对生，椭圆形，厚革质，叶面墨绿色，有光泽。花单生于叶腋，花冠呈唇形，橙红色，下部膨大，先端尖缩，状似金鱼嘴。蒴果。花期12月至翌年3月。

【产地分布】原产巴西。中国南方地区常见栽培。

【生长习性】喜温暖、湿润环境。喜光，不耐荫蔽；不耐寒，生长适温15~28℃；忌水涝。喜疏松肥沃、排水良好的壤土。

【繁殖方法】扦插、组培繁殖。

【园林用途】叶片青翠光亮，小花状似张开嘴的金鱼，十分奇特，可附于树干、山石处，或丛植于墙隅、山石边点缀，也可吊挂栽培打造立体景观。

非洲紫罗兰（非洲堇）

Saintpaulia ionantha H.Wendl.
苦苣苔科，非洲堇属

【形态特征】多年生草本。无茎，全株被毛。叶基生，圆形或长圆状卵形，边缘有浅锯齿或近全缘，背面带紫色。总状花序具1~6花；花冠二唇形，花色丰富，有蓝色、紫色、淡紫色、粉色、白色、复色等。蒴果近球形；种子极细小。花期8~9月，果期9~10月。

【产地分布】原产非洲东部热带地区。中国各地有栽培。

【生长习性】喜温暖、湿润环境。以充足的散射光为佳，忌强光；不耐寒，生长适温15~26℃。喜疏松、排水良好的微酸性土壤。

【繁殖方法】叶片扦插、组培繁殖。

【园林用途】植株小巧玲珑，品种繁多，花色极为丰富，绚丽多彩，多用于室内盆栽观赏，也可片植于小径、假山石边观赏。

小岩桐（红岩桐）

Seemannia sylvatica Baill.
苦苣苔科，苦乐花属

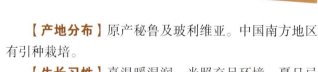
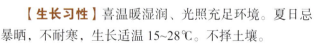

【形态特征】多年生草本，株高15~30 cm。全株具细毛，成株由地下横走茎萌生幼苗而成丛生状。叶对生，披针形或卵状披针形，全缘，基部下延成柄。花两性，1~2朵生于近茎端叶腋，花梗细；花冠圆筒状，先端5裂，裂片短而反卷，冠外橙红色或橘黄色，冠内喉部黄色，有细沙状红色或橘色斑点。蒴果圆形或长条形。花期10月至翌年3月。

【产地分布】原产秘鲁及玻利维亚。中国南方地区有引种栽培。

【生长习性】喜温暖湿润、光照充足环境。夏日忌暴晒，不耐寒，生长适温15~28℃。不择土壤。

【繁殖方法】扦插繁殖。

【园林用途】花期持久，花色俏丽，与其绿叶相映成趣，可盆栽装点室内或用于庭院绿化。

大岩桐

Sinningia speciosa Hiern
苦苣苔科，大岩桐属

【形态特征】多年生草本，具扁球形块茎，株高 15~25 cm。地上茎极短，全株密被白色茸毛。叶基生，肥厚而大，卵圆形或长椭圆形，边缘有锯齿，叶脉间隆起。花顶生或腋生，花冠钟状，先端浑圆，5~6 浅裂，花色丰富，有粉红、红、紫蓝、白、复色等。蒴果；种子褐色。花期 4~6 月，果期 6~7 月。

【产地分布】原产巴西。中国各地广泛栽培。

【生长习性】喜温暖湿润、半阴环境。忌强光直射；忌水涝；不耐高温，不耐寒，生长适温 15~26℃。喜疏松肥沃、富含腐殖质的偏酸性砂质土壤。

【繁殖方法】叶片扦插、分球、组培繁殖。

【园林用途】叶大而翠绿，花朵姹紫嫣红，是著名的室内盆栽花卉，也可用于大型温室内的花坛、花台或于山石边、小路边种植观赏。

杂交海角苣苔（海角樱草、堇兰、好望角樱草、扭果苣苔）

Streptocarpus × *hybridus* Kaven
苦苣苔科，海角苣苔属

【形态特征】多年生草本，株高 25~30 cm。叶基生，长椭圆形，叶面起皱，两面多毛。花序在叶的基部形成，呈丛生状，每花序有 1 至多花；花筒状，不对称，有白、蓝、紫、粉红等色，通常具深色条纹直达喉部，单瓣或重瓣。蒴果似螺旋扭曲的胶囊，成熟时沿两条缝隙扭曲打开。

【产地分布】园艺杂交种，主要亲本有海角旋果苣（*S. rexii*）和多花旋果苣（*S. polyanthus*）等，原产非洲中部至南部。中国有引种栽培。

【生长习性】喜凉爽湿润、半阴环境，夏季避免阳光直射。生长温度 15~25℃，夏季温度长期高于 30℃，进入休眠，冬季温度低于 10℃，生长缓慢或停止。喜疏松肥沃、排水良好的中性至弱酸性壤土。

【繁殖方法】分株、播种、叶片扦插繁殖。

【园林用途】花形别致，花色清雅，花期长，适合室内盆栽观赏。

岩海角苣苔（海豚花）
Streptocarpus saxorum Engl.
苦苣苔科，海角苣苔属

【形态特征】多年生草本，株高20~45 cm。枝条有分枝，密被茸毛。单叶对生肉质，卵圆形或长椭圆形，边缘具锯齿，羽状侧脉4~6对。花茎从叶腋长出，花梗细长；花多为蓝色、淡蓝色，亦有白色，花瓣5枚，基部合生成细长筒状。蒴果。花期10月至翌年2月。

【产地分布】原产非洲坦桑尼亚。中国南方有引种栽培。

【生长习性】喜温暖湿润、半阴环境。喜充足的散射光，较耐旱。喜疏松、肥沃的壤土。

【繁殖方法】扦插繁殖。

【园林用途】生长迅速，可自然长成球形，花形雅致，花期长，是优良的室内垂吊花卉，亦可作为庭院或花境植物材料。

蓝金花（蓝鲸花、巴西金鱼草）
Otacanthus azureus (Linden) Ronse
车前科，蓝金花属

【形态特征】多年生草本，常作一年生栽培，株高50~90 cm。茎四棱形，全株被细柔毛。叶对生，卵形或披针形，边缘有细锯齿。花腋生，花冠长管状，檐部二唇形，蓝紫色，近喉处有白色斑块。蒴果椭圆形。花期春至秋季。

【产地分布】原产巴西。中国华南地区有栽培。

【生长习性】喜温暖湿润、阳光充足环境。全日照、半日照均可；耐高温；喜排水良好、肥沃的砂质土壤。

【繁殖方法】扦插繁殖。

【园林用途】花姿奇特别致，花色鲜艳，花期长，适合用于花坛、花境等，亦可盆栽。

香彩雀（天使花）

Angelonia angustifolia Benth.
车前科，香彩雀属

【形态特征】多年生草本，常作一年生栽培，高 30~70 cm。茎直立，圆柱形，全体被腺毛。叶对生，条状披针形，边缘有稀疏的尖锐小齿。花单生于茎上部叶腋，形似总状花序；花冠合生，唇形，冠筒短，喉部具囊，檐部辐状，上唇宽大，2 深裂，下唇 3 裂；花色各异，有红紫、粉、白、双色等，下方裂片基部常有一白斑。花期 6~9 月。

【产地分布】原产墨西哥和西印度群岛。中国各地广泛栽培。

【生长习性】喜温暖湿润、光照充足环境。适应性强，耐高温高湿。不择土壤，宜富含腐殖质土壤。

【繁殖方法】播种、扦插繁殖。

【园林用途】花小巧，花色丰富，花量大，观赏期长，对炎热高温有较强适应性，可用作花坛、花镜材料，亦可容器组合栽植。

常见栽培品种如下。

'热曲'（'Serena'）系列：株高 40~50 cm，分枝性强，花量大且开花不断，不留残花，耐高温。

'热舞'（'Serenita'）系列：株高 30~36 cm，植株矮小紧凑，极耐高温，是夏季高温高湿地区的理想品种。

'热曲'系列

'热舞'系列

金鱼草（龙头花、龙口花、洋彩雀）

Antirrhinum majus L.
车前科，金鱼草属

【形态特征】多年生草本，常作一、二年生栽培，株高 30~80 cm。茎直立，基部常木质化。叶下部对生，上部常互生，披针形至长圆状披针形，全缘。总状花序顶生，密被腺毛；花冠二唇形，基部膨大成囊状，上唇直立，下唇向上隆起而封闭喉部；花色多样，从紫色、红色、粉色、黄色至白色。蒴果卵形。花果期 6~10 月。

【产地分布】原产地中海沿岸。中国各地常见栽培。

【生长习性】喜温暖湿润、阳光充足环境。耐半阴，较耐寒，不耐酷暑；耐旱，忌积水。不择土壤，石灰质土壤中也能正常生长，宜疏松肥沃、排水良好土壤。

【繁殖方法】播种、扦插繁殖。

【园林用途】植株高度一致，开花整齐鲜艳。矮性品种常用于花坛、花台、花境或盆栽观赏；高性品种常作切花，或用于花境、花海。

常见栽培品种如下。

'马里兰'（'Maryland'）系列：株高 100~150 cm，多种花色，切花型。

'波托马克'（'Potomac'）系列：株高 100~150 cm，花色丰富，切花型。

'火箭'（'Rocket'）系列：株高 75~90 cm，花色繁多，耐高温，花园地栽和切花两用型。

'锦绣'（'Snapshot'）系列：株高 15~25 cm，开花早，花色丰富。

'至日'（'Solstice'）：株高 40~50 cm，多种花色，冬季开花型。

'旱生诗韵'（'Speedy Sonnet'）系列：株高 45~70 cm，花色多样，早春开花型。

'马里兰'系列

'波托马克'系列

'火箭'系列

'锦绣'系列

'旱生诗韵'系列

柔软金鱼草（银叶金鱼草）

Antirrhinum sempervirens Lapeyr.
车前科，金鱼草属

【形态特征】多年生草本至亚灌木，株高 15~25 cm。茎匍匐，或半直立。叶对生，稍肉质，阔卵形至椭圆形，全缘，灰绿色，被银色黏毛。总状花序顶生，花近对生，具叶状苞片，花冠二唇形，白色至粉色，喉部黄色。蒴果。花果期 4~6 月。

【产地分布】原产地中海沿岸。中国广州、上海等地有引种栽培。

【生长习性】喜温暖湿润、阳光充足环境。耐寒，较耐热；耐旱，忌积水。不择土壤，喜疏松、排水良好土壤。

【繁殖方法】播种、扦插繁殖。

【园林用途】植株匍匐低矮，开花繁茂，适用于花境、花台、岩石园或盆栽观赏。

假马齿苋（小对叶草）

Bacopa monnieri (L.) Wettst.
车前科，假马齿苋属

【形态特征】多年生匍匐草本。茎肉质，节上生根，极像马齿苋。叶矩圆状倒披针形，顶端圆钝，极少有齿。花单生叶腋，花冠蓝色、紫色或白色，稍二唇形，上唇 2 裂。蒴果长卵状；种子椭圆状。花期 5~10 月。

【产地分布】原产中国台湾、福建、广东、广西、云南。全球热带广布。

【生长习性】喜温暖湿润、阳光充足环境，常生长于水边、湿地及沙滩。不耐寒，越冬温度不宜低于 5℃。喜弱碱性土壤。

【繁殖方法】扦插、分株繁殖。

【园林用途】植株小巧可爱，易于繁殖，可作地被，或植于水边，亦可盆栽。

毛地黄（自由钟、洋地黄）

Digitalis purpurea L.
车前科，毛地黄属

【形态特征】一、二年生或多年生草本，高 60~120 cm。茎单生或数条成丛，全体被灰白色腺毛。基生叶成莲座状，卵形或长椭圆形，叶缘有圆锯齿，叶柄具狭翅；下部的茎生叶与基生叶同形，向上渐小，叶柄亦渐短，直至无柄而成苞片。顶生总状花序，长 50~80 cm，成串密生钟状小花；花冠有不同颜色，内面具斑点。蒴果卵形；种子短棒状。花期 5~6 月，果期 8~10 月。

【产地分布】原产欧洲。中国各地广泛栽培。

【生长习性】喜凉爽湿润气候。喜阳，耐半阴；较耐寒，忌炎热；喜半湿，稍耐旱，怕积水；喜肥，耐瘠薄。喜肥沃湿润、排水良好土壤。

【繁殖方法】播种繁殖。

【园林用途】株型直立挺拔，花序长，适于花坛、花境、林缘处应用，亦可盆栽。

常见栽培品种如下。

'卡米洛特'（'Camelot'）系列：株高 80~120 cm，抽枝力强，花期长，花色丰富。

'斑点狗'（'Dalmatian'）系列：株高 40~50 cm，花瓣上斑点明显，呈紫黑色并带奶油色边。

'卡米洛特'系列

'斑点狗'系列

摩洛哥柳穿鱼（姬金鱼草、柳穿鱼）

Linaria maroccana Hook.f.
车前科，柳穿鱼属

【形态特征】一、二年生草本，株高 20~40 cm。茎直立，多分枝，枝叶细如柳。叶对生，线状披针形，下部叶少轮生。总状花序顶生，花冠唇形，上唇 2 裂，下唇 3 裂，基部延伸为距，有红、黄、白、雪青、青紫等色，唇瓣中心鲜黄色。蒴果。花期 4~6 月。

【产地分布】原产摩洛哥。世界各地有栽培。

【生长习性】喜冷凉、向阳环境。耐半阴，较耐寒，不耐酷热。宜肥沃、排水良好的土壤。

【繁殖方法】播种、扦插繁殖。

【园林用途】开花繁茂，花期长，适合花坛、花境布置，也可盆栽观赏。

常见栽培品种如下。

'梦幻曲'（'Fantasista'）系列：株高 8~15 cm，花色绚丽丰富，有玫红、蓝、粉、黄、白等色。

'梦幻曲'系列

伏胁花 (黄花过长沙舅、金莎蔓)

Mecardonia procumbens (Mill.) Small

车前科，伏胁花属

【形态特征】多年生匍匐草本。茎多分枝，无毛。叶对生，椭圆形，边缘有锯齿。花腋生，有长柄；花冠鲜黄色，喉部有红褐色条纹，5裂片，上裂片2枚较小，下裂片3枚较大，顶端凹入。花期春至秋季。

【产地分布】原产美洲热带和亚热带地区。中国华南地区有栽培。

【生长习性】喜温暖湿润、光照充足环境。光照不足时，植株散乱，开花稀疏。耐热，耐湿，不耐旱。不择土壤。

【繁殖方法】分株、扦插繁殖。

【园林用途】植株低矮，耐热耐湿，盛花时金灿一片，可植于岩石园、庭院石隙等处增添野趣，亦可作地被。

常见栽培品种如下。

'金粉'（'Gold Dust'）：株型紧凑，开花密集，花黄色。

'魔毯黄'（'Magic Carpet Yellow'）：株高约12 cm，花黄色，花期4~10月。

'金粉'

'魔毯黄'

红花钓钟柳 (草本象牙红)

Penstemon barbatus (Cav.) Roth

车前科，钓钟柳属

【形态特征】多年生草本，常作一、二年生栽培，株高达90 cm。茎光滑，被白粉。叶对生或基生，披针形，全缘。总状花序，小花长约2.5 cm；花冠二唇裂，有深红、粉红、玫红、紫红、紫蓝等色，上唇突出，下唇反卷，内有紫色条纹，基部有黄色须毛。蒴果。花期6~9月，果秋季成熟。

【产地分布】原产美国及墨西哥。中国各地有栽培。

【生长习性】喜温暖湿润气候。喜光，耐半阴；耐寒，耐旱，不耐热。喜排水良好的石灰质壤土。

【繁殖方法】播种、扦插、分株繁殖。

【园林用途】花序修长，花色艳丽，适合布置于花坛、花镜、路边及草地边缘，也可作切花。

穗花婆婆纳

Veronica spicata L.
车前科，婆婆纳属

【形态特征】多年生草本，常作一、二年生栽培，株高 15~50 cm。茎单生或数支丛生，不分枝，下部常密生白色长毛。叶对生，基部叶常密集聚生，长矩圆形，中部叶椭圆形至披针形。花序长穗状，花冠紫色或蓝色，裂片稍开展。幼果球状矩圆形。花期 7~9 月。

【产地分布】原产中国新疆西北部。欧洲至西伯利亚和中亚地区也有分布。中国各地有栽培。

【生长习性】喜温暖湿润环境。喜光，耐半阴；耐寒性较强，忌冬季湿涝。水肥要求不高，但喜肥沃深厚的土壤。

【繁殖方法】分株、播种繁殖。

【园林用途】花序直立，花期长，可用于花坛、花境，亦可盆栽或作切花。常见栽培品种如下。

'初恋'（'First Love'）：株高 40~50 cm，花粉红色，花穗短粗，具分枝。
'完美毕加索'（'Perfectly Picasso'）：株高 30~40 cm，花粉色，花穗超长。
'白色魔杖'（'White Wands'）：株高 20~30 cm，花色洁白，花期 5~11 月。

'初恋'

'完美毕加索'

'白色魔杖'

百可花（白可花、白雪蔓、雪蔓花）

Chaenostoma cordatum Benth.
玄参科，百可花属

【形态特征】一、二年生草本。茎匍匐，多分枝，节处常生根。叶对生，卵形、阔卵形或阔椭圆形，边缘有锯齿，两面被柔毛。花单生叶腋，具柄；花冠漏斗形，白色至紫色，喉部黄色或橙色，端部 5 裂。蒴果小；种子琥珀色。花期 5~7 月。

【产地分布】原产非洲南部。中国有引种栽培。

【生长习性】喜温暖湿润环境。喜光，不耐热。宜疏松肥沃、排水良好的微酸性土壤。

【繁殖方法】扦插繁殖。

【园林用途】株丛低矮匍匐，花朵娇小可爱，可作吊盆栽培，或用于组合盆栽。

柳叶星河花（帚枝河星花、多枝河星花）

***Gomphostigma virgatum* (L.f.) Baill.**
玄参科，河星花属

【形态特征】多年生常绿草本至灌木，高可达 1.8 m。茎直立，多分枝，枝条柔软纤细，银灰色。单叶对生，无柄，叶片狭条形，全缘，两面银灰色。总状花序，小花成对着生，具叶状苞片；花萼 4，绿色，花瓣 4，白色。花期 5~12 月。

【产地分布】原产南非、津巴布韦等地。

【生长习性】喜温暖湿润、阳光充足环境。稍耐阴，耐热，耐寒，耐水湿。宜疏松肥沃的砂壤土。

【繁殖方法】扦插、播种繁殖。

【园林用途】叶银灰色，富有质感，开花期长，适于花境、庭院种植，亦可用于水边。

龙面花（奈美西亚）

***Nemesia strumosa* Benth.**
玄参科，龙面花属

【形态特征】二年生草本，株高 30~60 cm。茎直立，节间较长。叶对生，条状披针形，无柄。总状花序顶生，花密集；花冠唇形，上唇 4 片较小，下唇 1 片 2 浅裂，基部囊状；花色多样，有红、黄、蓝、白等色，上下唇经常异色，喉部黄色，常具斑点。花期 4~6 月。

【产地分布】原产南非。中国有引种栽培。

【生长习性】喜温暖湿润、光照充足环境。畏热，耐寒，不耐积水。喜疏松肥沃、富含腐殖质、排水良好的砂壤土。

【繁殖方法】播种繁殖。

【园林用途】花形别致，花色艳丽丰富，可用于花坛、花境，或盆栽观赏；高茎品种花大，可作切花。常见栽培品种如下。

'星云'（'Nebula'）系列：株高 15~20 cm，基部分枝多，丰花，具芳香。

'太阳雨'（'Sunrain'）系列：株型紧凑，花色丰富，早花，适于小型盆栽和花坛配置。

'星云'系列

'太阳雨'系列

单色蝴蝶草（蚌壳草、倒地蜈蚣）

Torenia concolor Lindl.
母草科，蝴蝶草属

【形态特征】多年生匍匐草本。茎具4棱，节上生根。叶三角状卵形或长卵形，先端钝或急尖，基部宽楔形，边缘具锯齿。花单朵腋生或顶生，稀排成伞形花序；花萼具5枚翅，基部下延；花冠蓝色或蓝紫色，前方一对花丝各具1枚线状附属物。花果期5~11月。

【产地分布】原产中国华南、台湾等地。中国南方常见栽培。

【生长习性】喜温暖湿润环境。喜阳，耐阴。不择土壤。

【繁殖方法】播种、扦插繁殖。

【园林用途】花形别致，花色独特，常作地被应用，亦可盆栽观赏。

蓝猪耳（夏堇）

Torenia fournieri Linden ex E.Fourn.
母草科，蝴蝶草属

【形态特征】一年生草本，株高15~30 cm。茎具4窄棱，分枝多。叶对生，卵形或卵状披针形，边缘具粗锯齿，秋季叶色变红。花通常在枝顶排成总状花序，花萼膨大，萼筒上具5条棱状翼；花冠唇形，上唇直立、宽倒卵形，顶端微凹，下唇3裂片；花色各异，喉部多为白色，下唇中裂片内面常具黄色斑块。蒴果长椭圆形；种子圆球形。花果期6~12月。

【产地分布】原产越南。中国南方常见栽培并逸生。

【生长习性】喜温暖湿润、光照充足环境。耐半阴，耐暑热。喜深厚肥沃、疏松透水土壤。

【繁殖方法】播种、扦插繁殖。

【园林用途】花娇俏可爱，花色独特，耐高温高湿，适合夏季用于花坛、花境，亦可盆栽或进行组合盆栽。常见栽培品种如下。

'可爱'（'Kauai'）系列：耐热耐湿，花色艳丽，有绛红色、深蓝色、酒红色、玫瑰红色、白色、蓝白双色等品种。

'可爱'系列

虾膜花（鸭嘴花、蛤蟆花、苋力花、毛老鼠筋）

Acanthus mollis L.
爵床科，老鼠簕属

【形态特征】多年生草本，株高 30~80 cm，含花序最高可达 180 cm。叶大，多基生，长圆形，羽状深裂或浅裂。穗状花序长 30~40 cm，着生小花达 100 多朵；花两性，筒状，基部环绕绿色至淡紫色苞片；花萼二唇形，上唇紫色较长，成头盔状；花冠上唇退化，下唇白色，3 裂。蒴果椭圆形。花期 5~10 月。

【产地分布】原产地中海沿岸。中国各地有引种栽培。

【生长习性】喜温暖湿润环境。喜光，耐半阴，不耐暴晒；较耐寒，忌炎热；不耐涝，抗旱；性强健，耐瘠薄，喜疏松透气砂质壤土。

【繁殖方法】播种繁殖。

【园林用途】花序高大，花朵如彩烛，叶子表面光滑亮丽，如褶皱的裙子，常作竖线条花镜搭配材料。

宽叶十万错（赤道樱草）

Asystasia gangetica (L.) T.Anderson
爵床科，十万错属

【形态特征】多年生草本。茎具纵棱，少分枝，节膨大。叶对生，椭圆形，深绿色。总状花序顶生，花偏向一侧；花冠略两唇形，上唇 2 裂，下唇 3 裂，中裂片两侧自喉部向下有 2 条褶襞直至花冠筒下部，褶襞密被白色柔毛，并有紫红色斑点。花期 9 至翌年 2 月，果期 12 月至翌年 2 月。

【产地分布】原产中国广东、云南。印度、中南半岛至马来半岛亦有分布。现已成为泛热带杂草。

【生长习性】喜温暖湿润、阳光充足环境。耐阴，耐旱，不耐寒。喜疏松肥沃、排水良好的砂质壤土。

【繁殖方法】扦插、播种繁殖。

【园林用途】生性强健，花期长，常植于花境、林缘，或作地被片植，亦可盆栽。

常见栽培品种如下。

'花叶'十万错（'Variegata'）：叶缘具大小不一的金黄色斑块。

'花叶'十万错

网纹草（费道花、银网草、白网纹草）

Fittonia albivenis (Veitch) Brummitt

爵床科，网纹草属

【形态特征】多年生常绿草本，株高 5~20 cm。茎匍匐蔓生，节处易生根。叶十字对生，卵形或椭圆形，翠绿色，叶脉白色或红色，从叶基伸出的主脉与交替密生的侧脉及横生细脉纵横交织，形成醒目的网纹。顶生穗状花序，花小，黄色。花期 9~11 月。

【产地分布】原产南美洲热带地区。中国各地广泛栽培。

【生长习性】喜高温高湿、中等强度光照环境。忌阳光直射，较耐阴；不耐寒，易受冻害。宜富含腐殖质的砂质壤土。

【繁殖方法】扦插、分株、组培繁殖。

【园林用途】植株低矮，精巧玲珑，叶脉清晰，纹理匀称，可作小型盆栽或地栽片植。

常见栽培品种如下。

'小叶'（'Bambino'）：叶片较小，浅绿色，叶脉银白色。

'白雪安妮'（'White Anne'）：叶片边缘有褶皱，叶面绿色不明显，呈现雪白色。

'森林火焰'（'Forest Flame'）：叶片长卵形至披针形，叶面红色具绿色斑，边缘深绿色。

'红安妮'（'Red Anne'）：叶片椭圆形，叶面深绿色，网脉红色。

'小叶'

'白雪安妮'

'森林火焰'

'红安妮'

矮裸柱草（广西裸柱草）

Gymnostachyum subrosulatum H.S.Lo

爵床科，裸柱草属

【形态特征】多年生常绿草本，具极短而多节结的茎和分枝，呈莲座状。叶密集，近圆形或阔卵状圆形，叶面墨绿色，具银色叶脉。总状花序由聚伞花序组成，通常每苞片中有 3 花；花冠二唇形，基部圆筒状，喉部扩大，下弯，上唇直立，2 浅裂，下唇伸展，3 裂。蒴果线形。

【产地分布】原产中国广西。中国南方常见栽培。

【生长习性】喜温暖湿润、半阴环境。不耐寒。喜疏松肥沃、排水良好的微酸性土。

【繁殖方法】分株繁殖。

【园林用途】株丛紧密，叶色浓绿具亮丽脉纹，可用于花境、林缘或作林下地被。

红点草（嫣红蔓、鹃泪草、枪刀药）

Hypoestes phyllostachya Baker

爵床科，枪刀药属

【形态特征】多年生常绿草本，株高30~60 cm。枝条生长后略呈蔓性，茎节处易生根，叶腋易生短枝。叶对生，长卵形，全缘，橄榄绿色，上面布满红色、粉红色或白色斑点。小型穗状花序，花小，淡紫色。花期春季。

【产地分布】原产马达加斯加。中国南方地区常见栽培。

【生长习性】喜温暖湿润环境。喜光照，耐半阴，忌长时间暴晒；不耐寒。喜疏松深厚、富含腐殖质、排水良好的微酸性土。

【繁殖方法】分株、扦插繁殖。

【园林用途】株型小巧玲珑，枝叶繁茂，叶色斑斓鲜艳，宜作小型盆栽或地栽片植。

常见栽培品种如下。

'嫣白蔓'（'White Flash'）：叶面绿色，具白色斑块。

'嫣白蔓'

九头狮子草

Peristrophe japonica (Thunb.) Bremek.

爵床科，观音草属

【形态特征】多年生草本，高20~50 cm。叶卵状矩圆形。花序顶生或腋生于上部叶腋，由2~8聚伞花序组成，每个聚伞花序下托以一大一小2枚总苞片；花冠粉红色至微紫色，二唇形，下唇3裂。蒴果；种子有小疣状突起。花期5~9月。

【产地分布】原产中国华中、华南、西南地区。日本也有分布。

【生长习性】喜温暖湿润环境。耐半阴，忌阳光直射；耐寒、耐旱，不耐涝；喜土质松软、肥力较好、排水性佳的砂壤土。

【繁殖方法】播种、分株繁殖。

【园林用途】株丛圆整，分枝致密，小花淡雅清新。适用于林阴地花境配置，或于林下、林缘作地被栽植等。

艳芦莉（红花芦莉、大花卢莉）

Ruellia elegans Poir.
爵床科，芦莉草属

【形态特征】多年生常绿草本至小灌木，株高60~100 cm。叶对生，椭圆状披针形，脉纹明显。花腋生，花梗细长；花萼5深裂，裂片细窄；花冠红色或浓桃红色，下部合生成圆筒状；花两性，子房上位。热带地区全年有花。

【产地分布】原产巴西。中国华南、东南等地区有栽培。

【生长习性】喜高温湿润环境。喜光照，耐半阴；耐旱，较耐寒。

【繁殖方法】扦插繁殖。

【园林用途】适生性强，花色艳丽，花期长，可广泛应用于道路、公共绿地、公园等，以大色块片植为佳。

翠芦莉（蓝花草）

Ruellia simplex C.Wright
爵床科，芦莉草属

【形态特征】多年生草本，株高30~100 cm。茎直立，略呈方形，具沟槽，红褐色。单叶对生，线状披针形，暗绿色，新叶及叶柄常呈紫红色。花腋生，花冠漏斗状，蓝紫色，少数粉色或白色，先端5裂，具放射状条纹，单花晨开暮谢。花期春至秋季，盛花期7~8月。

【产地分布】原产墨西哥。中国华南地区常见栽培。

【生长习性】喜高温湿润环境。喜阳，耐半阴；耐旱，耐湿；喜高温，耐酷暑。不择土壤，耐贫瘠，耐轻度盐碱土壤。

【繁殖方法】播种、扦插、分株繁殖。

【园林用途】抗逆性强，花期极长，花姿优美，适用于花境、水边，或作地被应用。

常见栽培品种如下。

'矮生'翠芦莉（'Katie's Dwarf'）：株高仅10~20 cm，节间距短小，丛生状。

'矮生'翠芦莉

喜雅马蓝（紫叶马蓝）

Strobilanthes anisophylla (Wall. ex Hook.) T.Anderson 'Brunetthy'
爵床科，马蓝属

【形态特征】多年生常绿草本至亚灌木，高约 70 cm。茎直立或基部外倾，稍木质化，通常成对分枝。叶狭长披针形，呈柳叶状，边缘带锯齿，四季叶色均呈红棕色至深紫色。花序长 10~30 cm，花管状唇形，长约 3 cm，丁香紫色。蒴果无毛；种子卵形。花期 2~5 月。

【产地分布】园艺品种，产自荷兰。中国华南地区有栽培。

【生长习性】喜温暖湿润气候。喜阳，稍耐阴；可耐短时低温；耐旱，怕积水；耐贫瘠。喜排水良好的弱酸性至中性砂质壤土。

【繁殖方法】播种、扦插繁殖。

【园林用途】株丛茂盛，直立挺拔，叶色奇特，花量大，孤植、片植皆宜，可作盆栽或搭配于花境中。

红背耳叶马蓝（紫背爵床、红背马蓝）

Strobilanthes auriculata var. *dyeriana* (Mast.) J.R.I.Wood
爵床科，马蓝属

【形态特征】多年生草本或亚灌木。茎四棱，多分枝，绿色，疏被硬毛。叶对生，无柄，卵形或倒卵状披针形，基部收缩为提琴形，下延，边缘具锯齿，两面疏被硬毛，上面绿色光亮，具瑰红色侧脉 12~15 对，嫩叶背面红紫色。穗状花序腋生，花密；花冠略弯曲，堇色，冠管短而狭，向上逐渐扩大，冠檐裂片 5，具一白色龙骨瓣。

【产地分布】原产缅甸。中国华南地区常见栽培。

【生长习性】喜温暖湿润、半阴环境。忌强光暴晒，不耐寒，不耐干旱。宜疏松肥沃、排水良好的微酸性土壤。

【繁殖方法】扦插、分株繁殖。

【园林用途】叶面具蓝色金属光泽，明丽诱人，可作盆栽，或植于花境、林阴处。

板蓝（马蓝、南板蓝根）

Strobilanthes cusia (Nees) Kuntze
爵床科，马蓝属

【形态特征】多年生草本，高约 1 m。茎直立或基部外倾，稍木质化，通常成对分枝。叶对生，椭圆形或卵形，边缘有锯齿。穗状花序腋生或顶生，花对生；花冠堇色、玫红色或白色，圆筒形，喉部扩大呈窄钟形，冠檐 5 裂，裂片倒心形。蒴果棒状；种子卵形。花期11 月。

【产地分布】原产中国南部。印度、日本、中南半岛亦有分布。中国华南地区常见栽培。

【生长习性】喜温暖湿润、半阴环境。不耐寒。不择土壤，以弱酸性至中性砂壤土为宜。

【繁殖方法】播种、扦插繁殖。

【园林用途】花色明艳，花繁似锦，适于林下、庭院背阴处种植。

齿叶半插花（匍匐半插花、紫蕨草、半柱花）

Strobilanthes sinuata J.R.I.Wood
爵床科，马蓝属

【形态特征】多年生草本，株高 5~10 cm。茎匍匐状生长，紫红色。单叶对生，狭长披针形，叶缘有锯齿，呈波浪状皱褶，叶面绿色至紫黑色，叶背红褐色有明显紫色脉纹。花朵自茎端开出，白色，花瓣 5 枚。蒴果。花期春至秋季。

【产地分布】原产马来西亚。中国南方有栽培。

【生长习性】喜温暖湿润、半阴环境。较耐湿，不耐干旱；不耐寒。宜疏松肥沃、湿润土壤。

【繁殖方法】扦插、分株繁殖。

【园林用途】植株矮小，叶色奇异，可植于花境、林缘、水岸，或作林下地被。

翼叶山牵牛（黑眼苏珊、翼叶老鸦嘴）

Thunbergia alata Bojer ex Sims

爵床科，山牵牛属

【形态特征】多年生缠绕草本。茎具2槽，被倒向柔毛。叶对生，卵状箭头形，具掌状脉，两面被稀疏柔毛间糙硬毛，叶缘不规则浅裂，叶柄具翼。花单生叶腋，花筒状钟形，裂片倒卵形，冠檐黄色，喉蓝紫色或黑褐色。蒴果。花期全年。

【产地分布】原产热带非洲，在热带、亚热带地区广泛栽培。中国广东、福建等地有引种栽培。

【生长习性】喜温暖、微潮偏干、通风良好环境。喜光，耐半阴；极耐热，但不耐寒。

【繁殖方法】扦插、播种繁殖。

【园林用途】枝条柔软自然下垂，随物攀缘，生命力旺盛，花期长，可用于阳台、藤架等垂直绿化，当年即可达到良好景观效果。

美女樱（铺地马鞭草）

Glandularia × *hybrida* (Groenl. et Rümpler) G.L.Nesom et Pruski

马鞭草科，美女樱属

【形态特征】多年生草本，多作一年生栽培，株高10~50 cm。茎四棱，丛生而铺覆地面，全株被灰色柔毛。叶对生，长圆形，叶面皱褶，边缘有锯齿。穗状花序顶生，密集呈伞房状，花小而密集；花冠筒状，有白色、粉色、红色、复色等，中央常有白色或浅色的圆形"眼"。花期5~11月。

【产地分布】原产巴西、秘鲁、乌拉圭等地。现世界各地广泛栽培。

【生长习性】喜温暖湿润、阳光充足环境。耐热、耐寒、耐盐碱，不耐阴，不耐旱。不择土壤，宜疏松肥沃的中性土壤。

【繁殖方法】播种、扦插繁殖。

【园林用途】植株低矮匍匐，开花繁茂，花色艳丽，可用于花坛、花境、林缘等处，或作观花地被，亦可单独盆栽或组合盆栽。

常见栽培品种如下。

'水晶XP'（'Quartz XP'）系列：株高20~25 cm，分枝性强，花色丰富。

'传奇'（'Romance'）系列：株高20~25 cm，早花，多种花色，具白眼。

'坦马里'（'Temari'）系列：花大，抗病，耐寒。

'水晶XP'系列

'坦马里'系列

细叶美女樱

Glandularia tenera (Spreng.) Cabrera
马鞭草科，美女樱属

【形态特征】多年生草本，株高 20~30 cm。茎四棱，匍匐，基部稍木质化，节部生根。叶对生，二回羽状深裂，裂片线性，两面疏生短硬毛。穗状花序顶生，小花密集呈伞房状，花冠筒状，花色丰富，有白、粉红、玫瑰红、大红、紫、蓝等色。蒴果黑色。花期 4~10 月，果期 7~8 月。

【产地分布】原产巴西、秘鲁和乌拉圭等美洲热带地区。世界各地常见栽培。

【生长习性】喜温暖湿润、阳光充足环境。耐半阴，耐旱、耐寒、耐盐碱。宜疏松湿润、排水良好的土壤。

【繁殖方法】播种、扦插繁殖。

【园林用途】植株低矮，开花繁茂，花色艳丽，花期长，可用于花坛、花境、草坡、林缘等处，亦可盆栽或用于组合盆栽。

常见栽培品种如下。

'梦幻曲'（'Imagination'）：株高约 30 cm，叶片浓绿色，花蓝紫色。

'塔皮恩'（'Tapien'）系列：有蓝色、紫色、粉色、蓝紫色等品种，抗病，耐寒。

'梦幻曲'

'塔皮恩'系列

姬岩垂草

Phyla nodiflora var. *minor* (Gillies et Hook.) N.O'Leary et Múlgura
马鞭草科，过江藤属

【形态特征】多年生草本，株高 10~25 cm。幼茎匍匐或垂吊生长，分枝力极强，茎节触地生根。叶对生，倒披针形至卵状披针形，上半部边缘有疏齿。穗状花序腋生，小花密集成头状，每花序着花可达 30 朵，由外向内次第开放；花冠唇形，粉白黄心，喉部后期变紫色。花期春末至晚秋。

【产地分布】原产智利。中国华中、华南地区有栽培。

【生长习性】喜温暖湿润环境。喜光，较耐阴；耐热，较耐寒；耐干旱、瘠薄，耐盐碱，抗病虫，耐践踏。对土壤要求不严，宜排水良好的土壤。

【繁殖方法】分株、扦插、压条繁殖。

【园林用途】植株低矮整齐，生长迅速，花期长，抗逆性强，是很好的新优地被植物，可用于护坡、屋顶绿化、岩石园等，亦可盆栽观赏。

柳叶马鞭草

Verbena bonariensis L.
马鞭草科，马鞭草属

【形态特征】多年生草本，常作一年生栽培，株高 100~150 cm。茎四棱，多分枝，全株有纤毛。叶十字对生，两面被粗毛，初期叶椭圆形，边缘略有缺刻，花茎抽高后叶转为细披针形，形如柳叶。聚伞穗状花序顶生，细长如马鞭，花小，5 瓣，花冠紫红色或淡紫色。蒴果。花期 5~9 月。

【产地分布】原产南美洲巴西、阿根廷等地。世界各地常见栽培。

【生长习性】喜温暖干燥、阳光充足环境。稍耐阴，不耐寒；耐旱，怕雨涝。对土壤要求不严，重盐碱地、黏性土及低洼易涝地生长不良。

【繁殖方法】扦插、播种繁殖。

【园林用途】植株高大，生长旺盛，花期长，片植效果极其壮观，常用于花海景观布置，也可作花境的背景材料。

常见栽培品种如下。

'布宜诺斯艾利斯'（'Buenos Aires'）：株高 100~130 cm，开花不断，耐低温。

'布宜诺斯艾利斯'

藿香

Agastache rugosa (Fisch. et C.A.Mey.) Kuntze
唇形科，藿香属

【形态特征】多年生草本，株高 40~150 cm。茎直立，呈四棱形，上部被细毛。叶对生，心状卵形或长圆状披针形，边缘具钝锯齿。轮伞花序聚集呈穗状，顶生；花冠呈淡紫蓝色，被微柔毛，上唇先端微缺，下唇边缘波状。种子长卵圆形，棕色。花期 6~9 月，果期 9~11 月。

【产地分布】原产中国北部。俄罗斯、朝鲜、日本也有分布。世界各地广泛栽培。

【生长习性】喜温暖湿润、阳光充足环境。地下部耐寒，可在北方越冬，忌积水。对土壤要求不严，宜土层深厚、疏松肥沃的砂壤土或壤土。

【繁殖方法】播种、分株繁殖。

【园林用途】全株具有香味，可搭配其他芳香植物种植，多用于花境、庭院的成片种植。

多花筋骨草

Ajuga multiflora Bunge
唇形科，筋骨草属

【形态特征】多年生草本，株高 6~20 cm。茎直立，不分枝，四棱形，密被灰白色绵毛状长柔毛。叶椭圆状长圆形或椭圆状卵形，具长柔毛状缘毛。轮伞花序自茎中部向上渐靠近，至顶端呈一密集的穗状聚伞花序；苞叶大，下部者与茎叶同形，向上渐小；花冠蓝紫色或蓝色，被微柔毛，上唇短，先端 2 裂，下唇宽大，3 裂。坚果倒卵圆状三棱形。花期 4~5 月，果熟期 5~6 月。

【产地分布】原产中国内蒙古、黑龙江、辽宁、河北、江苏、安徽。俄罗斯远东地区、朝鲜也有分布。世界各地广泛栽培。

【生长习性】喜温暖湿润、半阴环境。耐晒，耐旱，耐涝。抗逆性强，宜排水良好的砂质土壤。

【繁殖方法】播种、分株繁殖。

【园林用途】植株低矮，叶形整齐，可大面积片植于林下、湿地，也可作为路缘、镶边材料，是优良的常绿观叶、观花地被植物。

匍匐筋骨草

Ajuga reptans L.
唇形科，筋骨草属

【形态特征】多年生草本，株高 10~30 cm。茎四棱，基部匍匐。叶对生，纸质，椭圆状卵圆形，边缘有不规则波状粗齿。轮伞花序有 6~10 朵花，排成顶生假穗状花序，苞片叶状；花冠唇形，淡紫色或蓝色，上唇短，顶端微凹，下唇 3 裂。花期 3~7 月，果期 5~11 月。

【产地分布】原产欧洲、非洲北部及西南亚。世界各地广泛栽培。

【生长习性】喜温暖湿润、半阴环境。抗逆性强，宜排水良好的砂质土壤。

【繁殖方法】播种、分株繁殖。

【园林用途】植株低矮，适宜布置花境边缘，也可作地被植物。

兰香草（婆绒花、莸、山薄荷）

Caryopteris incana (Thunb. ex Hout.) Miq.
唇形科，莸属

【形态特征】多年生草本至小灌木，株高 25~60 cm，全株被灰白色柔毛。叶披针形、卵形或长圆形，厚纸质，边缘常有粗齿。聚伞花序紧密，腋生或顶生；花冠淡紫色或淡蓝色，二唇形，5 裂，下唇中裂片较大，边缘流苏状；紫色的雄蕊与花柱开花时均伸出花冠管外。蒴果倒卵状球形，果瓣有宽翅。花果期 6~10 月。

【产地分布】原产中国。日本、朝鲜和韩国也有分布。中国华东、华南地区有栽培。

【生长习性】喜温暖湿润气候，多生长于较干旱的山坡、路旁或林边。喜阳，稍耐阴；耐旱，不耐涝。不择土壤。

【繁殖方法】扦插、分株、播种繁殖。

【园林用途】株型秀丽，枝叶芳香，可用于花境，或布置芳香园、草药园等专类园。

彩叶草（锦紫苏、五彩苏、鞘蕊花）

Coleus scutellarioides (L.) Benth.
唇形科，鞘蕊花属

【形态特征】多年生草本，常作一年生栽培，株高 15~90 cm。茎直立，四棱形。叶对生，通常卵圆形，边缘具粗锯齿，两面有软毛，其大小、形状及色泽变异很大，通常由红、黄、紫、绿等颜色组合而成，且变化丰富，故名"彩叶草"。顶生轮伞花序，花多数密集排列；花蓝色或淡紫色。坚果褐色。花期6~8月，果期8~10月。

【产地分布】原产东南亚至澳大利亚。世界各地广泛栽培。

【生长习性】喜温暖湿润、阳光充足环境。较耐阴，但光线充足能使叶色鲜艳，能耐2~3℃低温。宜疏松肥沃、排水良好的土壤。

【繁殖方法】播种、扦插繁殖。

【园林用途】株型美观，叶形变化丰富，叶色绚丽多彩，是一种非常美丽的观叶植物，可用于配置花境、模纹花坛，亦可丛植或作盆栽观赏。

彩叶草品种众多，叶形叶色富于变化。常见栽培品种如下。

'樱桃巧克力'（'Chocolate Covered Cherry'）：株高 30~36 cm，叶片色彩丰富，中心呈玫瑰红色，外围为深红褐色，边缘有一窄圈绿色。

'薄荷巧克力'（'Chocolate Mint'）：株高 36~51 cm，叶色新颖迷人，叶心呈巧克力色，四周镶嵌着鲜嫩醒目的薄荷绿边。

'西瓜红'（'Watemelon'）：株高约 50 cm，叶片西瓜红色，边缘呈绿色，随着植株成熟，叶片边缘呈深粉色。

'樱桃巧克力'

'薄荷巧克力'

'西瓜红'

薰衣草（英国薰衣草、狭叶薰衣草）

Lavandula angustifolia Mill.
唇形科，薰衣草属

【形态特征】多年生草本至亚灌木，株高 60~90 cm。茎直立，被星状茸毛，全株可释放带甜香气。叶对生，条形或披针状线形，全缘，被或疏或密的灰色星状茸毛，干时灰白色。轮伞花序通常具 6~10 花，在枝顶聚集成穗状花序；花具短梗，蓝色，密被灰色茸毛，花萼卵状筒形或近筒状。坚果椭圆形。花期 6~8 月，果期 8~10 月。

【产地分布】原产地中海沿岸、欧洲各地及大洋洲列岛。世界各地广泛栽培。

【生长习性】喜阳光充足、温凉、干燥环境。耐寒，较耐热，忌水涝。宜土层深厚、疏松、排水良好且富含硅钙质的肥沃土壤。

【繁殖方法】播种、扦插繁殖。

【园林用途】花色优美典雅，花序颀长秀丽，且全株具芳香，充满了浪漫色彩，是一种重要的天然香料植物，也是庭院中不可多得的宿根花材，适宜花境丛植或片植，也可盆栽观赏。

常见栽培品种如下。

'清雅蓝色'（'Avignon Early Blue'）：株高 25~30 cm，花期早，分枝紧密，深蓝色花穗。

'优雅'（'Elegance'）系列：株高 30~36 cm，株型挺拔，叶片茂密，呈灰绿色，花大且优美。

'莱文丝深紫色'（'Lavance Deep Purple'）：株高 25~30 cm，花为深蓝紫色，不会泛白，不易折断。

'清雅蓝色'

'优雅'系列

'莱文丝深紫色'

羽叶薰衣草（羽裂薰衣草）

Lavandula pinnata Lundmark

唇形科，薰衣草属

【形态特征】多年生草本至亚灌木，株高30~100 cm。全株密被白色茸毛。叶对生，二回羽状深裂，裂片线形或倒披针形，表面覆盖粉状物。叶色灰绿，具香味，香味类似于天竺葵和迷迭香的混合型，较浓烈。轮伞花序，在枝顶聚集成穗状花序，花穗基部通常再长一对分枝花穗而呈三叉状；花唇形，蓝紫色，上唇比下唇发达。坚果。花期一年四季，主要集中在11月至翌年5~6月。

【产地分布】原产加那利群岛。现世界各地广泛栽培。

【生长习性】喜温暖、阳光充足、通风环境。耐寒，较耐热，忌积水，夏季过热时停花休眠。喜疏松、富含有机质的砂质壤土。

【繁殖方法】播种、扦插繁殖。

【园林用途】枝叶清秀，花朵繁多，花期长，可种植花海，是中国南方地区休闲农园或香草餐厅不可或缺的景观植物，或用于林缘、路边、墙垣边、廊前种植观赏，也可用于花境、花带或花丛。

西班牙薰衣草（法国薰衣草）

Lavandula stoechas L.

唇形科，薰衣草属

'恬雅'系列

'紫霞仙子'

【形态特征】多年生草本至亚灌木，株高50~60 cm。茎枝四棱形。叶对生，线状披针形，边缘反卷。轮伞花序聚生枝顶呈穗状，花序顶端着生几个特化的紫色苞片，状似兔耳；花小，花萼紫褐色，花冠紫红色，二唇形。坚果光滑，有光泽。花期6~8月，果期8~10月。

【产地分布】原产地中海沿岸的法国、西班牙、意大利和非洲。中国各地广泛栽培，以新疆为盛。

【生长习性】喜冷凉干燥、阳光充足环境。耐寒，耐旱，忌湿热，生长适温15~25℃。喜疏松肥沃、排水良好的中性至微碱性壤土。

【繁殖方法】播种、扦插、分株繁殖。

【园林用途】全株芳香浓郁，苞片大而美丽，像翩翩起舞的蝴蝶翻飞于花间，极具观赏性，适合庭院、公园、景区、农庄等路边片植或数株植于花境、草丛中、岩石园、假山石边点缀，也可盆栽观赏。

常见栽培品种如下。

'恬雅'（'Bandera'）系列：株高18~23 cm，分枝性强，整齐度高，花有紫色、深玫红色、粉紫色等。

'紫霞仙子'（'Violeta'）：生长旺盛，分枝性强，耳状苞片长且饱满，花为紫色。

益母草

Leonurus japonicus Houtt.
唇形科，益母草属

【形态特征】一年生或二年生草本，株高 30~120 cm。茎直立，钝四棱形，多分枝。叶形变化大，茎下部叶卵形，掌状 3 裂，裂片上再分裂；茎中部叶菱形，较小，通常分裂成 3 个线形的裂片；花序最上部的苞叶线形或线状披针形。轮伞花序腋生，具 8~15 花，花冠粉红色至淡紫红色。坚果长圆状三棱形，淡褐色。花期 6~9 月，果期 9~10 月。

【产地分布】原产中国各地。俄罗斯、朝鲜、日本以及热带亚洲各地有分布。

【生长习性】喜温暖湿润、阳光充足环境。耐旱，耐寒；耐瘠薄。不择土壤，宜疏松肥沃、排水良好的土壤。

【繁殖方法】播种繁殖。

【园林用途】生长茂密，叶形奇特，春夏交替之时开花旺盛，适于岩石园、野花园，也可用于布置花境。

薄荷（野薄荷、夜息香、水益母）

Mentha canadensis L.
唇形科，薄荷属

【形态特征】多年生草本，高 30~60 cm。茎多分枝，锐四棱形，下部数节具匍匐根状茎。叶卵状披针形或长圆形，疏生粗牙齿状锯齿，密被微柔毛，具香气。轮伞花序腋生，轮廓球形；花冠淡紫色，冠檐 4 裂，上裂片先端 2 裂，较大，其余 3 裂片近等大，长圆形。坚果卵珠形，黄褐色。花期 7~9 月，果期 9~10 月。

【产地分布】原产中国各地。俄罗斯远东地区、朝鲜、日本、热带亚洲及北美洲也有分布。

【生长习性】喜阳光充足，湿润环境，生于水旁潮湿地。稍耐寒，耐旱。对土壤要求不严，喜疏松肥沃、排水良好的砂质壤土。

【繁殖方法】扦插、分株、分根状茎、播种繁殖。

【园林用途】叶色青翠，芳香浓郁，清凉袭人，可用于园林花境中，营造清新自然的景观，也可盆栽观赏。

美国薄荷

Monarda didyma L.
唇形科，美国薄荷属

【形态特征】一年生草本，株高 80~120 cm。茎直立，四棱形，近无毛。叶对生，卵状披针形。轮伞花序组成头状花序，苞片叶状，带红色，疏被柔毛；花冠紫红色，上唇直立，稍外弯，全缘，下唇平展，3 裂，中裂片较窄长，先端微缺。花期 6~9 月，果期 9~10 月。

【产地分布】原产北美洲。现世界各地广泛栽培。

【生长习性】喜凉爽湿润、阳光充足环境。较耐阴，耐寒、耐涝，不耐旱。适应性强，不择土壤，宜肥沃、疏松土壤。

【繁殖方法】播种、分株、扦插繁殖。

【园林用途】易于栽培，花色艳丽，花期长久，常用作花境中的竖线条花材，也可盆栽观赏。

常见栽培品种如下。

'Cambridge Scarlet'：株高 60~90 cm，花大，猩红色，花径可达 8 cm，可作切花。

'Firehall'：株高 60 cm，花深红色，抗霉菌。

'Gardenview Searlet'：植株高 90~120 cm，花红色，抗白粉病能力强。

'Marshall's Delight'：株高 60~90 cm，花粉红色，抗白粉病能力强。

'Cambridge Scarlet'

'Firehall'

'Marshall's Delight'

'Gardenview Searlet'

荆芥（猫薄荷）

Nepeta cataria L.
唇形科，荆芥属

【形态特征】多年生草本，高可达 1.5 m，被白色短柔毛。茎直立，四棱形，上部多分枝。叶对生，卵形或三角状心形，具粗齿。聚伞圆锥花序顶生，花萼管状，花冠白色，具紫色斑点，上唇先端微缺，下唇中裂片具内弯粗齿。坚果三棱状卵球形。花期 7~9 月，果熟期 9~10 月。

【产地分布】原产中国西北、华北、华中及西南东部。自中南欧洲经阿富汗，向东一直分布到朝鲜和日本。世界各地广泛栽培。

【生长习性】喜温暖、阳光充足环境。适应性强，耐阴、耐旱、较耐寒。宜肥沃疏松、排水良好的土壤。

【繁殖方法】分株、播种繁殖。

【园林用途】气味独特，常作芳香油及蜜源植物栽培，多用于芳香植物园，也可种植于花坛、花境。

罗勒（九层塔、金不换）

Ocimum basilicum L.
唇形科，罗勒属

【形态特征】一年生草本，株高 20~80 cm。茎直立，钝四棱形，多分枝。叶对生，卵圆形至卵圆状长圆形。总状花序顶生，被微柔毛，由多数具 6 花交互对生的轮伞花序组成，下部的轮伞花序远离，上部轮伞花序彼此靠近；花冠淡紫色，或上唇白色下唇紫红色，伸出花萼。坚果卵球形，黑褐色。花期 7~9 月，果期 9~12 月。

【产地分布】原产印度及热带亚洲。现世界各地广泛栽培。

【生长习性】喜温暖湿润环境。不耐寒，耐旱，不耐涝。宜排水良好的砂质壤土。

【繁殖方法】扦插、播种繁殖。

【园林用途】株型小巧，叶色翠绿，芳香四溢，可用于芳香植物专类园，也可盆栽观赏。

牛至

Origanum vulgare L.
唇形科，牛至属

【形态特征】多年生草本或半灌木，株高 25~60 cm。根茎偏斜，稍木质；茎直立或近基部伏地，四棱形，具短柔毛。叶片卵圆形或长圆状卵圆形，被柔毛。穗状花序长圆柱形，花冠紫红色、淡红色至白色，管状钟形，上唇卵形，2 浅裂，下唇裂片长圆状卵形，花期 7~9 月，果期 10~12 月。

【产地分布】原产中国西部、华南、华中和华东地区。欧、亚两洲及北非也有分布。

【生长习性】喜温暖湿润、阳光充足气候，适应性较强。不择土壤，宜土层深厚、疏松肥沃、排水良好的砂质壤土栽培。

【繁殖方法】分株、播种繁殖。

【园林用途】生长旺盛，花色淡雅，花香怡人，可做园林地被或植于花境。

常见栽培品种如下。

'金叶'牛至（'Aureum'）：株高 15~30 cm，叶色金黄。

'花叶'牛至（'Variegata'）：株高 25~30 cm，叶片边缘奶白色。

'金叶'牛至　'花叶'牛至

肾茶（猫须草、牙努秒、猫须公）

Orthosiphon aristatus (Blume) Miq.
唇形科，鸡脚参属

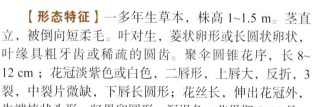

【形态特征】一多年生草本，株高 1~1.5 m。茎直立，被倒向短柔毛。叶对生，菱状卵形或长圆状卵状，叶缘具粗牙齿或稀疏的圆齿。聚伞圆锥花序，长 8~12 cm；花冠淡紫色或白色，二唇形，上唇大，反折，3 裂，中裂片微缺，下唇长圆形；花丝长，伸出花冠外，先端棒状头形。坚果卵圆形，深褐色。花果期 5~11 月。

【产地分布】原产中国广东、广西、云南、海南、福建、台湾。自印度、缅甸、泰国，经印度尼西亚、菲律宾至澳大利亚及邻近岛屿均有分布。中国华南地区常见栽培。

【生长习性】喜温暖、湿润环境。较耐阴。对土壤要求不严，宜肥沃疏松、排水良好的砂质壤土。

【繁殖方法】扦插、分株繁殖。

【园林用途】花色清新淡雅，花形奇特，花蕊似猫须，可与其他植物搭配应用于花境，也可作盆栽观赏。

常见栽培品种如下。

'花叶'猫须草（'Variegata'）：叶片具浅色斑纹。

'花叶'猫须草

紫苏（聋耳麻、香荽）

Perilla frutescens (L.) Britton
唇形科，紫苏属

【形态特征】一年生草本，株高 0.3~2 m。茎绿色或紫色，钝四棱形，密被长柔毛。叶阔卵形或圆形，具粗锯齿，两面绿色或紫色，或仅下面紫色，上面被疏柔毛，下面被贴生柔毛。轮伞总状花序，密被长柔毛，每轮有花 2 朵；花冠白色至紫红色，稍被微柔毛。坚果近球形，灰褐色。花期 8~11 月，果期 8~12 月。

【产地分布】原产喜马拉雅山脉和东南亚。中国各地广泛栽培。

【生长习性】喜温暖湿润、阳光充足环境。耐阴，不耐寒。对土壤要求不严。

【繁殖方法】播种繁殖。

【园林用途】叶色艳丽，香味浓郁，叶子可供食用、药用和香料用，在园林中可群植用于布置花境、花坛，也可盆栽观赏。

假龙头花（随意草、芝麻花）

Physostegia virginiana Benth.
唇形科，假龙头花属

【形态特征】多年生草本，株高60~120 cm。茎直立，四棱形。单叶对生，披针形，边缘有锯齿，质地粗糙。穗状花序顶生，长20~30 cm，小花密集，每轮有花2朵，花序自下往上逐渐绽开；因小花推向一边，不会复位，故名"随意草"；又因其花朵排列在花序上酷似稠密的芝麻，故名"芝麻花"；花冠唇形，花淡紫红色，有白色、粉色、深桃红色、红色、玫红色、雪青色、紫红色及斑叶品种。花期7~9月。

【产地分布】原产北美洲。中国各地广泛栽培。

【生长习性】喜阳光充足、温暖环境。适应性强，较耐寒、耐旱。宜疏松、肥沃和排水良好的砂质壤土。

【繁殖方法】分株、扦插、播种繁殖。

【园林用途】株型挺拔，叶秀花雅，造型别致，盛开的花序迎风摇曳，非常适合用于花境的背景材料，或在野趣园中成片种植，也可作盆栽或切花。

常见栽培品种如下。

'水晶峰'（'Crystal Peak'）：株高约40 cm，无须低温春化，播种当年即可开花，花白色。

'雪冠'（'Crown of Snow'）：株高约90 cm，花白色。

'夏雪'（'Summer Snow'）：株高30~90 cm，花白色。

'花球'（'Variegata'）：株高60~90 cm，浅绿色叶片边缘为奶白色，花为粉红色或紫红色。

'活泼'（'Vivid'）：株高60~90 cm，花、深粉红色。

'水晶峰'

'夏雪'　　'花球'

'活泼'

银叶马刺花（银叶香茶菜）

Plectranthus argentatus S.T.Blake
唇形科，马刺花属

【形态特征】多年生草本，常作一年生栽培，株高可达1 m。茎直立，四棱形，多分枝。叶对生，卵形，叶面密被银色短柔毛，呈灰绿色。总状花序顶生，花小，花冠蓝白色。花期夏秋季。

【产地分布】原产澳大利亚东部。中国有引种栽培。

【生长习性】喜温暖湿润环境。耐半阴，耐热，耐湿，较耐旱。宜疏松肥沃、排水良好的砂质壤土。

【繁殖方法】扦插繁殖。

【园林用途】易于栽培，毛茸茸的银白色和绿色相间的叶片，富有质感，是优良的地被材料，也常作室内盆栽观赏。

常见栽培品种如下。

'银冠'（'Silver Crest'）：株高20~25 cm，株型紧凑，耐高温高湿，枝条匍匐生长，可用作吊篮。

'银盾'（'Silver Shield'）：株高60~75 cm，抗逆性强，分枝多，在花园栽植或组合盆栽均表现良好。

'银冠'

'银盾'

香妃草（烛光草）

Plectranthus glabratus (Benth.) Alston
唇形科，马刺花属

【形态特征】多年生草本，株高50~80cm，全株密被白色细茸毛。茎蔓生，多分枝。叶卵形或倒卵形，交互对生，厚革质，边缘具疏齿，叶片上具香腺，在用手抚摸等外界刺激下会散发香味。花浅紫红色或白色。生长季温度适宜即可开花，花期主要集中在春季和晚秋。

【产地分布】原产欧洲。世界各地均有栽培。

【生长习性】喜温暖湿润、阳光充足环境。耐阴，忌高温暴晒，耐干旱，惧积水。宜疏松、排水良好的砂壤土。

【繁殖方法】扦插繁殖。

【园林用途】株型玲珑可爱，叶具芳香，清新淡雅，常用作盆栽观赏，亦可植于花境。

常见栽培品种如下。

'斑叶'香妃草（'Marginatus'）：又名银边香茶菜，浅绿色叶片边缘有奶白色斑块。

'斑叶'香妃草

碰碰香

***Plectranthus hadiensis* Schweinf.**
唇形科，马刺花属

【形态特征】多年生草本，株高 10~20 cm。茎多分枝，全株被细密白茸毛。叶交互对生，肉质，卵圆形或近圆形，绿色，密被短柔毛，边缘有圆锯齿；因触碰后手上会残留令人舒适的香气，故而得名。总状花序顶生，花紫色或浅蓝色。花期早春和秋季。

【产地分布】原产欧洲和非洲。中国有引种栽培。

【生长习性】喜温暖、阳光充足环境。较耐阴，不耐寒，越冬温度需要 0 ℃ 以上；耐旱，不耐潮湿，忌长期渍水。喜疏松肥沃、排水良好的土壤。

【繁殖方法】播种、扦插繁殖。

【园林用途】植株小巧可爱，香味浓甜，适宜放在阳台、书桌，或布置芳香花园。

莫娜紫香茶菜（特丽莎香茶菜、艾氏香茶菜、紫凤凰）

***Plectranthus* L'Hér. 'Mona Lavender'**
唇形科，马刺花属

【形态特征】多年生草本，株高 30~60 cm。茎直立，四棱形，半肉质。叶对生，卵圆形，叶面深绿色，叶背紫色。轮伞花序顶生，花序长达 15 cm；花冠长筒状，紫色具斑点。生长季温度适宜即可开花，花期主要集中在春季和晚秋。

【产地分布】园艺品种，由 *P. saccatus* 与 *P. hilliardiae* 杂交而来，原种产南非。中国各地有引种栽培。

【生长习性】喜温暖湿润、阳光充足环境。耐阴，忌高温，较耐水湿。宜富含腐殖质、排水良好的壤土。

【繁殖方法】扦插繁殖。

【园林用途】株型紧凑，花色优雅，叶具芳香，常用于室内盆栽观赏或吊盆观赏，华南地区可作一年生栽培用于花坛、花境。

如意蔓（瑞典常春藤、澳洲香茶菜、吸毒草）

Plectranthus verticillatus Druce

唇形科，马刺花属

【形态特征】多年生草本，株高30~50 cm。茎匍匐，紫褐色，四棱形，被有黄橙色软茸毛。单叶对生，心形，边缘具粗圆齿。总状花序顶生，花小，白色至淡紫色，上唇镶嵌有淡紫色斑点或斑块。生长季温度适宜即可开花，花期主要集中在春季和晚秋。

【产地分布】原产非洲东南部。世界各地广为栽培。

【生长习性】喜温暖湿润、阳光充足环境。耐半阴，耐热，耐旱，不耐寒，冬季气温低于10℃即停止生长。宜疏松肥沃、排水良好的砂质壤土。

【繁殖方法】扦插繁殖。

【园林用途】枝叶悬垂，叶色美丽，是悬挂装饰的优良材料，常作盆栽或吊盆观赏。

大花夏枯草

Prunella grandiflora (L.) Turra

唇形科，夏枯草属

【形态特征】多年生草本，株高15~60 cm。茎直立，钝四棱形，具柔毛状硬毛。叶对生，卵状长圆形，花序下方的一对叶长圆状披针形，无柄。轮伞花序密集，组成长圆形顶生花序，每一轮伞花序下承以宽大心形苞片；花冠二唇形，上唇长圆形，向下弯曲，下唇宽大，3裂，有蓝色、紫色、粉色、白花等品种。坚果近圆形。花期6~8月。

【产地分布】原产欧洲经巴尔干半岛及西亚至亚洲中部。中国有引种栽培。

【生长习性】喜阳光充足、温暖环境，较耐阴。耐寒，耐旱。宜疏松肥沃、排水良好的砂壤土。

【繁殖方法】分株、扦插、播种繁殖。

【园林用途】株型低矮，生长缓慢，是优良的地被植物，也常用于岩石园或布置花境。

迷迭香

Rosmarinus officinalis L.
唇形科，迷迭香属

【形态特征】多年生草本至亚灌木，株高 1~2 m。茎及老枝圆柱形，幼枝四棱形，密被白色星状细茸毛。叶对生，革质，线形，向背面卷曲，上面具光泽，下面密被白色的星状茸毛。花聚集在短枝的顶端组成总状花序，对生，蓝紫色。花期 9~11 月。

【产地分布】原产欧洲及北非地中海沿岸，在欧洲南部主要作为经济作物栽培。中国各地区广泛栽培。

【生长习性】喜温暖、阳光充足环境。较耐旱。宜富含腐殖质、排水良好的砂质土壤。

【繁殖方法】播种、扦插繁殖。

【园林用途】株型紧凑，覆盖性强，花色淡雅，全株皆具芳香，常用于布置花境或芳香植物专类园。

常见栽培品种如下。

'匍匐'迷迭香（'Prostratus'）：株高达 60 cm，枝条匍匐生长，花淡紫色。

'匍匐'迷迭香

友谊鼠尾草（紫鸟鼠尾草）

Salvia 'Amistad'
唇形科，鼠尾草属

【形态特征】多年生草本，株高 80~100 cm。茎直立，多分枝。叶对生，卵圆形，翠绿色，边缘具锯齿，叶脉明显；叶具芳香。轮伞花序呈穗状排列，花序修长，花萼钟状，紫黑色，花冠唇形，蓝紫色至紫红色，与深蓝鼠尾草花形相似。花期初夏至秋季。

【产地分布】园艺杂交品种，由深蓝鼠尾草（*S. guaranitica*）和格斯纳鼠尾草（*S. gesneriiflora*）杂交而来。中国有引种栽培。

【生长习性】喜温暖湿润、阳光充足环境。耐半阴，耐旱，不耐寒。不择土壤，宜富含腐殖质、排水良好的砂质土壤。

【繁殖方法】分株、扦插繁殖。

【园林用途】株型挺拔，花序修长，花期长，适应性强，是夏季优良的花境、花坛材料，亦可盆栽观赏。

加那利鼠尾草

Salvia canariensis L.
唇形科，鼠尾草属

【形态特征】多年生草本至亚灌木，常作一年生栽培，株高 1.8~2.4 m。茎直立，四棱形，全株密被白色茸毛。叶对生，银白色，具芳香。轮伞花序 4 至多数，顶生排列成圆锥状；花萼筒状钟形，紫色；花冠二唇形，紫罗兰色。花期 4~8 月。

【产地分布】原产加那利群岛。中国有引种栽培。

【生长习性】喜温暖湿润、阳光充足环境。较耐寒，耐热，耐旱。宜疏松肥沃、排水良好的砂壤土。

【繁殖方法】分株、播种繁殖。

【园林用途】株型紧凑，开花期长，常用于布置花境，也可盆栽观赏。

常见栽培品种如下。

'冰刃'（'Lancelot'）：株高 90~110 cm，叶片银白色，箭形或戟形，密被茸毛。

'冰刃'

凤梨鼠尾草

Salvia elegans Vahl
唇形科，鼠尾草属

【形态特征】多年生草本，株高可达 1 m。茎直立，四棱形。叶对生，卵圆形，亮绿色，被柔毛，因叶片具凤梨香味而得名。轮伞花序组成穗状，顶生，花冠筒细长，花冠红色。花期 6~10 月。

【产地分布】原产墨西哥和危地马拉。中国华南地区广为栽培。

【生长习性】喜温暖湿润、阳光充足环境。耐半阴，较耐旱，不耐涝，耐瘠薄，不耐寒。喜富含腐殖质、排水良好的土壤。

【繁殖方法】扦插繁殖。

【园林用途】株丛紧凑，花色艳丽，叶具凤梨香味，可用于花境，或作盆栽观赏。

朱唇（红花鼠尾草）
Salvia coccinea Buc'hoz ex Etl.
唇形科，鼠尾草属

【形态特征】多年生草本至亚灌木，常作一年生栽培，株高60～90 cm，全株被毛。茎直立，四棱形，多分枝。叶片卵圆形或三角状卵圆形，边缘有锯齿。轮伞花序顶生，长约30 cm，每轮4至多花，疏离；花冠二唇形，下唇比上唇宽且长，深裂成2齿；花色多样，有鲜红、白、粉、鲑红和复色等。花期4～7月，果期7～9月。

【产地分布】原产美洲。中国各地广泛栽培。

【生长习性】喜温暖湿润、阳光充足环境。耐半阴，耐热，耐旱。宜疏松肥沃、排水良好的砂壤土。

【繁殖方法】播种、分株繁殖。

【园林用途】株型紧凑，花色丰富，花量大，花期早，常用于布置花境，也可盆栽观赏。

常见栽培品种如下。

'蜂鸟'（'Hummingbird'）系列：株高约60 cm，分枝多，花期长，花色亮丽，包括'Snow Nymph'（花冠白色）、'Coral Nymph'（花冠复色）、'Lady in Red'（花冠绯红色）和'Forest Fire'（花冠火红色）等品种。

'夏之宝石'（'Summer Jewel'）系列：株高可达90 cm，分枝性强，开花早，花有鲜红色、白色、淡紫色和粉色。

'蜂鸟'系列

'蜂鸟'系列

'夏之宝石'系列

蓝花鼠尾草（一串蓝、粉萼鼠尾草）

Salvia farinacea Benth
唇形科，鼠尾草属

【形态特征】多年生草本，常作一年生栽培，株高 60~90 cm。茎直立，四棱形，分枝较多。叶对生，基部叶长椭圆形，上部叶披针形。轮伞花序组成顶生假总状花序；花冠二唇形，上唇小，下唇大，有蓝色、紫蓝色、白色和复色等，具有强烈芳香。花期 4~10 月。

【产地分布】原产得克萨斯至墨西哥。中国各地有栽培。

【生长习性】喜温暖湿润、阳光充足环境。较耐热，不耐寒，生长适温 15~28 ℃，耐瘠薄。宜疏松肥沃、排水良好的砂质壤土。

【繁殖方法】扦插、分株、播种繁殖。

【园林用途】生长势强，花期长，色泽典雅，可用于公园、植物园、绿地等成片种植，或用于花境与其他植物搭配种植，也可用于岩石旁、墙边、庭院点缀。

常见栽培品种如下。

'发现者'（'Evolution'）系列：株高 45~60 cm，适应性强，花白色或紫色。

'艳后'（'Fairy Queen'）：株高 45~60 cm，分枝性好，花宝蓝色，下唇具白斑。

'萨丽芳'（'Sallyfun'）系列：株高 40~60 cm，开花早，有蓝色、深海蓝、天蓝、纯白等花色。

'维多利亚'（'Victoria'）系列：株高 45~60 cm，分枝密集，花白色或紫蓝色。

'萨丽芳'系列

'艳后'

'发现者'系列

'发现者'系列

'维多利亚'系列

樱桃鼠尾草

Salvia greggii A.Gray

唇形科，鼠尾草属

【形态特征】多年生草本至亚灌木，株高 60~90 cm。茎直立，四棱形，上部分枝。叶对生，披针形、椭圆形或卵形，具淡淡的樱桃香味。轮伞花序顶生，每轮 2 花；花萼钟状，宿存；花冠二唇形，上唇直立或斜上，下唇宽大而下垂，有蓝紫、深红、粉、白等色。花期春至秋季。

【产地分布】原产美国得克萨斯州至墨西哥。我国有引种栽培。

【生长习性】喜温暖湿润、阳光充足环境。耐旱，耐热、耐湿，不耐寒。喜疏松、排水良好土壤。

【繁殖方法】扦插繁殖。

【园林用途】株型直立，花朵小巧，色彩鲜艳，可用于布置花境、花坛，或作盆栽观赏。

瓜拉尼鼠尾草（深蓝鼠尾草）

Salvia guaranitica A.St.-Hil. ex Benth.

唇形科，鼠尾草属

【形态特征】多年生草本，常作一、二年生栽培，株高 80~150 cm。茎直立，多分枝。叶对生，卵圆形至近棱形，全缘或具钝锯齿，叶表有凹凸状织纹；含挥发油，具强烈芳香。轮伞花序呈穗状排列，花序修长，比其他鼠尾草花大，花萼绿色，花冠深蓝紫色。花期 6~10 月。

【产地分布】原产南美洲。中国各地广泛栽培。

【生长习性】喜温暖湿润、阳光充足环境。耐旱，不耐寒，不耐涝。适应性强，不择土壤，宜富含腐殖质、排水良好的砂质土壤。

【繁殖方法】分株、扦插、播种繁殖。

【园林用途】株型高大挺拔，叶有浓郁的香味，开深蓝紫色花，十分引人瞩目，是夏季优良的花境材料。

常见栽培品种如下。

'黑与蓝'（'Black and Blue'）：又名蓝鸟鼠尾草，花萼蓝黑色，花冠深蓝色。

'阿根廷的天空'（'Argentine Skies'）：又名青鸟鼠尾草，花萼绿色，花冠浅紫色。

'情人'（'Amante'）：花萼暗紫红色，花冠玫瑰红色。

'黑与蓝'

'阿根廷的天空'

'情人'

烈焰红唇鼠尾草

Salvia × jamensis J.Compton 'Hot Lips'
唇形科，鼠尾草属

【形态特征】多年生草本至亚灌木，株高60~90 cm。茎直立，四棱形，基部分枝。叶对生，卵圆形，被柔毛，叶脉明显，具芳香。轮伞花序顶生，每轮2花；花冠初夏呈红色，夏季中期变成鲜红色与纯白色相间的双色花，然后慢慢变为白色。花期6~10月。

【产地分布】园艺杂交品种，由樱桃鼠尾草（*S. greggii*）与小叶鼠尾草（*S. microphylla*）杂交而来。中国有引种栽培。

【生长习性】喜温暖湿润、阳光充足环境。耐旱，耐热，耐半阴，不耐寒。喜肥，在富含腐殖质、排水良好的土壤中生长良好。

【繁殖方法】扦插繁殖。

【园林用途】花色鲜艳，红白相间，灵动可爱，可用于布置花境、花坛，或作盆栽观赏。

蓝霸鼠尾草

Salvia longispicata × farinacea 'Big Blue'
唇形科，鼠尾草属

【形态特征】多年生草本，常作一年生栽培，株高60~90 cm。茎直立，丛生，四棱形。叶对生，卵圆形，深蓝绿色，叶缘有锯齿，叶具花香。轮伞花序呈穗状排列，顶生；花深蓝紫色。花期春至秋季。

【产地分布】园艺杂交品种，由长穗鼠尾草（*S. longispicata*）与蓝花鼠尾草（*S. farinacea*）杂交而成。中国华南地区常见栽培。

【生长习性】喜温暖湿润、阳光充足环境。性强健，耐半阴，耐夏季高温高湿，耐干旱。不择土壤，喜富含石灰质、排水良好的中性或微碱性土壤。

【繁殖方法】播种、扦插繁殖。

【园林用途】株型紧凑，抗性强，条件合适可持续不断开花，是夏季优良的花坛和花境材料，也可盆栽观赏。

其他常见栽培品种如下。

'靛蓝'（'Indigo Inspires'）：株高90~120 cm，花序长40~60 cm，花靛蓝色。

'大炫蓝'（'Mystic Spires'）：株高45~75 cm，叶片长卵圆形，花蓝紫色，花序比蓝霸鼠尾草更长。

'炫蓝'（'Mysty'）：株高30~45 cm，花蓝色。

'靛蓝'

'大炫蓝'

'炫蓝'

墨西哥鼠尾草（紫绒鼠尾草）

Salvia leucantha Cav.
唇形科，鼠尾草属

【形态特征】多年生草本，株高 60~150 cm。茎直立，多分枝，基部稍木质化，全株被柔毛。叶对生，卵状披针形，灰绿色，叶面皱，叶缘具浅齿，略有香气。轮伞花序呈总状，长 20~40 cm，小花 2~6 朵；花萼钟状，宿存；花冠唇形，蓝色、紫色或白色。花期 8~10 月。

【产地分布】原产墨西哥中部及东部。中国多地有栽培。

【生长习性】喜温暖湿润、阳光充足环境。耐半阴，耐旱，不耐寒，生长适温 18~26℃。宜疏松肥沃、排水良好的土壤。

【繁殖方法】扦插、分株、播种繁殖。

【园林用途】花叶俱美，花期长，生长强健，株型紧凑，适于花境、花坛、岩石园或盆栽观赏，也是优良切花和干花。

常见栽培品种如下。

'丹尼尔的梦想'（'Danielle's Dream'）：株高 1.2~1.5 m，花萼白色，花冠粉色。

'午夜'（'Midnight'）：株高可达 1.2 m，花萼与花冠均为深紫色。

'圣塔芭芭拉'（'Santa Barbara'）：株高 60~90 cm，分枝多，花萼紫色，花冠紫色略带薰衣草玫瑰色。

'白色顽皮'（'White Mischief'）：花萼与花冠均为白色。

'丹尼尔的梦想'

'午夜'

'圣塔芭芭拉'

'白色顽皮'

马德拉鼠尾草（黄花鼠尾草、连翘鼠尾草）

Salvia madrensis Seem.
唇形科，鼠尾草属

【形态特征】多年生草本至亚灌木，株高可达2.4 m。茎直立，红褐色，四棱形，棱上有脊。叶对生，心形，灰绿色，中脉明显；叶柄长，略带淡红褐色。轮伞花序6至多数，疏离，排列成穗状，花序长可达30 cm；花萼筒状钟形，黄绿色；花冠二唇形，上、下唇近等长，金黄色。花期秋冬季，华南地区可持续开花到翌年春季。

【产地分布】原产墨西哥。中国有引种栽培。

【生长习性】喜温暖湿润、阳光充足环境。耐热，不耐寒。宜疏松肥沃、排水良好的土壤。

【繁殖方法】扦插繁殖。

【园林用途】株丛紧凑，花色为鼠尾草属植物中罕见的金黄色，新颖奇特，可群植、丛植于花境，也是优良的切花材料。

林荫鼠尾草（林地鼠尾草）

Salvia nemorosa L.
唇形科，鼠尾草属

【形态特征】多年生草本至亚灌木，株高45~90 cm。茎直立，丛生，分枝多，密被柔毛。叶对生，长卵状披针形至椭圆形，叶面皱，叶缘有锯齿，带香味。轮伞花序密集呈穗状排列，顶生；花冠二唇形，略等长，下唇反折，蓝紫色或淡紫色。花期5~9月。

【产地分布】原产中亚西部和欧洲。中国有引种栽培。

【生长习性】喜阳光充足环境。耐半阴。耐旱，忌高温高湿，喜疏松肥沃、排水性良好的砂壤土。

【繁殖方法】播种或扦插繁殖。

【园林用途】株型高大，叶具香味，花序直立，花朵密集，观赏期长，适应性强，可植于花境、花坛等。

常见栽培品种如下。

'卡拉多纳'（'Caradonna'）：株高45~60 cm，茎深紫色，花蓝紫色，春末夏初开花。

'新篇章'（'New Dimension'）系列：株高20~25 cm，株型紧凑，花玫红色或蓝色，播种当年即可开花。

'新景象'（'Salvatore'）系列：株高25~30 cm，分枝性极佳，长势比'新篇章'系列更旺盛。

'卡拉多纳'

'新篇章'系列

'新景象'系列

药用鼠尾草

Salvia officinalis L.
唇形科，鼠尾草属

【形态特征】多年生草本，株高 30~60 cm。茎直立，四棱形，基部木质，被白色短茸毛。叶片长圆形或卵圆形，被白色短茸毛，两面具细皱。轮伞花序 2~18 花，组成长 4~18 cm 的总状花序，顶生；花萼钟形，多少带紫色；花冠紫色或蓝色。坚果近球形，暗褐色。花期 4~6 月。

【产地分布】原产欧洲。中国有栽培。

【生长习性】喜温暖湿润、阳光充足环境。耐干旱，不耐涝。不择土壤，宜富含石灰质、排水良好的砂质壤土。

【繁殖方法】播种、扦插繁殖。

【园林用途】花色淡雅，全株具芳香，可用于花境、芳香植物园，或作盆栽观赏。

常见栽培品种如下。

'黄金'鼠尾草（'Aurea'）：叶边缘金黄色。

'巴格旦'鼠尾草（'Berggarten'）：叶片大，灰绿色。

'三色'鼠尾草（'Tricolor'）：叶片有 3 种颜色，主要为银绿色，边缘呈乳白色，中心带有紫色。

'黄金'鼠尾草　'巴格旦'鼠尾草　'三色'鼠尾草

龙胆鼠尾草（长蕊鼠尾草）

Salvia patens Cav.
唇形科，鼠尾草属

'蓝色海洋'

'露台'系列　'剑桥蓝'

【形态特征】多年生草本，地下具块根，株高 30~90 cm。茎直立，四棱形，多分枝。叶对生，卵形至三角形，长可达 20 cm，被柔毛。轮伞花序顶生，每轮 2 花；花冠二唇形，天蓝色或深蓝色，似龙胆花色。花期 6~10 月。

【产地分布】原产墨西哥。中国有引种栽培。

【生长习性】喜温暖湿润、阳光充足环境。较耐旱，耐半阴，不耐寒。喜富含腐殖质、排水良好的土壤。

【繁殖方法】播种、扦插、块根繁殖。

【园林用途】栽培简单，分枝性强，花色清新优雅，花期长，可用于布置花境、花坛或盆栽观赏，也是优良的切花材料。

常见栽培品种如下。

'蓝色海洋'（'Oceana Blue'）：无性系品种，分枝性极强，花蓝色。

'露台'（'Patio'）系列：株高 30~40 cm，播种当年即可开花，花量大，可耐零下 12℃低温。

'剑桥蓝'（'Cambridge Blue'）：株高 40~60 cm，花萼绿色，花冠冰蓝色。

菲利斯鼠尾草

Salvia 'Phyllis Fancy'
唇形科，鼠尾草属

【形态特征】多年生草本至亚灌木，株高 1.2~1.5 m。茎直立，四棱形，多分枝。叶对生，卵状披针形，具明显网脉，叶缘具细齿。轮伞花序具花 8 朵左右，组成顶生总状花序，长达 30 cm 以上；花梗深紫色；花萼钟状，蓝紫色，有时略带绿色；花冠唇形，白色，密被茸毛，上唇先端略带淡紫色。花期 5~11 月。

【产地分布】园艺杂交品种，亲本可能为墨西哥鼠尾草（*S. leucantha*）和绒盔鼠尾草（*S. chiapensis*）。中国华南地区有栽培。

【生长习性】喜温暖湿润、阳光充足环境。耐半阴，耐热，不耐寒。宜富含腐殖质、排水良好的壤土。

【繁殖方法】扦插繁殖。

【园林用途】生长强健，株型紧凑，花期长，适用于花境中后层。

天蓝鼠尾草

Salvia uliginosa Benth.
唇形科，鼠尾草属

【形态特征】多年生草本至亚灌木，具根状茎，株高 90~150 cm。茎四棱形，较柔软，多分枝。叶对生，狭长披针形，边缘具锯齿。轮伞花序顶生，呈穗状排列。花萼绿色，密被黑色腺点；花冠筒短，白色；花冠二唇形，下唇为独特的天蓝色，喉部具白色直线纹。花果期 6~10 月。

【产地分布】原产南美。中国南方广泛栽培。

【生长习性】喜温暖湿润、阳光充足环境。耐干旱，不耐涝；耐瘠薄。不择土壤，喜富含腐殖质、排水良好的土壤。

【繁殖方法】分株、压条、扦插繁殖。

【园林用途】适应性强，花姿优雅，色彩明快，花期极长，是优良的花境材料，也可做切花。

常见栽培品种如下。

'非洲天空'（'African Skies'）：株高 100~150 cm，花天蓝色。

'蓝色气球'（'Ballon Azul'）：株高可达 100 cm，花淡蓝色。

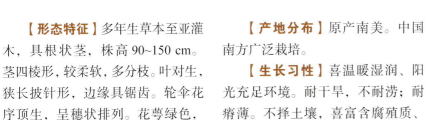
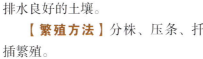

'非洲天空'

'蓝色气球'

超级一串红

Salvia 'Salmia'
唇形科，鼠尾草属

【形态特征】多年生草本至亚灌木，株高 0.5~1 m。茎直立，具 4 棱，紫红色。叶对生，深绿色，具芳香。轮伞花序 2~6 花，组成顶生总状花序，长达 20 cm 以上；花冠二唇形，冠筒伸出花萼外，上唇直伸，略内弯，先端微缺，下唇比上唇略短，3 裂，花色有橙色、深紫色、粉红色等；花萼钟形，先端常与花冠颜色相近，花后宿存。花期春至秋季。

【产地分布】园艺杂交种，亲本不详。中国华南地区广为栽培。

【生长习性】喜温暖湿润、阳光充足环境。耐半阴，极耐热，不耐寒，怕积水。宜富含腐殖质、排水良好的砂质壤土，对碱性土壤反应敏感。

【繁殖方法】扦插繁殖。

【园林用途】株型紧凑，分枝性强，花朵繁密，色彩艳丽，观赏期长，常用作花丛的主体材料，也可植于园林花境或盆栽观赏。

一串红（爆仗红、象牙红、墙下红、撒尔维亚）

Salvia splendens Sellow ex Nees

唇形科，鼠尾草属

【形态特征】多年生草本至亚灌木，常作一年生栽培，株高20~80 cm。茎直立，具4棱。叶对生，卵形至心形，边缘具锯齿。轮伞花序2~6花，组成顶生总状花序，长达20 cm或以上；苞片卵圆形，红色；花萼钟形，鲜红色，花后宿存；花冠唇形筒状伸出萼外，有红色、紫色、粉色、紫红、白色等，上唇直伸，略内弯，先端微缺，下唇比上唇短，3裂。坚果椭圆形，暗褐色；种子黑色。花期7~10月。

【产地分布】原产巴西。世界各地广为栽培。

【生长习性】喜温暖、阳光充足环境。耐半阴，不耐寒，忌霜雪，怕积水和碱性土壤。宜疏松、肥沃、排水良好的砂质壤土。

【繁殖方法】播种、扦插繁殖。

【园林用途】花朵繁密，色彩艳丽，观赏期长，常用作花坛、花丛的主体材料，也可盆栽、植于园林花境或自然式纯植于林缘。

一串红依高矮可分为矮性（20~30 cm）、中性（35~40 cm）和高性（65~75 cm）品种。常见栽培应用的变种和品种如下。

一串白（var. *alba*）：花萼和花冠均为白色。

一串紫（var. *atropurpurea*）：花萼和花冠均为紫色。

双色一串红（var. *bicolor*）：花萼白色，花冠红色。

矮生一串红（var. *compacta*）：株型较矮，花序紧密，白色或红色。

'火焰舞者'（'Dancing Flame'）：叶片具黄斑，萼片与花冠为亮红色。

'灯塔'（'Lighthouse'）系列：株高60~70 cm，有红色和紫色。

'莎莎'（'Salsa'）系列：株高20~25 cm，有红色、紫色、白色、红白双色等。

'展望'（'Vista'）系列：株高25~30 cm，有红色、紫色、淡紫色、玫红色、鲑红色、白色、红白双色等。

一串白

一串紫

双色一串红

矮生一串红

'火焰舞者'

'灯塔'系列

'莎莎'系列

'展望'系列

超级鼠尾草（蓝色鼠尾草）

Salvia × sylvestris L.
唇形科，鼠尾草属

【形态特征】多年生草本，株高 45~60 cm。茎直立，丛生。叶对生，卵状披针形至长卵形，叶表有凹凸状织纹，具香气。轮伞花序顶生，花蓝紫色或粉紫色，颜色艳丽。种子近球形，黑色。花期 6~9 月。

【产地分布】园艺杂交种，亲本为林荫鼠尾草（*S. nemorosa*）和草地鼠尾草（*S. pratensis*）。中国各地广泛栽培。

【生长习性】喜温暖通风、光照充足环境。耐旱、耐热性强，能忍受 40 ℃的高温。宜富含腐殖质、排水良好的壤土或砂壤土。

【繁殖方法】扦插、分株、播种繁殖。

【园林用途】株型紧凑，生长旺盛，花色迷人，可用于花境、花坛，亦可用作切花。

常见栽培品种如下。

'波尔多'（'Bordeau'）系列：无性系品种，无须春化，可当年开花，具白色、天蓝色、玫红色、钢蓝色和深蓝色等品种。

'蓝山'（'Blauhügel/Blue Hill'）：株高 45~60 cm，花蓝色。

'五月夜'（'Mainacht/May Night'）：株型紧凑，高 45~60 cm，花深紫蓝色。

'玫瑰皇后'（'Rose Queen'）：株高 45~60 cm，花玫瑰红色。

'雪山'（'Schneehügel/Snow Hill'）：株高 45~60 cm，花白色。

'波尔多'系列

'蓝山'

'五月夜'

'玫瑰皇后'

'雪山'

彩苞鼠尾草

Salvia viridis L.
唇形科，鼠尾草属

'牛津蓝'

'粉色星期天'

'白天鹅'

【形态特征】一年生草本，株高 45~60 cm。茎直立，呈丛生状。叶对生，卵状长椭圆形，两面有柔毛，具香味。总状花序，上部苞片大而显著，纸质，有粉、紫、蓝、白等色，具深色网状脉，呈半透明状；花小，不明显，二唇形，上唇与苞片同色，下唇多为白色。花期春夏。

【产地分布】原产地中海地区。中国有引种栽培。

【生长习性】喜温暖湿润、阳光充足环境。不耐阴；耐寒，较耐热。宜疏松肥沃、排水良好的砂壤土或壤土。

【繁殖方法】播种繁殖。

【园林用途】抗性强，苞片颜色艳丽，富有趣味，可用于花境，也是优良的切花和干花材料。

常见栽培品种如下。

'牛津蓝'（'Oxford Blue'）：株高约 30 cm，苞片深蓝色。

'粉色星期天'（'Pink Sundae'）：株高约 60 cm，苞片粉色。

'白天鹅'（'White Swan'）：株高约 50 cm，苞片白色。

普通百里香（百里香、麝香草）

Thymus vulgaris L.
唇形科，百里香属

【形态特征】多年生草本至亚灌木，株高 15~30 cm。茎丛生，多分枝，匍匐或上升，基部多少木质化。叶轮生或对生，线形到卵形，灰绿色，被毛，叶缘通常向内翻卷，具浓香。轮伞花序顶生，紧密排列呈头状；花冠二唇形，白色、粉色或薰衣草紫色。坚果近圆形或卵圆形，压扁状。花期 5~7 月。

【产地分布】原产欧洲南部。现世界各地广泛栽培。

【生长习性】喜温暖干燥、阳光充足环境。耐旱，耐寒，不耐湿。宜疏松肥沃、排水良好的砂质或石灰质土壤。

【繁殖方法】扦插、分株、播种繁殖。

【园林用途】植株低矮，生长缓慢，叶具芳香，可片植作地被应用，也可用于岩石园、花境，或盆栽观赏。

常见栽培品种如下。

'银斑'百里香（'Argenteus'）：株高 15~30 cm，绿色叶片边缘有银色斑块，花淡紫色。

'法国窄叶'百里香（'Narrow Leaf French'）：株高约 30 cm，叶窄，花白色。

'橙香'百里香（'Orange Balsam'）：株高约 30 cm，叶窄，具柑橘芳香，花粉色。

'银斑'百里香

'法国窄叶'百里香

'橙香'百里香

猴面花

Erythranthe × hybrida (Voss) Silverside
透骨草科，沟酸浆属

【形态特征】多年生草本，常作一、二年生栽培，株高30~40 cm。茎粗壮，中空，伏地处节上生根。叶交互对生，宽卵圆形，边缘具疏锯齿。稀疏总状花序，小花成对着生；花冠唇形，上唇2裂，直立或反曲，下唇3裂，常开展；花色繁多，有红、橙、黄、紫等色，上面有各种大小不同的红、紫、褐色斑点，形如猴面。花期5~10月。

【产地分布】原产南美洲，主要由斑点猴面花（*E. guttatus*）和黄花猴面花（*E. luteus*）杂交而来。中国各地有少量栽培。

【生长习性】喜温暖湿润、阳光充足环境。不耐寒，怕高温，耐半阴，忌积水。喜肥沃疏松、排水良好的砂壤土。

【繁殖方法】播种、扦插繁殖。

【园林用途】花形奇特，花色丰富，可用于花坛、花境或成片种植，亦可盆栽。

常见栽培品种如下。

'魔法'（'Magic'）系列：株高约20 cm，花色有黄、橙、红、双色等。

'神秘者'（'Mystic'）系列：矮生品种，花色有乳黄、红、橙、玫红等。

'魔法'系列　　'神秘者'系列

风铃草

Campanula medium L.
桔梗科，风铃草属

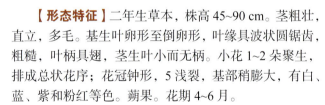

【形态特征】二年生草本，株高45~90 cm。茎粗壮，直立，多毛。基生叶卵形至倒卵形，叶缘具波状圆锯齿，粗糙，叶柄具翅，茎生叶小而无柄。小花1~2朵聚生，排成总状花序；花冠钟形，5浅裂，基部稍膨大，有白、蓝、紫和粉红等色。蒴果。花期4~6月。

【产地分布】原产南欧。中国各地有引种栽培。

【生长习性】喜冬暖夏凉、光照充足环境。不耐热，不耐寒，生长适温15~25℃。喜富含有机质、排水良好的土壤。

【繁殖方法】播种繁殖。

【园林用途】花形别致，色彩鲜艳，观赏价值高，可用于布置花坛、花境或点缀岩石园，亦可盆栽观赏；高秆品种可用作切花。

常见栽培品种如下。

'丰铃'（'Appeal'）系列：株高25~30 cm，有深蓝色、白色和粉色。

'风铃'（'Campana'）系列：株高75~90 cm，有深蓝色、白色、粉色和淡紫色，主要作切花。

'彩铃'（'Campanella'）系列：株高20~25 cm，有淡紫色、白色和粉色。

'丰铃'系列　　'风铃'系列　　'彩铃'系列

桃叶风铃草

Campanula persicifolia L.
桔梗科，风铃草属

【形态特征】多年生草本，株高60~90 cm。茎直立，光滑。基部叶丛生，呈莲座状，披针形，叶缘有细锯齿；上部叶披针形至线形，叶缘有圆齿；叶形似桃树的叶片，因而得名。总状花序顶生，花大，有淡蓝色、淡紫色和白色。花期5~7月。

【产地分布】原产欧洲、亚洲北部及西部地区。中国有引种栽培。

【生长习性】喜冬暖夏凉气候。喜光，耐半阴，夏季忌强光直射，不耐热。喜疏松肥沃、排水良好的土壤。

【繁殖方法】播种、分株、扦插繁殖。

【园林用途】株型优美，花钟状似风铃，花色明丽，适合庭院栽培，或用于布置花境，高秆品种可作切花。

常见栽培品种如下。

'塔凯恩'（'Takion'）系列：株高40~50 cm，多分枝，花大，蓝色或白色。

'塔凯恩'系列

马醉草（同瓣草）

Hippobroma longiflora (L.) G.Don
桔梗科，马醉草属

【形态特征】多年生草本，株高20~60 cm。全株具乳汁，有毒。叶互生，无柄或具短柄，纸质，倒披针形或椭圆形，边缘具大小疏密不一的锯齿。花单生叶腋，白色，具芳香，花冠管细长，5裂。蒴果密被长柔毛；种子浅棕色到红棕色。花期7~11月，果期8~12月。

【产地分布】原产牙买加。世界热带和亚热带地区广泛种植。

【生长习性】喜温暖湿润、阳光充足环境。耐半阴，耐热，不耐寒。不择土壤，宜疏松肥沃、排水良好的土壤。

【繁殖方法】播种、扦插繁殖。

【园林用途】花形奇特，花色洁白，生长强健，可用于布置花境、花坛等。

长星花（腋花同瓣草、彩星花、流星花）

Lithotoma axillaris (Lindl.) E.B.Knox

桔梗科，长星花属

【形态特征】多年生草本，常作一年生栽培，株高 15~30 cm。茎直立，全株被毛。叶互生，长披针形至长椭圆形，基部渐狭成翼柄，边缘刻缺状或具粗锯齿，常大小疏密不一，锐尖形。花单生腋出；花冠长细管状，顶端 5 裂，裂瓣平展，披针状带形，有蓝紫色、粉色和白色，因花冠裂片形似五角星，故而得名"流星花"。蒴果。花期 6~10 月，果期 6~10 月。

【产地分布】原产澳大利亚。中国华南地区有栽培。

【生长习性】喜温暖湿润、阳光充足环境。喜高温，不耐湿热，不耐寒，生长适温 22~30℃。宜疏松肥沃、排水良好的砂质土壤。

【繁殖方法】播种繁殖。

【园林用途】花姿清逸，花色素雅，花形奇特，花期长，适于花坛、花境或盆栽观赏。

六倍利（南非山梗菜）

Lobelia erinus L.

桔梗科，半边莲属

【形态特征】多年生草本，常作一年生栽培，株高 15~25 cm。茎枝半匍匐状。茎生叶下部较大，上部较小；下部叶匙形，具疏齿或全缘，上部叶披针形，近顶部叶宽线形而尖。总状花序顶生，较松散；花冠二唇形，上唇 2 裂，披针形，下部 3 裂，卵圆形，有天蓝色、紫色、粉红色、玫红色、白色等品种，花冠喉部白色或淡黄色。花期 4~6 月。

【产地分布】原产南非。中国各地常见栽培。

【生长习性】喜凉爽湿润、光照充足环境。喜光，耐半阴；耐寒，不耐热，生长适温 15~26℃；较耐水湿。喜疏松肥沃、排水良好的土壤。

【繁殖方法】播种、扦插繁殖。

【园林用途】品种多，花量大，花形奇特，小巧可爱，可用于花境、花坛、岩石园等，也可盆栽观赏。

铜锤玉带草

Lobelia nummularia Lam.
桔梗科，半边莲属

【形态特征】多年生草本。茎平卧，被开展的柔毛，不分枝或在基部有分枝，节上生根。叶互生，圆卵形、心形或卵形，边缘有疏锯齿。花单生叶腋，花冠紫红色、淡紫色、绿色或黄白色。浆果，紫红色，椭圆状球形。在华南地区可全年开花结果。

【产地分布】原产中国长江以南各地。印度、尼泊尔、缅甸至巴布亚新几内亚也有分布。

【生长习性】喜温暖阴湿环境。耐热，不耐寒。宜富含腐殖质、排水良好的砂质壤土。

【繁殖方法】扦插、播种、分株繁殖。

【园林用途】果实奇特，袖珍可爱，适合室内盆栽观赏，或在林下、花境边缘配置。

山梗菜

Lobelia sessilifolia Lamb.
桔梗科，半边莲属

【形态特征】多年生草本，高 60~120 cm。茎圆柱状，通常不分枝，无毛。叶螺旋状排列，在茎的中上部较密集，宽披针形至条状披针形，厚纸质，边缘有细锯齿，无柄。总状花序顶生，花冠蓝紫色，近二唇形，上唇 2 裂，裂片长匙形，下唇 3 裂，裂片椭圆形。蒴果倒卵形；种子棕红色。花果期 7~9 月。

【产地分布】原产中国除西部以外的大部分地区。朝鲜、日本、俄罗斯东西伯利亚和远东地区也有分布。

【生长习性】喜温暖湿润、半阴环境。耐水湿，忌酷热，忌干燥。喜富含腐殖质、排水良好的土壤。

【繁殖方法】播种繁殖。

【园林用途】株型挺拔，花色素雅，适合片植或丛植在湿润的林缘草地中，也可用于布置花境、花坛。

宿根六倍利

Lobelia × speciosa Sweet
桔梗科，半边莲属

【形态特征】多年生草本，常作一年生栽培，株高 45~60 cm。茎直立，有分枝，具乳汁。单叶互生，椭圆形至披针形，叶缘具齿，叶面绿色，通常带红色、紫色或青铜色。总状花序顶生，小花管状，有玫红、粉红、猩红、酒红和蓝等色；花冠二唇形，下唇裂片明显宽于上唇。蒴果卵圆形至球形。花期 7~9 月，果期 8~11 月。

【产地分布】园艺杂交种，由墨西哥半边莲（*L. fulgens*）、红花半边莲（*L. cardinalis*）和大蓝半边莲（*L. siphilitica*）杂交而来。中国有引种栽培。

【生长习性】喜凉爽湿润、阳光充足环境。耐水湿，耐半阴，忌酷暑及霜冻。适宜潮湿肥沃的土壤。

【繁殖方法】扦插、播种繁殖。

【园林用途】株型挺拔，花形独特，花色艳丽，花期长，适合用于花境、组合盆栽等。

常见栽培品种如下。

'星船'（'Starship'）系列：株高 50~60 cm，分枝性强，喜湿耐热，花有玫红、粉红、猩红、酒红和蓝等色。

'星船'系列

桔梗（铃铛花、僧帽花）

Platycodon grandiflorus A.DC.
桔梗科，桔梗属

【形态特征】多年生草本，株高 20~120 cm。茎直立，不分枝或极少上部分枝。叶全部轮生、部分轮生至全部互生，卵形、卵状椭圆形至披针形，叶背常有白粉，边缘具细锯齿。花单朵顶生，或数朵集成假总状花序，或有花序分枝而成圆锥花序；花冠大，漏斗状，有蓝色、紫色、粉色和白色等，单瓣或半重瓣。蒴果。花期 7~9 月。

【产地分布】原产中国各地。朝鲜、日本、俄罗斯也有分布。

【生长习性】喜凉爽湿润、阳光充足环境。耐寒，耐半阴。喜富含有机质、排水良好的微酸性壤土。

【繁殖方法】播种、扦插繁殖。

【园林用途】花色丰富，花蕾形似气球，别有趣味，宜布置花坛、花境、岩石园，或作切花。

疗喉草（夕雾草、喉管花）

***Trachelium caeruleum* L.**
桔梗科，疗喉草属

【形态特征】多年生草本，常作一年生栽培，株高 60~100 cm。茎直立，基部常木质化。单叶互生，披针形至长卵形，边缘有锯齿。伞房状圆锥花序长 10~15 cm，花萼筒细长管状，花冠有白色、绿色、紫色、蓝色和紫罗兰色等，具淡香；花小而多，使花序整体呈现一种朦胧的感觉，宛若在雾中，故而得名"夕雾草"。花期 6~9 月。

【产地分布】原产地中海地区。中国南北方均有栽培。

【生长习性】喜温暖湿润、阳光充足环境。耐半阴，耐寒。宜疏松肥沃、排水良好的微碱性土壤。

【繁殖方法】播种繁殖。

【园林用途】花色丰富，花香淡雅，适合布置花坛、花境，也是优良的切花材料。

水金莲花

***Nymphoides aurantiaca* (Dalzell) Kuntze**
睡菜科，荇菜属

【形态特征】多年生水生草本。茎伸长，节下不生根，每节常具 2 叶。叶圆形，直径约 4.5 cm，基部深心形，上面绿色，下面紫色，具腺斑。花 5 数，每节上常生 2 朵；花冠黄色，裂片楔形，先端宽，凹陷较深，边缘具睫毛。蒴果近圆球形。花期 6~8 月。

【产地分布】原产中国台湾。印度、马来半岛也有分布。

【生长习性】喜光照充足环境，常生于池塘中。耐半阴，耐水湿。

【繁殖方法】分株、播种繁殖。

【园林用途】叶形似睡莲，小巧别致，花金黄美丽，是庭院点缀水景的佳品，片植景观效果好。

水皮莲（水银莲花、水鬼莲）

Nymphoides cristata (Roxb.) Kuntze

睡菜科，荇菜属

【形态特征】多年生水生草本。茎圆柱形，不分枝，形似叶柄，顶生单叶。叶飘浮，近革质，宽卵圆形或近圆形，长3~10 cm，基部心形，全缘。花多数，簇生节上，花梗细弱，不等长，短于叶柄；花冠白色，基部黄色，分裂至近基部，裂片卵形，有一隆起的纵褶达裂片两端。蒴果近球形；种子黄色。花果期9月。

【产地分布】原产中国西南、华中、华南、华东和台湾。印度、斯里兰卡也有分布。

【生长习性】喜温暖、光照充足环境。耐半阴；怕寒冷，生长适温18~30℃，越冬温度不宜低于4℃。宜富含腐殖质的湿地及浅水区。

【繁殖方法】分株繁殖。

【园林用途】叶似睡莲，小巧别致，花白色瑰丽，是庭院点缀水景的佳品，片植景观效果好。

金银莲花（印度莕菜、印度荇菜）

Nymphoides indica (L.) Kuntze

睡菜科，荇菜属

【形态特征】多年生水生草本。茎圆柱形，不分枝，形似叶柄，顶生单叶。叶漂浮，近革质，宽卵圆形或近圆形，长3~8 cm，基部心形，全缘。花多数，簇生节上，花梗长3~5 cm，花冠白色，基部黄色，裂至近基部，裂片卵状椭圆形，腹面密被流苏状长柔毛。蒴果椭圆形，不裂；种子褐色，光滑。花果期8~10月。

【产地分布】原产中国东北、华东、华南、河北、云南等地。广布于世界的热带至温带。

【生长习性】喜温湿环境，常生于湖塘、河溪中。生长适温20~35℃，高于40℃或低于15℃时，不开花或生长停滞。

【繁殖方法】分株、扦插、播种繁殖。

【园林用途】叶似睡莲，革质光滑，白色小花星罗棋布，银光闪闪，适合于庭院水景、风景区或公园湖面成片种植。

龙潭荇菜（一叶莲）

Nymphoides lungtanensis S.P.Li, T.H.Hsieh et C.C.Lin
睡菜科，荇菜属

【形态特征】多年生水生草本。根茎可生出走茎发育成新的个体。叶单生，卵形至圆形，基部深心形，直径约12 cm；叶柄短，长约1 cm。花两性，6~10朵簇生于节上；花冠白色，喉部黄色，裂片4~5枚，长椭圆形至披针形，表面和边缘密被多细胞毛。花期夏季。

【产地分布】原产中国东南部。

【生长习性】喜光照充足环境。耐半阴，耐水湿。

【繁殖方法】分株、播种繁殖。

【园林用途】单片叶浮于水面便能生长、开花，甚是奇特，可于室内水培玩赏或用于装点水池、水族箱等。

荇菜（莕菜、水荷叶）

Nymphoides peltata (S.G.Gmel.) Kuntze
睡菜科，荇菜属

【形态特征】多年生水生草本。茎圆柱形，多分枝，密生褐色斑点。上部叶对生，下部叶互生，叶片飘浮，近革质，圆形或卵圆形，基部心形，全缘，下面紫褐色。花簇生节上，5数；花冠金黄色，裂片宽倒卵形，边缘具不整齐的细条裂齿，喉部具5束长柔毛。蒴果无柄，椭圆形。花果期4~10月。

【产地分布】原产中国绝大多数地区。俄罗斯、蒙古国、朝鲜、日本、伊朗、印度、克什米尔地区也有分布。中国各地广泛栽培。

【生长习性】喜光照充足环境。不耐阴，耐水湿，生长适温16~30℃。适生于多腐殖质的微酸性至中性的底泥和富营养的水域中。

【繁殖方法】分株、扦插、播种繁殖。

【园林用途】叶片形似睡莲，小巧别致，花美丽，花期长，是庭院点缀水景的佳品，片植景观效果好。

蓝扇花（紫扇花、仙扇花）

Scaevola aemula R.Br.

草海桐科，草海桐属

【形态特征】多年生草本，常作一年生栽培，株高25~45 cm。茎蔓生，具上升和水平匍匐茎，茎秆红褐色。叶互生，披针形至倒披针形，边缘具齿。单花腋生，扇形，有深蓝、蓝、紫、白和粉红等色，花冠两侧对称，裂片几乎相等。核果。花期全年，以夏秋季为盛。

【产地分布】原产澳大利亚。中国南方常见栽培。

【生长习性】喜凉爽湿润、阳光充足环境。耐半阴；不耐湿热、不耐寒，生长适温15~28℃，冬季温度不低于5℃；耐干旱，耐水湿。宜疏松肥沃、排水良好的土壤。

【繁殖方法】扦插、播种繁殖。

【园林用途】花冠似一把展开的紫色折扇，造型奇特，花色雅致，花期长。可盆栽悬挂装饰，也可用于布置花坛、花境，或作地被布置庭院路边等。

凤尾蓍（蕨叶蓍）

Achillea filipendulina Lam.

菊科，蓍草属

【形态特征】多年生草本，株高90~120 cm。茎具纵沟及腺点，有香味。叶互生，灰绿色，密被毛，羽状深裂，形似蕨叶。头状花序聚合成复伞房状；舌状花有白、黄、粉等色，具芳香。瘦果，淡绿色。花期6~9月，果期9~10月。

【产地分布】原产伊朗、阿富汗、高加索和中亚地区。世界各地广泛栽培。

【生长习性】喜温暖湿润、阳光充足环境。耐热，耐瘠薄，耐旱，耐盐。宜排水良好砂壤土。

【繁殖方法】分株、播种繁殖。

【园林用途】叶色灰绿，叶形美丽，花色靓丽而繁茂，常丛植于花境或点缀岩石园，亦可作切花、干花。

常见栽培品种如下。

'金盘'凤尾蓍（'Gold Plate'）：开花时高可达80 cm以上，花黄色，花期7~8月。

'金盘'凤尾蓍

蓍（千叶蓍、蚰蜒草）

Achillea millefolium L.
菊科，蓍草属

【形态特征】多年生草本，株高40~100 cm。茎直立，稍具棱，上部有分枝，全株密被白色长柔毛。叶无柄，二至三回羽状深裂为线形，似许多细小叶片，故名"千叶蓍"。头状花序多数，密集成复伞房状，具香气；舌状花1轮，有白色、黄色、深玫红色或红色等；管状花黄色。瘦果矩圆形。花期6~8月，果期8~9月。

【产地分布】原产欧亚和北美。世界各地广泛栽培。

【生长习性】喜温暖湿润、阳光充足环境。耐半阴，耐寒。喜排水良好、富含有机质及石灰质的砂壤土。

【繁殖方法】分株、扦插繁殖。

【园林用途】开花繁密、花叶俱香，可片植、群植于花境，也可用于点缀岩石园或作切花。茎叶含芳香挥发油，可作香料。

丝叶蓍（西洋蓍草）

Achillea setacea Waldst. et Kit.
菊科，蓍草属

【形态特征】多年生草本，株高30~60 cm。茎直立，全株被白色细长柔毛。叶互生，无柄，基部裂叶抱茎，条状披针形，二至三回羽状全裂，浅灰绿色。头状花序多数，在茎顶呈伞房状着生；舌状花5朵，淡黄白色，舌片半圆形或近圆形，顶端近截形或有3圆齿；管状花两性，有腺点。花果期7~8月。

【产地分布】原产中国新疆西北部。欧洲、亚洲西部、俄罗斯也有分布。中国各地广泛栽培。

【生长习性】喜温暖湿润、阳光充足环境。耐寒，耐瘠薄。对土壤要求不严，宜富含有机质和石灰质、排水良好的砂壤土。

【繁殖方法】分株、扦插繁殖。

【园林用途】株型优美，叶形奇特，可群植或片植，用于布置花境或点缀岩石园。

桂圆菊

Acmella oleracea (L.) R.K.Jansen
菊科，金纽扣属

【形态特征】一年生草本，株高 30~45 cm。茎直立，多分枝，紫红色，有明显的纵条纹。叶对生，宽卵形至三角形，边缘有锯齿，有强烈辛辣味。头状花序单生于茎枝顶端或叶腋，开花前期呈圆球形，后期伸长呈长圆柱形；无舌状花，管状花中间为深酒红色，边缘为金黄色。瘦果长圆形。花果期 4~11 月。

【产地分布】原产南美。中国有引种栽培。

【生长习性】喜温暖湿润、阳光充足的环境。耐半阴，忌干旱，不耐寒。宜疏松肥沃、排水良好的土壤。

【繁殖方法】播种、扦插繁殖。

【园林用途】花形奇特，花期长，可用于花坛、花境布置或作盆栽观赏，也是优良的切花和天然的干花材料。

藿香蓟（胜红蓟）

Ageratum conyzoides L.
菊科，藿香蓟属

【形态特征】多年生草本，常作一年生草本，株高 20~60 cm。茎粗壮，茎枝淡红色，或上部绿色，被白色柔毛。叶对生，有时上部互生，卵圆形至长圆形，两面被白色稀疏的短柔毛。头状花序在茎顶排成伞房状花序，被短柔毛，总苞钟状或半球形；花紫色、白色至粉色。瘦果黑褐色，长圆形。花果期几乎全年。

【产地分布】原产中南美洲，现世界亚热带地区均有分布。中国华南、西南和华中地区有栽培。

【生长习性】喜温暖湿润、阳光充足的环境。耐贫瘠，不耐寒，忌高温，耐修剪。对土壤要求不严，宜疏松肥沃、排水良好的砂壤土。

【繁殖方法】播种、扦插繁殖。

【园林用途】株型低矮紧凑，花色淡雅，常用来配置花境、花坛，也适宜庭院、路边、岩石旁种植点缀，矮生种亦可盆栽观赏。

熊耳草（大花藿香蓟、心叶藿香蓟、紫花藿香蓟）

Ageratum houstonianum Mill.
菊科，藿香蓟属

【形态特征】多年生草本，常作一年生草本，株高 15~75 cm。茎枝淡红色、绿色或麦秆黄色，被白色茸毛或薄绵毛。叶对生、卵形、基部心形，具茸毛，边缘有圆锯齿。头状花序璎珞状，集生在茎枝顶端，排列成伞房或复伞房状，花序梗被密柔毛或尘状柔毛；花淡紫色或蓝色，有粉色、白色或玫瑰红色等品种。瘦果黑色。花果期几乎全年。

【产地分布】原产墨西哥及毗邻地区。世界各地广泛栽培。

【生长习性】喜温暖湿润、阳光充足环境。不耐寒，忌酷热，耐旱，耐瘠薄。适应性强，耐修剪。对土壤要求不严，宜富含有机质、排水良好的土壤。

【繁殖方法】播种、扦插繁殖。

【园林用途】株丛紧密，花朵繁多、色彩淡雅，常用于布置花坛、花境，或作地被种植。

常见栽培品种如下。

'蓝色视野'（'Blue Horizon'）：三倍体品种，长势强健，分枝性好，可用于园林地栽和切花。

'高潮'（'High Tide'）系列：株高 35~40 cm，植株强健，分枝性强，花密集成球状，有蓝色和白色。

'蓝色视野'

'高潮'系列

银苞菊（翼枝菊）

Ammobium alatum R.Br.
菊科，银苞菊属

【形态特征】多年生草本，常作一年生栽培，株高 60~90 cm。茎直立，茎枝均有翼，因此得名"翼枝菊"。叶互生，基部叶狭卵形，丛生，莲座状；茎生叶披针形。头状花序单生枝顶；总苞片卵形，银白色，呈花瓣状；仅具管状花，黄色。花期 6~9 月，果期 9~10 月。

【产地分布】原产澳大利亚东部。现中国各地广泛栽培。

【生长习性】喜阳光充足、通风环境。耐旱，忌高温，不耐水湿。对土质要求不严，宜排水良好的砂壤土。

【繁殖方法】播种繁殖。

【园林用途】花朵小巧紧凑，银瓣金芯，颇具特色，适作干花或切花，亦可用于布置花境。

木茼蒿（玛格丽特菊、木春菊、法兰西菊）

Argyranthemum frutescens (L.) Sch.Bip.
菊科，木茼蒿属

【形态特征】多年生草本至亚灌木，高达80~100 cm。枝条大部木质化。叶宽卵形、椭圆形或长椭圆形，二回羽状分裂；叶柄有狭翼。头状花序多数，在枝端排成不规则的伞房花序，有黄色、白色、粉色、紫色、紫红等。瘦果。花果期2~10月。

【产地分布】原产加那利群岛。现中国各地广泛栽培。

【生长习性】喜凉爽湿润环境。忌高温，怕涝。喜肥，宜富含腐殖质、疏松肥沃、排水良好的土壤。

【繁殖方法】播种、扦插、分株繁殖。

【园林用途】花形端庄，花色多样，开花期长，具有极高的观赏价值，中国常作盆栽观赏，亦可布置于花境、花坛等。

常见栽培品种如下。

'莎莎'（'Sassy'）系列：无性系品种。株高15~40 cm，叶片银灰色，花期早，花量大，花色丰富，整个夏季持续绽放。

'莎莎'系列

马兰（马兰头、田边菊）

Aster indicus L.
菊科，紫菀属

【形态特征】多年生草本，地下有细长根状茎，株高30~70 cm。茎直立，上部有短毛。基部叶在花期枯萎，茎生叶倒披针形，叶缘具齿或有羽状裂片。头状花序单生于枝端并排列成疏伞房状；舌状花1层，浅紫色，管状花黄色。瘦果扁平倒卵状矩圆形。花期5~9月，果期8~11月。

【产地分布】原产中国。日本和西伯利亚也有分布。

【生长习性】喜阳光充足、凉爽通风环境。耐旱，耐涝。适应性强，宜疏松肥沃、排水良好的砂壤土。

【繁殖方法】播种、分株繁殖。

【园林用途】生长强健，花色淡雅，常用来点缀花境增加野趣。

紫菀（青菀、还魂草、山白菜）
Aster tataricus L.f.
菊科，紫菀属

【形态特征】多年生草本，株高 40~50 cm。茎直立，疏被粗毛。叶互生，厚纸质，表面被短糙毛，网脉明显；基生叶长圆形，具宽翅柄，在花期枯落；中部叶长圆披针形，无柄；上部叶狭小。头状花序，在茎枝端排列成复伞房状；舌状花蓝紫色；管状花黄色。瘦果倒卵状长圆形，紫褐色。花期 7~9 月，果期 8~10 月。

【产地分布】原产中国东北、华北地区。朝鲜、日本及西伯利亚东部也有分布。

【生长习性】喜凉爽湿润环境，生于海拔 400~2000 m 的阴坡湿地、山顶及沼泽地。耐涝，怕干旱，耐寒。宜疏松肥沃、排水良好的壤土。

【繁殖方法】分株、播种、扦插繁殖。

【园林用途】花朵较小，开花繁茂，花色淡雅，可用于布置花境增加野趣，也可片植、群植于庭院。

阿魏叶鬼针草（细叶菊）
Bidens ferulifolia (Jacq.) Sweet
菊科，鬼针草属

【形态特征】多年生草本，常作一年生栽培，株高 30~60 cm。茎直立，近四棱形，下部略带淡紫色。叶对生，羽状全裂。头状花序，具芳香；舌状花黄色、橙色或复色，舌片先端有 3 缺刻；管状花黄色或褐色。瘦果黑色，针形，具倒刺毛，可挂于人的衣物或动物皮毛，从而得名"鬼针草"。花期夏秋季，华南地区可全年开花，果期 9~11 月。

【产地分布】原产美国和墨西哥。中国有引种栽培。

【生长习性】喜温暖湿润、阳光充足环境。耐旱，耐热，耐风。宜疏松肥沃、排水良好的土壤。

【繁殖方法】播种、扦插繁殖。

【园林用途】株丛紧凑、开花期长，花色亮丽，可用于布置花境、花坛，也可作挂篮或盆栽观赏。

常见栽培品种如下。

'墨西哥人'（'Mexican Gold'/'Solaire'）系列：无性系品种。株高 15~30 cm，花半重瓣或单瓣，花色金黄，花期持久，不结实。

'红粉佳人'（'Pretty in Pink'）：花粉红色。

'图卡'（'Taka Tuka'）系列：花色丰富，有黄色、红色、橙色和复色等，不易褪色。

'墨西哥人'系列

'红粉佳人'

'图卡'系列

雏菊（延命菊、春菊）

Bellis perennis L.
菊科，雏菊属

【形态特征】多年生草本，常作一、二年生栽培，株高 10~20 cm。叶基部簇生，长匙形或倒卵形，基部渐狭成柄，边缘具疏钝齿或波状齿。花茎自叶丛中央抽出，头状花序单生于花茎顶，高出叶面；舌状花一轮或多轮，有白、粉、紫、红、深红等色，开展，全缘或有 2~3 齿；管状花多数，有小花全为管状花的品种。瘦果倒卵形。花期暖地 2~3 月，寒地 4~5 月。

【产地分布】原产欧洲西部、地中海沿岸、北非和西亚。中国各地均有栽培。

【生长习性】喜冷凉湿润、阳光充足环境。较耐寒，不耐热，生育适温 20~25℃。对土壤要求不严，宜疏松肥沃、排水良好的砂壤土。

【繁殖方法】播种、分株繁殖。

【园林用途】雏菊植株矮小，花形优雅别致，花色丰富，花期较长，是冬春季节布置花坛、花境、花带的重要材料，也可用于岩石园或作盆栽。

常见栽培品种如下。

'贝丽丝'（'Bellissima'）系列：株高 15~20 cm，花大重瓣，开花早，有白、红、玫红、双色等花色品种。

'星河'（'Galaxy'）：株高约 20 cm，花半重瓣，花径 3~4 cm，白色、玫红色或红色。

'拉丁舞'（'Habanera'）系列：株高 10~15 cm，花瓣长，花径达 6 cm，白色、粉色或红色。

'塔苏'（'Tasso'）系列：株高 15 cm，花重瓣，具褶皱花瓣，花径 3 cm，花色丰富。

'贝丽丝'系列

'星河'

'拉丁舞'系列

'塔苏'系列

姬小菊

Brachyscome angustifolia A.Cunn. ex DC.
菊科，鹅河菊属

【形态特征】多年生草本，株高20~40 cm。茎匍匐，易萌蘖。叶互生，羽裂。头状花序顶生，具细长梗；舌状花窄条形，有白色、紫色、粉色、玫红色等多种花色，管状花黄色。花期4~11月。

【产地分布】原产澳大利亚。现中国各地广泛栽培。

【生长习性】喜凉爽湿润、光照充足环境。耐寒，较耐旱，不耐热。对土壤适应性强，宜疏松肥沃、排水良好的土壤。

【繁殖方法】播种、扦插繁殖。

【园林用途】花期长，开花多，具有较高的观赏价值，适宜布置花坛、花境，或作盆栽。

鹅河菊（雁河菊、五色菊）

Brachyscome iberidifolia Benth.
菊科，鹅河菊属

【形态特征】一年生草本，株高30~45 cm。茎直立，多分枝。叶互生，灰绿色，羽状深裂，裂片线形或披针形。头状花序单生茎枝顶端或叶腋，具芳香；舌状花1轮，蓝色、浅紫色或白色；管状花黄色、褐色或黑色。花期春至秋季。

【产地分布】原产澳大利亚南部。中国有引种栽培。

【生长习性】喜温暖湿润、阳光充足环境。不耐寒，忌炎热。宜疏松肥沃、排水良好的土壤。

【繁殖方法】播种、扦插繁殖。

【园林用途】株型紧凑，花量大，易栽培，适用于花境、花坛、林缘，或点缀岩石园，也可盆栽或作挂篮观赏。

金盏菊（金盏花）
Calendula officinalis L.
菊科，金盏菊属

【形态特征】多年生草本，常作一、二年生栽培，株高 20~60 cm。通常自茎基部分枝，全株被毛。叶互生，长圆形至长圆状倒卵形，全缘或具不明显锯齿。头状花序单生枝端，舌状花有黄、橙、橙红、白等色，管状花檐部具三角状披针形裂片，有重瓣、卷瓣和绿色花心、深紫色花心等品种。瘦果弯曲。花期 4~9 月，果期 6~10 月。

【产地分布】原产欧洲。世界各地广为栽培。

【生长习性】喜凉爽、阳光充足环境。不耐阴，耐寒，怕酷热；耐干旱，较耐瘠薄。宜疏松肥沃、排水良好的砂质土壤。

【繁殖方法】播种繁殖。

【园林用途】植株低矮，花朵密集，花色鲜艳，开花早，花期长，是早春园林和庭院中最常见的草本花卉，可应用于花坛、花境、花台等处，也可盆栽摆放窗、阳台及广场等公共场所。

常见栽培品种如下。

'棒棒糖'（'Bon Bon'）系列：株高 25~30 cm，花径 6~7.5 cm，花色有橙、黄、杏黄等。

'海中女神'（'Calypso II'）系列：株高 10~15 cm，株型紧凑，花期早，有橙色、黄色带黑眼及橙色带黑眼等复色品种。

'塔奇'（'Touch of Red'）系列：株高约 60 cm，花径 6 cm，花色有橙、黄、杏黄等，每朵舌状花顶端呈红色。

'悠远'（'Zen'）系列：株高 15~20 cm，株型紧凑，花重瓣，花径为 7~8 cm，花橘黄或金黄色。

'棒棒糖'系列

'海中女神'系列

'塔奇'系列

'悠远'系列

翠菊（江西腊、七月菊）

Callistephus chinensis Nees
菊科，翠菊属

【形态特征】一、二年生草本，株高30~100 cm。茎直立，被白色糙毛。叶互生，广卵形至长椭圆形，边缘有不规则粗锯齿，两面被稀疏的短硬毛。头状花序单生枝顶，具长花序梗；总苞片3层，近等长，外层长椭圆状披针形或匙形，中层匙形，内层长椭圆形；舌状花1至多层，花色有纯白、雪青、粉红、紫红、蓝、黄、蓝紫等；管状花黄色。瘦果楔形，稍扁，浅黄色。春播花期7~10月，秋播花期5~6月，果期6~7月。

【产地分布】原产中国东北、华北、西南等地。现世界各地均有栽培。

【生长习性】喜凉爽湿润、光照充足环境。不耐寒，忌酷热，高温高湿易受病虫危害，因而南方暖地栽培不多。根系较浅，要求肥沃、排水良好的土壤。

【繁殖方法】播种繁殖。

【园林用途】花色艳丽，花形多变，植株高矮与开花早晚各异，观赏价值可与菊花相媲美。高生品种可作切花或花境栽植，中生品种可布置花坛或花境，矮生品种可盆栽观赏。

常见栽培品种如下。

'影迷'（'Fan'）系列：高生品种，株高60 cm，花重瓣，舌状花有深蓝、亮蓝、深玫红、白、黄、红、粉红等色，管状花为亮黄色。

'绿巨人'（'Hulk'）：株高50~60 cm，分枝多，花茎长，舌状花为绿色，管状花为黄白色，适合作切花。

'影迷'系列

'绿巨人'

矢车菊（蓝芙蓉、蓝花矢车菊）

Centaurea cyanus L.
菊科，矢车菊属

【形态特征】一、二年生草本，株高30~90 cm。茎直立，全部茎枝灰白色。叶互生，下部叶椭圆状倒披针形，边缘有小锯齿；中上部叶条状披针形。头状花序于茎枝顶端排成伞房状或圆锥状总花序；舌状花增大，蓝色、白色、红色或紫色；管状花浅蓝色或红色。瘦果椭圆形，被白色柔毛。花果期2~8月。

【产地分布】原产欧洲、俄罗斯和北美等。现中国各地广泛栽培。

【生长习性】喜冷凉湿润、阳光充足环境。耐半阴，耐旱，较耐寒，忌炎热。喜富含腐殖质、排水良好的土壤。

【繁殖方法】播种繁殖。

【园林用途】株型飘逸，花态优美，可用于花坛、盆花或花境，亦可做切花。

蓝冠菊（苹果蓟、菲律宾纽扣花）

Centratherum punctatum Cass.
菊科，蓝冠菊属

【形态特征】多年生草本，株高30~45 cm。全株被糙毛，茎直立或开展，红褐色。叶互生或簇生于茎顶，卵形或椭圆形，叶缘有粗锯齿，叶具香味。头状花序顶生，总苞宽钟形或半球形，内层总苞片5~7层；花形似纽扣；无舌状花，管状花蓝紫色，似长满刺的蓟。瘦果倒卵形。花期春至夏季。

【产地分布】原产西印度群岛及中美洲。中国华南地区有引种栽培。

【生长习性】喜温暖湿润、阳光充足环境，耐半阴，不耐寒。宜疏松肥沃、排水良好的土壤。

【繁殖方法】播种、扦插繁殖。

【园林用途】花形奇特，形似纽扣，在园林中可用于花境，也可用作地被植物。

菊花（鞠、黄花、金蕊、节华）

Chrysanthemum × morifolium (Ramat.) Hemsl.
菊科，菊属

【形态特征】多年生草本，株高30~150 cm。茎基部半木质化，被柔毛。单叶互生，卵形至广披针形，边缘有粗大锯齿或深裂。头状花序单生或数朵聚生枝顶，由舌状花和管状花组成，边缘为雌性舌状花，中心为两性管状花，品种繁多，形色各异。瘦果褐色，细小。花期9~11月。

【产地分布】原产中国。世界各地广为栽培。

【生长习性】喜温暖湿润气候。亦耐寒，严冬季节根茎能在地下越冬。喜阳光，稍耐阴；较耐旱，忌涝。喜土层深厚、富含腐殖质、轻松肥沃而排水良好的微酸性砂壤土。秋菊为短日照植物，在短日照下能提早开花，但不同品种对日照也有不同反应。

【繁殖方法】分株、扦插、嫁接、组培繁殖，亦可播种繁殖。

【园林用途】菊花是"中国十大名花"之一、"花中四君子"之一，也是"世界四大切花"之一，具有观赏、食用、药用、茶用等多种用途。园林中，菊花可用于花坛、花境或作地被应用，亦可盆栽摆放或常作专类花展布置。中国人有重阳节赏菊花、饮菊酒的习俗。

菊花品种极为丰富，全球品种多达2万个以上。

按照栽培和应用形式可分为盆栽菊、切花菊、花坛菊、地被菊、造型艺菊等。

按照开花习性可分为春菊（4~5月开花）、夏菊（6~8月开花）、早秋菊（9~10月上旬开花）、秋菊（10月中下旬~11月开花）和寒菊（12月至翌年1月开花）。

按照花序大小可分为小菊系（花序径<6 cm）、中菊系（花序径6~10 cm）、大菊系（花序径10~20 cm）和特大菊系（花序径>20 cm）。

按照花瓣形态（瓣型）可分为平瓣、匙瓣、管瓣、桂瓣和畸瓣五大类，瓣型下可进一步区分不同花型，如平瓣类有宽带型、平盘型、荷花型、芍药型等，匙瓣类有雀舌型、蜂窝型、莲座型等，管瓣类有单管型、松针型、丝发型、璎珞型等，桂瓣类有平桂型、匙桂型、管桂型等，畸瓣类有龙爪型、毛刺型和剪绒型。

黄晶菊

Coleostephus multicaulis (Desf.) Durieu
菊科，鞘冠菊属

【形态特征】二年生草本，株高 20~30 cm。茎具半匍匐性。叶互生，肉质，长条匙状，先端有疏锯齿或偶有开裂。头状花序顶生，花梗挺拔；舌状花阔椭圆形，金黄色，富有光泽，舌片平展，管状花黄色。瘦果。花期夏秋季。

【产地分布】原产非洲阿尔及利亚。现中国各地广泛栽培。

【生长习性】喜温暖湿润、阳光充足环境。耐寒，不耐高温。宜疏松肥沃、排水良好的土壤。

【繁殖方法】播种繁殖。

【园林用途】花小而繁密，色泽艳丽，适合花坛、花境或岩石园种植，也可作为镶边材料用于路边、草地边缘。

剑叶金鸡菊（大金鸡菊、线叶金鸡菊）

Coreopsis lanceolata L.
菊科，金鸡菊属

【形态特征】多年生草本，株高 30~70 cm，全株疏被白色柔毛。叶多簇生于基部或少数对生，基生叶全缘，长圆状匙形至披针形；茎生叶 3~5 裂。头状花序，单生，具长梗，舌状花黄色，舌片倒卵形或楔形，先端有缺刻；管状花黄色；有重瓣、半重瓣品种。瘦果圆形或椭圆形，具膜质翅。花期 4~10 月，果期 5~11 月。

【产地分布】原产北美。中国各地有栽培或逸为野生。

【生长习性】喜阳光充足环境。适应性极强，耐旱、耐涝、耐寒、耐热、耐瘠薄。不择土壤，宜疏松肥沃、排水良好的土壤。

【繁殖方法】播种、分株繁殖。

【园林用途】花色亮丽，开花期长，抗逆性好，适宜布置花境、花坛，也可用于点缀道路、坡地、缀花草坪或作地被植物。

大花金鸡菊（大花波斯菊）

Coreopsis grandiflora Hogg ex Sweet
菊科，金鸡菊属

【形态特征】一、二年生草本，株高 30~90 cm。茎直立，上部多分枝。叶对生，基生叶具长柄，披针形或匙形；下部叶羽状全裂，裂片线形或线状披针形；中部及上部叶 3~5 深裂。头状花序单生于枝端，具长梗；舌状花 6~10 朵，舌片宽大，先端有缺刻，黄色或复色；管状花深黄色；有重瓣、半重瓣品种。瘦果广椭圆形或近圆形，边缘具膜质宽翅。花期 4~9 月。

【产地分布】原产北美。中国各地有栽培或逸生。

【生长习性】喜阳光充足环境。适应性强，耐旱，耐寒，耐热，耐湿。不择土壤，宜疏松肥沃、排水良好的土壤。

【繁殖方法】播种、分株繁殖。

【园林用途】花色亮黄，轻盈雅致，可丛植或片植于道路、坡地或用于花境，也可作切花材料。

常见栽培品种如下。

'古堡绒球黄色'（'Castello Pompon Yellow'）：无性系品种。株型紧凑，茎秆不易折断，花重瓣，金黄色，花期早。

'朝阳'（'Early Sunrise'）：株高约 60 cm，花半重瓣，金黄色，花期长。

'太阳吻'（'Sunkiss'）：株高 30~35 cm，分枝性强，金黄色的舌状花基部具深红色的环状花斑。

 '古堡绒球黄色'

 '朝阳'

 '太阳吻'

玫红金鸡菊

Coreopsis rosea Nutt.
菊科，金鸡菊属

【形态特征】多年生草本，常作一年生栽培，株高 45~60 cm。茎直立，具匍匐根茎。叶对生，线形，全缘。头状花序多数，具长花序梗，排列成伞房或疏圆锥花序状；舌状花玫红色，单轮，舌片倒卵形，先端具齿；管状花黄色。瘦果。花期夏秋季。

【产地分布】原产北美。中国有栽培。

【生长习性】喜温暖湿润、阳光充足环境。不耐干旱，不耐热。宜疏松、排水良好的砂质土壤。

【繁殖方法】播种、分株繁殖。

【园林用途】花色鲜艳，花期长，可用于花境、花坛、岩石园，或片植作地被。常见栽培品种如下。

'美国之梦'（'American Dream'）：舌状花粉红色，管状花黄色。

'天堂之门'（'Heaven's Gate'）：舌状花中上部浅粉色，基部深红色，管状花深红色。

'甜蜜的梦'（'Sweet Dreams'）：舌状花中上部白色至浅粉色，基部深紫色，管状花深紫色。

 '美国之梦'

 '天堂之门'

 '甜蜜的梦'

两色金鸡菊（蛇目菊、天山雪菊）

Coreopsis tinctoria Nutt.
菊科，金鸡菊属

【形态特征】一、二年生草本，株高30~100 cm。茎直立，上部有分枝。叶对生，基生叶及中部叶二回羽状深裂，裂片线形或线状披针形，全缘；上部叶线形。头状花序多数，具长花序梗，排列成伞房或疏圆锥花序状；舌状花黄色，单轮，舌片倒卵形，基部褐红色，两种颜色界限十分明显，故名"两色金鸡菊"；管状花褐红色。瘦果长圆形或纺锤形。花期5~9月，果期8~10月。

【产地分布】原产北美。中国各地有栽培。

【生长习性】喜阳光充足环境。适应性强，耐干旱，耐热，不耐湿。不择土壤，宜排水良好的砂质壤土。

【繁殖方法】播种、分株繁殖。

【园林用途】花叶疏散，轻盈雅致，花色特别，可群植或片植于道路、坡地或用于花境，也可用于点缀岩石园或作切花材料。

轮叶金鸡菊

Coreopsis verticillata L.
菊科，金鸡菊属

【形态特征】多年生草本，株高75~90 cm。茎直立，株丛紧凑。叶对生，二回羽状深裂成掌状，裂片线形或线状披针形，全缘。头状花序单生或呈疏松的伞房状圆锥花序状排列，具长花序梗；舌状花与管状花都为亮黄色。瘦果长圆形或纺锤形。花期6~9月，果期8~10月。

【产地分布】原产北美。中国有引种栽培。

【生长习性】喜阳光充足环境。适应性强，耐半阴，耐干旱，耐热，耐湿，较耐盐，耐瘠薄。不择土壤，宜排水良好的黏土或砂质土壤。

【繁殖方法】分株、扦插、播种繁殖。

【园林用途】花色亮丽，观赏期长，是极好的疏林地被，在屋顶绿化中作覆盖材料效果极好，还可作花境材料或点缀岩石园。

波斯菊（秋英、大波斯菊）

Cosmos bipinnatus Cav.
菊科，秋英属

【形态特征】一年生草本，株高60~120 cm。叶对生，二回羽状全裂，裂片线形，全缘。头状花序具长总梗，顶生或腋生；舌状花花色紫红、粉红、玫红、白、黄或复色，先端有3~5钝齿；管状花黄色。瘦果黑紫色。花期7~9月，果期9~10月。

【产地分布】原产墨西哥。世界各地广泛栽培。

【生长习性】喜温暖和阳光充足环境。耐干旱、瘠薄，忌积水，不耐寒，忌酷热。宜疏松、排水良好的土壤。

【繁殖方法】播种、扦插繁殖，可自播繁衍。

【园林用途】姿态轻盈，抗逆性好，花色艳丽，开花期长，宜植于花境、路边、溪旁、林缘、山坡、草地等处；片植效果尤为壮观，是布置地被、花海的优良材料；亦可作切花。

常见栽培应用的变种和品种如下。

白花波斯菊（var. *albiflorus*）：花纯白色。

大花波斯菊（var. *grandiflorus*）：花大，有紫、红、粉、白等色。

紫花波斯菊（var. *purpureus*）：花紫红色。

'古风'（'Antiquity'）：株高50~75 cm，花径5 cm，开花早，花量大，花洒红色。

'卡萨'（'Casanova'）系列：矮生型，株高25~35 cm，株型紧凑，有白、粉红、紫红、红等色，适合做盆栽观赏。

'双击'（'Double Click'）系列：半重瓣至重瓣品种，有不同花色。

'奏鸣曲'（'Sonata'）系列：矮生型，株高约60 cm，有白、粉红、紫、粉紫、胭脂红等色。

'凡尔赛'（'Versailles'）系列：株高40~45 cm，茎秆粗壮，大花，适合花海和切花应用。

菊科

'古风'

'卡萨'系列

'双击'系列

'奏鸣曲'系列

'凡尔赛'系列

黄秋英（黄波斯菊、硫华菊、硫磺菊）

Cosmos sulphureus Cav.

菊科，秋英属

【形态特征】一年生草本，株高 60~90 cm。茎直立，多分枝。叶对生，二回羽状深裂，裂片披针形，与波斯菊相比裂片更宽，叶缘粗糙。头状花序，舌状花淡黄色、金黄色或橙黄色，管状花呈黄色至红褐色。春播花期 6~8 月，夏播花期 9~10 月。

【产地分布】原产墨西哥。中国多地有栽培。

【生长习性】喜温暖、阳光充足环境。不耐寒。对土质要求不严，宜疏松、排水良好的土壤。

【繁殖方法】播种、扦插繁殖，可自播繁衍。

【园林用途】性强健，易栽培，花大色艳，宜植于花境、路边、林缘、草坪等处，散植、片植效果均佳。常见栽培品种如下。

'宇光'（'Cosmic'）系列：株高约 30 cm，耐热性强，花量大，花期长，花半重瓣，有黄、橙、红三种花色。

'瓢虫'（'Ladybird'）系列：株高 20~30 cm，花期早，半重瓣，有猩红、橙、黄三种花色。

'宇光'系列

'瓢虫'系列

春黄菊

Cota tinctoria (L.) J.Gay

菊科，全黄菊属

【形态特征】多年生草本，株高 30~60 cm。茎直立，有条棱。叶片羽状全裂，裂片矩圆形，叶轴有锯齿。头状花序单生枝顶，具长梗；总苞半球形，苞片外层披针形，内层矩圆状条形；花金黄色。瘦果四棱形。花果期 7~10 月。

【产地分布】原产欧洲。中国各地广泛栽培。

【生长习性】喜阳光充足环境。耐寒，耐半阴，适应性强。对土壤要求不严，一般土壤均可种植。

【繁殖方法】播种、扦插繁殖。

【园林用途】枝干健壮，花色明亮，开花期长，在园林中常种植于花境。

芙蓉菊（香菊、千年艾）

Crossostephium chinense Makino

菊科，芙蓉菊属

【形态特征】多年生亚灌木，株高 10~40 cm。茎上部多分枝，全株密被灰色短柔毛。叶聚生枝顶，狭匙形或狭倒披针形，全缘或 3~5 裂。头状花序具细梗，生于枝端叶腋，排成有叶的总状花序。边花雌性，1轮，心花两性，花冠管状。瘦果矩圆形。花果期几乎全年。

【产地分布】原产中国中南及东南部。中南半岛、菲律宾、日本也有栽培。

【生长习性】喜温暖湿润、阳光充足环境。光照过强或过弱均不利生长；耐涝、较耐旱，怕炎热，较耐寒，能耐短期 -5℃ 低温。喜疏松肥沃、排水良好的中性至微酸性砂壤土。

【繁殖方法】播种、扦插、压条繁殖。

【园林用途】适应性强，株型紧凑，叶片银白似雪，可作为观叶植物盆栽观赏或制作造型盆景，也可地栽用于园林绿化。

大丽花（大丽菊、大理花、地瓜花）

Dahlia pinnata Cav.

菊科，大丽花属

【形态特征】多年生草本，有粗大的纺锤状肉质块根，株高 20~200 cm。茎中空，多分枝。叶对生，一至三回奇数羽状全裂，裂片卵形或长圆状卵形，边缘具粗钝锯齿。头状花序顶生，外缘为舌状花，颜色多样；中央为管状花，栽培品种部分或全部特化为舌状花。瘦果长椭圆形。花期 6~12 月。

【产地分布】原产墨西哥。世界各地广泛栽培。

【生长习性】喜高燥凉爽、阳光充足的环境。不耐寒，忌酷热；不耐旱，怕涝。宜疏松肥沃、排水良好，富含腐殖质的中性或微酸性砂壤土为宜。

【繁殖方法】分球、扦插、播种、组培繁殖。

【园林用途】大丽花花大色艳，花形丰富，开花期长，为世界名花之一。园林中，适宜布置花坛、花境或庭前丛植，也是重要的切花材料，矮生品种可作盆栽。

大丽花品种繁多，株高、花形、花色均变化丰富。

依株高可分为高型（1.5~2 m）、中型（1~1.5 m）、矮型（60~90 cm）和极矮型（20~40 cm，常被称作小丽花）。

依花形可分为单瓣型、领饰型、托桂型（银莲花型）、装饰型、芍药型、仙人掌型、菊花型、兰花型、睡莲型、蜂窝型、球型等。

依花色可分为红、粉、紫、白、黄、橙、堇、复色等。

非洲异果菊（蓝眼菊、非洲万寿菊、蓝目菊）

Dimorphotheca ecklonis DC.
菊科，异果菊属

【形态特征】多年生草本，常作一年生栽培，株高20~60 cm。叶互生，长卵圆，叶面幼嫩时有白色茸毛。头状花序，单生，花大，花色繁多，舌状花有黄色、红色、紫色等，管状花为蓝褐色。花期6~10月。

【产地分布】原产南非。中国各地广泛栽培。

【生长习性】喜温暖湿润、阳光充足环境。不耐寒，忌炎热。宜排水良好的土壤。

【繁殖方法】播种、扦插繁殖。

【园林用途】花色清新淡雅，花色多样，可用于花境、花带，也可丛植于山石边、墙边点缀。

常见栽培品种如下。

'艾美佳'（'Akila'）系列：株高25~36 cm，分枝性强，株型丰满，发芽率高，花色丰富。

'亚士蒂'（'Asti'）系列：株高25~40 cm，发芽率可达85%，花色丰富。

'艾美佳'系列

'亚士蒂'系列

波叶异果菊（异果菊、白兰菊、绸缎花）

Dimorphotheca sinuata DC.
菊科，异果菊属

【形态特征】一、二年生草本，株高30~35 cm。茎自基部分枝，多而披散，枝叶有腺毛。叶互生，长圆形至披针形，叶缘有深波状齿，茎上部叶小，无柄。头状花序顶生，舌状花橙黄、柠檬黄、乳白等色，基部通常紫黑色；管状花黄色，聚生成圆盘状。瘦果具两种形态。花期4~6月。

【产地分布】原产非洲南部地区。中国有引种栽培。

【生长习性】喜温暖干燥、光照充足环境。耐干旱，忌炎热，不耐寒，长江以北地区需保护越冬。宜疏松、肥沃、排水良好的砂壤土。

【繁殖方法】播种、扦插繁殖。

【园林用途】花在晴天开放，阴天和夜间闭合，花大色艳，可布置于花坛、草坪、坡地、岩石旁等处，也可作盆栽观赏。

松果菊（紫锥花）

Echinacea purpurea (L.) Moench

菊科，松果菊属

【形态特征】多年生草本，株高50~150 cm。茎直立，全株有粗毛。叶互生，卵状披针形至阔卵形，叶缘具锯齿。头状花序单生或多数聚生于枝顶；花的中心部位凸起，呈球形，似松果，球上为管状花，橙黄色；舌状花1轮，紫红色、红色、橙色、白色、粉红色等。种子浅褐色。花期6~8月。

【产地分布】原产北美。中国大部分地区有栽培。

【生长习性】喜温暖、光照充足环境。性强健，耐寒，耐旱；适生温度15~28℃。对土壤要求不严，宜深厚、肥沃、富含腐殖质的壤土。

【繁殖方法】播种、分株繁殖。

【园林用途】花大色艳、外形美观，可作为花境、花坛、坡地种植的理想材料，也可盆栽摆放于庭院、公园、街道等处，亦可作良好的切花材料。

常见栽培品种如下。

'盛情'（'Cheyenne Spirit'）系列：株高60~70 cm，花色丰富，开花持久。

'盛会'（'PowWow'）系列：株高50~60 cm，株型紧凑、分株多，花有白色和玫瑰红色。

'盛情'系列　　'盛会'系列

假蒿

Eupatorium capillifolium (Lam.) Small ex Porter et Britton

菊科，泽兰属

【形态特征】多年生草本，株高90~180 cm。地下部有根茎，萌蘖性强。茎秆直立挺拔，密被毛，棕色或褐色。叶互生，深裂成羽毛状，裂片线形，蓬松状，叶具特殊芳香。头状花序较小，顶生，排列呈圆锥状或伞房状；花绿白色，全部管状。花期夏秋季，果期秋冬季。

【产地分布】原产北美洲。中国华南地区常见栽培。

【生长习性】喜温暖湿润、阳光充足环境。耐半阴，稍耐寒，耐干旱，也耐水湿。不择土壤，宜疏松、肥沃、排水良好的土壤。

【繁殖方法】播种、分株繁殖。

【园林用途】植株直立挺拔，姿态奇特，叶片轻盈，为少有的竖线条植物，可片植，或群植于花境中。

佩兰（兰草、香草）

Eupatorium fortunei Turcz.
菊科，泽兰属

【形态特征】多年生草本，株高 40~100 cm。根茎横走，茎直立，绿色或红紫色，分枝少。中部茎叶较大，3全裂或深裂，中裂片较大，上部茎叶常不分裂，或全部茎叶不裂，中部以下茎叶渐小，基部叶花期枯萎。头状花序多数在茎顶及枝端排成复伞房花序，苞片紫红色，花白色或带微红色。全株及花揉之有香味。瘦果长椭圆形，黑褐色。花果期 7~11 月。

【产地分布】原产中国陕西、华中、华东、华南及西南的多数地区。日本、朝鲜也有分布。

【生长习性】喜温暖湿润、阳光充足环境。适应性较强，耐旱，忌积水。对土壤要求不严，喜疏松肥沃、排水良好的砂壤土。

【繁殖方法】播种繁殖。

【园林用途】植株直立挺拔，姿态奇特，叶片轻盈，为少有的竖线条植物，可片植，或布置于花境中。

梳黄菊（银叶金木菊、南非菊）

Euryops pectinatus Cass.
菊科，黄蓉菊属

【形态特征】多年生亚灌木，株高可达 1.5 m。茎直立，具分枝。叶互生，长椭圆形，羽状深裂，裂片披针形，灰绿色，被柔毛，略显银白色，边缘呈齿状。头状花序单生茎顶；舌状花 1 轮，舌片平展，顶端略平或稍凹；盘花管状，多数；舌状花及管状花均为金黄色。瘦果。花期四季，但主要集中在春季。

【产地分布】原产南非。中国各地广泛栽培。

【生长习性】喜阳光充足环境。耐半阴，耐热，耐旱，稍耐寒。宜排水良好的砂质壤土。

【繁殖方法】播种、扦插繁殖。

【园林用途】株丛紧凑，花色轻盈，花期长，植株整齐，易于栽培管理，在园林中主要应用于花境、林缘等，也可作盆栽观赏。

常见栽培品种如下。

'黄金菊'（'Viridis'）：叶片亮绿色，光滑无毛，裂片较梳黄菊略粗。

'黄金菊'

大吴风草（八角乌、活血莲、大马蹄香）

Farfugium japonicum (L.) Kitam.
菊科，大吴风草属

【形态特征】多年生草本，株高 50~70 cm。无明显主干。叶莲座状基生，肾形似马蹄，近革质，全缘或有小齿至掌状浅裂。头状花序辐射状，排列成伞房状花序；舌状花 8~12，黄色，舌片长圆形或匙状长圆形；管状花多数。瘦果圆柱形。花果期 8 月至翌年 3 月。

【产地分布】原产中国广东、广西、福建、台湾、湖南、湖北。日本也有分布。世界各地均有栽培。

【生长习性】喜湿润、半阴环境。忌干旱和夏季阳光直射。对土壤适应性较强，宜肥沃疏松、排水良好的壤土。

【繁殖方法】分株、播种繁殖。

【园林用途】姿态优美、花艳叶翠、观赏周期长，是优良的园林植物，可丛植、片植于公园绿地、居住区、道路绿地等。

常见栽培品种如下。

'白斑'大吴风草（'Argenteum'）：叶缘具不规则银色斑。

'花叶如意'（'Aureomaculatum'）：又名斑点大吴风草，叶面具金黄色斑点。

'白斑'大吴风草

'花叶如意'

蓝菊（费利菊、蓝雏菊）

Felicia amelloides (L.) Voss
菊科，蓝菊属

【形态特征】多年生常绿草本至亚灌木，常作一年生栽培，株高 30~60 cm。叶卵形，粗糙，被毛。头状花序单生于茎枝顶端，花小，似雏菊；舌状花天蓝色，平展，卵形；管状花金黄色。花期春夏。

【产地分布】原产南非。中国南北均有栽培。

【生长习性】喜阳光充足环境。耐寒、耐风、耐旱，忌夏季高温多湿。宜排水良好的土壤。

【繁殖方法】播种、扦插繁殖。

【园林用途】株丛紧凑，花色奇特，开花整齐，花期长，常布置花坛、花境和道旁，也可点缀岩石园增加野趣，还可盆栽用于装饰窗台、阳台等。

常见栽培品种如下。

'花叶'费利菊（'Variegata'）：叶缘具银色或金色斑。

'花叶'费利菊

宿根天人菊（车轮菊、大天人菊）

Gaillardia aristata Pursh
菊科，天人菊属

【形态特征】多年生草本，株高 60~100 cm。全株被粗节毛。基生叶和茎下部叶长椭圆形或匙形，全缘或羽状缺裂，两面被尖状柔毛；茎中部叶披针形、长卵形或匙形，基部无柄或心形抱茎。头状花序似花环，舌状花黄色，向中心渐变为橙色；管状花深红色。瘦果被毛。花果期 7~8 月。

【产地分布】原产北美洲西部。中国各地广泛栽培。

【生长习性】喜温暖、光照充足环境。耐热、耐寒、耐干旱，忌积水。宜排水良好的砂质壤土。

【繁殖方法】播种、扦插、分株繁殖。

【园林用途】株丛松散，花色鲜艳，花朵较大，是优良的花境材料，常丛植或片植于草坪、林缘、坡地。

常见栽培品种如下。

'骄阳'（'Blazing Sun'）：舌状花红黄双色，管状花深红色。

'酒红'（'Burgunder'）：舌状花酒红色，管状花深红色。

'纯黄'（'Maxima Aurea'）：舌状花和管状花均为黄色。

'骄阳'

'酒红'

'纯黄'

天人菊（虎皮菊、老虎皮菊）

Gaillardia pulchella Foug.
菊科，天人菊属

【形态特征】一年生草本，株高 20~60 cm。茎中部以上多分枝。叶两面被伏毛；下部叶匙形或倒披针形，边缘波状钝齿、浅裂呈琴状；上部叶长椭圆形，全缘或上部有疏锯齿。头状花序；舌状花黄色，基部带橙红色，舌片宽楔形，管状花裂片三角形，顶端渐尖成芒状。瘦果，基部被长柔毛。花果期 6~8 月。

【产地分布】原产热带美洲。中国各地广泛栽培。

【生长习性】喜光照充足环境。耐半阴、耐热，不耐寒、耐盐、耐旱。宜排水良好的中性砂质壤土。

【繁殖方法】播种繁殖。

【园林用途】花姿优美，颜色艳丽，花期长，适合布置花坛、花境，也可用于岩石园。

常见栽培品种如下。

'红羽'（'Red Plume'）：重瓣花型，类似矢车菊，花红色。

'双色太阳舞'（'Sundance Bicolor'）：重瓣花型，红黄双色。

'黄羽'（'Yellow Plume'）：重瓣花型，花黄色。

'红羽'

'双色太阳舞'

'黄羽'

大花天人菊

Gaillardia × *grandiflora* Van Houtte
菊科，天人菊属

【形态特征】多年生草本，常作一年生栽培，株高 60~90 cm。茎密披柔毛。叶互生，灰绿色，两面被伏毛；基生叶和茎下部叶椭圆形或匙形，边缘波状钝齿、浅裂呈琴状；上部叶长椭圆形，全缘。头状花序顶生，扁平圆盘状；舌状花有黄色、橙色和红色等，向中心渐变为橙红色至栗色，管状花通常为深紫红色或黄色。瘦果，基部被长柔毛。花期春至秋季，果期冬季。

【产地分布】园艺杂交种，由宿根天人菊（*G. aristata*）和天人菊（*G. pulchella*）杂交而来。

【生长习性】喜温暖湿润、阳光充足环境。耐盐，耐寒，耐旱。宜富含腐殖质、排水良好的中性土壤。

【繁殖方法】播种、分株繁殖。

【园林用途】花姿优美，花色艳丽，花期长，适合布置花境，也可作切花。

常见栽培品种有：

'亚利桑那'（'Arizona'）系列：株高约 30 cm，花期超长，花色有杏黄、红黄双色和红色渐变等。

'梅萨'（'Mesa'）系列：株高 35~40 cm，开花早，花量大，花红黄双色、桃红色、红色和纯黄色等。

'亚利桑那'系列

'梅萨'系列

勋章菊

Gazania rigens (L.) Gaertn.
菊科，勋章菊属

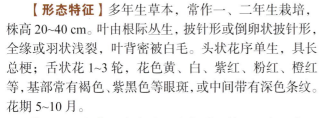

【形态特征】多年生草本，常作一、二年生栽培，株高 20~40 cm。叶由根际丛生，披针形或倒卵状披针形，全缘或羽状浅裂，叶背密被白毛。头状花序单生，具长总梗；舌状花 1~3 轮，花色黄、白、紫红、粉红、橙红等，基部常有褐色、紫黑色等眼斑，或中间带有深色条纹。花期 5~10 月。

【产地分布】原产南非、澳大利亚等地。中国南北各地多有栽培。

【生长习性】喜温暖向阳环境。耐旱，耐热，耐贫瘠，忌积水，稍耐寒，生长适温 15~20℃。宜疏松、肥沃、排水良好的砂壤土。

【繁殖方法】播种、分株繁殖。

【园林用途】株型低矮，花形奇特，花色艳丽，瓣纹新奇，状似勋章，是园林中常见的花坛用花，也适用于庭院、花境、花带、花台或盆栽观赏。

常见栽培品种如下。

'新日'（'New Day'）系列：株高 20~25 cm，株幅 15~20 cm，耐旱。花有纯橙色、黄色、白色、渐变青铜色、渐变粉红色等。

'阳光'（'Sunshine'）系列：四倍体品种。株高 30 cm，花大，花期长，花有黄色、粉色、橙黄色、奶油色、渐变红色等。

'新日'系列

'阳光'系列

非洲菊（扶郎花、灯盏花）

Gerbera jamesonii Bolus
菊科，非洲菊属

【形态特征】多年生常绿草本，株高20~80 cm。叶莲座状基生，长椭圆状披针形，边缘不规则羽状浅裂或深裂。头状花序单生，花葶中空，被毛；总苞盘状钟形，具2层苞片；舌状花条状披针形，顶端具3齿；管状花呈二唇状，外唇大；花色有白、黄、橙、红、粉红、玫红、紫红等。瘦果密被白色短柔毛。花期11月至翌年4月。

【产地分布】原产非洲南部。世界各地广为栽培。

【生长习性】喜温暖通风、阳光充足环境。半耐寒，生长期适温20~25℃，冬季适温12~15℃，可忍受短期0℃低温。喜疏松、肥沃、排水良好、富含腐殖质的微酸性砂质壤土。

【繁殖方法】播种、分株、组培繁殖。

【园林用途】风韵秀美，花色艳丽，周年开花，装饰性强，为理想的切花材料（"世界五大切花"之一），也宜盆栽观赏。在温暖地区，将其作为宿根花卉，应用于庭院丛植，布置花境、花坛、装饰草坪边缘等均有极好的效果。

非洲菊品种繁多，根据花葶高度，可分为切花类和盆栽类品种。切花类品种一般花梗较长，挺拔直立，花径大，瓶插寿命较长，如'Ruby Red''Pink Giant''Gold Eye''White Day''Rosalin''Marita''Salina'等。盆栽类品种一般株型低矮、紧凑，开花多，如'大革命'（'Mega Revolution'）系列、'革命'（'Revolution'）系列、'缤纷'（'ColorBloom'）系列等，株高仅15~25 cm，花径8~13 cm。

'缤纷'系列

蒿子秆（花环菊、三色菊、花轮菊、彩虹菊）

***Glebionis carinata* (Schousb.) Tzvelev**
菊科，茼蒿属

【形态特征】一年生草本，株高30~90 cm。茎直立，多分枝。叶互生，基生叶花期枯萎；中下部茎叶倒卵形至长椭圆形，二回羽状分裂。头状花序生于茎枝顶端，舌状花具白、黄、橙黄、褐黄、淡红、深红、玫瑰红和雪青等色，先端带有红、黄、褐红等色；管状花呈红褐、暗红、黄等色，常2~3种颜色呈复色环状，形似花环。花期夏秋季。

【产地分布】原产北非摩洛哥。中国广泛栽培。

【生长习性】喜凉爽、阳光充足环境。耐半阴。适生温度15~25℃。不择土壤，宜疏松肥沃、排水良好的土壤。

【繁殖方法】播种繁殖。

【园林用途】花色绚丽，花期长，园林中多用于布置花坛、花境，也能盆栽观赏，亦可作切花。

茼蒿（蓬蒿、菊花菜）

Glebionis coronaria (L.) Cass. ex Spach
菊科，茼蒿属

【形态特征】一、二年生草本，株高50~100 cm。茎直立，不分枝或自中上部分枝，基部呈木质化。单叶互生，基生叶花期枯萎；中下部茎生叶长椭圆形或长椭圆状倒卵形，二回羽状深裂。头状花序单生茎顶，花序梗较长；舌状花1~3轮，白色、淡黄色或复色，管状花黄色。瘦果。花果期3~9月。

【产地分布】原产地中海。中国各地广泛栽培。

【生长习性】喜凉爽湿润、阳光充足环境。不耐寒，忌炎热，忌涝。宜疏松肥沃、排水良好的土壤。

【繁殖方法】播种繁殖。

【园林用途】花色淡雅，花期甚长，是一种具有田园气息的材料，亦可用于花境增加野趣。

南茼蒿（大茼蒿）

Glebionis segetum (L.) Fourr.
菊科，茼蒿属

【形态特征】一年生草本，株高20~60 cm。茎直立，富肉质。叶互生，椭圆形或倒卵状椭圆形，长4~6 cm，边缘有不规则大锯齿，少成羽状浅裂，基部楔形，无柄。头状花序单生茎端，或少数生茎枝顶端，但不形成伞房花序；花黄色，舌状花外缘有时白色。瘦果。花期4~5月，果期5~6月。

【产地分布】原产地中海沿岸。中国南方各地常见栽培。

【生长习性】喜温凉、阳光充足环境。宜肥沃湿润、排水良好的砂壤土。

【繁殖方法】播种繁殖。

【园林用途】植株低矮，花色淡雅，可用于花境、庭院增加野趣，茎叶常作蔬菜。

紫鹅绒（紫绒三七、天鹅绒三七、红凤菊）
Gynura aurantiaca (Blume) DC.
菊科，菊三七属

【形态特征】多年生常绿草本至亚灌木，株高30~60 cm。茎多汁，幼时直立，长大后卧俯蔓生，全株密布紫红色的长柔毛。叶互生，卵形至椭圆形，主脉明显，边缘有重锯齿，幼叶呈紫色，覆有紫色茸毛，手摸有茸毛毡之感觉。头状花序顶生，花黄色或橙黄色。花期秋冬季。

【产地分布】原产印度尼西亚等亚洲热带地区。中国有引种栽培。

【生长习性】喜高温高湿、阳光充足环境。忌阳光直射，不耐寒，生长适温18~25℃，越冬温度8℃左右。喜疏松肥沃、排水良好、富含腐殖质砂质壤土。

【繁殖方法】扦插繁殖。

【园林用途】全株密被紫色茸毛，色彩艳丽，枝条纤细具蔓性，常用作吊盆或组合盆栽。

苦味堆心菊
Helenium amarum (Raf.) H.Rock
菊科，堆心菊属

【形态特征】一年生草本，株高20~70 cm。茎柔软，半匍匐状。基生叶线形至卵形，全缘、具羽状齿或羽状裂；中部和上部叶线形，全缘。头状花序生于茎顶，排成圆锥花序状；舌状花8~10枚，柠檬黄色，舌片扇形，先端有缺刻；管状花黄色，呈圆球形。花期7~10月。

【产地分布】原产北美。中国多地有栽培。

【生长习性】喜温暖、向阳环境。适应性强，抗寒，耐旱。对土壤要求不严，在微碱或微酸性土壤中均能生长。

【繁殖方法】播种繁殖。

【园林用途】金花绿叶，多用于花坛或花境，作地被效果亦佳。

堆心菊

Helenium autumnale L.
菊科，堆心菊属

【形态特征】多年生草本，株高 50~150 cm。叶互生，披针形或卵状披针形，多有锯齿。头状花序单生于枝顶或成伞房状；舌状花柠檬黄色或橘红色，舌片扇形，先端有缺刻；管状花深黄色，呈半球形。瘦果长圆形。花期 7~10 月，果期 8~11 月。

【产地分布】原产北美。中国有引种栽培。

【生长习性】喜温暖、阳光充足环境。适应性强，耐热，耐寒，耐旱，耐湿。宜疏松肥沃、排水良好、富含腐殖质的砂质壤土。

【繁殖方法】播种繁殖。

【园林用途】株型紧凑，花朵繁茂，花色明亮，花期长，适合公园、庭院等路边、小径、草地边缘片植或丛植点缀。

紫心菊（弯曲堆心菊）

Helenium flexuosum Raf.
菊科，堆心菊属

【形态特征】多年生草本，常作一、二年生栽培，株高 30~90 cm。基生叶阔披针形，顶端分裂；茎生叶窄披针形或长圆形，全缘。头状花序生于茎顶排成伞房花序状；舌状花柠檬黄色，舌片扇形，先端有缺刻；管状花深紫色，呈半球形。瘦果。花期 7~10 月，果期 8~11 月。

【产地分布】原产美国北部。中国有引种栽培。

【生长习性】喜温暖湿润、阳光充足环境。适应性强，耐高温，耐水湿，不耐干旱。宜疏松肥沃、排水良好、富含腐殖质的砂质壤土。

【繁殖方法】播种、扦插繁殖。

【园林用途】花色明丽，花姿优美独特，如舞女的裙摆，园林中常用于花境、岸边或庭院。

向日葵

Helianthus annuus L.
菊科，向日葵属

【形态特征】一年生草本，株高1~3 m。茎直立，粗壮，被白色粗硬毛。叶互生，心状卵圆形或卵圆形，有三基出脉，边缘有粗锯齿，两面被短糙毛。头状花序极大，单生于茎端或枝端，常下倾；舌状花多数，花色有黄、红、红褐、青铜、白和复色等，不结实；管状花极多数，棕色或紫色，易结实。瘦果倒卵形或卵状长圆形，常被白色短柔毛。花期7~9月，果期8~9月。

【产地分布】原产美国和中美洲。世界各地广泛栽培。

【生长习性】喜温暖湿润、阳光充足环境。耐热，耐湿，耐旱，耐盐碱。不择土壤，宜疏松肥沃、排水良好、富含腐殖质的壤土。

【繁殖方法】播种繁殖。

【园林用途】株型挺拔，花色亮丽，花大而奇特，可片植于花坛、花海，也可种植于庭院，高型品种为优良切花。

常见栽培品种有如下。

'阳光小姐'（'Miss Sunshine'）：矮生品种，株高25~40 cm，花径7~10 cm，花为黄色黑心，适合花坛或盆栽观赏。

'音乐盒'（'Musicbox'）：株高100~120 cm，分枝性强，多头开花，花径12~14 cm，舌状花为浅黄色、金黄色，管状花为褐色。

'无限阳光'（'Sunfinity'）：株高40~70 cm，分枝性强，花量大，花为黄色黑心，适合布置花海。

'泰迪熊'（'Teddy Bear'）：株高100~180 cm，重瓣，舌状花与管状花均为金黄色，管状花隆起，形似泰迪熊。

'泰迪熊'

'无限阳光'

'无限阳光'

瓜叶葵（小向日葵）

Helianthus debilis subsp. *cucumerifolius* (Torr. et A.Gray) Heiser
菊科，向日葵属

【形态特征】一年生草本，株高90~180 cm。茎直立，具斑点。叶互生，具长柄，三角状卵形，基部心形，边缘有锯齿，两面被糙毛。头状花序，直径5~8 cm；舌状花黄色，管状花紫褐色。瘦果，倒卵形。花果期7~10月。

【产地分布】原产于北美。中国各地常见栽培。

【生长习性】喜温暖湿润、光照充足环境。不耐阴，不耐寒，忌炎热与干燥。喜肥沃深厚土壤。

【繁殖方法】播种繁殖。

【园林用途】株型挺立，花朵硕大，在园林中用于种植花海。

菊芋（洋姜、番姜）

Helianthus tuberosus L.
菊科，向日葵属

【形态特征】多年生草本，具块状的地下茎及纤维状根，株高可达3 m。茎直立，有分枝，被白色短糙毛或刚毛。下部叶对生，卵圆形或卵状椭圆形，有粗锯齿，离基三出脉；上部叶互生，长椭圆形或宽披针形，基部下延成短翅状。头状花序单生枝端，总苞片多层，披针形，背面被伏毛；舌状花与管状花黄色。瘦果小，楔形。花期8~9月，果期8~9月。

【产地分布】原产北美洲。中国各地广泛栽培。

【生长习性】喜阳光充足环境。耐寒，抗旱，耐瘠薄。对土壤要求不严。

【繁殖方法】播种繁殖。

【园林用途】株丛紧凑，花色亮丽，花期长，可作为花坛、花境材料，也可丛植、片植于路边、林边、庭院或岩石园。

银叶菊（雪叶菊）

Jacobaea maritima (L.) Pelser et Meijden
菊科，疆千里光属

【形态特征】多年生草本植物，常作一年生栽培，株高 45~180 cm。茎多分枝，丛生状，全株被银白色茸毛。叶互生，银灰色或白色，基生叶椭圆状，具宽锯齿，茎生叶一至二回羽状分裂，如雪花图案。头状花序集成伞房状；舌状花小，金黄色；管状花褐黄色。花期 6~9 月。

【产地分布】原产南欧及非洲北部。中国各地广泛栽培。

【生长习性】喜凉爽湿润、阳光充足环境。耐阴，耐寒，耐旱，耐贫瘠。生长适温 15~25℃。喜疏松肥沃、排水良好的土壤。

【繁殖方法】播种、扦插繁殖。

【园林用途】叶色银白，优雅独特，有天鹅绒质感，园林中可用于布置庭院、花境、花坛或岩石园等。

常见栽培品种如下。

'新视觉'（'New Look'）：株高 20~30 cm，上部叶片不开裂，具粗锯齿。

'银尘'（'Silver Dust'）：又名细裂银叶菊，株高 20~30 cm，上部叶片一至二回羽状细裂。

'新视觉'

'银尘'

大滨菊（西洋滨菊、大白菊）
Leucanthemum maximum (Ramond) DC.
菊科，滨菊属

【形态特征】多年生草本，株高30~70 cm。茎直立，全株光滑无毛。叶互生，长倒披针形，边缘具细尖锯齿。头状花序，单生枝端；舌状花白色，管状花褐色或黄绿色。瘦果。花果期7~9月。

【产地分布】原产欧洲。中国各地均有栽培。

【生长习性】喜温暖湿润、阳光充足环境。较耐寒，耐半阴。不择土壤，宜富含腐殖质、疏松肥沃、排水良好的土壤。

【繁殖方法】播种、分株、扦插繁殖。

【园林用途】株丛紧凑，花朵洁白素雅，适宜花境、庭园或岩石园栽植，也可片植于林缘、坡地。

蛇鞭菊（麒麟菊）
Liatris spicata (L.) Willd
菊科，蛇鞭菊属

【形态特征】多年生草本，地下具块根。茎直立，常丛生于块根上。基生叶狭带形，全缘；茎生叶密集，交替互生于茎上，线形，无柄。头状花序排列成密穗状，长40~70 cm，因花序似鞭形而得名，花紫色、淡红色或白色。花期7~8月，果期8~9月。

【产地分布】原产北美及东欧。中国各地均有栽培。

【生长习性】喜凉爽、阳光充足环境。耐寒，忌水湿，耐贫瘠。宜疏松肥沃、排水良好的土壤。

【繁殖方法】分球、播种繁殖。

【园林用途】株型紧凑，花序挺拔，花期长，是优良切花，园林中可用于布置花境、花带或林缘种植，也常用于庭院栽培观赏或用于背景材料。

白晶菊（晶晶菊、小白菊、春梢菊）

Mauranthemum paludosum (Poir.) Vogt et Oberpr.
菊科，白晶菊属

【形态特征】二年生草本，株高15~25 cm。茎匍匐生长，覆盖性好。叶互生，一至二回羽裂。头状花序顶生，盘状；边缘舌状花白色，中央管状花金黄色，色彩分明、鲜艳。瘦果。花期较长，可从冬末持续到翌年夏初，春季为盛花期。

【产地分布】原产西班牙和非洲西北部。中国各地广泛栽培。

【生长习性】喜凉爽、阳光充足环境。耐半阴，耐寒，忌高温，生长适温15~35℃。适应性强，不择土壤，宜疏松肥沃、排水良好的壤土或砂质土壤。

【繁殖方法】播种繁殖。

【园林用途】株型紧凑，花色素雅，花期较长，适合成片栽植，可于花坛或花境的前景布置。

黄帝菊（美兰菊）

Melampodium divaricatum DC.
菊科，黑足菊属

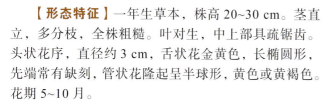

【形态特征】一年生草本，株高20~30 cm。茎直立，多分枝，全株粗糙。叶对生，中上部具疏锯齿。头状花序，直径约3 cm，舌状花金黄色，长椭圆形，先端常有缺刻，管状花隆起呈半球形，黄色或黄褐色。花期5~10月。

【产地分布】原产中、南美洲。中国各地广泛栽培。

【生长习性】喜温暖干燥、阳光充足环境。性强健，耐热，耐干旱，耐贫瘠。不择土质，宜疏松肥沃、排水良好的土壤。

【繁殖方法】播种繁殖。

【园林用途】株型紧凑，花多繁盛，花期长。常作花境、花坛材料，亦可盆栽观赏。

常见栽培品种如下。

'金球'（'Golden Globe'）：株高15~20 cm，株型紧密，呈圆球状丛生，花金黄色。

'德比'（'Derby'）：株高20 cm，株型紧凑，花金黄色，花径约4 cm，适合盆栽。

'天星'（'Showstar'）：株高25 cm，花金黄色。

瓜叶菊

Pericallis hybrida (Regel) B.Nord.
菊科，瓜叶菊属

【形态特征】多年生草本，常作一、二年生栽培，株高30~70 cm。茎直立，全株密被长柔毛。单叶互生，叶大，宽心形，边缘波状有锯齿，似瓜叶。头状花序在茎端聚生成宽伞房状，舌状花开展，长椭圆形，花色丰富，有红、粉、白、蓝、紫等色或具不同色彩的环纹和斑点，以蓝色和紫色为特色。瘦果黑色，纺锤形，具白色冠毛，千粒重约0.2 g。花期12月至翌年4月。

【产地分布】原产大西洋加那利群岛。中国各地广泛栽培。

【生长习性】喜温暖湿润、通风良好环境。喜光，稍耐阴，不耐高温、寒冷和干燥。

【繁殖方法】播种、扦插繁殖。

【园林用途】株型饱满，花色美丽，颜色丰富，是冬春季节常见的盆花，可供室内装点，南方温暖地区也可露地布置早春花坛和庭院。

常见栽培品种类型如下。

大花型（Grandiflora）：株高30~40 cm，花大而密集，花径4 cm以上，花色从白到深红、蓝色，一般多为暗紫色，或具双色。

星型（Stellata）：株高60~100 cm，花小量多，花径约2 cm，花色有红、粉、紫、紫红等；多用于切花。

中间型（Intermedia）：株高约40 cm，花径约3.5 cm，品种较多，适宜盆栽。

多花型（Multiflora）：株高25~30 cm，花小，数量多，每株可着花400~500朵，花色丰富。

黑心菊（黑心金光菊、黑眼苏珊）

Rudbeckia hirta L.
菊科，金光菊属

【形态特征】多年生草本，常作一、二年生栽培，株高 80~100 cm。全株被有粗糙的刚毛。叶互生，下部叶匙形，叶柄有翼；上部叶长椭圆形或披针形，全缘，无柄。头状花序单生，舌状花单瓣、半重瓣或重瓣，有金黄色及复色等品种；管状花黄绿色或紫黑色，聚集呈半球形突起，像黑色的花心，故名黑心菊。花期 5~11 月。

【产地分布】原产北美洲。世界各地广泛栽培。

【生长习性】喜温暖湿润、阳光充足环境。适应性强，耐半阴，耐寒，耐干旱。不择土壤，宜疏松肥沃、排水良好土壤。

【繁殖方法】播种、分株繁殖。

【园林用途】花朵繁密，色彩亮丽，花期长，特别适合布置花境或在路边、林缘自然式栽植。

常见栽培的变种及品种如下。

二色金光菊（var. *pulcherrima*）：舌状花长披针形，舌片开展，黄色，由外向内渐变到橙色；管状花紫褐色，隆起呈半球状。

'金太阳'（'Amarillo Gold'）：株高 30~35 cm，花朵巨大，花径 16 cm，舌状花金黄色，管状花黄绿色。

'秋色'（'Autumn Colors'）：株高 45~60 cm，复色品种，舌状花从外向内由橙色渐变成深红色，管状花深紫红色。

'金色夏安'（'Cheyenne Gold'）：株高 90~120 cm，极耐热，花朵巨大，花径可达 15 cm，舌状花金黄色，花期长，适合作切花。

'玛亚'（'Maya'）：株高 45~50 cm，重瓣紧凑型矮生品种，花径 10 cm，金黄色。

'响音'（'Sonoraa'）：株高约 50 cm，花序 12~15 cm，明亮的金黄色花瓣上带有一圈红褐色的花环。

'滔滔'（'Toto'）系列：株高约 35 cm，株型紧凑。开花较早，花径 6 cm，舌状花有金黄、柠檬黄、黄红相间等复色。

二色金光菊

'金太阳'

'秋色'

'玛亚'

'响音'

金光菊（黑眼菊）

Rudbeckia laciniata L.
菊科，金光菊属

【形态特征】多年生草本，株高 60~270 cm。叶互生，下部叶不分裂或羽状 5~7 深裂；中部叶 3~5 深裂；上部叶不分裂，卵形背面边缘被短糙毛。头状花序单生于枝端，舌状花金黄色，舌片下垂；管状花隆起呈半球形，初期为黄绿色，成熟后转为褐色。瘦果无毛。花期 7~10 月。

【产地分布】原产北美。中国各地广泛栽培。

【生长习性】喜温暖湿润、阳光充足环境。耐热，耐寒，耐旱，忌水湿。对土壤要求不严，宜排水良好、疏松的砂质土壤。

【繁殖方法】分株、播种繁殖。

【园林用途】植株高大挺拔，花朵繁多，花期长，可用在公园、庭院等场所作花境布置，亦可作切花。

蛇目菊（匍匐百日草）

Sanvitalia procumbens Lam.
菊科，蛇目菊属

【形态特征】一年生草本，株高 7.5~15 cm。茎平卧或匍匐呈垫状。叶长圆状卵形，与百日草叶形非常相似，故而得名"匍匐百日草"。头状花序单生于枝顶，舌状花黄色或橙黄色，管状花暗紫色；具单瓣和重瓣品种。瘦果。花期夏秋季。

【产地分布】原产中美洲。中国各地广泛栽培。

【生长习性】喜凉爽湿润、阳光充足环境。耐寒，耐旱，耐瘠薄。宜富含腐殖质、排水良好的砂壤土。

【繁殖方法】播种繁殖。

【园林用途】花色亮丽，花形奇特，形似蛇目，可作为地被植物用于花坛、花境或岩石园，也可作悬挂式花篮。

绿玉菊

***Senecio macroglossus* DC.**
菊科，千里光属

'花叶'绿玉菊

【形态特征】多年生常绿肉质草本。植株匍匐、悬垂或向上攀缘生长。叶肉质，互生，三角形或五角形，深绿色具浅色脉纹，富有光泽，形似"常春藤"；叶枝具柠檬香味。头状花序，舌状花乳白色或淡黄色；管状花黄色。花期全年，但主要集中在夏季。

【产地分布】原产非洲南部。中国有引种栽培。

【生长习性】喜温暖干燥、阳光充足环境。耐半阴，耐热，耐干旱，不耐寒，怕积水。喜疏松肥沃、排水良好、富含腐殖质的中性至微碱性壤土。

【繁殖方法】扦插、播种繁殖。

【园林用途】枝条婀娜飘逸，叶色翠绿有光泽，适合作吊盆栽种用于室内观赏，也可在墙边搭上棚架种植用于装饰阳台。

常见栽培品种如下。

'花叶'绿玉菊（'Variegatus'）：深绿色的叶片边缘有乳白色的斑块。

串叶松香草（串叶草）

***Silphium perfoliatum* L.**
菊科，松香草属

【形态特征】多年生草本，株高2~3 m。茎直立，四棱形，上部有分枝。叶对生，卵形，两叶基部相连，茎似从两片叶中间穿过，故名"串叶草"。头状花序在茎顶形成伞房状，舌状花、管状花均为黄色。瘦果心形，边缘有薄翅，似榆钱。花期6~9月，果期9~10月。

【产地分布】原产北美洲。中国各地广泛栽培。

【生长习性】喜温暖湿润、阳光充足环境。耐寒，耐水湿。宜肥沃、排水良好的酸性至中性砂壤土。

【繁殖方法】播种繁殖。

【园林用途】植株高大，生长强健，花色清新怡人，可丛植于墙边、林缘等处作背景材料，也可丛植于庭院路边、草地中点缀。

联毛紫菀（荷兰菊、荷兰紫菀）

Symphyotrichum novi-belgii (L.) G.L.Nesom
菊科，联毛紫菀属

【形态特征】多年生草本，株高 90~150 cm。茎直立，红色，多分枝，全株被柔毛。叶狭披针形至线状披针形，近全缘，基部稍抱茎。头状花序伞房状着生；舌状花 1~3 轮，有蓝紫色、紫红色、浅粉色、粉色、白色等，管状花橙黄色。瘦果长圆形。花期 8~10 月。

【产地分布】原产北美。中国各地有栽培。

【生长习性】喜温暖湿润、阳光充足环境。适应性强，耐半阴，耐寒，耐旱，耐瘠薄。对土壤要求不严，宜疏松肥沃、排水良好的微酸性至中性土壤。

【繁殖方法】扦插、分株、播种繁殖。

【园林用途】植株挺拔，生长强健，花繁色艳，适合布置花坛、花境，尤其适合点缀岩石园或野趣园，也可盆栽或作切花。

常见栽培品种如下。

'亨利一世'（'Henry I'）系列：无性系品种，花重瓣，花量丰富，具紫色、蓝色和粉色等。

'魔力'（'Magic'）系列：无性系品种，花单瓣，超大花量，具白色、紫色、蓝色和粉色等。

'亨利一世'系列

'魔力'系列

万寿菊（臭芙蓉、孔雀草）

Tagetes erecta L.
菊科，万寿菊属

【形态特征】一年生草本，株高25~90 cm。茎直立，粗壮。叶对生或互生，羽状全裂，裂片长椭圆形或披针形。头状花序顶生，花序梗顶端棒状膨大；舌状花基部收缩成长爪，边缘皱曲或微弯缺或平整，管状花顶端具5齿裂，有黄、浅黄、橙黄、黄褐、红褐、紫红、橘红及复色等花色品种，单瓣或重瓣。瘦果线形，黑色或褐色。花期3~12月，果期7~11月。

【产地分布】原产墨西哥。世界各地广为栽培。

【生长习性】喜温暖、阳光充足环境。稍耐半阴，不耐寒，较耐干旱，在高湿、酷暑下生长不良。对土壤要求不严，宜疏松肥沃、排水良好的砂质壤土。

【繁殖方法】播种、扦插繁殖。

【园林用途】花大色艳，花期长，抗病性好，宜布置于花坛、花境、林缘或作切花，矮生品种也可作盆栽。花可提取叶黄素。

常见栽培品种如下。

高型品种：株高60 cm以上。如'果橘橙色'（'Xochi Orange'），株高60~90 cm，花径8~10 cm，重瓣，橙色，适合作切花。

中型品种：株高40~60 cm。如'奇迹II'（'Marvel II'）系列，株高45 cm，花径9 cm，有金、黄、橙黄三种花色。

矮型品种：株高40 cm以下。如'泰山'（'Taishan'）系列，株高25~30 cm，花大，重瓣，有橙、黄、金色品种；'完美'（'Perfection'）系列，株高35~40 cm，重瓣，金、橙或黄色；'超级英雄'（'Super Hero'）系列，株高15~20 cm，重瓣，有深橙色、深黄色、金色、栗色、橙色、橙色红斑、橙色火焰、红色黄芯、黄色红斑等；还有'安提瓜'（'Antigua'）、'发现'（'Discovery'）、'印卡II'（'Inca II'）、'小英雄'（'Little Hero'）、'迪斯科'（'Disco'）、'沙发瑞'（'Safari'）等系列。

'果橘橙色'

'奇迹II'系列

'泰山'系列

'超级英雄'系列

芳香万寿菊（香叶万寿菊）

Tagetes lemmonii A.Gray

菊科，万寿菊属

【形态特征】多年生草本，株高 60~150 cm。茎多年生时木质化，枝条柔软，全株散发香气。叶对生，羽状全裂，裂片 5~7 枚，狭椭圆形或披针形，边缘具锯齿。头状花序较小；舌状花 5~8 枚，金黄色；管状花橙红色。瘦果圆柱形，黑色；种子有冠毛。花期秋冬季。

【产地分布】原产墨西哥及中、南美洲。中国多地有引种栽培。

【生长习性】喜温暖湿润、阳光充足环境。生性强健，稍耐半阴，耐热、耐旱、较耐寒。对土壤适应性强。

【繁殖方法】播种、扦插繁殖。

【园林用途】适应性强，秋冬开花，全株芳香，花丛大，花色艳，是布置花境、花丛、林缘、庭院等的优良花卉。

除虫菊

Tanacetum cinerariifolium Sch.Bip.

菊科，菊蒿属

【形态特征】多年生草本，常作一年生栽培，株高 17~60 cm。茎直立，被短柔毛。叶两面银灰色，均被短毛，具芳香；基生叶卵形或椭圆形，二回羽状分裂；中部茎叶渐大，与基生叶同形；向上叶渐小，羽状分裂或不裂。头状花序单生茎顶，或 3~10 个排成疏松伞房花序；舌状花白色；管状花黄色。瘦果，具冠毛。花果期 5~8 月。

【产地分布】原产欧洲。中国各地广泛栽培。

【生长习性】喜温暖、阳光充足环境。耐半阴，耐旱，耐盐。宜土层深厚、肥沃疏松、排水良好的砂质壤土。

【繁殖方法】播种、分株繁殖。

【园林用途】花色淡雅，可提取除虫菊酯，是国内外公认为最理想的植物源除虫剂，在园林中可与其他植物搭配种植用于防治病虫害。

蒲公英（黄花地丁、婆婆丁、灯笼草）
Taraxacum mongolicum Hand.-Mazz.
菊科，蒲公英属

【形态特征】多年生草本，株高4~20 cm。根圆柱状，粗壮。叶莲座状，倒卵状披针形、倒披针形或长圆状披针形，边缘具波状齿或羽状深裂。花葶1至数个，头状花序；舌状花黄色，边缘花舌片背面具紫红色条纹。瘦果倒卵状披针形，暗褐色，上部有白色冠毛，易被风吹走。花期4~9月，果期5~10月。

【产地分布】原产中国大部分地区。朝鲜、日本、蒙古国、俄罗斯也有分布。

【生长习性】喜凉爽、阳光充足环境。耐寒、耐旱、耐热。不择土壤。

【繁殖方法】播种繁殖。

【园林用途】植株低矮，种子奇特，可用于花境增加野趣。

异叶肿柄菊（假向日葵、肿柄菊、王爷葵）
Tithonia diversifolia (Hemsl.) A.Gray
菊科，肿柄菊属

【形态特征】多年生草本，株高2~5 m。茎直立，有粗壮的分枝，被稠密的短柔毛。叶卵形、卵状三角形或近圆形，3~5深裂，上部叶有时不分裂，基出三脉。头状花序大，顶生于假轴分枝的长花序梗上；舌状花黄色或橙红色，管状花黄色。瘦果长椭圆形，被短柔毛。花果期9~11月。

【产地分布】原产墨西哥。中国广东、云南等地有引种栽培。

【生长习性】喜温暖湿润、阳光充足环境。较耐旱，耐热。不择土壤，宜疏松肥沃、排水良好的土壤。

【繁殖方法】播种、扦插繁殖。

【园林用途】植株高大，生长强健，可用于布置花海或种植在庭院中观赏。

圆叶肿柄菊（墨西哥向日葵）

Tithonia rotundifolia (Mill.) S.F.Blake

菊科，肿柄菊属

【形态特征】一年生草本，株高 1~2 m。茎直立，全株密被柔毛。叶互生，广卵形，基部下延，三出脉，叶缘有粗齿。头状花序顶生，花径 5~8 cm，花梗长，顶部膨大；舌状花橙红色，管状花黄色。花期 8~10 月。

【产地分布】原产墨西哥。中国多地有栽培。

【生长习性】喜温暖、向阳的环境。不耐寒。喜肥沃、排水良好的土壤。

【繁殖方法】播种、扦插繁殖。

【园林用途】植株粗壮，生性强健，花朵鲜艳，适合布置花境、庭园美化，也可作切花。

常见栽培品种如下。

'太阳节'（'Fiesta del Sol'）：株高约 75 cm，花橙红色，花径 7 cm。

'太阳节'

南美蟛蜞菊（地锦花、穿地龙、三裂叶蟛蜞菊）

Sphagneticola trilobata (L.) Pruski

菊科，蟛蜞菊属

【形态特征】多年生草本，株高 40~60 cm。茎匍匐，紫红色，被星状毛。叶对生，长椭圆形，叶缘有锯齿，常有 3 裂，故名"三裂叶蟛蜞菊"。头状花序，多单生；舌状花和管状花均为黄色。瘦果。花期极长，几乎全年。

【产地分布】原产于热带美洲。中国南方地区常见栽培。

【生长习性】喜高温湿润、阳光充足环境。喜湿，耐瘠，耐热，不耐寒，生长适温 18~30℃。不择土壤。

【繁殖方法】播种、分株繁殖。

【园林用途】叶色翠绿，生长旺盛，花色金黄，四季有花，可用于路边、花台或水岸边种植观赏，也可用于水土保持工程，作为护坡、护堤的地被覆盖植物。

麦秆菊（蜡菊、脆菊）

Xerochrysum bracteatum (Vent.) Tzvelev
菊科，蜡菊属

【形态特征】多年生草本，常作一年生栽培，株高 20~120 cm。茎直立，仅上部有分枝。叶长披针形至线形，全缘，基部渐狭窄，主脉明显。头状花序单生于枝端；总苞片膜质，外层短，呈覆瓦状，内层长，宽披针形，干燥具光泽，酷似舌状花，有白、褐、橙、红、黄等色；管状花黄色。瘦果无毛。花期 7~9 月。

【产地分布】原产澳大利亚。中国各地广泛栽培。

【生长习性】喜温暖、阳光充足环境。不耐寒，怕暑热，夏季生长停止，多不能开花。喜肥沃、湿润、排水良好的土壤。

【繁殖方法】播种繁殖。

【园林用途】苞片坚硬如蜡，色彩绚丽光亮，干燥后花形、花色经久不变，是天然干花，也可丛植布置花境、林缘。

细叶百日草（小花百日草）

Zinnia angustifolia Kunth
菊科，百日草属

【形态特征】一年生草本，株高 15~45 cm。茎多分枝，枝条较柔软。叶对生，细长披针形。头状花序顶生，多为单瓣，花径 2.5~4 cm，花量大；舌状花卵圆形至长椭圆形，先端有缺刻，黄色、白色、橙色、深红色、玫红色等。花期 6~9 月，果期 7~10 月。

【产地分布】原产墨西哥。中国南北各地均有栽培。

【生长习性】喜温暖、阳光充足环境。有较好的耐热、耐涝性，较耐旱，不耐寒。宜疏松肥沃、排水良好土壤。

【繁殖方法】播种繁殖。

【园林用途】植株低矮，分枝多，花量大，是布置花坛、花境、地被、庭院装饰的优良花卉，也可作盆栽观赏。

常见栽培品种如下。

'水晶'（'Crystal'）系列：株高 15~30 cm，单瓣，抗病性好，有黄、橙、白等色。

'明星'（'Star'）系列：株高 30~40 cm，单瓣星型花，花径 5 cm，有橙黄色、金黄色和白色。

'水晶'系列

'明星'系列

'明星'系列

'明星'系列

百日草（百日菊、节节高、步步高）

Zinnia elegans Jacq.
菊科，百日草属

【形态特征】一年生草本，株高 30~100 cm。茎直立，被糙毛或长硬毛。叶对生，基部抱茎，宽卵圆形或长圆状椭圆形，两面粗糙。头状花序单生枝顶，单瓣或重瓣；舌状花先端 2~3 齿裂或全缘；管状花先端裂片卵状披针形；花色丰富，有红、橙、黄、白、紫、复色等。瘦果扁平。花期 6~9 月，果期 7~10 月。

【产地分布】原产墨西哥。中国各地广泛栽培。

【生长习性】喜温暖、阳光充足环境。性强健，不耐寒，生长适温 15~30℃；较耐旱，耐瘠薄，忌连作。宜土层深厚、排水良好土壤。

【繁殖方法】播种、扦插繁殖。

【园林用途】花大色艳，花色丰富，花期长，常用于花境、花丛或成片种植，一些中、矮型品种也常用于花坛或作盆栽观赏，高型品种可做切花。

常见栽培品种如下。

高型品种：株高 70 cm 以上，分枝较少，花大，如'盛会'（'State Fair'）、'天才'（'Benary's Giant'）、'俄克拉荷马'（'Oklahoma'）等系列。

中型品种：株高 30~70 cm，分枝较多，如'热情'（'Zesty'）、'哇塞！'（'Zowie!'）、'喧闹'（'Uproar'）等系列和品种。

矮型品种：株高 30 cm 以下，分枝多，如'小矮人'（'Shortstuff'）、'梦境'（'Dreamland'）、'吉丽'（'Zinnita'）等系列。

'盛会'系列

'热情'系列

'梦境'系列

小百日草（杂交百日草）

Zinnia marylandica D.M.Spooner, Stimart et T.H.Boyle
菊科，百日草属

【形态特征】一年生草本，株高 25~60 cm。茎多分枝。叶对生，卵状披针形或长披针形，大小介于百日草和小花百日草之间。头状花序顶生，单瓣、半重瓣或重瓣；花径 4~5 cm，舌状花倒卵状匙形，先端钝圆或有缺刻；花色丰富，花量大。花期6月至霜冻。

【产地分布】由鱼尾菊（*Z. violacea*）与细叶百日草（*Z. angustifolia*）杂交而成。现世界各地广为栽培。

【生长习性】喜温暖、阳光充足环境。不耐寒，较耐旱。宜疏松肥沃、富含腐殖质且排水良好土壤。

【繁殖方法】播种繁殖。

【园林用途】株型低矮，花色艳丽，开花量大，花期长，可用于花坛、花境、花台以及庭院美化，亦可盆栽观赏。

常见栽培品种如下。

'丰盛'（'Profusion'）系列：株高 25~30 cm，单瓣，丰花，花色丰富。

'重瓣丰盛'（'Profusion Double'）系列：株高 25~30 cm，半重瓣，丰花，有红、黄、白、金、鲑红等多种花色。

'繁花'（'Zahara'）系列：株高 30~45 cm，单瓣，耐旱性好，有红、黄、白、橘红、玫红、双色等不同花色品种。

'重瓣繁花'（'Double Zahara'）系列：株高 40~50 cm，重瓣，抗病性好，有红、黄、白、橙、鲑红、粉红等色。

'丰盛'系列

'繁花'系列

'重瓣繁花'系列

积雪草（马蹄草、崩大碗）

Centella asiatica (L.) Urb.

伞形科，积雪草属

【形态特征】多年生草本。茎匍匐，细长，节上生根。叶圆形、肾形或马蹄形，边缘有钝锯齿，基部阔心形。伞形花序2~4个，聚生于叶腋，每一伞形花序有花3~4朵，聚集呈头状；花瓣卵形，紫红色或乳白色，膜质。花果期4~10月。

【产地分布】原产中国华南、西南、华中、华东等地。广泛分布于全世界的热带和亚热带地区。

【生长习性】喜温暖潮湿、半阴环境。耐阴，忌阳光直射；耐湿，稍耐旱。适应性强，水陆两栖皆可。

【繁殖方法】分株、扦插繁殖。

【园林用途】茎枝匍匐，叶形优美，生长速度快，是一种优良的地被植物。

野天胡荽（香菇草、铜钱草）

Hydrocotyle vulgaris L.

五加科，天胡荽属

【形态特征】多年生挺水或湿生草本，高5~15 cm。茎匍匐蔓生，横走茎节上常生根和叶，茎顶端呈褐色。叶互生，具长柄，圆盾形，边缘波状，草绿色，叶脉15~20条，呈放射状。伞形花序，小花白色或粉黄绿色。花期6~8月。

【产地分布】原产欧洲。世界各地有栽培，常见逸生。

【生长习性】喜温暖潮湿、光照充足环境。生性强健，耐阴、耐湿、耐旱，稍耐寒。从水生、湿生、中生到旱生，从静水到缓流水，从强光到荫蔽，从富营养到贫瘠均生长良好。

【繁殖方法】扦插、分株繁殖。

【园林用途】叶形优美，生长迅速，管理粗放，常于水岸边丛植或片植，也可盆栽或用于室内水体绿化。

参考文献

[1] 包满珠. 花卉学（第三版）[M]. 北京：中国农业出版社，2011.

[2] 代色平，阮琳，张乔松. 华南园林植物（灌木卷）[M]. 北京：中国林业出版社，2019.

[3] 邢福武，曾庆文，陈红锋，等. 中国景观植物[M]. 武汉：华中科技大学出版社，2009.

[4] 中国科学院华南植物园. 广东植物志[M]. 广州：广东科学技术出版社，2009.

[5] 中国科学院中国植物志编辑委员会. 中国植物志[M]. 北京：科学出版社，2004.

[6] Angiosperm Phylogeny Group. An update of the Angiosperm Phylogeny Group classification for the orders and families of flowering plants: APG IV. Botanical Journal of the Linnean Society, 2016, 181 (1): 1-20.

[7] Pteridophyte Phylogeny Group. A community-derived classification for extant lycophytes and ferns. Journal of Systematics and Evolution, 2016, 54 (6): 563-603.

中文名索引

A

阿波银线蕨	10
阿拉伯虎眼万年青	179
阿魏叶鬼针草	451
埃及白睡莲	23
埃及蓝睡莲	24
埃及莎草	239
埃及纸莎草	238
矮裸柱草	402
矮牵牛	383
矮生伽蓝菜	266
矮生一串红	435
矮万代兰	128
矮雪轮	336
矮烟草	382
矮纸莎草	239
艾氏香茶菜	422
爱之蔓	364
安曼吊兰	170
安诺兰	126
安祖花	44
凹叶景天	271
澳洲狐尾	343
澳洲狐尾苋	343
澳洲香茶菜	423

B

八角乌	467
巴西金鱼草	392
巴西莲子草	338
巴西鸢尾	137
芭蕉	199
霸王蕨	14
白斑黛粉芋	51
白斑万年青	51
白苞老虎须	75
白车轴草	279
白刺金琥	354
白萼	174
白凤菊	345
白果芋	64
白鹤花	174
白鹤芋	63
白花波斯菊	461
白花鹤望兰	193
白花虎眼万年青	179
白花紫露草	185
白晶菊	480
白绢草	187
白可花	398
白兰菊	464
白肋黛粉芋	51
白肋亮丝草	37
白肋万年青	37/51
白肋朱顶红	153
白鹭莞	240
白脉豆瓣绿	31
白脉椒草	31
白毛蛇	12
白毛鸭跖草	187
白菩提	273
白旗兜兰	120
白三叶	279
白网纹草	402
白纹草	170
白雪粗肋草	38
白雪姬	187
白雪蔓	398
白玉凤尾蕨	10
白云般若	352
白掌	63
白竹芋	210
百合	78
百可花	398
百里香	437
百慕大草	244
百日草	492
百日红	341
百日菊	492
百万心	367
百香果	298
班克斯堇菜	293
般若	352
斑马海芋	43
斑马竹芋	216
斑纹月桃	221
斑叶垂椒草	30
斑叶凤梨	231
斑叶鸭跖草	187
板蓝	406
半支莲	349
半柱花	406
蚌花	188
蚌壳草	400
棒叶落地生根	268
棒叶万代兰	122
苞叶芋	63
薄荷	415
宝绿	345
宝石花	267
报春石斛	106
报岁兰	93
豹斑竹芋	216
豹纹竹芋	216
爆仗红	435
杯盖阴石蕨	12
贝母兰	87
崩大碗	494
荸荠	239
彼岸花	156
闭鞘姜	220
碧冬茄	383
蝙蝠蕨	19
鞭打绣球	381
扁草	73
扁竹兰	133
变色牵牛	374
滨瞿麦	334
冰岛罂粟	255
冰岛虞美人	255
冰花	344
波瓣兜兰	116
波浪竹芋	214
波斯菊	461
波斯毛茛	262
波斯紫罗兰	364
波叶花烛	46
波叶异果菊	464
玻利维亚秋海棠	285
菠萝麻	165
伯利恒之星	179
不凋花	369
不死草	104
不死鸟	268
不夜城芦荟	138
布尔若蝎尾蕉	194
布洛华丽	378
步步高	492

C

彩苞鼠尾草	437
彩虹菊	472
彩虹竹芋	213
彩色马蹄莲	67
彩星花	440
彩叶草	412
彩叶粗肋草	36
彩叶凤梨	235
彩叶万年青	36
彩叶芋	49
彩云兜兰	121
蚕茧草	327
蚕茧蓼	327
草本象牙红	397
草本一品红	299
草豆蔻	221
草芙蓉	317
草果	221
草兰	90
草石椒	325
侧耳根	26
茶花海棠	291
潺菜	348
菖兰	132
菖蒲	33
常春藤叶天竺葵	302
常绿水生鸢尾	135
常夏石竹	335
长瓣兜兰	115
长春花	365
长蕊鼠尾草	432
长舌叶花	345
长寿花	266
长星花	440
长药袋鼠爪	192
长叶肾蕨	14
超级鼠尾草	436
超级一串红	434
巢蕨	11
朝日藤	324
朝天椒	380
朝颜	374
车轮菊	468
橙柄草	170
橙柄吊兰	170
橙红鸢萝	373
齿瓣石斛	98
齿叶半插花	406
齿叶睡莲	23
赤道樱草	401
赤胫散	329
绸缎花	464
臭芙蓉	486
除虫菊	487
雏菊	452
穿地龙	489
串铃花	176
串钱藤	366
串叶草	484
串叶松香草	484
串珠草	273
串珠石斛	98
垂花火鸟蕉	196
垂花蓝姜	182
垂花水竹芋	218
垂花鸳鸯草	182
垂花再力花	218

垂盆草	274	大花芙蓉葵	317	倒地铃	312	多花蔓性野牡丹	310
垂筒花	151	大花蕙兰	92	倒地蜈蚣	400	多花指甲兰	81
垂笑君子兰	147	大花藿香蓟	449	德国鸢尾	134	多孔龟背竹	55
垂序蝎尾蕉	196	大花金鸡菊	459	地被石竹	335	多毛马齿苋	350
垂枝绿珊瑚	354	大花君子兰	147	地肤	340	多叶兜兰	121
垂枝石松	2	大花卢莉	404	地瓜	372	多叶羽扇豆	278
春黄菊	462	大花马齿苋	349	地瓜花	463	多枝春羽	65
春菊	452	大花美人蕉	202	地金莲	201	多枝河星花	399
春兰	90	大花牵牛	374	地锦花	489		
春梢菊	480	大花秋葵	317	地雷花	347	**E**	
春石斛	100	大花三色堇	295	地葱	311	莪术	224
春星韭	155	大花坛水仙	159	地藕	184	鹅河菊	453
春羽	65	大花天人菊	470	地毯	311	蛾蝶草	384
春芋	65	大花天竺葵	301	地毯草	241	蛾蝶花	384
纯色万代兰	128	大花万代兰	127	地涌金莲	201	鄂报春	361
茨菰	71	大花犀角	368	地涌莲	201	萼距花	305
瓷玫瑰	224	大花夏枯草	423	灯笼草	488	耳朵草	264
慈姑	71	大花萱草	143	灯笼果	382	二歧鹿角蕨	19
刺罂粟	254	大花油加律	159	灯笼花	318	二色金光菊	482
刺芋	54	大花朱顶红	152	灯笼丝	254		
葱兰	160	大蕉粉芭蕉	201	灯心草	237	**F**	
葱莲	160	大金鸡菊	458	灯芯草	237	法国薰衣草	414
葱芦荟	139	大聚藻	274	灯盏花	471	法兰西菊	450
丛毛宝塔姜	218	大理花	463	灯珠花	362	番姜	477
丛生福禄考	358	大丽花	463	滴水观音	42	番薯	372
粗糙马尾杉	3	大丽菊	463	吊灯花	364	番仔藤	373
粗肋草	37	大领带兰	83	吊金钱	364	矾根	265
脆菊	490	大麻槿	316	吊兰	169	繁星花	362
翠锦口红花	386	大马蹄香	467	吊竹兰	187	方角栉花竹芋	205
翠菊	455	大蔓樱草	336	吊竹梅	187	方角竹芋	205
翠玲珑	181	大咪头果子蔓	233	叠鞘石斛	97	芳香万寿菊	487
翠芦莉	404	大明石斛	106	蝶豆	276	飞燕草	259
翠绿龙舌兰	164	大魔芋	43	东方百子莲	145	非洲彩旗闭鞘姜	219
翠鸟蝎尾蕉	194	大藻	61	东方蓼	328	非洲凤仙	357
翠雀	259	大酸味草	291	东方香蒲	230	非洲堇	390
翠叶竹芋	207	大提灯花	270	东方罂粟	256	非洲菊	471
翠云草	4	大天人菊	468	东南景天	270	非洲螺旋旗	219
		大茼蒿	473	冬凤兰	88	非洲天门冬	166
D		大王秋海棠	290	冬兰	91	非洲万寿菊	464
打不死	269	大吴风草	467	兜唇石斛	94	非洲异果菊	464
大白菊	479	大星蕨	18	豆瓣菜	306	非洲鸢尾	131
大苞鞘石斛	108	大岩桐	391	豆瓣绿	30	非洲紫罗兰	390
大滨菊	479	大野芋	55	独角石斛	108	菲利斯鼠尾草	433
大波斯菊	461	大叶吊兰	171	杜若	184	菲律宾纽扣花	456
大宫灯	270	大叶皇冠草	69	短刺金琥	354	绯牡丹	353
大龟背石斛	102	大叶锦竹草	182	短莛山麦冬	175	翡翠景天	273
大和锦	267	大叶落地生根	268	短莛仙茅	129	翡翠盘	164
大鹤望兰	193	大叶仙茅野棕	130	短葶仙茅	129	费道花	402
大红鲸鱼花	388	大叶油草	241	堆心菊	475	费利菊	467
大红秋海棠	286	大玉兔	107	钝齿蟹爪兰	355	粉菠萝	231
大狐尾兰	126	带叶兜兰	116	钝叶草	250	粉黛乱子草	246
大花波斯菊	459/461	袋鼠花	389	钝叶椒草	30	粉蝶花	370
大花草原龙胆	363	袋鼠爪	191	盾叶天竺葵	302	粉萼鼠尾草	427
大花葱	146	黛粉叶	52	多花白鹤芋	62	粉花石斛	103
大花倒地铃	313	黛粉芋	52	多花报春	361	粉花月见草	309
大花飞燕草	259	单色蝴蝶草	400	多花筋骨草	410	粉绿狐尾藻	274
		淡竹叶	185	多花兰	89		

粉美人蕉	203
粉双线竹芋	214
粉兔萼距花	305
粉叶美人蕉	203
风车草	237
风船葛	312
风铃草	438
风信子	175
风雨花	160
凤蝶草	321
凤蝶兰	122
凤梨鼠尾草	425
凤眉竹芋	205
凤尾蓍	446
凤仙花	356
凤眼莲	189
缝线麻	173
伏胁花	397
扶郎花	471
芙蓉	263
芙蓉菊	463
芙蓉葵	317
芙蓉麻	316
苤菜	72
佛甲草	271
佛手椒	380
佛手掌	345
佛指甲	274
辐花蟹爪兰	355
福禄考	357
福氏星蕨	18
傅氏凤尾蕨	10
富贵花	323
富贵蕨	12
富红蝎尾蕉	194
覆叶石松	2

G

钙生石韦	20
甘薯	372
高垂筒花	150
高翠雀花	260
高大肾蕨	16
高袋鼠爪	191
高山羊齿	13
高笋	251
糕叶	221
茛力花	401
公主观音莲	42
宫灯百合	77
宫灯长寿花	269
沟叶结缕草	253
狗豆芽	271
狗牙根	244
孤挺花	153
姑婆芋	42

菰	251
骨碎补	13
鼓槌石斛	95
瓜拉尼鼠尾草	428
瓜叶菊	481
瓜叶葵	477
瓜子金	366
观赏葫芦	284
观赏花烟草	382
观赏辣椒	380
观赏南瓜	283
观赏西葫芦	283
观叶花烛	45
观音莲	41
管花仙人柱	353
贯众	14
光琳菊	345
广东狼毒	42
广东万年青	37
广西裸柱草	402
龟背竹	56
龟甲芋	41
鬼脸花	297
鬼罂粟	256
桂圆菊	448
果子蔓	233

H

蛤蒌	32
蛤蟆花	401
还魂草	104/451
海边月见草	308
海滨雀稗	248
海滨月见草	308
海芙蓉	308
海角樱草	391
海金沙	5
海南三七	229
海南山姜	221
海南钻喙兰	126
海牵牛	375
海雀稗	248
海石竹	324
海薯	375
海豚花	392
海星花	368
海芋	42
害羞草	278
含羞草	278
寒兰	91
旱金莲	320
旱莲花	320
旱伞草	237
蒿子秆	472
好望角樱草	391
禾雀舌	350

禾叶大戟	300
合果芋	64
何氏凤仙	357
河豚花	389
荷包花	385
荷苞草	371
荷花	263
荷兰菊	485
荷兰紫菀	485
荷叶七	320
褐斑离被鸢尾	131
鹤顶兰	123
鹤望兰	193
黑鹅绒	42
黑节草	105
黑龙沿阶草	178
黑麦冬	178
黑天鹅绒海芋	42
黑心金光菊	482
黑心菊	482
黑眼菊	483
黑眼苏珊	482
黑眼苏珊	407
黑叶观音莲	41
黑叶芋	41
黑藻	72
黑种草	261
亨利兜兰	115
红苞喜林芋	57
红宝石糖蜜草	246
红宝塔姜	220
红背耳叶马蓝	405
红背椒草	29
红背马蓝	405
红背卧花竹芋	217
红闭鞘姜	220
红边椒草	29
红菜头	340
红车轴草	279
红椿蕨	12
红点草	403
红凤菊	474
红果薄柱草	362
红鹤芋	47
红花闭鞘姜	219
红花草籽	275
红花葱兰	160
红花钓钟柳	397
红花芦莉	404
红花石蒜	156
红花鼠尾草	426
红花文殊兰	149
红花西番莲	298
红花野牵牛	377
红花竹节秋海棠	286
红花酢浆草	291
红姜花	226

红蕉红花蕉	200
红口水仙	157
红葵	316
红莲子草	338
红蓼	328
红龙草	338
红绿草	337
红绿袋鼠爪	192
红麻	316
红牡丹	353
红鸟蕉	197
红牛膝	338
红鹏石斛	98
红苹	6
红瓶猪笼草	330
红鞘水竹芋	218
红鞘再力花	218
红秋葵	316
红球	353
红球姜	229
红三叶	279
红苕	372
红升麻	263
红薯	372
红丝姜花	228
红塔姜	218
红提灯	270
红甜菜	340
红团叶	221
红响尾蛇姜	220
红岩桐	390
红岩芋	61
红沿椒草	29
红洋苋	343
红叶大文殊兰	148
红叶槿	315
红叶莲子草	338
红叶苋	343
红芋	61
红缘豆瓣绿	29
红掌	44
荭草	328
喉管花	443
猴面花	438
厚藤	375
忽地笑	155
狐尾兰	126
狐尾龙舌兰	164
葫芦兰	179
槲蕨	17
蝴蝶花	135/297
蝴蝶花豆	276
蝴蝶兰	124
蝴蝶鹿角蕨	19
蝴蝶石豆兰	83
蝴蝶天竺葵	301
虎斑观音莲	43

虎斑秋海棠 286	黄花鼠尾草 431	戟叶喜林芋 58	金毛三七 263
虎耳草 264	黄花鸢尾 136	寄生牵牛 374	金鸟赫蕉 195
虎皮菊 469	黄花竹芋 205	蓟罂粟 254	金钮 353
虎皮兰 172	黄花酢浆草 292	加那利鼠尾草 425	金钱蒲 34
虎头兰 91	黄姜花 227	嘉德丽亚兰 85	金钱树 66
虎尾兰 172	黄金葛 53	嘉兰 77	金蕊 457
虎纹凤梨 234	黄金莲 22	嘉兰百合 77	金莎蔓 397
虎颜花 312	黄金钮 353	假蒿 465	金山海棠 357
虎眼万年青 165	黄金柱 353	假金丝马尾 177	金石斛 95
虎杖 329	黄晶菊 458	假蒟 32	金丝苔草 237
花包菜 322	黄牵牛花 377	假龙头花 420	金丝沿阶草 177
花菖蒲 134	黄秋葵 313	假蒌 32	金童 113
花环菊 472	黄秋英 462	假马齿苋 395	金线草 327
花韭 155	黄肉芋 65	假人参 349	金线兰 82
花岚山 344	黄水仙 157	假酸浆 381	金线莲 82
花轮菊 472	黄睡莲 23	假向日葵 488	金叶过路黄 360
花毛茛 262	黄小鸟 195	假银丝马尾 177	金叶喜林芋 59
花烟草 381	黄野百合 277	尖尾野芋头 42	金银莲花 444
花叶垂椒草 30	蕙兰 89	尖尾芋 39	金鱼草 394
花叶葛郁金 215	婚纱吊兰 183	尖叶海芋 40	金鱼花 389
花叶开唇兰 82	活血莲 467	菅草兰 93	金鱼藤 388
花叶冷水花 280	火把莲 143	建兰 88	金鱼藻 254
花叶山菅兰 141	火百合 150	剑兰 132	金盏花 454
花叶苔草 237	火鹤花 47	剑麻 165	金盏菊 454
花叶万年青 52	火红萼距花 304	剑叶凤尾蕨 9	金盏银台 158
花叶蔺草 249	火剑凤梨 234	剑叶金鸡菊 458	金针菜 142
花叶芋 49	火炬凤梨 233	剑叶竹芋 214	金针花 142
花朱顶红 154	火炬花 143	箭根薯 75	金嘴蝎尾蕉 196
花烛 44	火炬姜 224	箭叶海芋 40	堇花兰 111
华夏慈姑 71	火炬水塔花 232	箭叶秋葵 314	堇兰 391
槐叶苹 6	火炮草 318	箭叶雨久花 190	堇色兰 111
槐叶蘋 6	火球花 342	箭羽竹芋 209	锦蝶 268
环翅马齿苋 350	火炭母 326	江南星蕨 18	锦晃星 267
换锦花 156	火星花 130	江西腊 455	锦葵 319
皇冠草 68	火焰百合 77	姜荷花 222	锦鹿丹 310
皇冠龙舌兰 164	火焰菜 340	姜花 227	锦司晃 267
黄斑栉花竹芋 206	火焰兰 123	姜黄 223	锦团石竹 332
黄斑竹芋 206	藿香 410	浆果丝苇 354	锦绣苋 337
黄苞肖竹芋 208	藿香蓟 448	茭白 251	锦竹草 181
黄苞蝎尾蕉 195		角堇 294	锦竹芋 206
黄边万年麻 173	**J**	节华 457	锦紫苏 412
黄波斯菊 462		节节高 492	荆芥 417
黄菖蒲 136	鸡蛋果 298	节生花石斛 100	晶晶菊 480
黄袋鼠爪 191	鸡冠花 341	结缕草 252	晶帽石斛 96
黄帝菊 480	鸡头米 22	金边凤梨 231	鲸鱼花 388
黄凤雨花 161	鸡爪三七 266	金边龙舌兰 162	镜面草 282
黄花 457	积雪草 494	金边万年麻 173	九层塔 417
黄花菜 142	姬凤梨 232	金不换 417	九节兰 89
黄花葱兰 161	姬金鱼草 396	金钗石斛 104	九头狮子草 403
黄花葱莲 161	姬小菊 453	金兜 113	韭兰 160
黄花地丁 488	姬旋花 377	金光菊 483	韭莲 160
黄花过长沙舅 397	姬岩垂草 409	金红花 387	韭芦荟 140
黄花蔺 71	吉贝丝草 183	金红岩桐 387	鞘 457
黄花菱 307	吉祥草 180	金琥 354	桔梗 442
黄花美冠兰 110	吉祥兰 112	金花栎叶 208	菊花 457
黄花美人蕉 204	极乐鸟 193	金花竹芋 208	菊花菜 473
黄花石蒜 155	急性子 356	金姜花 228	菊芋 477
	蕺菜 26		

中文名索引

499

巨瓣兜兰 114	蓝金花 392	菱 307	绿萝 53
巨巢花烛 46	蓝鲸花 392	菱叶丁香蓼 307	绿玉菊 484
巨海芋 41	蓝菊 467	菱叶水龙 307	
聚花过路黄 360	蓝目菊 464	领带兰 83	**M**
聚石斛 102	蓝色鼠尾草 436	流苏石斛 99	麻兰 144
鹃泪草 403	蓝色西番莲 297	流星花 440	麻栗坡兜兰 118
蕨叶蓍 446	蓝扇花 446	琉维草 347	麻栗坡蝴蝶兰 124
君子兰 147	蓝睡莲 24	硫华菊 462	麻雀花 33
	蓝星花 371	硫磺菊 462	蟆叶秋海棠 290
K	蓝眼菊 464	柳穿鱼 396	马鞍藤 375
咖啡黄葵 313	蓝羊茅 245	柳榕 387	马齿牡丹 350
卡特兰 85	蓝英花 378	柳叶马鞭草 409	马德拉鼠尾草 431
卡特利亚兰 85	蓝猪耳 400	柳叶星河花 399	马克思竹芋 205
开口马兜铃 33	狼尾草 248	六倍利 440	马来眼子菜 74
看瓜 283	狼尾蕨 12	六出花 76	马兰 450
康乃馨 331	浪漫草 183	龙胆鼠尾草 432	马兰头 450
克鲁兹王莲 26	浪心竹芋 214	龙骨瓣丽穗兰 236	马蓝 406
孔雀草 486	浪星竹芋 214	龙骨马尾杉 2	马尼拉草 253
孔雀竹芋 211	老虎皮菊 469	龙口花 394	马尿花 72
孔叶龟背竹 55	老虎须 75	龙脷叶 301	马赛克竹芋 209
口红花 385	老来少 339	龙鳞海芋 39	马蹄 239
苦草 73	老枪谷 339	龙面花 399	马蹄草 494
苦味堆心菊 474	老人须 234	龙舌兰 162	马蹄金 371
库拉索芦荟 139	冷水花 280	龙潭荇菜 445	马蹄莲 67
块茎鱼黄草 377	离被鸢尾 131	龙头花 394	马蹄纹天竺葵 304
宽唇卡特兰 86	礼美龙舌兰 164	龙须海棠 346	马尾杉 2
宽叶不死鸟 268	立叶口红花 386	龙须石蒜 151	马醉草 439
宽叶吊兰 171	丽格海棠 288	聋耳麻 419	玛格丽特菊 450
宽叶十万错 401	丽格秋海棠 288	芦荟 139	麦冬 178
狂刺金琥 354	丽花石斛 106	芦苇 250	麦秆菊 490
葵叶茑萝 376	丽晃 344	芦竹 241	满江红 6
阔叶半支莲 350	丽葵 315	鲁冰花 278	满天星 335
阔叶马齿苋 350	丽穗凤梨 234	鹿角草 3	蔓花生 275
阔叶麦冬 175	连城角 352	鹿角海棠 344	蔓茎四瓣果 310
阔叶山麦冬 175	连翘鼠尾草 431	鹿角蕨 19	蔓九节 363
	莲 263	路易斯安娜鸢尾 135	蔓绿绒 59
L	莲瓣兰 93	露草 346	蔓生天竺葵 302
喇叭唇石斛 103	莲花蕉 200	露花 346	蔓性椒草 30
喇叭花 374	联毛紫菀 485	露薇花 347	蔓性野牡丹 311
喇叭水仙 157	两色金鸡菊 460	鸾凤玉 351	芒 247
蜡菊 490	亮丝草 37	轮伞莎草 238	猫薄荷 417
蜡烛草 230	疗喉草 443	轮叶椒草 31	猫儿脸 297
兰草 466	蓼萍草 73	轮叶金鸡菊 460	猫须草 418
兰香草 411	蓼子草 326	罗勒 417	猫眼竹芋 209
蓝霸鼠尾草 429	烈焰红唇鼠尾草 429	罗氏竹芋 210	毛唇贝母兰 87
蓝雏菊 467	裂叶伽蓝菜 266	萝卜海棠 359	毛地黄 396
蓝地柏 4	裂叶花葵 319	螺旋姜 219	毛萼口红花 386
蓝芙蓉 456	裂叶落地生根 266	洛神花 318	毛根蕨 13
蓝冠菊 456	裂叶牵牛 374	洛阳花 332	毛冠草 246
蓝壶花 176	林地鼠尾草 431	落地金钱 371	毛老鼠筋 401
蓝蝴蝶 136	林荫鼠尾草 431	落地生根 269	毛马齿苋 350
蓝花草 404	临时救 360	落葵 348	毛虾蟆草 282
蓝花豆 276	鳞芹 140	落葵薯 348	毛叶秋海棠 290
蓝花矢车菊 456	玲殿黄肉芋 48	落新妇 263	玫瑰葱莲 161
蓝花鼠尾草 427	玲珑冷水花 280	驴尾景天 273	玫瑰闭鞘姜 218
蓝姜 183	铃铛花 442	旅人蕉 192	玫瑰海棠 288
	铃桔梗 313	绿巨人 63	

玫瑰茄	318
玫瑰石斛	96
玫瑰竹芋	213
玫红金鸡菊	459
美苞舞花姜	226
美冠兰	110
美国薄荷	416
美国石竹	330
美花石斛	103
美兰菊	480
美丽口红花	386
美丽马兜铃	32
美丽日中花	346
美丽石斛	106
美丽星球	352
美丽鸢尾	137
美丽月见草	309
美丽竹芋	215
美丽紫水晶	378
美女石竹	332
美女樱	407
美人蕉	204
美铁芋	66
美叶光萼荷	231
美洲千日红	342
迷迭香	424
迷你木槿	315
米尔顿兰	111
秘鲁百合	76
秘鲁苦蘵	382
密尔顿兰	111
密花石斛	97
密林丛花烛	45
密叶铁线蕨	7
明脉蔓绿绒	58
摩洛哥柳穿鱼	396
魔帝兜兰	117
莫娜紫香茶菜	422
莫娜紫香茶菜	422
墨兰	93
墨西哥黄睡莲	23
墨西哥鼠尾草	430
墨西哥向日葵	489
木春菊	450
木耳菜	348
木立芦荟	138
木玫瑰	377
木茼蒿	450
木贼	4
穆氏文殊兰	150

N

奈美西亚	399
南板蓝根	406
南非菊	466
南非葵	315
南非芦荟	140
南非山梗菜	440
南美蟛蜞菊	489
南美水仙	159
南美天芥菜	369
南茼蒿	473
尼古拉鹤望兰	193
鸟巢花烛	46
鸟巢蕨	11
鸟乳花	165
鸟爪花烛	47
茑萝	376
柠檬草	244
柠檬天竺葵	302
牛头茄	384
牛至	418
扭果苣苔	391
纽扣蕨	9
纽扣藤	366

O

欧菱	307
欧楼斗菜	258
欧石竹	334
欧洲慈姑	70

P

怕羞草	278
泡叶冷水花	282
佩兰	466
蓬蒿	473
蓬莱松	167
碰碰香	422
披针叶竹芋	209
飘带兜兰	119
平民兰	384
苹	5
苹果蓟	456
萍	5
萍蓬草	22
萍蓬莲	22
蘋	5
坡地毛冠草	246
婆婆丁	488
婆绒花	411
匍匐百日草	483
匍匐半插花	406
匍匐筋骨草	411
葡萄风信子	176
蒲包花	385
蒲公英	488
蒲苇	243
普通百里香	437
铺地锦	311
铺地锦竹草	181
铺地马鞭草	407

Q

七月菊	455
岐花鹦哥凤梨	236
麒麟菊	479
麒麟尾	52
麒麟叶	52
气球藤	313
气生凤梨	234
槭叶茑萝	376
槭叶秋葵	316
千年艾	463
千年健	54
千年芋	65
千鸟草	259
千鸟花	308
千屈菜	306
千日红	342
千手观音	39
千岁兰	172
千叶吊兰	325
千叶兰	325
千叶蓍	447
牵牛	374
牵牛花	374
钱葵	319
芡实	22
枪刀药	403
墙下红	435
乔治百合	150
鞘蕊花	412
伽蓝菜	266
亲嘴花	389
芹菜花	262
琴叶蔓绿绒	60
琴叶树藤	60
琴叶喜林芋	60
琴爪菊	345
青苹果竹芋	212
青蛙藤	367
青纹竹芋	208
青葙	341
青苑	451
清秀竹芋	211
蜻蜓凤梨	231
擎天凤梨	233
秋葵	313
秋兰	88
秋石斛	101
秋英	461
球根海棠	291
球根秋海棠	291
球花石斛	107
球兰	368
曲管花	151
驱蚊草	302
全缘贯众	13

R

热带红睡莲	24
热亚海芋	41
日本凤尾蕨	10
日本结缕草	252
日本芦荟	138
日本石竹	334
日本鸢尾	135
日日春	365
荣耀喜林芋	58
绒叶喜林芋	59
绒叶肖竹芋	216
柔软金鱼草	395
肉饼兜兰	119
如意花	68
如意蔓	423
乳脉千年芋	48
乳脉五彩芋	48
乳茄	384
入腊红	303/304
软草	254
软叶鳞菊	344
瑞典常春藤	42
箬叶藻	74

S

撒尔维亚	435
洒金肖竹芋	209
洒金蜘蛛抱蛋	168
三白草	27
三角叶酢浆草	292
三裂喜林芋	60
三裂叶蟛蜞菊	489
三裂叶薯	377
三色堇	297
三色菊	472
三色苋	339
三月花葵	319
三褶虾脊兰	84
伞花虎眼万年青	179
扫帚菜	340
僧帽花	442
鲨鱼花	388
山白菜	451
山薄荷	411
山梗菜	441
山菅	140
山菅兰	140
山蒟	31
山菱	31
山麦冬	176
山茄子	318
山桃草	308
杉叶石松	3
珊瑚藤	324

珊瑚钟 265	水蕨 8	唐菖蒲 132	**W**
扇形蝎尾蕉 196	水柳 306	桃叶风铃草 439	瓦氏凤仙 357
扇叶铁线蕨 7	水皮莲 444	特丽莎香茶菜 422	瓦氏鹿角蕨 19
上树虾 102	水生美人蕉 203	特丽莎香茶菜 422	弯曲堆心菊 475
少女石竹 332	水生鸢尾 136	腾冲石斛 108	玩具南瓜 283
舌叶菊 345	水塔花 232	藤本天竺葵 302	晚香玉 163
蛇鞭菊 479	水仙 158	藤三七 348	万年兰 173
蛇瓜 284	水仙百合 76	提灯花 77	万年麻 173
蛇目菊 460	水益母 415	天冬草 166	万年青 180
蛇目菊 483	水银莲花 444	天鹅绒 179	万寿菊 486
麝香草 437	水罂粟 69	天鹅绒草 253	王冠草 68
申时花 349	水芋 50	天鹅绒三七 474	王莲 25
深蓝鼠尾草 428	水芋 67	天鹅绒竹芋 216	王爷葵 488
深裂花烛 48	水泽 68	天宫石斛 94	网脉朱顶红 153
肾茶 418	水泽莲 69	天蓝鼠尾草 433	网球花 158
肾蕨 15	水竹芋 217	天蓝绣球 358	网纹草 402
肾叶堇 293	水烛 230	天轮柱 352	忘忧草 142
圣诞百合 77	睡莲 25	天门冬 166	尾穗苋 339
圣诞风铃 77	丝带草 249	天人菊 469	文殊兰 148
圣诞伽蓝菜 266	丝苇 354	天山雪菊 460	文心兰 112
圣诞仙人掌 355	丝须蒟蒻薯 75	天使花 393	文竹 167
胜红蓟 448	丝叶蓍 447	天堂鸟 193	乌菱 307
蓍 447	死不了 349	天竺葵 303	五彩凤仙花 356
十八学士 148	四季报春 361	田边菊 450	五彩苏 412
十样锦 132	四季凤仙 356	田字草 5	五彩芋 49
石菖蒲 34	四季海棠 287	田字苹 5	五代同堂 384
石斛 104	四季兰 88	条纹钝叶草 251	五角星花 376
石莲花 267	四季秋海棠 287	条纹水塔花 232	五色草 337
石马齿苋 271	四季樱草 361	跳舞草 276	五色椒 380
石上藕 111	四棱椒草 28	跳舞兰 112	五色菊 453
石蒜 156	四时春 365	跳舞郎 226	五色水仙 175
石竹 332	四叶苹 5	贴生石韦 20	五色苋 337
矢车菊 456	松果菊 465	铁甲秋海棠 289	五星花 362
书带草 178	松萝凤梨 234	铁兰 236	五爪金龙 373
梳黄菊 466	松叶佛甲草 272	铁皮石斛 105	五指茄 384
蜀葵 314	松叶景天 272	铁十字秋海棠 289	五指山参 314
鼠爪花 192	松叶菊 346	铁线蕨 7	午时花 320
束花石斛 94	松叶牡丹 349	铁线兰 325	武竹 166
树兰 109	松叶武竹 167	庭菖蒲 137	舞草 276
双翅舞花姜 225	苏丹凤仙花 357	通耳草 264	舞春花 379
双色非洲鸢尾 131	宿根福禄考 358	同瓣草 439	舞花姜 225
双色野鸢尾 131	宿根六倍利 442	同色兜兰 114	舞女兰 112
双色一串红 435	宿根天人菊 468	茼蒿 473	勿忘草 369
双线竹芋 214	宿根霞草 335	铜锤玉带草 441	勿忘我 369
水鳖 72	随手香 34	铜钱草 494	
水菜花 73	随意草 420	铜色芋 40	**X**
水葱 240	穗花翠雀 260	铜叶海芋 40	夕雾草 44
水灯草 237	穗花婆婆纳 398	头花蓼 325	西班牙薰衣草 414
水浮莲 61	梭鱼草 189	头状鸡冠 341	西番莲 297
水瓜子 306	穗状鸡冠 341	透明草 281	西瓜皮椒草 27
水鬼蕉 154		土麦冬 176	西蕾丽蝴蝶兰 124
水鬼莲 444		土人参 349	西洋白花菜 321
水荷叶 445	**T**	吐烟花 283	西洋报春 361
水葫芦 189	台湾草 253	兔耳花 359	西洋滨菊 479
水金莲花 443	台湾蝶兰 124	兔脚蕨 12	西洋凤梨 233
水金英 69	太阳花 349	兔子花 359	西洋蓍草 447
水晶花烛 45	泰国舞花姜 226		

西洋石竹	332	香豌豆	277	心叶牵牛	375	岩海角苣苔	392
西洋樱草	361	香雪兰	132	心叶日中花	346	岩芋	61
吸毒草	423	香雪球	323	心叶藤	59	沿阶草	178
洗澡花	347	香叶天竺葵	302	心叶喜树蕉	58	眼树莲	366
喜林草	370	香叶万寿菊	487	心愿蕨	8	艳凤梨	231
喜雅马蓝	405	镶嵌斑竹芋	206	新几内亚凤仙花	356	艳红赫蕉	197
喜荫花	389	向日葵	476	新娘草	183	艳芦莉	404
细斑粗肋草	35	象草	249	新西兰麻	144	艳山姜	221
细斑亮丝草	35	象耳蝴蝶兰	124	新竹石斛	98	雁河菊	453
细草	254	象耳芋	55	星辰花	369	雁来红	339
细小石头花	336	象牙红	435	星点藤	62	羊角石斛	107
细叶百日草	491	象牙球	354	星光草	240	洋彩雀	394
细叶结缕草	253	小白菊	480	星花凤梨	233	洋地黄	396
细叶菊	451	小百日草	493	星花福禄考	357	洋荷花	80
细叶美女樱	408	小苍兰	132	星蕨	18	洋红西番莲	298
细叶千日红	342	小翠云	3	猩猩草	299	洋蝴蝶	301
细叶石斛	99	小町草	336	杏黄兜兰	113	洋姜	477
细蜘蛛秋海棠	286	小对叶草	395	荇菜	445	洋桔梗	363
虾脊兰	83	小宫灯	269	莕菜	445	洋落葵	348
虾蟆草	281	小果酸浆	382	雄黄兰	130	洋麻	316
虾膜花	401	小红芙蓉	314	熊耳草	449	洋石榴	298
虾藻	74	小红鸟	197	熊猫堇	293	洋水仙	157/175
狭叶龙舌兰	163	小葫芦	284	羞凤梨	235	洋绣球	303
狭叶薰衣草	413	小花矮牵牛	379	秀丽卡特兰	84	洋绣球	304
夏堇	400	小花百日草	491	绣球松	167	腰葫芦	284
夏兰	89	小花吊兰	170	须苞石竹	330	药用鼠尾草	432
夏威夷草	248	小花假番薯	377	须尾草	140	野薄荷	415
仙洞龟背竹	55	小花三色堇	294	旭日藤	324	野慈姑	71
仙鹤莲	361	小兰屿蝴蝶兰	124	萱草	142	野山芋	50
仙客来	359	小韭兰	161	雪椒草	29	野天胡荽	494
仙人指	355	小木槿	315	雪蔓花	398	野西瓜苗	318
仙扇花	446	小钱花	319	雪茄竹芋	205	野罂粟	255
仙羽鹅掌芋	65	小秋葵	318	雪铁芋	66	野芋	50
弦月椒草	31	小提灯花	269	雪叶菊	478	野芋头	50
藓状景天	273	小天蓝绣球	357	血草	245	野鸢尾	131
苋	339	小天使	65	血苋	343	叶爆芽	269
线唇羚羊石斛	107	小向日葵	477	血叶兰	111	叶牡丹	322
线叶金鸡菊	458	小雪兰	93	勋章菊	470	夜饭花	347
香彩雀	393	小岩桐	390	熏波菊	344	夜落令钱	320
香草	466	小叶兜兰	113	薰衣草	413	夜息香	415
香草兰	129	小叶金鱼花	388			射干	133
香妃草	421	小叶金鱼藤	388	**Y**		腋花同瓣草	440
香根草	242	小叶鲸鱼花	388			一串白	435
香菇草	494	小叶冷水花	281	鸭舌草	191	一串红	435
香荚兰	129	小叶眼树莲	366	鸭嘴花	401	一串蓝	427
香蕉	199	小叶银斑葛	62	牙买加蝎尾蕉	198	一串紫	435
香堇	293	小纸莎草	239	牙努秒猫须公	418	一点金	282
香堇菜	293	肖竹芋	212	崖姜	17	一帆风顺	63
香锦竹草	182	楔叶铁线蕨	7	崖姜蕨	17	一品冠	359
香菊	463	蟹爪兰	355	雅丽皇后	38	一叶兰	168
香露兜	76	蟹爪莲	355	亚马逊百合	159	一叶莲	445
香茅	244	心心相印	364	亚马逊王莲	25	一丈红	314
香蒲	230	心叶冰花	346	亚洲文殊兰	148	异果菊	464
香石竹	331	心叶粗肋草	37	胭脂花	347	异叶肿柄菊	488
香殊兰	150	心叶藿香蓟	449	烟斗花藤	32	益母草	415
香水草	369	心叶蕨	8	嫣红蔓	403	翼叶老鸦嘴	407
香荽	419	心叶蔓绿绒	59	延命菊	452	翼叶山牵牛	407
				岩白菜	264		

翼枝菊	449
银苞菊	449
银苞芋	62
银边翠	300
银边龙舌兰	162
银边山菅兰	141
银边沿阶草	177
银河粗肋草	38
银马蹄金	370
银脉凤尾蕨	9
银脉朱顶红	153
银网草	402
银纹沿阶草	177
银线凤尾蕨	10
银星绿萝	62
银星秋海棠	285
银叶金木菊	466
银叶金鱼草	395
银叶菊	478
银叶马刺花	421
银叶蔓绿绒	58
银叶香茶菜	421
印度红睡莲	24
印度荇菜	444
印度莕菜	444
英国薰衣草	413
莺哥凤梨	236
婴儿蓝眼	370
婴儿泪	280
樱桃椒	380
樱桃鼠尾草	428
迎春兜兰	122
颖苞糖蜜草	246
硬毛蝎尾蕉	194
硬叶兜兰	118
硬叶兰	87
油画婚礼吊兰	184
油画婚礼紫露草	184
疣柄魔芋	43
莜	411
蚰蜒草	447
友谊鼠尾草	424
鱼腥草	26
愉悦蓼	328
虞美人	256
羽瓣石竹	335
羽裂喜林芋	65
羽裂薰衣草	414
羽叶茑萝	376
羽叶薰衣草	414
羽衣甘蓝	322
羽状鸡冠	341
雨久花	190
玉蝉花	134
玉唇花	387
玉带草	249
玉蝶	267

玉荷包	367
玉女兜兰	118
玉簪	174
玉缀	273
芋	50
芋头	50
郁金	223
郁金香	80
鸢尾	136
鸳鸯草	182
圆盖阴石蕨	12
圆叶非洲苋	311
圆叶佛甲	271
圆叶旱蕨	9
圆叶椒草	30
圆叶节节菜	306
圆叶景天	272
圆叶鳞芹	139
圆叶蔓绿绒	58
圆叶茑萝	373
圆叶牵牛	375
圆叶眼树莲	366
圆叶肿柄菊	489
圆叶竹芋	212
圆锥凤梨	233
圆锥擎天	233
圆锥石头花	335
月影	267
越南万年青	38
云南铁皮	105

Z

杂交百日草	493
杂交海角苣苔	391
杂交卡特兰	85
杂交秋海棠	288
杂交石竹	333
杂种耧斗菜	257
杂种茑萝	376
杂种萱草	143
杂种朱顶红	152
杂种撞羽朝颜	383
再力花	217
早花百子莲	145
早花卡特兰	86
泽泻	68
泽泻慈姑	70
泽泻蕨	8
掌裂花烛	47
掌叶花烛	47
掌叶茑萝	376
掌叶牵牛	373
爪哇万年青	37
针叶天蓝绣球	358
珍珠橙	362
珍珠椒	380

芝麻花	420
芝樱	358
蜘蛛抱蛋	168
蜘蛛兰	154
直立蝎尾蕉	198
纸莎草	238
指甲草	271
指甲花	356
指甲兰	81
栉花竹芋	206
中国石竹	332
中国水仙	158
中华芦荟	139
中美钟铃花	387
中型卡特兰	86
钟萼豆	276
肿柄菊	488
肿节石斛	105
重唇石斛	102
帚枝河星花	399
皱皮草	281
皱叶豆瓣绿	28
皱叶椒草	28
皱叶冷水花	281
皱叶麒麟	299
朱唇	426
朱顶红	153
朱顶兰	153
朱红萼距花	305
猪肥菜	306
猪屎豆	277
竹节秋海棠	289
竹叶蕉	207
竹叶兰	82
竹叶莲	184
竹叶眼子菜	74
烛光草	421
柱叶虎尾兰	171
锥花福禄考	358
锥花丝石竹	335
子午莲	25
籽粒苋	339
紫斑金兰	97
紫苞芭蕉	200
紫苞藤	324
紫苞舞花姜	226
紫背爵床	405
紫背天鹅绒竹芋	215
紫背万年青	188
紫背肖竹芋	209
紫背栉花竹芋	206
紫背竹芋	217
紫柄芋	65
紫菜头	340
紫鹅绒	474
紫萼	174
紫萼宫灯长寿花	270

紫芳草	364
紫粉文殊兰	149
紫凤凰	422
紫根兰	150
紫花苞舌兰	127
紫花波斯菊	461
紫花凤梨	236
紫花藿香蓟	449
紫花牵牛	375
紫花山柰	228
紫花玉簪	174
紫花鸢尾	134
紫花酢浆草	291
紫娇花	159
紫锦兰	188
紫蕨草	406
紫露草	186
紫罗兰	323
紫毛兜兰	121
紫茉莉	347
紫鸟鼠尾草	424
紫皮石斛	98
紫人参	349
紫绒三七	474
紫绒鼠尾草	430
紫扇花	446
紫水晶	378
紫苏	419
紫菀	451
紫纹兜兰	120
紫心菊	475
紫鸭跖草	186
紫叶粉菠萝	231
紫叶槿	315
紫叶狼尾草	242
紫叶莲子草	338
紫叶马蓝	405
紫叶鸭跖草	186
紫叶酢浆草	292
紫芋	66
紫云英	275
紫竹梅	186
紫锥花	465
自由钟	396
菹草	74
钻喙兰	126
醉蝶花	321

学名索引

A

Abelmoschus esculentus 313
Abelmoschus sagittifolius 314
Acanthus mollis 401
Achillea filipendulina 446
Achillea millefolium 447
Achillea setacea 447
Acmella oleracea 448
Acorus calamus 33
Acorus gramineus 34
Adiantum flabellulatum 7
Adiantum raddianum 7
Aechmea fasciata 231
Aechmea fasciata var. purpurea
.... 231
Aerides falcata 81
Aerides rosea 81
Aeschynanthus pulcher 385
Aeschynanthus radicans 386
Aeschynanthus speciosus 386
Agapanthus praecox 145
Agastache rugosa 410
Agave americana 162
Agave americana var. marginata
.... 162
Agave americana var. marginata-alba
.... 162
Agave amica 163
Agave angustifolia 163
Agave attenuata 164
Agave desmetiana 164
Agave sisalana 165
Ageratum conyzoides 448
Ageratum houstonianum 449
Aglaonema cv. 36
Aglaonema commutatum 35
Aglaonema costatum 37
Aglaonema modestum 37
Aglaonema simplex 38
Aglaonema 'Pattaya Beauty' 38
Ajuga multiflora 410
Ajuga reptans 411
Albuca bracteata 165
Alcea rosea 314
Alisma plantago-aquatica 68
Allium giganteum 146
Alocasia × mortfontanensis 39
Alocasia baginda 39
Alocasia cuprea 40
Alocasia cucullata 40
Alocasia longiloba 41
Alocasia macrorrhizos 41
Alocasia odora 42
Alocasia reginula 42
Alocasia zebrina 43
Aloe × nobilis 138
Aloe arborescens 138
Aloe vera 139
Alpinia hainanensis 221
Alpinia zerumbet 221
Alstroemeria hybrida 76
Alternanthera bettzickiana 337
Alternanthera brasiliana 338
Alternanthera sessilis 'Red' 338
Amaranthus caudatus 339
Amaranthus tricolor 339
Ammobium alatum 449
Amorphophallus paeoniifolius 43
Ananas comosus 'Variegatus'... 231
Angelonia angustifolia 393
Anigozanthos flavidus 191
Anigozanthos manglesii 192
Anisodontea capensis 315
Anoectochilus roxburghii 82
Anredera cordifolia 348
Anthurium andraeanum 44
Anthurium crassinervium 'Jungle Bush'... 45
Anthurium crystallinum 45
Anthurium hookeri 46
Anthurium pedatoradiatum 47
Anthurium scherzerianum 47
Anthurium jenmanii 46
Anthurium variabile 48
Antigonon leptopus 324
Antirrhinum majus 394
Antirrhinum sempervirens 395
Aquarius grisebachii 68
Aquarius macrophyllus 69
Aquilegia hybrida 257
Aquilegia vulgaris 258
Arachis duranensis 275
Argemone mexicana 254
Argyranthemum frutescens 450
Aristolochia littoralis 32
Aristolochia ringens 33
Armeria maritima 324
Arthrostemma ciliatum 310
Arundina graminifolia 82
Arundo donax 241
Aspidistra elatior var. punctata
.... 168
Asparagus densiflorus 166
Asparagus macowanii 167
Astragalus sinicus 275
Astridia velutina 344
Astrophytum myriostigma 351
Astrophytum ornatum 352
Asystasia gangetica 401
Axonopus compressus 241
Azolla pinnata subsp. asiatica 6

B

Bacopa monnieri 395
Basella alba 348
Bassia scoparia 340
Begonia × albopicta 285
Begonia × hiemalis 288
Begonia × tuberhybrida 291
Begonia boliviensis 285
Begonia bowerae 'Tiger' 286
Begonia coccinea 286
Begonia cucullata 287
Begonia hybrida 288
Begonia maculata 289
Begonia masoniana 289
Begonia rex 290
Bellis perennis 452
Bergenia purpurascens 264
Beta vulgaris 340
Bidens ferulifolia 451
Billbergia pyramidalis 232
Billbergia pyramidalis var. concolor
.... 232
Billbergia pyramidalis var. strata
.... 232
Brachyscome angustifolia 453
Brachyscome iberidifolia 453
Brassica oleracea 322
Breynia spatulifolia 301
Browallia speciosa 378
Bulbine frutescens 140
Bulbine cremnophila 139
Bulbophyllum phalaenopsis 83

C

Caladium bicolor 49
Caladium lindenii 48
Calanthe discolor 83
Calanthe triplicata 84

Calathea lutea 205	Columnea microphylla 388	Cymbidium hookerianum 91
Calceolaria crenatiflora 385	Coreopsis grandiflora 459	Cymbopogon citratus 244
Calendula officinalis 454	Coreopsis lanceolata 458	Cynodon dactylon 244
Calibrachoa hybrida 379	Coreopsis rosea 459	Cyperus involucratus 238
Callisia fragrans 182	Coreopsis tinctoria 460	Cyperus papyrus 238
Callisia repens 181	Coreopsis verticillata 460	Cyperus prolifer 239
Callistephus chinensis 455	Cortaderia selloana 243	Cyrtanthus elatus 150
Campanula medium 438	Cosmos bipinnatus 461	Cyrtanthus mackenii 151
Campanula persicifolia 439	Cosmos bipinnatus var. albiflorus	Cyrtomium falcatum 13
Canna × generalis 202	 461	Cyrtomium fortunei 14
Canna glauca 203	Cosmos bipinnatus var. grandiflorus	
Canna indica 204	 461	**D**
Canna indica var. flava 204	Cosmos bipinnatus var. purpureus	
Capsicum annuum 380	 461	Dahlia pinnata 463
Cardiospermum grandiflorum ... 313	Cosmos sulphureus 462	Davallia griffithiana 12
Cardiospermum halicacabum 312	Costus comosus 218	Davallia trichomanoides 13
Carex oshimensis 'Evergold' 237	Costus comosus var. bakeri 218	Delosperma cooperi 344
Caryopteris incana 411	Costus curvibracteatus 219	Delphinium ajacis 259
Catharanthus roseus 365	Costus lucanusianus 219	Delphinium elatum 260
Cattleya × hybrida 85	Costus woodsonii 220	Delphinium grandiflorum 259
Cattleya dowiana 84	Cota tinctoria 462	Dendrobium aphyllum 94
Cattleya intermedia 86	Crinum × amabile 149	Dendrobium chrysanthum 94
Cattleya labiata 86	Crinum asiaticum 148	Dendrobium chrysotoxum 95
Celosia argentea 341	Crinum asiaticum var. procerum	Dendrobium comatum 95
Celosia argentea var. cristata 341	 148	Dendrobium crepidatum 96
Celosia argentea var. plumosa .. 341	Crinum asiaticum var. sinicum	Dendrobium crystallinum 96
Celosia argentea var. spicata 341	 148	Dendrobium denneanum 97
Cenchrus setaceus 'Rubrum' 242	Crinum moorei 150	Dendrobium densiflorum 97
Centaurea cyanus 456	Crinum 'Menehune' 149	Dendrobium devonianum 98
Centella asiatica 494	Crocosmia × crocosmiiflora 130	Dendrobium falconeri 98
Centratherum punctatum 456	Crossostephium chinense 463	Dendrobium fimbriatum 99
Ceratophyllum demersum 254	Crotalaria pallida 277	Dendrobium hancockii 99
Ceratopteris thalictroides 8	Cryptanthus acaulis 232	Dendrobium hercoglossum 102
Cereus fernambucensis 352	Ctenanthe oppenheimiana 206	Dendrobium hybrida 101
Ceropegia woodii 364	Ctenanthe burle-marxii 205	Dendrobium lindleyi 102
Chaenostoma cordatum 398	Ctenanthe lubbersiana 206	Dendrobium lituiflorum 103
Chlorophytum comosum 169	Cucurbita melopepo 283	Dendrobium loddigesii 103
Chlorophytum laxum 170	Cuphea ignea 304	Dendrobium nobile 104
Chlorophytum malayense 171	Cuphea llavea 305	Dendrobium officinale 105
Chlorophytum filipendulum subsp.	Cuphea 'Pink Bunny' 305	Dendrobium pendulum 105
amaniense 170	Curculigo breviscapa 129	Dendrobium polyanthum 106
Chrysanthemum × morifolium	Curculigo capitulata 130	Dendrobium speciosum 106
.... 457	Curcuma alismatifolia 222	Dendrobium stratiotes 107
Chrysopogon zizanioides 242	Curcuma aromatica 223	Dendrobium thyrsiflorum 107
Chrysothemis pulchella 387	Curcuma longa 223	Dendrobium unicum 108
Cleistocactus winteri 353	Curcuma phaeocaulis 224	Dendrobium wardianum 108
Cleome houtteana 321	Cyclamen persicum 359	Dendrobium hybrida 100
Clitoria ternatea 276	Cymbidium crassifolium 87	Dianella ensifolia 140
Clivia miniata 147	Cymbidium dayanum 88	Dianella tasmanica 'Variegata'
Clivia nobilis 147	Cymbidium ensifolium 88	 141
Codariocalyx motorius 276	Cymbidium faberi 89	Dianthus caryophyllus 331
Codonanthe gracilis 387	Cymbidium floribundum 89	Dianthus chinensis 332
Coelogyne cristata 87	Cymbidium goeringii 90	Dianthus chinensis var. heddewigii
Coleostephus multicaulis 458	Cymbidium hybridum 92	 332
Coleus scutellarioides 412	Cymbidium kanran 91	Dianthus deltoides 332
Colocasia esculenta 50	Cymbidium sinense 93	Dianthus hybridus 333
Columnea microcalyx 388	Cymbidium tortisepalum 93	Dianthus japonicus 334

Dianthus plumarius 335
Dianthus barbatus 330
Dianthus 'Kahori' 334
Dichondra argentea 370
Dichondra micrantha 371
Dichorisandra penduliflora 182
Dichorisandra thyrsiflora 183
Dieffenbachia bowmannii 51
Dieffenbachia leopoldii 51
Dieffenbachia seguine 52
Dietes bicolor 131
Dietes iridioides 131
Digitalis purpurea 396
Dimorphotheca ecklonis 464
Dimorphotheca sinuata 464
Dischidia chinensis 366
Dischidia nummularia 366
Dischidia ruscifolia 367
Dischidia vidalii 367
Distimake tuberosus 377
Donax canniformis 207
Dracaena angolensis 171
Dracaena trifasciata 172
Drynaria coronans 17
Drynaria roosii 17

E

Echeveria elegens 267
Echeveria pulvinata 267
Echeveria purpusorum 267
Echeveria secunda 267
Echeveria setosa 267
Echeveria spp. 267
Echinacea purpurea 465
Eleocharis dulcis 239
Epidendrum spp. 109
Epipremnum aureum 53
Epipremnum pinnatum 52
Episcia cupreata 389
Equisetum hyemale 4
Erythranthe × *hybrida* 438
Etlingera elatior 224
Eucrosia bicolor 151
Eulophia flava 110
Eulophia graminea 110
Eupatorium capillifolium 465
Eupatorium fortunei 466
Euphorbia cyathophora 299
Euphorbia decaryi 299
Euphorbia graminea 300
Euphorbia marginata 300
Euryale ferox 22
Euryops pectinatus 466
Eustoma grandiflorum 363
Evolvulus nuttallianus 371
Exacum affine 364

F

Farfugium japonicum 467
Felicia amelloides 467
Festuca glauca 245
Fittonia albivenis 402
Freesia × *hybrida* 132
Furcraea foetida 173
Furcraea selloa 'Marginata' 173

G

Gaillardia × *grandiflora* 470
Gaillardia aristata 468
Gaillardia pulchella 469
Gazania rigens 470
Gerbera jamesonii 471
Gibasis pellucida 183
Gladiolus hybridus 132
Glandularia × *hybrida* 407
Glandularia tenera 408
Glebionis carinata 472
Glebionis coronaria 473
Glebionis segetum 473
Globba racemosa 225
Globba schomburgkii 225
Globba winitii 226
Gloriosa superba 77
Glottiphyllum longum 345
Goeppertia concinna 207
Goeppertia crocata 208
Goeppertia elliptica 208
Goeppertia insignis 209
Goeppertia kegeljanii 209
Goeppertia loeseneri 210
Goeppertia louisae 211
Goeppertia makoyana 211
Goeppertia orbifolia 212
Goeppertia ornata 212
Goeppertia roseopicta 213
Goeppertia rufibarba 214
Goeppertia sanderiana 214
Goeppertia veitchiana 215
Goeppertia warszewiczii 215
Goeppertia zebrina 216
Gomphostigma virgatum 399
Gomphrena globosa 342
Gomphrena haageana 342
Guzmania lingulata 233
Guzmania conifera 233
Gymnocalycium friedrichii 'Hibotan'
.... 353
Gymnostachyum subrosulatum
.... 402
Gynura aurantiaca 474
Gypsophila muralis 336
Gypsophila paniculata 335

H

Hedychium coccineum 226
Hedychium coronarium 227
Hedychium flavum 227
Hedychium gardnerianum 228
Helenium amarum 474
Helenium autumnale 475
Helenium flexuosum 475
Helianthus annuus 476
Helianthus debilis subsp. *cucumerifolius*
.... 477
Helianthus tuberosus 477
Heliconia bourgaeana 194
Heliconia hirsuta 194
Heliconia latispatha 195
Heliconia lingulata 196
Heliconia psittacorum 197
Heliconia rostrata 196
Heliconia stricta 198
Heliotropium arborescens 369
Hellenia speciosa 220
Hemerocallis citrina 142
Hemerocallis fulva 142
Hemerocallis hybrida 143
Heterocentron elegans 310
Heterotis rotundifolia 311
Heuchera hybrida 265
Hibiscus acetosella 315
Hibiscus cannabinus 316
Hibiscus coccineus 316
Hibiscus grandiflorus 317
Hibiscus moscheutos 317
Hibiscus sabdariffa 318
Hibiscus trionum 318
Hippeastrum hybridum 152
Hippeastrum reticulatum 153
Hippeastrum striatum 153
Hippeastrum vittatum 154
Hippobroma longiflora 439
Homalomena occulta 54
Hosta plantaginea 174
Hosta ventricosa 174
Houttuynia cordata 26
Hoya carnosa 368
Hyacinthus orientalis 175
Hydrilla verticillata 72
Hydrocharis dubia 72
Hydrocleys nymphoides 69
Hydrocotyle vulgaris 494
Hymenocallis littoralis 154
Hypoestes phyllostachya 403

I

Impatiens balsamina 356
Impatiens hawkeri 356
Impatiens walleriana 357

Imperata cylindrica 'Rubra' 245
Ipheion uniflorum 155
Ipomoea × *sloteri* 376
Ipomoea batatas 372
Ipomoea cairica 373
Ipomoea indica 374
Ipomoea nil 374
Ipomoea pes-caprae 375
Ipomoea purpurea 375
Ipomoea quamoclit 376
Ipomoea triloba 377
Ipomoea cholulensis 373
Iresine diffusa f. *herbstii* 343
Iris confusa 133
Iris domestica 133
Iris ensata 134
Iris germanica 134
Iris japonica 135
Iris 'Louisiana' 135
Iris pseudacorus 136
Iris tectorum 136

J

Jacobaea maritima 478
Juncus effusus 237

K

Kaempferia elegans 228
Kaempferia rotunda 229
Kalanchoe blossfeldiana 266
Kalanchoe ceratophylla 266
Kalanchoe daigremontiana 268
Kalanchoe delagoensis 268
Kalanchoe manginii 269
Kalanchoe pinnata 269
Kalanchoe porphyrocalyx 270
Kniphofia uvaria 143
Kroenleinia grusonii 354
Kroenleinia grusonii var. *albispinus*
.... 354
Kroenleinia grusonii var. *intertextus*
.... 354
Kroenleinia grusonii var. *subinermis*
.... 354

L

Lagenaria siceraria 284
Lampranthus deltoides 345
Lampranthus spectabilis 346
Lasia spinosa 54
Lathyrus odoratus 277
Lavandula angustifolia 413
Lavandula pinnata 414
Lavandula stoechas 414
Leonurus japonicus 415

Lepisorus fortunei 18
Leucanthemum maximum 479
Leucocasia gigantea 55
Lewisia cotyledon 347
Liatris spicata 479
Lilium spp. 78
Limnocharis flava 71
Linaria maroccana 396
Liriope muscari 175
Liriope spicata 176
Lithotoma axillaris 440
Lobelia erinus 440
Lobelia × *speciosa* 442
Lobelia nummularia 441
Lobelia sessilifolia 441
Lobularia maritima 323
Ludisia discolor 111
Ludwigia sedioides 307
Lupinus polyphyllus 278
Lutheria splendens 234
Lycoris aurea 155
Lycoris radiata 156
Lycoris sprengeri 156
Lygodium japonicum 5
Lysimachia congestiflora 360
Lysimachia nummularia 'Aurea'
.... 360
Lythrum salicaria 306

M

Malva cavanillesiana 319
Malva trimestris 319
Maranta leuconeura 216
Marsilea quadrifolia 5
Matthiola incana 323
Mauranthemum paludosum 480
Mecardonia procumbens 397
Melampodium divaricatum 480
Melastoma dodecandrum 311
Melinis nerviglumis 246
Mentha canadensis 415
Mesembryanthemum cordifolium
.... 346
Mickelopteris cordata 8
Microsorum punctatum 18
Miltonia spp. 111
Mimosa pudica 275
Mirabilis jalapa 347
Miscanthus sinensis 247
Monarda didyma 416
Monstera adansonii 55
Monstera deliciosa 56
Muehlenbeckia complexa 325
Muhlenbergia capillaris 246
Musa × *paradisiaca* 201
Musa acuminata 199

Musa basjoo 199
Musa coccinea 200
Musa ornata 200
Muscari botryoides 176
Musella lasiocarpa 201
Myosotis alpestris 369
Myriophyllum aquaticum 274

N

Narcissus poeticus 157
Narcissus pseudonarcissus 157
Narcissus tazetta subsp. *chinensis*
.... 158
Nelumbo nucifera 263
Nematanthus gregarius 389
Nemesia strumosa 399
Nemophila menziesii 370
Neoblechnum brasiliense 12
Neoregelia carolinae 235
Nepenthes × *ventrata* 330
Nepeta cataria 417
Nephrolepis biserrata 14
Nephrolepis cordifolia 15
Nephrolepis exaltata 16
Nertera granadensis 362
Nicandra physalodes 381
Nicotiana alata 381
Nicotiana × *sanderae* 382
Nuphar pumila 22
Nymphaea lotus 23
Nymphaea mexicana 23
Nymphaea nouchali var. *caerulea*
.... 24
Nymphaea rubra 24
Nymphaea tetragona 25
Nymphoides aurantiaca 443
Nymphoides cristata 444
Nymphoides indica 444
Nymphoides peltata 445
Nymphoides lungtanensis 445

O

Ocimum basilicum 417
Oenothera drummondii 308
Oenothera lindheimeri 308
Oenothera rosea 309
Oenothera speciosa 309
Oncidium spp. 112
Ophiopogon intermedius 'Argenteo-marginatus' 177
Ophiopogon jaburan 'Vittatus'
.... 177
Ophiopogon japonicus 178

Ophiopogon planiscapus 'Nigrescens' 178
Oreomecon nudicaulis 255
Origanum vulgare 418
Ornithogalum arabicum 179
Ornithogalum umbellatum 179
Orthosiphon aristatus 418
Otacanthus azureus 392
Ottelia cordata 73
Oxalis debilis 291
Oxalis pes-caprae 292
Oxalis triangularis 292

P

Pandanus amaryllifolius 76
Papaver orientale 256
Papaver rhoeas 256
Paphiopedilum armeniacum 113
Paphiopedilum barbigerum 113
Paphiopedilum bellatulum 114
Paphiopedilum concolor 114
Paphiopedilum dianthum 115
Paphiopedilum henryanum 115
Paphiopedilum hirsutissimum ... 116
Paphiopedilum insigne 116
Paphiopedilum malipoense 118
Paphiopedilum micranthum 118
Paphiopedilum parishii 119
Paphiopedilum purpuratum 120
Paphiopedilum spicerianum 120
Paphiopedilum villosum 121
Paphiopedilum wardii 121
Paphiopedilum Maudiae 117
Paphiopedilum Pacific Shamrock 119
Paphiopedilum 'Yingchun' 122
Papilionanthe teres 122
Paspalum vaginatum 248
Passiflora caerulea 297
Passiflora edulis 298
Passiflora miniata 298
Pelargonium × *domesticum* 301
Pelargonium graveolens 302
Pelargonium hortorum 303
Pelargonium peltatum 302
Pelargonium zonale 304
Pellaea rotundifolia 9
Pennisetum alopecuroides 248
Pennisetum purpureum 249
Penstemon barbatus 397
Pentapetes phoenicea 320
Pentas lanceolata 362
Peperomia argyreia 27
Peperomia caperata 28
Peperomia clusiifolia 29
Peperomia graveolens 29
Peperomia obtusifolia 30
Peperomia serpens 'Variegata' 30
Peperomia tetragona 31
Pericallis hybrida 481
Perilla frutescens 419
Peristrophe japonica 403
Persicaria capitata 325
Persicaria chinensis 326
Persicaria filiformis 327
Persicaria criopolitana 326
Persicaria japonica 327
Persicaria jucunda 328
Persicaria orientalis 328
Persicaria runcinata var. *sinensis* 329
Petunia hybrida 383
Phaius tankervilleae 123
Phalaenopsis aphrodite 124
Phalaenopsis equestris 124
Phalaenopsis gigantea 124
Phalaenopsis malipoensis 124
Phalaenopsis schilleriana 124
Phalaenopsis spp. 124
Phalaris arundinacea 249
Philodendron erubescens 57
Philodendron gloriosum 58
Philodendron hastatum 58
Philodendron hederaceum 59
Philodendron melanochrysum 59
Philodendron panduriforme 60
Philodendron tripartitum 60
Phlegmariurus carinatus 2
Phlegmariurus phlegmaria 2
Phlegmariurus squarrosus 3
Phlox drummondii 357
Phlox drummondii var. *stellaris* 357
Phlox paniculata 358
Phlox subulata 358
Phormium colensoi 144
Phormium tenax 144
Phragmites australis 250
Phyla nodiflora var. *minor* 409
Physalis peruviana 382
Physostegia virginiana 420
Pilea cadierei 280
Pilea depressa 280
Pilea microphylla 281
Pilea mollis 281
Pilea nummulariifolia 282
Pilea peperomioides 282
Piper hancei 31
Piper sarmentosum 32
Pistia stratiotes 61
Platycerium bifurcatum 19
Platycerium wallichii 19
Platycodon grandiflorus 442
Plectranthus argentatus 421
Plectranthus glabratus 421
Plectranthus hadiensis 422
Plectranthus verticillatus 423
Plectranthus 'Mona Lavender' 422
Pollia japonica 184
Pontederia cordata 189
Pontederia crassipes 189
Pontederia hastata 190
Pontederia korsakowii 190
Pontederia vaginalis 191
Portulaca grandiflora 349
Portulaca pilosa 350
Portulaca umbraticola 350
Potamogeton crispus 74
Potamogeton wrightii 74
Primula × *polyantha* 361
Primula obconica 361
Procris repens 283
Prunella grandiflora 423
Psychotria serpens 363
Pteris ensiformis 9
Pteris ensiformis var. *victoriae* 10
Pteris fauriei 10
Pteris parkeri 10
Ptilotus exaltatus 343
Pyrrosia adnascens 20

R

Ranunculus asiaticus 262
Ravenala madagascariensis 192
Reineckea carnea 180
Remusatia vivipara 61
Renanthera coccinea 123
Reynoutria japonica 329
Rhipsalis baccifera 354
Rhynchospora colorata 240
Rhynchostylis gigantea 126
Rhynchostylis retusa 126
Rohdea japonica 180
Rosmarinus officinalis 424
Rotala rotundifolia 306
Rudbeckia hirta 482
Rudbeckia hirta var. *pulcherrima* 482
Rudbeckia laciniata 483
Ruellia elegans 404
Ruellia simplex 404

S

Sagittaria lancifolia 70
Sagittaria sagittifolia 70
Sagittaria trifolia 71
Saintpaulia ionantha 390
Salvia × *jamensis* 'Hot Lips' 429
Salvia × *sylvestris* 436

Salvia canariensis 425
Salvia coccinea 426
Salvia elegans 425
Salvia farinacea 427
Salvia greggii 428
Salvia leucantha 430
Salvia longispicata × *farinacea* 'Big Blue' 429
Salvia madrensis 431
Salvia nemorosa 431
Salvia officinalis 432
Salvia patens 432
Salvia splendens 435
Salvia splendens var. *alba* 435
Salvia splendens var. *atropurpurea* 435
Salvia splendens var. *bicolor* 435
Salvia splendens var. *compacta* 435
Salvia uliginosa 433
Salvia viridis 437
Salvia guaranitica 428
Salvia 'Amistad' 424
Salvia 'Phyllis Fancy' 433
Salvia 'Salmia' 434
Salvinia natans 6
Sandersonia aurantiaca 77
Sanvitalia procumbens 483
Saururus chinensis 27
Saxifraga stolonifera 264
Scadoxus multiflorus 158
Scaevola aemula 446
Schizanthus pinnatus 384
Schlumbergera russelliana 355
Schlumbergera truncata 355
Schoenoplectus tabernaemontani 240
Scindapsus pictus 62
Sedum alfredii 270
Sedum emarginatum 271
Sedum lineare 271
Sedum makinoi 272
Sedum mexicanum 272
Sedum morganianum 273
Sedum polytrichoides 273
Sedum sarmentosum 274
Seemannia sylvatica 390
Selaginella kraussiana 3
Selaginella uncinata 4
Senecio macroglossus 484
Silene pendula 336
Silphium perfoliatum 484
Sinningia speciosa 391
Sisyrinchium rosulatum 137
Solanum mammosum 384
Spathiphyllum floribundum 62

Spathiphyllum lanceifolium 63
Spathiphyllum 'Sensation' 63
Spathoglottis plicata 127
Sphagneticola trilobata 489
Stapelia grandiflora 368
Stenotaphrum helferi 250
Stenotaphrum secundatum 'Variegatum' 251
Strelitzia nicolai 193
Strelitzia reginae 193
Streptocarpus × *hybridus* 391
Streptocarpus saxorum 392
Strobilanthes anisophylla 'Brunetthy' 405
Strobilanthes auriculata var. *dyeriana* 405
Strobilanthes cusia 406
Strobilanthes sinuata 406
Stromanthe thalia 217
Symphyotrichum novi-belgii 485
Syngonium podophyllum 64

T

Tacca chantrieri 75
Tacca integrifolia 75
Tagetes erecta 486
Tagetes lemmonii 487
Talinum paniculatum 349
Tanacetum cinerariifolium 487
Taraxacum mongolicum 488
Thalia dealbata 217
Thalia geniculata 218
Thaumatophyllum bipinnatifidum 65
Thunbergia alata 407
Thymus vulgaris 437
Tigridiopalma magnifica 312
Tillandsia usneoides 234
Tithonia diversifolia 488
Tithonia rotundifolia 489
Torenia concolor 400
Torenia fournieri 400
Trachelium caeruleum 443
Tradescantia cerinthoides 'Nanouk' 184
Tradescantia fluminensis 185
Tradescantia ohiensis 186
Tradescantia pallida 186
Tradescantia sillamontana 187
Tradescantia spathacea 188
Tradescantia zebrina 187
Trapa natans 307
Trichosanthes cucumerina 284
Trifolium pratense 279
Trifolium repens 279
Trimezia gracilis 137

Tropaeolum majus 320
Tulbaghia violacea 159
Tulipa spp. 80
Typha angustifolia 230
Typha orientalis 230

U

Urceolina × *grandiflora* 159

V

Vallisneria natans 73
Vanda coerulea 127
Vanda pumila 128
Vanda subconcolor 128
Vanilla planifolia 129
Verbena bonariensis 409
Veronica spicata 398
Victoria amazonica 25
Victoria cruziana 26
Viola × *wittrockiana* 295
Viola banksii 293
Viola cornuta 294
Viola odorata 293
Viola tricolor 297
Vriesea carinata 236

W

Wallisia cyanea 236

X

Xanthosoma sagittifolium 66
Xerochrysum bracteatum 490

Z

Zamioculcas zamiifolia 66
Zantedeschia aethiopica 67
Zantedeschia hybrida 67
Zephyranthes candida 160
Zephyranthes carinata 160
Zephyranthes citrina 161
Zephyranthes rosea 161
Zingiber zerumbet 229
Zinnia angustifolia 491
Zinnia elegans 492
Zinnia marylandica 493
Zizania latifolia 251
Zoysia japonica 252
Zoysia matrella 253
Zoysia pacifica 253